应用型本科经管类电子商务专业“十三五”规划教材

浙江省新兴特色专业·宁波市特色专业建设项目资助教材

计算机网络实验教程

侯安才　栗　楠　编著

西安电子科技大学出版社

内 容 简 介

为了适应网络技术的飞速发展，适应不同的实验环境，满足职业考证的要求及本科层次信息管理、电子商务等非计算机专业教学的需要，作者结合多年教学经验编写了本书。本书具有以项目化方法组织、面向职业岗位培训、适应不同实验环境、内容全面新颖等特点。

本书主要内容包括：局域网的构建、网络操作系统的安装与配置、网络服务与资源管理、交换机的配置与操作、路由器的配置与应用、网络互联与Internet接入、网络攻击与安全、网络管理与维护等8个综合实验。每个实验由基础知识介绍、能力培养、实验内容(由多个实验项目组成)、实验作业、提升与拓展等部分组成。

本书可作为高等院校，特别是应用型本科院校的计算机、信息管理与信息系统、电子商务等相关专业的实验教学用书，也可以作为高职院校及企业工程人员的参考用书。

图书在版编目(CIP)数据

计算机网络实验教程/侯安才，栗楠编著. —西安：西安电子科技大学出版社，2016.7(2020.1重印)

应用型本科经管类电子商务专业“十三五”规划教材

ISBN 978-7-5606-4140-9

Ⅰ. ① 计… Ⅱ. ① 侯… ② 栗… Ⅲ. ① 计算机网络—实验—高等学校—教材 Ⅳ. ① TP393-33

中国版本图书馆CIP数据核字(2016)第141059号

策　　划　马　琼

责任编辑　马乐惠　祝婷婷

出版发行　西安电子科技大学出版社(西安市太白南路2号)

电　　话　(029)88242885　88201467　　邮　　编　710071

网　　址　www.xduph.com　　电子邮箱　xdupfxb001@163.com

经　　销　新华书店

印刷单位　北京虎彩文化传播有限公司

版　　次　2016年7月第1版　2020年1月第4次印刷

开　　本　787毫米×1092毫米　1/16　印　张　18

字　　数　426千字

定　　价　35.00元

ISBN 978-7-5606-4140-9/TP

XDUP 4432001-4

前　言

网络化、信息化、智能化正在改变我们的世界，也在改变着人们的生活方式，作为信息化基础的互联网已经成为人类社会活动不可或缺的组成部分，掌握计算机网络原理和技术既是专业人士，也是现代社会各类人才的普遍要求。在高校相关专业的教学中，计算机网络课程的教学越来越受到重视，其中对学生动手能力和实践能力的培养显得尤为重要。

在高校计算机网络教学中，建立专业化的实验环境、设计面向应用的实验项目、采用案例化的教学方法等已经成为高校教育工作者的共识。然而由于办学条件不同、专业方向不同、培养目标不同，计算机网络实验教学存在很大差距。比如，一般计算机相关专业的网络实验室软硬件环境较为齐全、设备投入大，便于开展各类软硬件实验，而相应的电子商务、信息管理等专业，建立大规模的网络硬件实验环境不太现实，导致实验教学以协议操作、软件工具使用、网络应用实训为主，很少进行相关的网络连接、设备配置等硬件实验，导致学习者网络建设能力和实际操作能力的匮乏。

在浙江省新兴特色专业(电子商务)、宁波市特色专业(电子商务)建设项目资助下，作者结合多年网络工作经验和计算机网络教学实践，针对应用型本科培养目标，以项目化的设计思路、虚拟化的实验环境、切合实际的应用案例为原则，精心编写了本书。

本书以“网络构建—网络配置—网络管理”为主线，以企业 Intranet 的建立为总体目标，共安排了 8 个实验：“实验 1 局域网的构建”包含网络常用命令的操作、双绞线的制作、局域网连接与设置、WLAN 安装与配置等四个实验内容；“实验 2 网络操作系统的安装与配置”包含 VMWare Workstation、Windows Server 2008 以及用户与组的管理活动目录、Linux 的安装与配置等五个实验内容；“实验 3 网络服务与资源管理”包含 DHCP、DNS、Web 服务器、FTP 服务器、SMTP 服务的安装与配置；“实验 4 交换机的配置与操作”包含 Packet Tracer 模拟器的安装与使用、交换机的基本配置等五个实验内容；“实验 5 路由器的配置与应用”包含路由器的基本配置等六个实验内容；“实验 6 网络互联与 Internet 接入”包含 ADSL 接入、共享 Internet 连接、VPN 的配置、SyGate 代理服务器等四个实验内容；“实验 7 网络攻击与安全”包含 Windows 的本地安全设置、“IP 安全策略”的配置等三个实验内容；“实验 8 网络管理与维护”包含 SNMP 验证与分析、MBSA 的安装与操作、备份与恢复等四个实验内容。

本书内容丰富、结构新颖、浅显易懂，完全满足 16 课时或 32 课时的教学需要，可作为应用型本科院校信息管理与信息系统、电子商务、计算机类相关专业计算机网络上机实验指导教材，也可作为高职院校和相关工程人员的参考用书。

由于水平有限，书中难免存在不妥之处，恳请同行批评指正。欢迎读者发邮件与我们交流，或提供关于本书改进的意见和建议。作者邮箱：houancai@163.com。

编者：侯安才

2016.3

目　　录

实验 1　局域网的构建

【基础知识介绍】

一、网络命令简介

1．网络命令的作用

一般操作系统会提供一些网络命令对网络的状态、故障进行检测和查看，因而除了通过操作系统界面和工具软件对网络进行应用和管理外，用户还可以对一些网络配置参数进行设置和修改，这为网络的管理与维护提供了很大的方便。

根据操作系统的不同，网络命令也有所不同。在基于 Windows 平台的命令提示符窗口，常用的网络命令包括 ping、ipconfig、netstat 等，基于 Linux 平台的网络命令则包括 ifconfig (查询、设置网卡和 IP 网段等参数)、route(查询、设置路由表)、IP(复合式命令)等。

2．网络命令的执行方法

只要是基于 Windows 平台的操作系统，如 Windows XP、Windows 2000、Windows 7、Windows 8、Windows 10 等，均可以在命令提示符窗口中执行网络命令。命令运行方法有两种：

- 单击【开始】→【程序】→【附件】→【命令提示符】命令。
- 单击【开始】→【运行】→cmd 命令。

值得注意的是，一般的命令也可以在运行窗口中执行，但因为命令运行结束后，运行窗口会立刻退出和关闭，因而很难看到命令运行的结果，所以一般不推荐在此运行网络命令。

二、网络传输介质

传输介质是计算机网络中最基础的通信设施，是连接网络上各节点的物理通道。网络中的传输介质可以分为如下两类。

有线介质：双绞线、同轴电缆和光纤等。

无线介质：无线电波、微波、红外线、卫星通信等。

在局域网中目前最常用、价格相对便宜的网络传输介质为 5 类非屏蔽双绞线(RJ-45)。下面将对双绞线进行重点介绍。

1．认识双绞线

双绞线采用一对互相绝缘的金属导线相互绞合制成，采用这种方式可抵御一部分外界电磁波的干扰，降低自身信号的对外干扰。其原理是两根绝缘的铜导线按一定密度互相绞在一起，每一根导线在传输中辐射的电波会被另一根线上发出的电波抵消，可以降低信号干扰的程度。“双绞线”的名字也是由此而来的。图 1-1 所示为双绞线示意图。

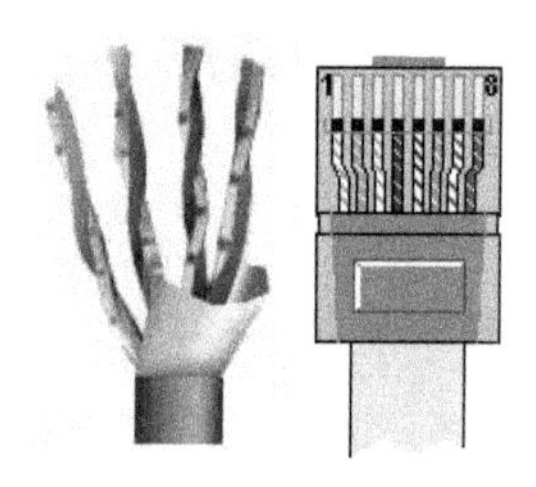

图 1-1　双绞线

2. 双绞线的分类

双绞线分为屏蔽双绞线(STP)和非屏蔽双绞线(UTP)，两者内部都有 4 对铜线，每对铜线绞在一起(以降低干扰)。为了便于区分，每条铜线都裹着不同颜色的塑料绝缘体。

相对 UTP，STP 因为增加了屏蔽层，所以防干扰性能更好，但是却更难安装，因为 STP 需要接地。

UTP 是最常用的网络介质，使用 RJ-45 接头，直径小，价格低廉，不需接地，安装十分方便。UTP 最长的传输距离为 100 米，数据传输率是 0～1000 Mb/s。UTP 有 1～6 类线，前 5 类线(5 类线)用于 100 Mb 带宽的网络，6 类线(超 5 类线)用于 1000 Mb 带宽的网络中。非屏蔽双绞线的六种类型如表 1-1 所示。

表 1-1　六种双绞线的分类

类别	应　用
Cat 1	可传输语音，不用于传输数据，常见于早期电话线路、电信系统
Cat 2	可传输语音和数据，常见于 ISDN 和 T1 线路
Cat 3	带宽 16 MHz，用于 10BASE-T，制作质量严格时也可用于 100BASE-T 计算机网络
Cat 4	带宽 20 MHz，用于 10BASE-T 或 100BASE-T
Cat 5	带宽 100 MHz，用于 10BASE-T 或 100BASE-T，制作质量严格时也可用于 1000BASE-T
Cat 6	带宽高达 200 MHz，可稳定运行于 1000BASE-T

3. 双绞线的线序与应用

前 5 类非屏蔽双绞线的接头由金属片和透明塑料构成，称为 RJ-45 接头，俗称为“水晶头”。对于常用的 10BASE-T 和 100M-TX 以太网而言，PC 网卡上的 8 个引脚中，1、2 引脚用于发数据，3、6 引脚用于收数据。此外，1、3 引脚使用高电平，2、6 引脚使用低电平。

EIA/TIA 的布线标准中规定了两种双绞线 T568A 与 T568B 的线序：

RJ-45 线序	1	2	3	4	5	6	7	8
T568B 标准	橙白	橙	绿白	蓝	蓝白	绿	棕白	棕
T568A 标准	绿白	绿	橙白	蓝	蓝白	橙	棕白	棕

两个设备如果使用以太网双绞线连接，某一根线的一端连接到高电平发送数据的引脚，另一端必须连接到高电平接收数据的引脚。由于集线器、交换机等设备使用与 PC 相反的

引脚收发策略，即 1、2 引脚收，3、6 引脚发，所以主机和交换机之间的连线两端顺序一致，这种线称为直通线。而主机与主机之间用双绞线直连，需要将一端连接引脚 1、2 的线连于另一端的 3、6 引脚，这种线称为交叉线。

直通线两头都使用 T568B，而交叉线一头使用 T568B，一头使用 T568A，如图 1-2 所示。

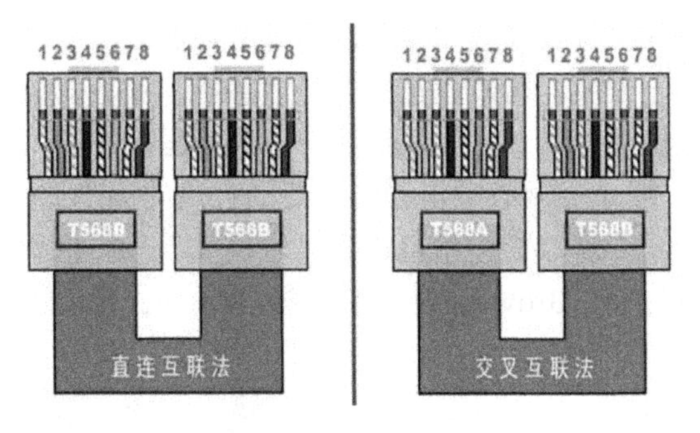

图 1-2　双绞线的线序

三、局域网的相关知识

1．以太网概念

以太网最早由 Xerox(施乐)公司创建，于 1980 年由 DEC、Intel 和 Xerox 三家公司联合开发形成一个标准。以太网是应用最为广泛的局域网，包括标准以太网(10 Mb/s)、快速以太网(100 Mb/s)和 10G(10 Gb/s)以太网。以太网采用的是 CSMA/CD 访问控制法，符合 IEEE 802.3 标准。

IEEE 802.3 规定了包括物理层的连线、电信号和介质访问层协议等方面的内容。以太网是当前应用最普遍的局域网技术，它很大程度上取代了其他局域网标准，如令牌环、FDDI 和 ARCNET。历经 100M 以太网在 20 世纪末的飞速发展后，目前千兆以太网甚至 10G 以太网正在国际组织和领导企业的推动下不断拓展应用范围。

常见的 IEEE 802.3 物理规范如下：

10M：10BASE-T (铜线 UTP 模式)

100M：100BASE-TX (铜线 UTP 模式)

100BASE-FX(光纤线)

1000M：1000BASE-T(铜线 UTP 模式)

2．局域网工作模式

局域网根据拓扑结构可以分为总线型、星型、环型、树型局域网，目前应用最普遍的是由集线器、交换机、RJ-45 双绞线等组建的星型和树型以太网。局域网工作模式可以分为以下三种。

1) 对等网(P2P)

工作组结构的网络又称对等网。顾名思义，在这种模式的网络上，计算机的地位是平等的。工作组内不一定有服务器级的计算机，网络资源分散在各台计算机上。每台计算机可以是服务器，也可以是工作站，计算机可以划分成不同的工作组进行管理，所以也可以称为“工作组模式”。因此，工作组结构为分布式管理模式，只适合小规模的网络。

对等网是中小企业和事业单位经常使用的一种网络结构，它的实现给单位共享资源带来很大的方便。对等网构建简单、易于实现，有着少花钱多办事、事半功倍的效果。

2) 客户/服务器(C/S)网络

客户/服务器(C/S)网络是一种基于服务器的网络。在这种模式中，其中一台或几台较大的计算机集中进行共享数据库的管理和存取，称为服务器；而将其他的应用处理工作分散到网络中其他的计算机上去做，构成分布式的处理系统。服务器控制管理数据的能力已由文件管理方式上升为数据库管理方式，因此，C/S 网络模式的服务器也称为数据库服务器。

在 Internet 时代，一般企业网必须建立带有活动目录的服务器(域控制器)，其他计算机作为域工作站登录运行，所以 C/S 模型也称为“域模式”。通过网页浏览器访问 Web 服务器的互联网应用模式称为 B/S(Browse/Server)模式，B/S 模式也称为三层 C/S 模式。

3) 专用服务器网络

专用服务器网络中服务器的特点和基于服务器模式的网络中心功能差不多，只不过服务器在分工上更加明确。比如：在大型网络中，服务器可能要为用户提供不同的服务和功能，如文件打印服务、Web、邮件、DNS 等。那么，使用一台服务器可能承受不了这么大压力，所以网络中就需要有多台服务器为其用户提供服务，并且每台服务器提供专一的网络服务。

3. 局域网设备

(1) 网线。网线主要采用带有 RJ-45 接口的 5 类非屏蔽双绞线，还可以采用光纤、同轴电缆以及无线介质等。

(2) 网卡。网卡的作用是将计算机内部的二进制信息转换为在不同线路上传输的电信号，根据不同的协议可以分为不同接口和不同传输速度的网卡，以太网中常采用 10M、100M 等传输速度的以太网卡。

(3) 集线器。集线器是广播式传输的星型以太网节点连接设备，根据用途可分为固定型集线器、模块化集线器和堆叠式集线器三种。由于其工作方式和共享带宽的限制，集线器常用于家庭、办公室等少量网络节点的连接。

(4) 交换机。交换机采用并发技术，改进集线器的广播式工作模式。交换机拥有一条很高带宽的背部总线和内部交换矩阵，交换机所有的端口都挂接在这条背部总线上。交换式以太网大大提高了共享介质式以太网的传输效率，广泛地应用于广域网和大型局域网中。根据应用环境可分为企业级、部门级和工作组级交换机。

(5) 专用服务器。一般 PC 安装网络操作系统也可以作为网络服务器使用，但其可靠性、处理能力、安全性等方面都很难得到保障。所以企业级服务器都会采用性能和价格更高的专用服务器。专用服务器与一般的 PC 相比具有高扩展性、高可靠性、高处理能力、高无故障运行时间、高管理性、可运行服务器的操作系统、可提供更多网络服务等优点。

四、无线局域网的概念

1. 无线局域网的标准

无线局域网是指采用与有线网络同样的工作方法，通过无线信道作为传输介质，把各种主机和设备连接起来的计算机网络。

IEEE 802 委员会成立了 IEEE 802.11 工作组，专门从事无线局域网的研究，并开发了介质访问 MAC 子层协议和物理介质标准。IEEE 802.11 标准对无线局域网的业务及应用环境、功能条件等提出了完整的技术规范。

IEEE 802.11 标准中被广泛应用的有如下几种：

802.11b——11 Mb/s 数据传输速率的无线网络标准(2.4 GHz 频段)；

802.11a——54 Mb/s 数据传输速率的无线网络标准(5 GHz 频段)；

802.11g——54 Mb/s 数据传输速率的无线网络标准(2.4 GHz 频段)；

802.11n——300～600 Mb/s，可向下兼容 802.11b、802.11g。

2. 无线局域网的传输介质

IEEE 802.11 标准定义了以下三种物理介质：

(1) 数据速率为 1 Mb/s 和 2 Mb/s，波长在 850～950 nm 之间的红外线。

(2) 运行在 2.4 GHz ISM 频带上的直接序列扩展频谱。它能够使用 7 条信道，每条信道的数据速率为 1 Mb/s 或 2 Mb/s。

(3) 运行在 2.4 GHz ISM 频带上的跳频的扩频通信，数据速率为 1 Mb/s 或 2 Mb/s。

3. 无线局域网拓扑结构

1) 点对点 Ad-Hoc 结构

点对点 Ad-Hoc 结构的计算机之间没有无线接入点(AP)这样的集中接入设备，无线信号是直接在两台计算机的无线网卡之间点对点传输的，这种结构也被称为自组织结构，类似于对等网，如图 1-3 所示。

2) 基于 AP 的基础架构结构

这种结构与有线网络中的星型交换模式类似，AP 相当于有线网络中的交换机，除了在每台主机上安装无线网卡，还需要一个 AP(Access Point)接入设备，俗称“访问点”，如图 1-4 所示。

图 1-3　点对点 Ad-Hoc 结构

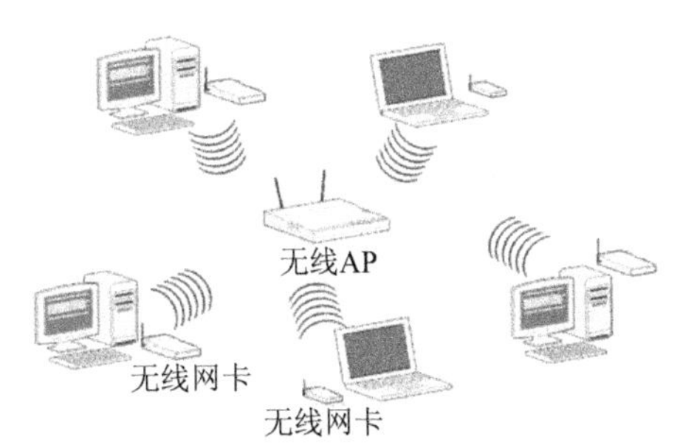

图 1-4　基于 AP 的基础架构结构

【能力培养】

局域网(LAN)是一种覆盖一座大楼、一个校园或者一个厂区等地理区域的小范围的计算机网络，是企事业单位网络应用的主要形式，是因特网的核心组成单元。掌握局域网的工作原理与构建方法，对网络构建、互联网应用以及网络的管理与维护都有着十分重要的意义。

本实验主要包括局域网构建中的一般硬件操作和连接，如双绞线、交换机、路由器等；常用网络命令的功能和使用；通过网络命令对网络检测、配置和故障处理的方法等内容。

实　　验	能力培养目标
1-1　网络常用命令的操作	掌握常用命令的功能和操作方法
1-2　双绞线的制作	掌握双绞线的线序及水晶头的制作方法
1-3　局域网连接与配置	掌握常用网络硬件的连接及配置方法
1-4　WLAN 安装与配置	掌握常用无线网设备的连接与配置方法

【实验内容】

实验 1-1　网络常用命令的操作

➢ 实验目标

通过实验了解网络常用命令的功能、操作方法，能够灵活使用这些命令对网络的状态、故障、参数进行相应的检测、排除和设置。通过网络命令的操作，加深对网络原理和理论知识的理解。

(1) 实现 ping、ipconfig、netstate、rout、ARP 等常用命令的操作，掌握命令参数及格式。

(2) 灵活运用网络命令实现网络状态的显示、参数设置及故障检测。

➢ 实验要求

(1) 安装有 Windows 系列的操作系统(安装 TCP/IP 协议、具有固定 IP 地址)。

(2) 具有网络连接，可以连接局域网或互联网。

➢ 实验步骤

一、ping 命令

1. ping 命令的原理与作用

ping 命令的功能是通过从本机向目标计算机(可以是本机、网内计算机或远程计算机)发送 ICMP(Internet Control and Message Protocal，因特网控制消息/错误报文协议)数据包并且回应数据包的返回时间，以校验与远程计算机或本地计算机的连接情况。对于每个发送报文，默认情况下发送 4 个数据包，每个数据包包含 32 字节的数据，计算机安装了 TCP/IP 协议后才可以使用。

如果执行 ping 命令不成功，则可以预测故障出现在这几个方面：网线故障、网络适配器配置不正确、IP 地址不正确等。如果执行 ping 命令成功而网络仍无法使用，那么问题很可能出在网络系统的软件配置方面，ping 命令成功只能保证本机与目标主机间存在一条连通的物理路径。

通过 ping 命令可以测试计算机名和计算机的 IP 地址，验证与远程计算机的连接，也可以通过“ping 网站网址”命令得到该网站的 IP 地址，通过“Ping 网站 IP”命令可以得到该网站的域名。其常常用于网络故障点的检测。

2．ping 命令的格式与参数

1) 命令格式

ping [-t] [-a] [-n count] [-l size] [-f] [-i ttl] [-v tos] [-r count] [-s count] [[-j computer-list] | [-k computer-list]] [-w timeout] destination-list

2) 命令参数

-t：连续地向目标主机发送数据包，按 Ctrl + Break 快捷键可以查看统计信息并继续运行，按 Ctrl + C 快捷键可中止运行。

-a：以 IP 地址格式来显示目标主机的网络地址。

-n count：指定要发送 ECHO 数据包的次数，具体次数由 count 来指定。

-l size：指发送包含由 size 指定的数据量的 ECHO 数据包，就是指发送数据包的大小，默认为 32 字节，最大值是 65 527。

-f：指在数据包中发送“不要分段”标志。使用-f，数据包就不会被路由上的网关分段，是一种 ping 的快捷方式。

-i ttl：指定发送数据包时限域，ttl 是指在停止到达的地址前应经过多少网关，每经过一个网关 ttl 值减 1，当 ttl = 0 时，数据包被丢弃不再传输。

-v tos：将“服务类型”字段设置为 tos 指定的值。

-r count：在“记录路由”字段中记录传出和返回数据包的路由，count 可以指定最少 1 台，最多 9 台计算机。

-s count：指定当使用 -r 参数时用于每一轮路由的时间。

-j computer-list：利用 computer-list 指定的计算机列表路由数据包，连续计算机可以被中间网关分隔(路由稀疏源)IP 允许的最大数量为 9。

-k computer-list：利用 computer-list 指定的计算机列表路由数据包，连续计算机不能被中间网关分隔(路由严格源) IP 允许的最大数量为 9。

-w timeout：指定超时时间间隔，单位为 ms，默认为 1000 ms，即数据包超过 1000 ms 没有送达目标主机则返回超时信息。

-destination-list：指定要发送 ECHO 数据包的目标地址，此参数不能缺省。

注意：ping 命令的各个参数中，destination-list 参数是必需的，其他为可选参数，-t、-a、-n、-l 为较常用的参数。

3．ping 命令的执行与操作

用 ping 命令向目标主机发送检测信号，通常有两种结果：一种是正常连接，将显示四条返回信息；另一种是不能连通，将显示四条应答超时的信息。

注意：如果在 ping 对方计算机时，出现 Request timed out ，一方面可能是目标计算机没有打开或是网络不畅通，另一方面也可能是该服务器装有防火墙，禁止接收 ICMP 数据包。

1) ping 127.0.0.1

该命令测试本地主机的网络连通性，127.0.0.1 是通用的本地检测地址，代表本地主机。如果本命令可以返回连通的信号，说明本地的网卡硬件正常，IP 参数配置正常，否则，网络的故障就出现在本机。

正常连接显示信息如下：

```
Microsoft Windows XP [版本 5.1.2600]
(C) 版权所有 1985-2001 Microsoft Corp.
C:\Documents and Settings\Administrator>ping 127.0.0.1
Pinging 127.0.0.1 with 32 bytes of data:
Reply from 127.0.0.1: bytes=32 time<1ms TTL=64
Reply from 127.0.0.1: bytes=32 time<1ms TTL=64
Reply from 127.0.0.1: bytes=32 time<1ms TTL=64
Reply from 127.0.0.1: bytes=32 time<1ms TTL=64
Ping statistics for 127.0.0.1:
Packets: Sent = 4, Received = 4, Lost = 0 (0% loss),
Approximate round trip times in milli-seconds:
Minimum = 0ms, Maximum = 0ms, Average = 0ms
```

与此命令等价的命令包括：ping localhost；ping <本机 IP 地址>；ping <本机计算机名>等。

2) ping 远程主机

该命令可以检查从本地主机到远程主机 www.163.com 的连通性，如 ping www.163.com(见图 1-5)。

```
C:\>ping www.163.com

Pinging www.163.com [202.108.42.72] with 32 bytes of data:

Reply from 202.108.42.72: bytes=32 time=60ms TTL=245
Reply from 202.108.42.72: bytes=32 time=61ms TTL=245
Reply from 202.108.42.72: bytes=32 time=60ms TTL=245
Reply from 202.108.42.72: bytes=32 time=70ms TTL=245

Ping statistics for 202.108.42.72:
    Packets: Sent = 4, Received = 4, Lost = 0 (0% loss),
Approximate round trip times in milli-seconds:
    Minimum = 60ms, Maximum =  70ms, Average =  62ms
```

图 1-5 ping 远程主机

3) ping -t -l 1000 WWW.163.com

灵活的采用命令参数，可以对目标节点进行个性化的测试。早期也有黑客利用 ping 向目标主机连续发送大容量的数据包，以占用其带宽，称为“ping 洪流”攻击。如图 1-6 所示为连续 ping 命令示意图。

ping 命令的可选参数很多，功能也很强，我们在实际应用中可根据实际情况进行选择和运行。通过 ping 命令的灵活使用可以检测网络的故障点，一般可以从本机检测开始到网内相邻节点、企业网的默认网关、本地 DNS 服务器、外网主机等。

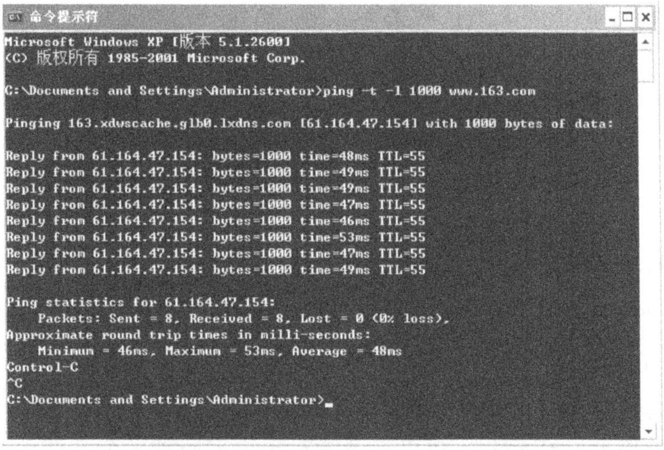

```
Microsoft Windows XP [版本 5.1.2600]
(C) 版权所有 1985-2001 Microsoft Corp.

C:\Documents and Settings\Administrator>ping -t -l 1000 www.163.com

Pinging 163.xdwscache.glb0.lxdns.com [61.164.47.154] with 1000 bytes of data:

Reply from 61.164.47.154: bytes=1000 time=48ms TTL=55
Reply from 61.164.47.154: bytes=1000 time=49ms TTL=55
Reply from 61.164.47.154: bytes=1000 time=49ms TTL=55
Reply from 61.164.47.154: bytes=1000 time=47ms TTL=55
Reply from 61.164.47.154: bytes=1000 time=46ms TTL=55
Reply from 61.164.47.154: bytes=1000 time=53ms TTL=55
Reply from 61.164.47.154: bytes=1000 time=47ms TTL=55
Reply from 61.164.47.154: bytes=1000 time=49ms TTL=55

Ping statistics for 61.164.47.154:
    Packets: Sent = 8, Received = 8, Lost = 0 (0% loss),
Approximate round trip times in milli-seconds:
    Minimum = 46ms, Maximum = 53ms, Average = 48ms
Control-C
^C
C:\Documents and Settings\Administrator>
```

图 1-6　连续 ping 命令

二、ipconfig 命令

1. 命令的原理与作用

发现和解决 TCP/IP 网络问题时，需先检查出现问题的计算机上的 TCP/IP 配置。可以使用 ipconfig 命令获得主机配置信息，包括 IP 地址、子网掩码和默认网关。

这些信息一般用来检验人工配置的 TCP/IP 设置是否正确。如果我们的计算机和所在的局域网使用了动态主机配置协议(DHCP)，这个程序所显示的信息也许更加实用。这时，ipconfig 可以让我们了解自己的计算机是否成功地租用到一个 IP 地址，如果租用到，则可以了解它目前分配到的是什么地址。了解计算机当前的 IP 地址、子网掩码和缺省网关是进行测试和故障分析的必要项目。

2. 命令的格式与参数

1) 命令格式

ipconfig [/?][/all][/release][/renew]等

2) 命令参数

/all：显示本机 TCP/IP 配置的详细信息。

/release：DHCP 客户端手工释放 IP 地址。

/renew：DHCP 客户端手工向服务器刷新请求。

/flushdns：清除本地 DNS 缓存内容。

/displaydns：显示本地 DNS 内容。

/registerdns：DNS 客户端手工向服务器进行注册。

/showclassid：显示网络适配器的 DHCP 类别信息。

/setclassid：设置网络适配器的 DHCP 类别。

3. 命令的执行与操作

1) 不带参数的 ipconfig 命令

在任何计算机的命令提示符窗口中，直接执行 ipconfig 命令，即可显示本机的 IP 配置情况，如IP地址、子网掩码、默认网关等。例如：

```
C:\>ipconfig
Windows 2000 IP Configuration
Ethernet adapter 本地连接:
Connection-specific DNS Suffix . :
IP Address. . . . . . . . . . . . : 10.1.1.111
Subnet Mask . . . . . . . . . . . : 255.255.255.0
Default Gateway . . . . . . . . . : 10.1.1.254
```

2) ipconfig /all 命令

使用带 /all 选项的 ipconfig 命令时，将给出所有接口的详细配置报告，包括任何已配置的串行端口。使用 ipconfig /all，可以将命令输出重定向到某个文件，并将输出粘贴到其他文档中；也可以用该输出来确认网络上每台计算机的 TCP/IP 配置，或者进一步调查 TCP/IP 网络问题。

下面的范例是 ipconfig /all 命令输出，该计算机配置成使用 DHCP 服务器动态配置 TCP/IP，并使用 WINS 和 DNS 服务器解析名称。

```
Windows 2000 IP Configuration
Node Type.. . . . . . . : Hybrid
IP Routing Enabled.. . . . : No
WINS Proxy Enabled.. . . . : No
Ethernet adapter Local Area Connection:
Host Name.. . . . . . . . : corp1.microsoft.com
DNS Servers . . . . . . . : 10.1.0.200
Description. . . . . . . : 3Com 3C90x Ethernet Adapter
Physical Address. . . . . : 00-60-08-3E-46-07
DHCP Enabled.. . . . . . . : Yes
Autoconfiguration Enabled.: Yes
IP Address. . . . . . . . . : 192.168.0.112
Subnet Mask. . . . . . . . : 255.255.0.0
Default Gateway. . . . . . : 192.168.0.1
DHCP Server. . . . . . . . : 10.1.0.50
Primary WINS Server. . . . : 10.1.0.101
Secondary WINS Server. . . : 10.1.0.102
Lease Obtained.. . . . . . : Wednesday, September 02, 2013 10:32:13 AM
Lease Expires.. . . . . . : Friday, September 18, 2013 10:32:13 AM
```

3) ipconfig /renew 命令

这个命令用于刷新 IP 配置。解决 TCP/IP 网络问题时，先检查遇到问题的计算机上的 TCP/IP 配置。如果计算机启用 DHCP 并使用 DHCP 服务器获得配置，则使用 ipconfig /renew 命令开始更新 IP 配置。使用 ipconfig /renew 时，使 DHCP 的计算机上的所有网卡(除了那些手动配置的适配器)都尽量连接到 DHCP 服务器，更新现有配置或者获得新配置。

4) inconfig/release 命令

这个命令用于释放本机的 IP 配置信息。使用带/release 选项的 ipconfig 命令立即释放主机的当前 DHCP 配置。

三、netstat 命令

1. 命令的原理与作用

netstat 命令用于显示与 IP、TCP、UDP 和 ICMP 协议相关的统计数据，一般用于检验本机各端口的网络连接情况。

如果计算机有时候接收到的数据报导致出错、数据删除或故障，不必感到奇怪，TCP/IP 可以容许这些类型的错误，并能够自动重发数据报。但如果累计的出错情况数目占到所接收的 IP 数据报相当大的百分比，或者它的数目正迅速增加，那么就应该使用 netstat 查一查为什么会出现这些情况了。

2. 命令的格式与参数

1) 命令格式

netstat [-a] [-r][-e][-s][-n]

2) 命令参数

-a：命令将显示所有连接。

-r：显示路由表和活动连接。

-e：显示 Ethernet 统计信息。

-s：显示每个协议的统计信息。

-n：不能将地址和端口号转换成名称。

3. 命令的执行与操作

1) netstat -e 命令

该命令用于显示本机的 Ethernet 统计信息，如图 1-7 所示。

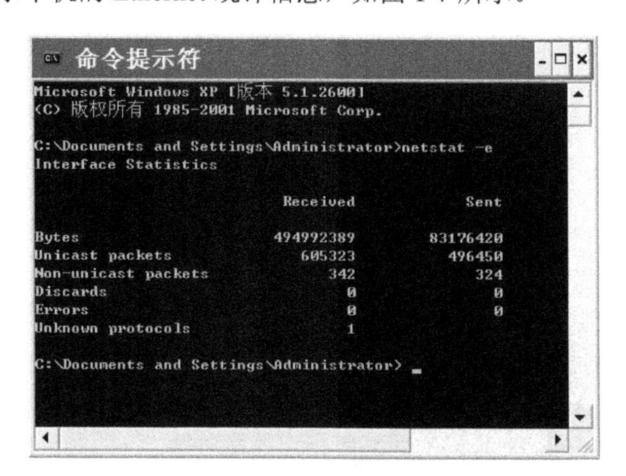

图 1-7 netstat -e 结果

2) netstat -a 命令

该命令用于显示与本机的所有网络连接。例如：

```
Active Connections
Proto Local Address          Foreign Address               State
TCP CORP1:1572               172.16.48.10:nbsession        ESTABLISHED
TCP CORP1:1589               172.16.48.10:nbsession        ESTABLISHED
TCP CORP1:1606               172.16.105.245:nbsession      ESTABLISHED
TCP CORP1:1632               172.16.48.213:nbsession       ESTABLISHED
TCP CORP1:1659               172.16.48.169:nbsession       ESTABLISHED
TCP CORP1:1714               172.16.48.203:nbsession       ESTABLISHED
TCP CORP1:1719               172.16.48.36:nbsession        ESTABLISHED
TCP CORP1:1241               172.16.48.101:nbsession       ESTABLISHED
UDP CORP1:1025               *:*
UDP CORP1:snmp               *:*
UDP CORP1:nbname             *:*
UDP CORP1:nbdatagram         *:*
UDP CORP1:nbname             *:*
UDP CORP1:nbdatagram         *:*
```

四、tracert 命令

1．命令的原理与作用

tracert(跟踪路由)是路由跟踪实用程序，用于确定 IP 数据报访问目标所采取的路径。tracert 命令用 IP 生存时间(TTL)字段和 ICMP 错误消息来确定从一个主机到网络上其他主机的路由，可以使用 tracert 命令确定数据包在网络上的停止位置。

通过向目标发送不同 IP 生存时间(TTL)值的“Internet 控制消息协议(ICMP)”回应数据包，tracert 诊断程序确定到目标所经过的路由。要求路径上的每个路由器在转发数据包之前至少将数据包上的 TTL 递减 1。数据包上的 TTL 减为 0 时，路由器应该将“ICMP 已超时”的消息发回源节点。

2．命令的格式与参数

1) 命令格式

tracert [-d] [-h maximum_hops] [-j host-list] [-w timeout] target_name

2) 命令参数

-d：指定不将 IP 地址解析到主机名称。

-h maximum_hops：指定跃点数以跟踪到称为 target_name 的主机的路由。

-j host-list：指定 Tracert 实用程序数据包所采用路径中的路由器接口列表。

-w timeout：等待 timeout 为每次回复所指定的毫秒数。

target_name：目标主机的名称或 IP 地址。

3. 命令的执行与操作

1) tracert 远程主机(域名)

当 tracert 命令不使用其他参数时，将显示远程主机的连接情况，如图 1-8 所示。

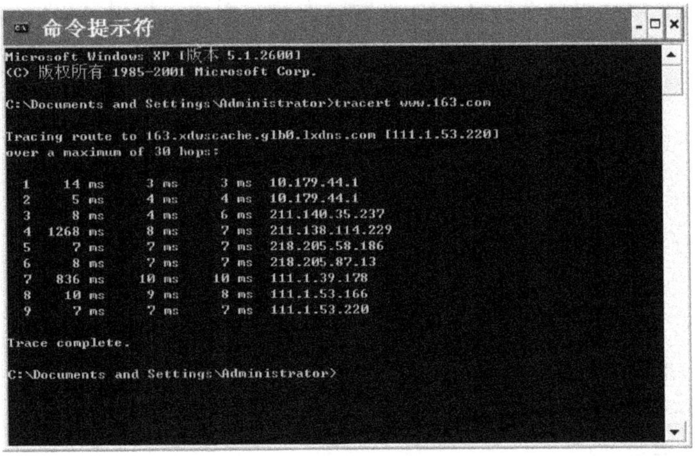

```
命令提示符
Microsoft Windows XP [版本 5.1.2600]
(C) 版权所有 1985-2001 Microsoft Corp.

C:\Documents and Settings\Administrator>tracert www.163.com

Tracing route to 163.xdwscache.glb0.lxdns.com [111.1.53.220]
over a maximum of 30 hops:

  1    14 ms     3 ms     3 ms  10.179.44.1
  2     5 ms     4 ms     4 ms  10.179.44.1
  3     8 ms     4 ms     6 ms  211.140.35.237
  4  1268 ms     8 ms     7 ms  211.138.114.229
  5     7 ms     7 ms     7 ms  218.205.58.186
  6     8 ms     7 ms     7 ms  218.205.87.13
  7   836 ms    10 ms    10 ms  111.1.39.178
  8    10 ms     9 ms     8 ms  111.1.53.166
  9     7 ms     7 ms     7 ms  111.1.53.220

Trace complete.

C:\Documents and Settings\Administrator>
```

图 1-8　tracert 域名结果

2) tracert 172.16.0.99 -d

该命令跟踪 172.16.0.99，但不解析主机名。例如：

Tracing route to 172.16.0.99 over a maximum of 30 hops

1 2s 3s 2s 10.0.0.1

2 75 ms 83 ms 88 ms 192.168.0.1

3 73 ms 79 ms 93 ms 172.16.0.99

Trace complete.

结果显示：数据包必须通过两个路由器(10.0.0.1 和 192.168.0.1)才能到达主机 172.16.0.99。主机的默认网关是 10.0.0.1，192.168.0.0 网络上的路由器的 IP 地址是 192.168.0.1。

3) tracert 192.168.10.99

该命令跟踪 IP 地址。例如：

Tracing route to 192.168.10.99 over a maximum of 30 hops

1 10.0.0.1 reportsestination net unreachable.

Trace complete.

结果显示：默认网关确定 192.168.10.99 主机没有有效路径。这可能是路由器配置的问题，或者是 192.168.10.0 网络不存在(错误的 IP 地址)。

五、ARP 命令

1. 命令的原理与作用

ARP(地址转换协议)是一个重要的TCP/IP协议，用于确定对应IP地址的网卡物理地址。使用 ARP 命令，能够查看本地计算机或另一台计算机的 ARP 高速缓存中的当前内容。此外，也可以用人工方式输入静态的网卡物理/IP 地址对(地址绑定)，使用这种方式为缺省网关和本地服务器等常用主机进行这项设置，有助于减少网络上的信息量。

按照缺省设置，ARP 高速缓存中的项目是动态的，每当发送一个指定地点的数据报且高速缓存中不存在当前项目时，ARP 便会自动添加该项目。一旦高速缓存的项目被输入，它们就已经开始走向失效状态。例如，在 Windows NT/2000 网络中，如果输入项目后不进一步使用，物理/IP 地址对就会在 2～10 分钟内失效。因此，如果 ARP 高速缓存中项目很少或根本没有时，通过另一台计算机或路由器的 ping 命令即可添加。所以，需要通过 ARP 命令查看高速缓存中的内容时，最好先 ping 此台计算机(不能是本机发送 ping 命令)。

2. 命令的格式与参数

1) 命令格式

ARP [-a、-s、-d][MAC 地址][IP 地址]

2) 命令参数

-a：显示 ARP 高速缓存中的所有内容。

-s：向 ARP 高速缓存中人工输入一个静态项目。

-d：人工删除一个静态项目。

3. 命令的执行与操作

1) ARP -a

如果使用过 ping 命令测试并验证从这台计算机到 IP 地址为 10.0.0.99 的主机的连通性，则 ARP 缓存显示以下项：

```
Interface:10.0.0.1 on interface 0x1
Internet Address      Physical Address      Type
10.0.0.99             00-e0-98-00-7c-dc     dynamic
```

在此例中，缓存项指出位于 10.0.0.99 的远程主机解析成 00-e0-98-00-7c-dc 的媒体访问控制地址，它是在远程计算机的网卡硬件中分配的。媒体访问控制地址是计算机用于与网络上远程 TCP/IP 主机物理通信的地址。

2) ARP -s 192.168.10.59 00-50-ff-6c-08-75

该命令捆绑 IP 和 MAC 地址，解决局域网内盗用 IP 地址的问题。再次执行 ARP -a 命令可以看到 IP 与 MAC 地址的绑定信息。

3) ARP -d 网卡 IP

该命令解除网卡的 IP 与 MAC 地址的绑定。可以通过 ARP -a 命令查看绑定前后的结果。

六、nbtstat

1. 命令原理与作用

TCP/IP 上的 NetBIOS(NetBT)将 NetBIOS 名称解析成 IP 地址。TCP/IP 为 NetBIOS 名称解析提供了很多选项，包括本地缓存搜索、WINS 服务器查询、广播、DNS 服务器查询以及 Lmhosts 和主机文件搜索。

nbtstat 是解决 NetBIOS 名称解析问题的有用工具。可以使用 nbtstat 命令删除或更正预加载的项目，释放和刷新 NetBIOS 名称。nbtstat(TCP/IP 上的 NetBIOS 统计数据)实用程序用于提供关于 NetBIOS 的统计数据。运用 NetBIOS，我们可以查看本地计算机或远程计算机上的 NetBIOS 名字列表。

2. 命令格式与参数

1) 命令格式

nbtstat [-a remotename][-A IPaddress][-c][-n][-r][-R][-RR][-s][-S][Interval]

2) 命令参数

-a remotename：显示远程计算机的 NetBIOS 名称表。

-A IPaddress：显示远程计算机 IP 地址。

-c：显示 NetBIOS 名称缓存内容、NetBIOS 名称表及其解析的各个地址。

-n：显示本地计算机的 NetBIOS 名称表。

-r：显示 NetBIOS 名称解析统计资料。

-R：清除 NetBIOS 名称缓存的内容并从 Lmhosts 文件中重新加载。

-RR：重新释放并刷新通过 WINS 注册的本地计算机的 NetBIOS 名称。

-s：显示 NetBIOS 客户和服务器会话，并试图将目标 IP 地址转化为名称。

-S：显示 NetBIOS 客户和服务器会话，只通过 IP 地址列出远程计算机。

Interval：重新显示选择的统计资料，可以中断每个显示之间的 Interval 中指定的秒数。

3. 命令的执行与操作

1) nbtstat -a remotename

该命令用于显示远程计算机的 NetBIOS 名称表，执行后如图 1-9 所示。从图 1-9 可以知道计算机当前的 NetBIOS 名为 BGJ01，属于 YLGZ 组或域，当前由 BGJ01 登录的计算机上所有应用程序的 NetBIOS 名称都被显示出来。当然也可以把计算机名换为 IP 地址，也就是 netstat -a 192.168.100.17，效果是一样的。这就有点像 UNIX/Linux 的 finger，如果经常用 netstat -a 一台主机，就可以收集到一些对方计算机中的用户列表了。

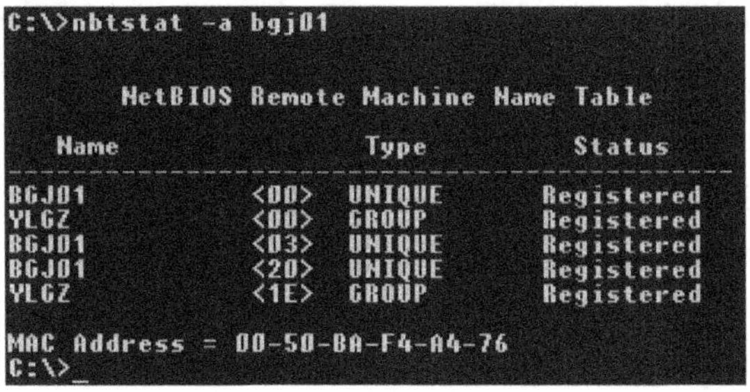

```
C:\>nbtstat -a bgj01

        NetBIOS Remote Machine Name Table

    Name               Type         Status
---------------------------------------------
BGJ01            <00>  UNIQUE      Registered
YLGZ             <00>  GROUP       Registered
BGJ01            <03>  UNIQUE      Registered
BGJ01            <20>  UNIQUE      Registered
YLGZ             <1E>  GROUP       Registered

MAC Address = 00-50-BA-F4-A4-76
C:\>_
```

图 1-9　nbtstat -a 的使用

2) nbtstat -s

该命令用于列出当前的 NetBIOS 会话及其状态(包括统计)，结果如下：

NetBIOS connection table

Local name State In/out Remote Host Input Output

CORP1 <00> Connected Out CORPSUP1<20> 6MB 5MB

CORP1 <00> Connected Out CORPPRINT<20> 108KB 116KB

CORP1 <00> Connected Out CORPSRC1<20> 299KB 19KB

CORP1 <00> Connected Out CORPEMAIL1<20> 324KB 19KB

CORP1 <03> Listening

3) nbtstat -r

该命令用于显示本机 NetBIOS 名称解析和注册统计资料。在配置使用 WINS 的 Windows 2000 计算机上，此命令返回通过广播或 WINS 注册的 NetBIOS 名称数量，如图 1-10 所示。

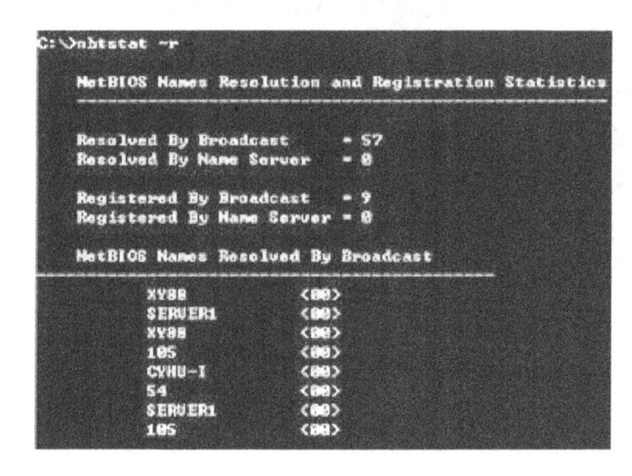

图 1-10　nbtstat -r 的使用

七、route 命令

1．命令的原理与功能

大多数主机一般都是驻留在只连接一台路由器的网段上。由于只有一台路由器，因此不存在使用哪一台路由器将数据报发送到远程计算机上去的问题，该路由器的 IP 地址可作为该网段上所有计算机的缺省网关来输入。但是，当网络上拥有两个或多个路由器时，我们就不一定想只依赖缺省网关了。实际上我们可能想让我们的某些远程 IP 地址通过某个特定的路由器来传递，而其他的远程 IP 地址则通过另一个路由器来传递。在这种情况下，我们需要相应的路由信息，这些信息储存在路由表中，每个主机和每个路由器都配有自己独一无二的路由表。大多数路由器使用专门的路由协议来交换和动态更新路由器之间的路由表。但在有些情况下，必须人工将项目添加到路由器和主机上的路由表中。route 就是用来显示、人工添加和修改路由表项目的。

2．命令的格式与参数

1) 命令格式

route [print、add、change、delete]

2) 命令参数

print：用于显示路由表中的当前项目，在单路由器网段上的输出；由于用 IP 地址配置了网卡，因此所有的这些项目都是自动添加的。

add：可以将可信路由项目添加给路由表。

change：修改数据的传输路由，但不能使用本命令来改变数据的目的地。

delete：使用本命令可以从路由表中删除路由。

3．命令的执行与操作

1) route add 209.98.32.33 mask 255.255.255.224 202.96.123.5 metric 5

该命令用于设定一个到目的网络 209.98.32.33 的路由，其间要经过 5 个路由器网段，首先要经过本地网络上的一个路由器，IP 为 202.96.123.5，子网掩码为 255.255.255.224。

2) route add 209.98.32.33 mask 255.255.255.224 202.96.123.250 metric 3

该命令用于将数据的路由改到另一个路由器，它采用一条包含 3 个网段的更短的路径。

3) route delete 209.98.32.33

使用本命令可以从路由表中删除路由。

八、net 命令

net 命令是网络命令中最重要的一个，必须透彻掌握它的每一个子命令的用法，因为它的功能实在是太强大了，简直就是微软为我们提供的最好的入侵工具。这里只介绍子命令的功能如下，关于具体的操作可以进一步参考相关资料。

(1) net view：使用此命令查看远程主机的所有共享资源。

(2) net use：把远程主机的某个共享资源影射为逻辑驱动器，图形界面方便使用。

(3) net start：启动远程主机上的服务，用法为 net start servername。

(4) net stop：停止(关闭)远程主机上的服务。

(5) net user：查看和账户有关的情况，包括新建账户、删除账户、查看特定账户、激活账户、账户禁用等。

(6) net time：查看远程主机当前的时间。

除了以上常用的网络命令外，还有 FTP(文件传输协议)、Telnet(远程登录)、pathping(测试路由器)等命令在不同的网络环境下发挥着不同的作用，为网络管理带来了方便。

实验 1-2　双绞线的制作

➢ 实验目标

通过实验了解双绞线的特点和不同线序的应用环境，认识和熟悉网线制作工具的使用方法，掌握直通线和交叉线的制作方法，从而理解一般局域网的拓扑结构和连接方法。

(1) 完成直通线的网线制作过程。

(2) 对网线的连通性进行检测。

(3) 使用网线将计算机连接到交换机。

➢ 实验要求

多台具有 RJ-45 接口以太网网卡的计算机、5 类非屏蔽双绞线、水晶头、压线钳、网线测试仪、交换机/HUB 等。

➢ 实验步骤

一、直通线的制作

因为大多数网线使用直通线，所以本实验以直通线的制作过程为例(也可以选择交叉线的制作，其步骤基本相同)。直通线的制作步骤如下：

(1) 准备好 5 类线、水晶头和一把专用的压线钳。

(2) 用压线钳的剥线刀口将 5 类线的外保护套管划开(小心不要将里面的双绞线的绝缘层划破)，刀口距 5 类线的端头至少 2 厘米，如图 1-11 所示。

(3) 将划开的外保护套管剥去(旋转、向外抽)。

(4) 露出 5 类线电缆中的 4 对双绞线。

(5) 按照 EIA/TIA-568B 标准和导线颜色将导线按规定的序号排好。

(6) 将 8 根导线平坦整齐的平行排列，导线间不留空隙。

(7) 准备用压线钳的剪线刀口将 8 根导线剪断。

(8) 剪断电缆线，如图 1-12 所示。(请注意：一定要剪得很整齐，剥开的导线长度不可太短(10～12 mm)，可以先留长一些，不要剥开导线的绝缘外层。)

图 1-11　双绞线制作(2)

图 1-12　双绞线制作(8)

(9) 将剪断的电缆线放入 RJ-45 插头试试长短(要插到底)，电缆线的外保护层最后应能够在 RJ-45 插头内的凹陷处被压实，反复进行调整，如图 1-13 所示。

(10) 在确认一切都正确后(特别要注意不要将导线的顺序排列反了)，将 RJ-45 插头放入压线钳的压头槽内，准备最后的压实，双手紧握压线钳的手柄，用力压紧。(请注意，在这一步骤完成后，插头的 8 个针脚接触点就穿过导线的绝缘外层，分别和 8 根导线紧紧地压接在一起了，如图 1-14 所示。)

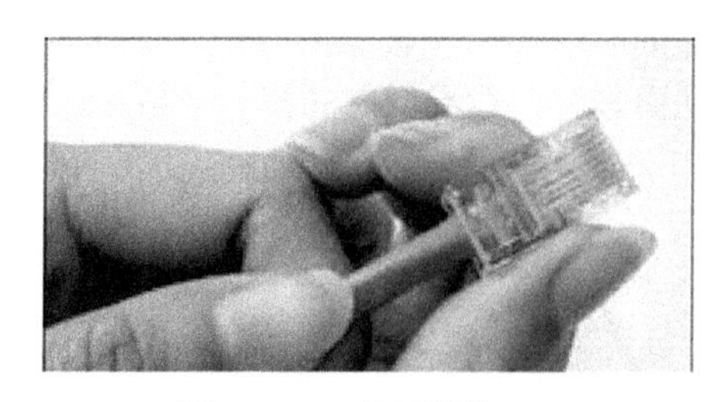

图 1-13　双绞线制作(9)

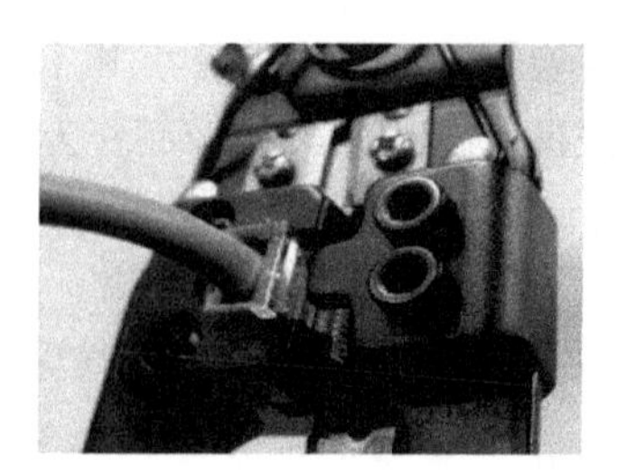

图 1-14　双绞线制作(10)

使用同样的步骤完成另外一个头的制作，这样，一根完整的直通线就制作完成了。

二、网线的检测

综合布线系统测试分为验证测试和认证测试两大类。

验证测试又称随工测试，用简单的测试仪完成，只要能测试连通性和线缆长度即可。测试时通过观察显示灯的闪烁次序来判断连通性，如图 1-15 所示。

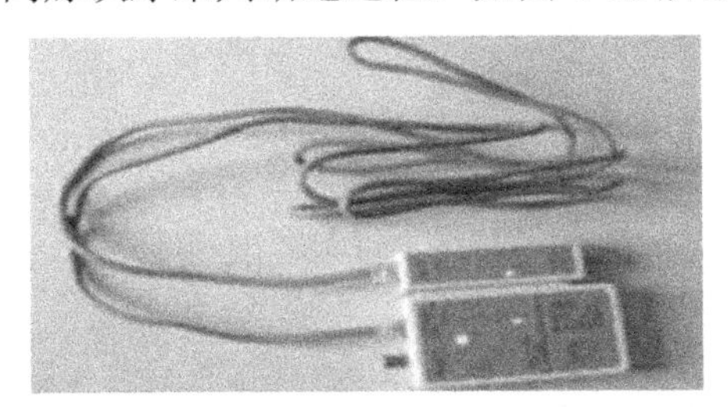

图 1-15 双绞线验证测试

认证测试又称验收测试，是线缆置信度测试中最严格的测试，包括连通性测试和电气性能测试。认证测试除了测试线缆基本连通性外还可以测试线缆是否满足某类或某级要求。认证测试标准的两大组织是 ISO/IEC 和 TIA/EIA，采用的国家标准是《建筑与建筑群综合布线系统工程验收规范》(GB/T 50311—2000)。

三、网线的连接

使用做好的直通线连接主机和交换机，测试直通线的连通性。如果制作的为交叉线，可以直接连接两台主机，测试交叉线的连通性，如图 1-16 所示。

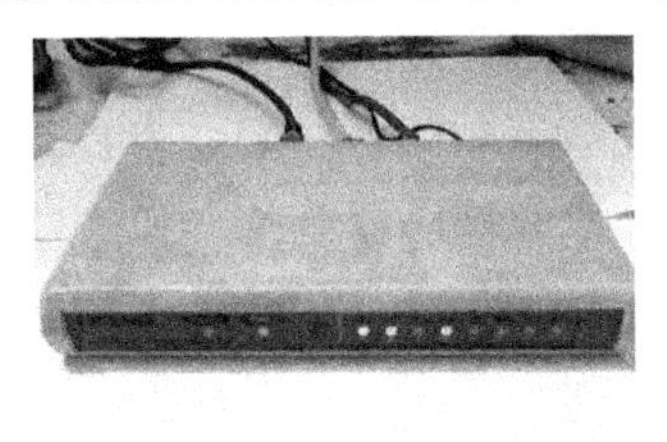

图 1-16 双绞线连接

实验 1-3 局域网连接与设置

➢ 实验目标

(1) 了解和学习与构建局域网相关的综合布线、常见的网络设备、网络体系结构模型、局域网介质访问控制方法、无线局域网、子网规划与划分、虚拟局域网等的基本概念。

(2) 掌握对等网的组建方法、对等网的配置、对等网中映射网络驱动器的设置方法、对等网中文件夹和打印机共享的设置和使用方法等。

(3) 使用双绞线把若干台 PC 通过交换机组建成一个星型结构的局域网，并分别为每台 PC 配置 IP 地址。运用测试命令 ping 来测试局域网的连通情况，并且分析数据传输的速度。

➢ 实验要求

安装有 Windows 系列操作系统的 PC 两台或多台、平行双绞线多根、集线器/交换机一台、打印机一台等。

➢ 实验步骤

一、网卡的安装

1. 网卡的硬件安装

(1) 关闭机箱电源，将网卡插入一个空闲的 PCI 插槽。

(2) 将网卡与机箱接口处的螺钉固定好，防止出现短路。

(3) 合上机箱盖，并将网线与网卡的 RJ-45 接口相连。

2. 安装网卡的驱动程序

常见网卡安装后系统即会自动安装驱动。如果系统没有内置网卡驱动，则要安装厂家驱动程序或者选择一个兼容该型号网卡的驱动程序。其安装过程如下：

(1) 安装好网卡硬件后，开启计算机→进入系统→自动检测到新安装的网卡；

(2) 插入网卡的驱动盘；

(3) 根据屏幕提示逐步操作；

(4) 系统自动寻找相应的网卡驱动程序并执行安装过程；

(5) 安装结束后，屏幕出现完成安装的提示对话框，单击“确定”按钮；

(6) 在“设备管理器”窗口中查看网卡是否安装好，如图 1-17 所示。

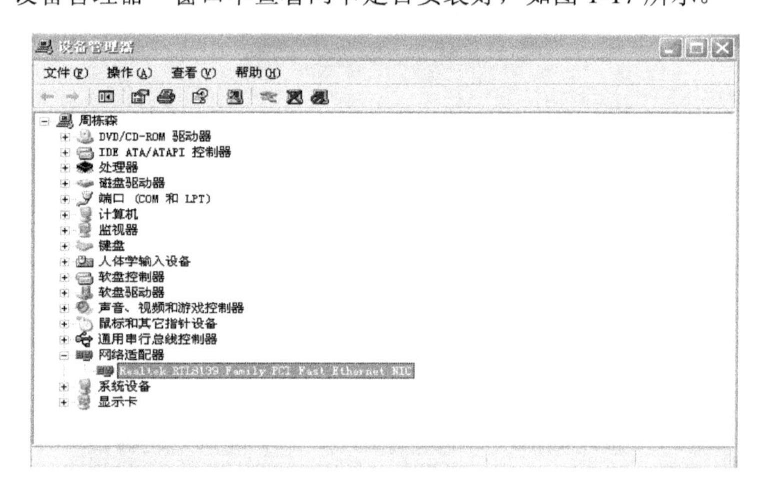

图 1-17　设备管理器

二、网络属性的设置

用网卡和网线将电脑通过交换机连接到局域网里，只是完成了局域网的硬件连接，要实现节点之间的通信、资源共享，甚至是要通过局域网网关的连接共享进行上网，就必须进行网络属性的设置。

1. 打开“网络属性”

在桌面上用鼠标右键单击“网上邻居”，在右键菜单上点选“属性”选项后打开“网络连接”窗口，看到一个名为“本地连接”的图标。用鼠标右键单击这个图标，然后在右键菜单上点选“属性”选项，如图 1-18 所示。

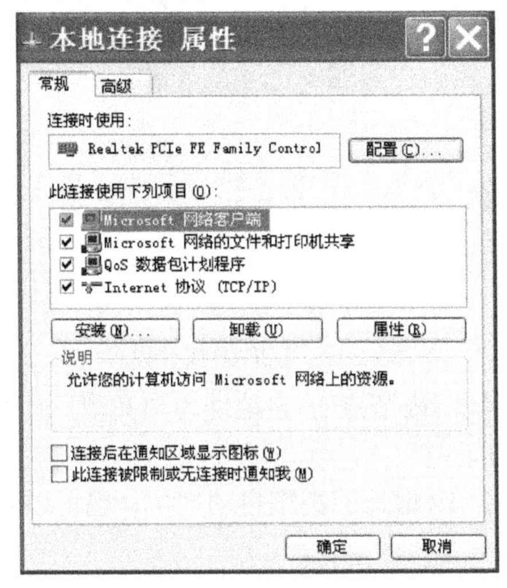

图 1-18　“本地连接”属性

一般作为网络连接的节点，必须安装和配置以下三个项目：

(1) Microsoft 网络客户端：安装此选项电脑才可以作为网络客户端访问网络上的共享资源，否则在“网络邻居”中看不到其他相邻的计算机。

(2) Microsoft 网络的文件和打印机共享：可以提供本地资源的共享，用以提供局域网其他节点的访问，否则其他节点在其“网络邻居”中看不到本机。

(3) Internet 协议(TCP/IP)：本机不管通过各种方式连接因特网都要安装此协议，并要配置相应的参数。如果只在局域网中通信可以安装“NetBEUI”，这是微软的对等网协议。也可以安装多种协议。

2. 选择“TCP/IP 协议”

在“本地连接”的属性窗口中查看“此连接使用下列项目”栏，该栏里大多为一些协议，如上网所需的“TCP/IP”协议、玩网络游戏需要的“IPX/SPX”协议等，要确保顺利上网，必须要对“Internet 协议(TCP/IP)”进行设置，所以用鼠标左键选择这一项后，再点击“属性”按钮打开“IP 地址”栏。

3. 输入 IP 地址

在“IP 地址”栏填上电脑的 IP 地址，然后在子网掩码栏单击鼠标，Windows 就会自动根据 IP 地址判断出这类 IP 地址的子网掩码并给出正确的数字(也可以根据需要修改)，第三项要填的是局域网里网关的 IP 地址，最后一项需要填写的是 DNS 服务器(域名解析服务器)的 IP 地址，全部填好之后，点击“确定”将该窗口关闭，如图 1-19 所示。

IP 地址可以有两种分配方法，一种方式为自动获取 IP 地址，一般需要局域网中配置

DHCP 服务器，如果没有 DHCP，则从缺省的地址范围(192.168.1.1～192.168.1.254)中随机获取，称为“动态 IP 地址”；另一种方式为手工指定 IP 地址，称为“静态 IP 地址”。

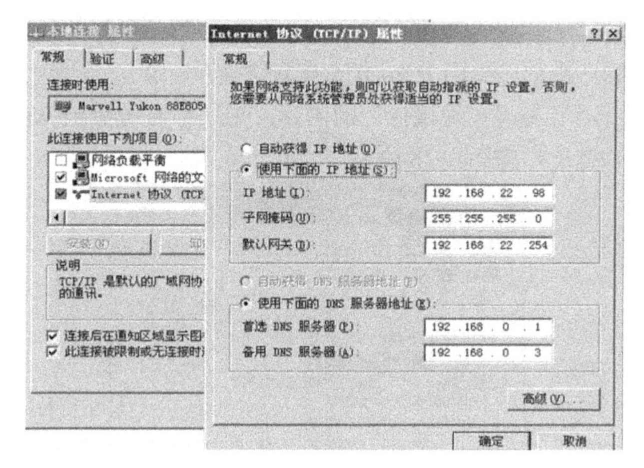

图 1-19　TCP/IP 属性设置

(1) IP 地址：要保证局域网内节点的 IP 地址为同类型，且网络地址相同，否则不是一个网段，局域网内不能通信。

(2) 子网掩码：可以根据 IP 地址的类型自动产生，也可以修改，但必须保证局域网内计算机的子网掩码相同。

(3) 默认网关：局域网通过代理服务器上网，默认网关地址即为代理服务器的内网连接的地址。同一网段，默认网关地址必须相同。

(4) DNS 服务器：指定 Intranet(企业网)的 DNS 服务器的 IP 地址，或 ISP 提供商提供的 DNS 服务器地址。如果不连接因特网，此项可以不填。

(5) 高级 TCP/IP 设置：通过此选项可以进一步进行 IP 设置、DNS、WINS 等选项的配置。

三、集线器/交换机连接的对等网

将多台安装了网卡和配置好相应网络属性的计算机通过双绞线(平行线)连接到集线器/交换机的普通端口，如图 1-20 所示。

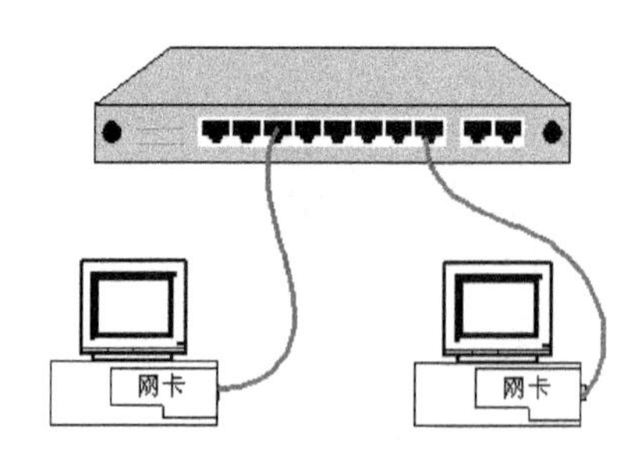

图 1-20　集线器的连接

四、网络测试

(1) 进入命令行模式后输入 ping 127.0.0.1，如果可以 ping 成功，则说明 TCP/IP 协议正常；ping 相邻计算机的 IP，如果 ping 成功，则说明网络连接正常。

(2) 利用“搜索”是否成功来判断。

(3) 打开“网上邻居”，如果能够发现对方的计算机名，则说明对等网络已经连接成功。

五、文件夹共享

1. 设置共享文件夹

设置共享的方法：单击鼠标右键，在弹出的快捷菜单中选择“共享”，在弹出的对话框中设定共享名、共享类型等内容。共享类型分为“只读”和“完全”(可读、可写、可删)，单击“确定”按钮之后在该文件夹的图标出现一个蓝色的小手，说明共享成功了。

设置的共享文件夹在默认情况下，可以被有访问权限的用户在“网上邻居”中看到。如果希望用户在浏览网络资源的时候看不到，只能通过 URL 地址才能访问共享文件夹，需要将其隐藏。隐藏共享只需在共享名称后加上“$”符号即可，如图 1-21 所示。

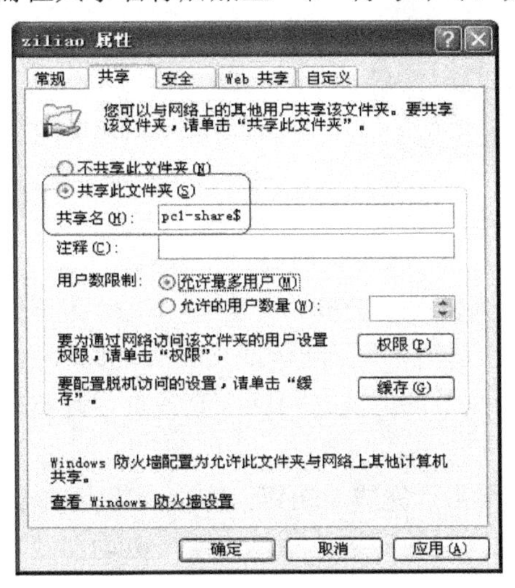

图 1-21　文件夹共享

2. 取消共享

通过“资源管理器”或“我的电脑”找到需取消共享的文件夹，右击文件夹图标，在弹出的快捷菜单中单击“共享”选项，打开“属性”对话框，在对话框中单击“共享”选项卡，选择“不共享该文件夹”，单击“确定”按钮即取消共享。

3. 使用共享文件夹

设置共享后，同一网络上的其他计算机访问共享磁盘或文件夹时，就像访问本地磁盘或文件夹一样方便。设置方法是双击桌面的“网上邻居”图标，找到相应的计算机，双击该计算机后，该计算机的共享资源就会以共享名列出，访问这些共享资源就如同使用本地计算机上的资源一样，从而实现了资源共享。

六、映射网络驱动器

映射网络驱动器就是将网络中其他计算机上设置的共享驱动器或文件夹，映射为本机上的一块虚拟硬盘，使用它就如同使用本机上的真正硬盘一样。

对于经常使用的某文件夹(或网络驱动器)，可以将之映射到自己的计算机上。首先打开“网上邻居”，找到经常使用的资源(他人共享文件夹)，用鼠标右键单击，弹出一个菜单，选择“映射网络驱动器”，在“驱动器”下拉列表中选择所映射的网络驱动器在你的计算机中所占的盘符(默认按照已有驱动器号顺序往后排)，点击“确定”按钮完成设置。当打开“我的电脑”时，就能看到多了一个磁盘驱动器了。

还有一种设置方法如下：

(1) 右击桌面上的“我的电脑”图标，从快捷菜单中选择“映射网络驱动器”命令，弹出“映射网络驱动器”对话框，如图 1-22 所示。

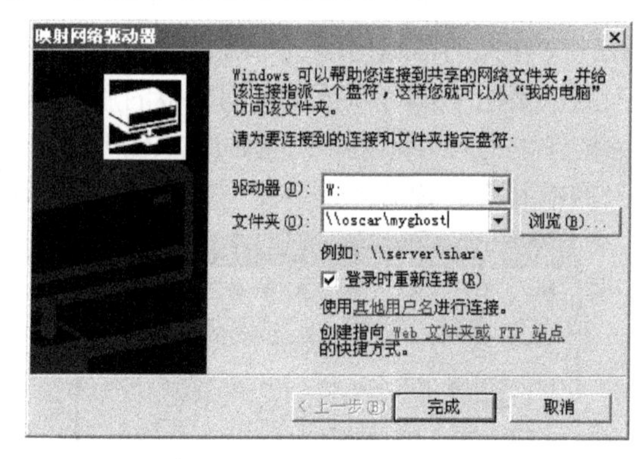

图 1-22　映射网络驱动器

(2) 从“驱动器”下拉列表框中选择一个盘符，这个盘符作为本机上的硬盘使用，在“文件夹”中键入其他计算机上共享驱动器或文件夹的路径，格式是:\\计算机名称\路径\磁盘或文件夹名称。也可用浏览的方式在网络上查找其他计算机上共享驱动器或文件夹的路径。

(3) 完成上述设置后，单击“完成”按钮，实现网络驱动器的映射。双击“我的电脑”后，在窗口内就会出现刚刚映射的网络驱动器，网络驱动器就可以和本地驱动器一样使用了(见图 1-23)。

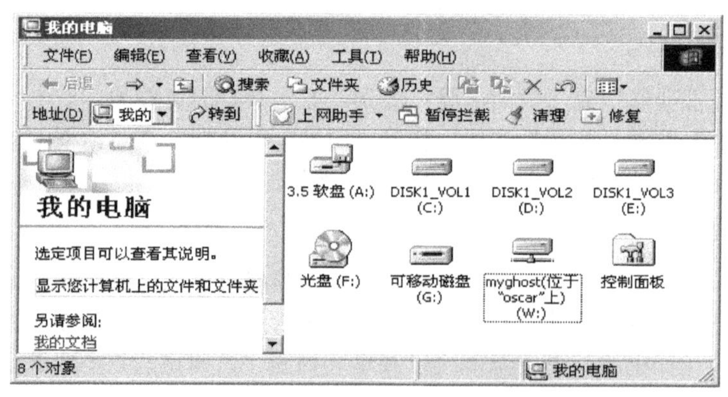

图 1-23　“我的电脑”中的网络驱动器

用户还可以通过 NET USE 命令完成网络驱动器的映射。

在 PC 上单击【开始】|【运行】菜单，输入“cmd”命令，打开命令提示符；输入命令“NET USE H: \\pc1\pc1-share”，如果提示命令成功完成，则说明网络驱动器映射成功，

如图 1-24 所示。

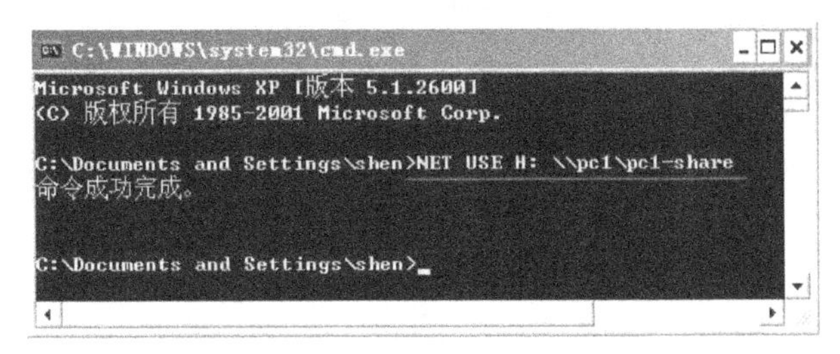

图 1-24　通过命令映射网络驱动器

命令格式：NET USE X:\\计算机名称\共享名称。

要断开映射的驱动器使用 NET USE X:/delete 命令即可。

显示远程计算机的共享资源可用命令：NET VIEW 计算机名(或 IP 地址)。

七、打印机共享

如果局域网中只有一台打印机，可以将其设置为共享打印机，局域网中的其他计算机通过安装共享打印机后，就可以像使用本地打印机一样使用共享打印机了。当然，为了满足网络用户使用打印机，连接打印机的主机必须处于工作状态。这样可以大大节约打印机的投资成本，还便于对打印作业进行集中管理。

1．添加本地打印机

从“开始”菜单的“设置”项中选择“打印机”命令，打开“打印机”窗口，或是通过“控制面板”的打印机图标打开“打印机”窗口，然后双击添加打印机图标，弹出“添加打印机向导”对话框，按提示安装打印机，在安装过程中安装到“打印机共享”时要选择“共享为”选项，并设置共享名，如图 1-25 所示；也可以在安装完成后，右击“打印机”设置共享。

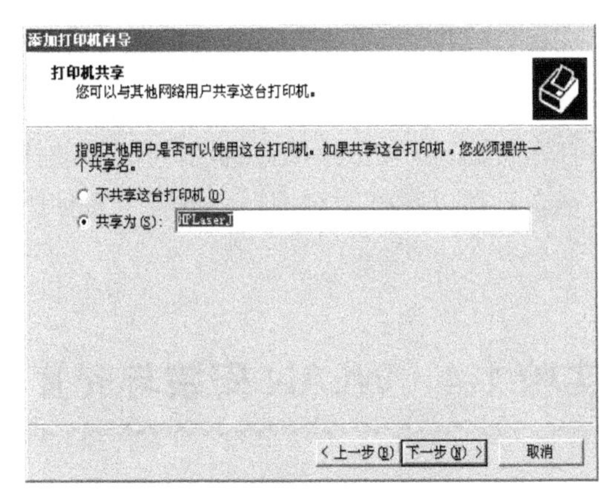

图 1-25　添加本地打印机

2．共享本地打印机

安装完毕，在返回的“打印机”窗口中就出现了安装好的共享打印机图标，如图 1-26 所示。此时可以像设置共享文件夹一样设置对打印机的访问权限，方法是右击共享打印机图标，从快捷菜单中选择“共享”命令，在弹出的对话框中进行设置。

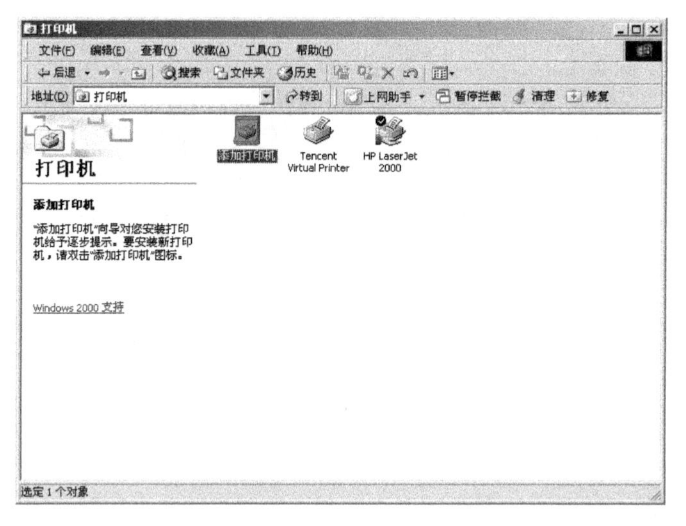

图 1-26　打印机共享

3．网络打印机的安装

(1) 在没有安装打印机的局域网中的其他计算机上，和安装本地打印机一样，打开“打印机”窗口，双击窗口中的“添加打印机”。

(2) 选择“网络打印机”，单击“下一步”按钮，弹出“查找打印机”对话框。

(3) 单击“下一步”按钮，弹出对话框，要求用户确认是否将安装的网络打印机设置为默认打印机。

(4) 选择“是”，单击“下一步”按钮，弹出“正在完成添加打印机向导”对话框，对话框中说明了网络打印机在哪一台计算机上，共享名称是什么等信息。

(5) 单击“完成”按钮，完成对网络打印机的安装。

4．使用网络打印机

使用网络打印机打印文档与使用本地打印机打印文档方法是一样的。例如，要打印一个 Word 文档，单击“文件”菜单下“打印”命令，弹出“打印”对话框后，在打印机“名称”一栏中选择网络共享打印机即可。如果网络上有多台共享的打印机，而你的计算机也安装了多台网络打印机，那么，可以在打印对话框中选择一台你所需要的网络打印机，使文档在这台打印机上打印。

实验 1-4　WLAN 安装与配置

➢ 实验目标

(1) 理解 WLAN 的工作原理、网络组成和相关协议。

(2) 完成无线路由器的安装与配置。

(3) 共享 Internet 接入。

(4) 实现 WLAN 内的资源共享。

➢ 实验要求

一台可以接入 Internet 的计算机(如 ADSL 接入)、一台无线路由器、一台带有双绞线接口的 PC、无线网卡。

➢ 实验步骤

一、WLAN 设备的安装

(1) 正确连接和安装无线路由器。路由器既起到星型网交换机、无线接入点的作用，也起到接入广域网的作用，是 WLAN 的核心设备。

(2) 有线节点通过双绞线接入无线路由器。

(3) 无线节点安装无线网卡(或者具有无线网卡的笔记本电脑)，如图 1-27 所示。

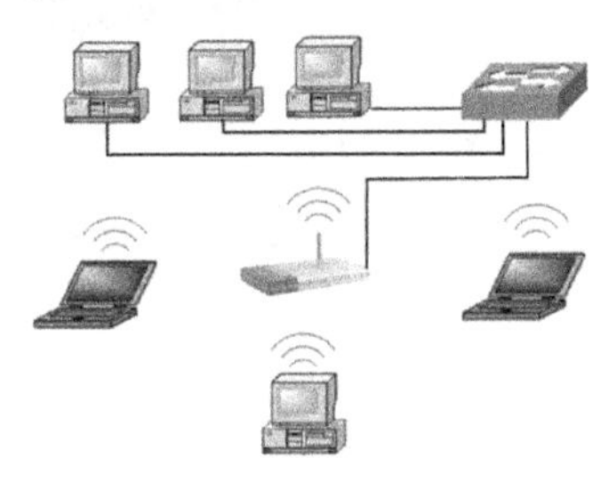

图 1-27　WLAN 的连接

二、无线网卡的配置

(1) 安装驱动。首先正确安装无线网卡的驱动，然后选择：控制面板→网络连接→无线网络连接，右键单击“选择”属性。在无线网卡连接属性中选择“配置”，选择属性中的“AD Hoc 信道”，在值中选择“6”，其值应与路由器无线设置频段的值一致，点击“确定”按钮。

(2) 设置频段。一般情况下，无线网卡的频段不需要设置，系统会自动搜索。因此，如果设置好无线路由后，无线网卡无法搜索到无线网络，一般多是频段设置的原因，按以上所述设置正确的频段即可。

(3) 网络连接。设置完成后，选择：控制面板→网络连接→无线网络连接，选择“无线网络连接状态”。正确情况下，无线网络应是正常连接的。

如果无线网络连接状态中没有显示连接，点击“查看无线网络”，然后选择“刷新网络列表”，在系统检测到可用的无线网络后，点击“连接”按钮，即可完成无线网络连接。

三、无线路由器的配置

1．通过 Web 访问路由器

路由器设置多是通过 Web 进行设置的。由于路由器在没有正确设置以前，无线功能可能无法使用，因此需将电脑通过网线与路由器连接。首先需在浏览器地址栏中输入路由器默认的 IP 地址 192.168.1.1。路由器的默认 IP 地址可能不相同，可在路由器上的标明或说明书中找到其默认 IP 地址。在这里需要说明一下：在通过 Web 设置路由器时，当前与路由器连接的电脑的 IP 地址，必须与路由器设置在同一网关中；如路由器 IP 地址是 192.168.1.1，则与之连接的电脑的 IP 地址可设置成 192.168.1.2～192.168.1.255 之间的任一地址。

2. 登录配置界面

在与路由器连接的电脑 IE 浏览器中输入路由器的 IP 地址(192.168.1.1)，输入相应的用户名和密码(参见路由器说明书)，便可打开无线路由器的配置界面，如图 1-28 所示。

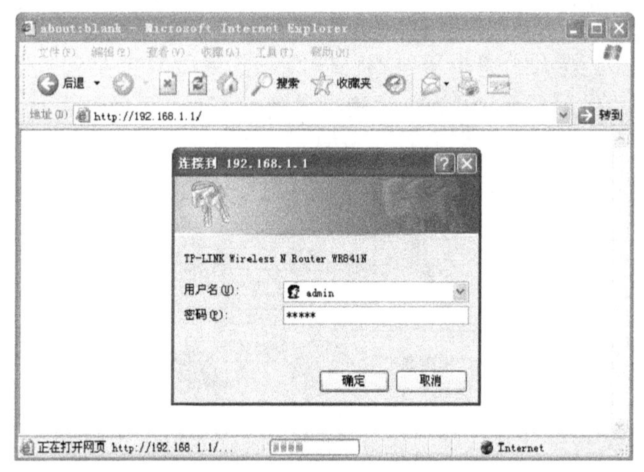

图 1-28　登录路由器设置界面

3. 无线路由器参数设置

(1) 在打开的配置中心点击设置向导。

(2) 选择上网方式后，点击“下一步”按钮后输入宽带或上网的账号和密码(一般由 ISP 提供)。

(3) 设置 DHCP 服务，可以选择启用或不启用，如图 1-29 所示。

(4) 设置无线路由器的密码，这样能防止别人盗用你的网络资源，如图 1-30 所示。

(5) 设置完成后，重启路由器使设置生效，接下来就可以使用无线路由器上网了。

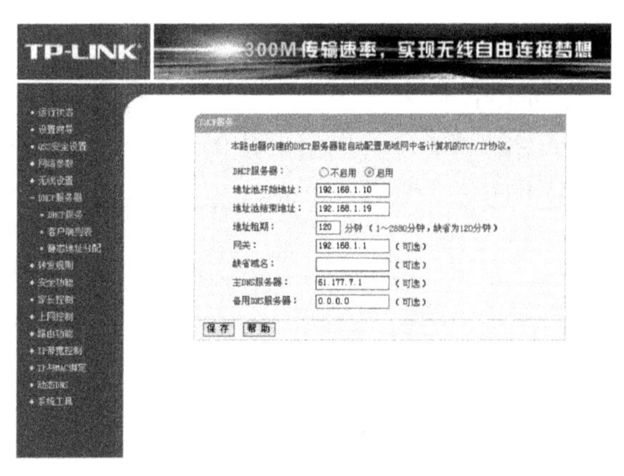

图 1-29　设置无线路由器的 DHCP 功能

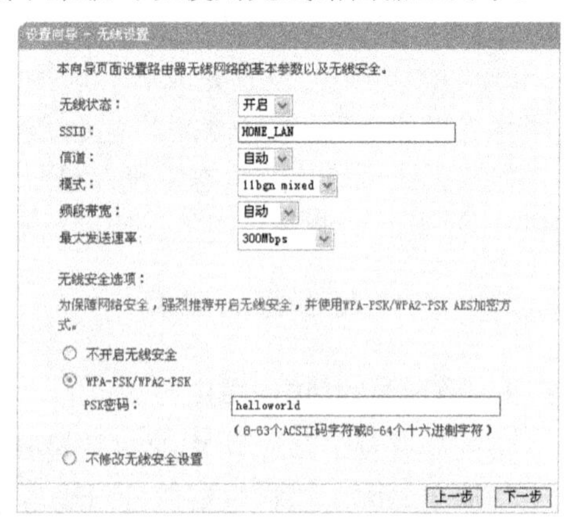

图 1-30　设置无线网络参数

四、节点的网络设置

(1) 有线/无线节点的 IP 地址：路由器启用 DHCP 时，可选择“自动获取 IP 地址”，否则要手工指定与路由器同类的 IP 地址。

(2) 在无线网络配置界面中选择本地无线路由器标识，即可完成无线网络连接，如图 1-31 所示。

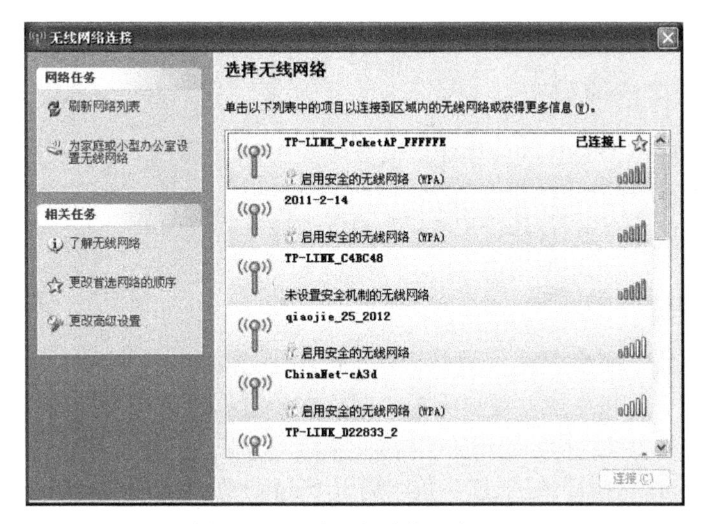

图 1-31　无线网络连接状态显示

五、网络连通性测试

通过 ping 192.168.1.1 测试本节点与路由器的连通性，除此之外 WLAN 正常连接后其测试方法与一般局域网相似，这里不再赘述。

【实验作业】

一、网络常用命令的操作

(1) 通过 ping 检测网络故障。

正常情况下，当使用 ping 命令来查找问题所在或检验网络运行情况时，需要使用许多 ping 命令，如果所有都运行正确，就可以相信基本的连通性和配置参数没有问题；如果某些 ping 命令出现运行故障，它也可以指明到何处去查找问题。下面就给出一个典型的检测次序及对应的可能故障：

ping 127.0.0.1

ping 本机 IP

ping 局域网内其他 IP

ping 网关 IP

ping 远程 IP

ping localhost

ping www.163.com(或其他域名)

如果上面所列出的所有ping命令都能正常运行，那么对计算机进行本地和远程通信的功能基本上就可以放心了。但是，这些命令的成功并不表示所有的网络配置都没有问题，例如，某些子网掩码错误就可能无法用这些方法检测到。

(2) 执行 ipconfig、netstat、tracert、ARP 等命令，掌握操作方法和命令参数，了解其功能和作用。

二、平行双绞线的制作

(1) 按照 T568B—T568B 的线序完成双绞线的布置。

(2) 连接水晶头(网线钳)。

(3) 测试连通性(网线测试仪)。

三、小型局域网的连接

(1) 网卡、网线、交换机/集线器与计算机的物理连接。

(2) 通过“本地连接”属性窗口完成“网络客户端”、“文件和打印机共享”、“Internet 协议 TCP/IP”(包括 IP 地址等)的相关配置。

(3) 通过 ipconfig 查看网络配置参数，通过 ping 命令测试网络的连通性。

四、WLAN 的操作

(1) 安装配置无线网卡(或带有无线网卡的笔记本电脑)。

(2) 安装无线网络路由器，通过电脑配置无线网络路由器参数：WAN 端口、DHCP 范围、访问密码等。

(3) 测试无线节点的连通性(ping 命令或访问网络资源)。

【提升与拓展】

一、网络常用命令的使用技巧

1. ping 的使用技巧

ping 是个使用频率极高的实用程序，用于确定本地主机是否能与另一台主机交换(发送与接收)数据包。根据返回的信息，就可以推断 TCP/IP 参数是否设置得正确以及运行是否正常。需要注意的是：成功地与另一台主机进行一次或两次数据包交换并不表示 TCP/IP 配置就是正确的，必须执行大量的本地主机与远程主机的数据包交换，才能确信 TCP/IP 的正确性。

2. netstat 的妙用

经常上网的人一般都使用 ICQ 的，不知道有没有被一些讨厌的人骚扰，想投诉却又不知从何下手？其实，只要知道对方的 IP 地址，就可以向他所属的 ISP 投诉了。但怎样才能通过 ICQ 知道对方的 IP 地址呢？如果对方在设置 ICQ 时选择了不显示 IP 地址，那我们是无法在信息栏中看到的。那怎么办呢？

其实，只需要通过 netstat 就可以很方便的做到这一点：当对方通过 ICQ 或其他的工具与我们相连时(例如我们给他发一条 ICQ 信息或他给我们发一条信息)，我们立刻在 DOS 命令提示符下输入 netstat -n 或 netstat -a 就可以看到对方上网时所用的 IP 或 ISP 域名了，甚至连所用的 Port 都完全暴露给我们了。

3. tracert 的使用技巧

如果有网络连通性问题，可以使用 tracert 命令来检查到达的目标 IP 地址的路径并记录结果。tracert 命令显示用于将数据包从计算机传递到目标位置的一组 IP 路由器，以及每个跃点所需的时间。如果数据包不能传递到目标，tracert 命令将显示成功转发数据包的最后一个路由器。当数据报从我们的计算机经过多个网关传送到目的地时，tracert 命令可以用来跟踪数据包使用的路由(路径)。

该实用程序跟踪的路径是源计算机到目的地的一条路径，不能保证或认为数据包总遵循这个路径。如果我们的配置使用 DNS，那么我们常常会从所产生的应答中得到城市、地址和常见通信公司的名字。tracert 是一个运行得比较慢的命令(如果我们指定的目标地址比较远)，每个路由器我们大约需要给它 15 秒钟的时间。

二、RJ-45 引脚的作用

对于常用的 10Base-T 和 100M-TX 以太网而言，PC 网卡上的 8 个引脚中，1、2 引脚用于发数据，3、6 引脚用于收数据。此外，1、3 引脚使用高电平，2、6 引脚使用低电平。两个设备如果使用以太网双绞线连接，某一根线的一端连接到高电平发送数据的引脚，另一端必须连接到高电平接收数据的引脚。由于集线器、交换机等设备使用与 PC 相反的引脚发收策略，即 1、2 引脚收，3、6 引脚发，所以主机和交换机之间的连线两端顺序一致，这种线称为直通线。而主机与主机之间用双绞线直连，需要将一端连接引脚 1、2 的线连于另一端的 3、6 引脚，这种线称为交叉线。

换言之，我们制作的双绞线如果应用于 10Base-T 和 100M-TX 以太网，引脚 1、2、3、6 是信号线，必须连接正常，而引脚 4、5、7、8 是非信号线，如果接触不好或有其他连接问题不影响使用。根据这一特点我们在特定的环境下可以实现“网线一分二”，即把 RJ-45 的 8 根线分成两组，各接一对水晶头，即一根双绞线可以当作两根使用。

而对于 1000Base-T 的网络连接为高速网络，8 根引脚都必须连接完好，否则不能通信。

三、双绞线测试的常见故障分析

(1) 测试仪指示灯为红灯或黄灯，说明存在接触不良或线序错误等现象。解决方法是首先用压线钳将两端水晶头再压制一次，再测后如果故障依旧存在，就得检查一下芯线的排列顺序是否正确。如果芯线顺序错误，那么就应重新进行制作。

(2) 主测试仪和远程测试端对应线号的灯都不亮，说明这根导线断路。主测试仪和远程测试端对应的几条线号的灯都不亮，说明这几根导线断路。当少于两根导线连通时，所有灯都不亮。

(3) 测试直通线时，如果主测试仪对应线号灯显示 1-2-3-4-5-6-7-8，与主测试仪端连通的远程测试端的线号灯显示 1-3-2-4-5-6-7-8，说明 2、3 网线乱序，以此类推，应检查芯线的排列顺序。

(4) 主测试仪显示不变，远程测试端对应两条线号的灯都不亮，说明这两根导线短路。有三条或三条以上线短路时，则所有短路的几条线的灯都不亮。

四、局域网的故障检测

局域网是基本的网络形态，是广域网的核心组成部分。由于其结构复杂、应用多样化，因此局域网的软硬件故障也是纷繁复杂。我们可以分类说明其故障检测和排除方法。

1．网络不通

这是最常见的问题，解决问题的基本原则是先软后硬。

(1) 先从软件方面去考虑，检查是否正确安装了 TCP/IP 协议，是否为局域网中的每台计算机都指定了正确的 IP 地址。

(2) 使用 ping 命令，看其他的计算机是否能够 ping 通。如果不通，则证明网络连接有问题；如果能够 ping 通，但是有时候丢失数据包，则证明网络传输有阻塞，或者说是网络设备接触不太好，需要检查网络设备。

(3) 当整个网络都不通时，可能是交换机或集线器的问题，要看交换机或集线器是否在正常工作。

(4) 如果只有一台电脑网络不通，且只能看到本地计算机，而看不到其他计算机，可能是网卡和交换机的连接有问题，则要首先看一下 RJ-45 水晶头是不是接触不良，然后再用测线仪测试一下线路是否断裂，最后检查一下交换机上的端口是否正常工作。

2．连接故障

(1) 检查 RJ-45 接口是否制作好，RJ-45 是 10Base-T 网络标准中的接口形式，检查水晶头中 8 根线序是否正确，注意平行线与交叉线的应用场合。

(2) 检查 HUB 或者交换机的接头是否有问题，如果某个接口有问题，可以换一个接口来测试，或者更换交换设备来测试。

3．网卡故障

(1) 网卡的问题不太明显，所以在测试的时候最好是先测试网线再测试网卡，如果有条件的话，可以使用测线仪或者万用表进行测试。

(2) 查看网卡是否正确安装驱动程序，如果没有安装驱动程序，或者驱动程序有问题，则需要重新安装驱动程序。

(3) 硬件冲突。需要查看与什么硬件冲突，然后修改对应的中断号和 I/O 地址来避免冲突，有些网卡还需要在 CMOS 中进行设置。

4．病毒故障

互联网上有许多能够攻击局域网的病毒，如红色代码、蓝色代码、尼姆达等。某些病毒除了使计算机运行变慢，还可以阻塞网络，造成网络塞车。对付这些新病毒，大多数病毒厂商，例如，360 安全卫士、瑞星、KV3000 等都在其主页上设有对付的办法。在这里一定要注意，除了要养成良好的上网习惯、定时查杀病毒外，必须对杀毒软件进行及时的升级更新。

五、WLAN 在家庭局域网中的应用

现代家庭往往拥有台式电脑、笔记本电脑、智能手机、上网电视机等多种网络终端设备，对网络接入有着不同的需求，位于书房的台式电脑和位于客厅的上网电视机的摆放位置基本是固定的，且均带有集成的 RJ-45 接口，不会有移动上网的需求，希望拥有稳定的网络连接；而笔记本电脑与智能手机均内置无线网卡，希望可以随时随地访问局域网络。在此环境下通过无线路由器建立AP模式的WLAN是最佳的选择，其网络连接图如图1-32所示。

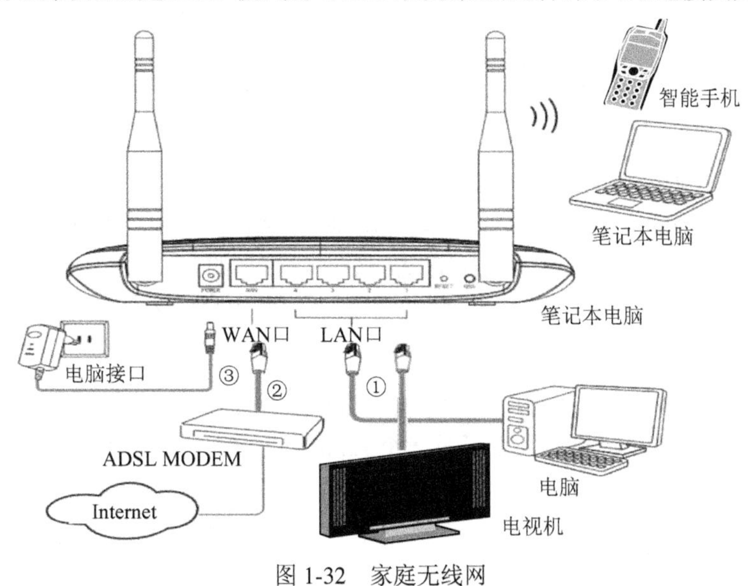

图 1-32　家庭无线网

实验 2　网络操作系统的安装与配置

【基础知识介绍】

一、常用的网络操作系统

1. Unix 操作系统

Unix 是一个通用的、交互作用的分时系统，最早版本是由美国电报电话公司(AT&T)贝尔实验室的 K.Thompson 和 M.Ritchie 共同研制的，目的是为了在贝尔实验室内创造一种进行程序设计研究和开发的良好环境。它从一个非常简单的操作系统，发展成为性能先进、功能强大、使用广泛的操作系统，并成为了事实上的多用户、多任务操作系统的标准。

2. Linux 操作系统

Linux 是一种在 PC 上执行的、类似 Unix 的操作系统。1991 年，芬兰赫尔辛基大学的一位年轻学生 Linus B.Torvalds 发表了第一个 Linux，它是一个完全免费的操作系统，即只要用户遵守自由软件联盟协议，便可以自由地获取程序及其源代码，并能自由地使用它们，包括修改和复制等。

3. NetWare 操作系统

NetWare 最初是为 Novell S-Net 网络开发的服务器操作系统。1983—1989 年，Novell 公司不断推出功能增强的 NetWare 版本，虽然同期出现的局域网操作系统还有 3Com 的 3[+]、IBM 的 PC LAN 以及 Banyan 的 Vines 等，但 NetWare 以其独特的设计思想、优秀的性能和良好的用户界面在竞争中胜出。在中国，直到 20 世纪 90 年代初，NetWare 几乎是局域网操作系统的代名词，其 3.12、4.11 两个版本得到了广泛使用。

4. Windows 操作系统

微软公司的 Windows 系统不仅在个人操作系统中占有绝对优势，在网络操作系统中也具有非常强劲的力量，Windows 网络操作系统在中小型局域网配置中是最常见的。微软的网络操作系统有：Windows NT 4.0 Server、Windows 2000 Server、Windows Server 2003 以及目前广泛应用的 Windows Server 2008 等。

网络操作系统的选择要从网络应用出发，分析所设计的网络到底需要提供什么服务，然后分析各种操作系统提供这些服务的性能与特点，最后确定使用何种网络操作系统。

二、Windows Server 2008 概述

Windows Server 2008 是继承 Windows Server 2003 的微软服务器操作系统，在进行开

发及测试时的代号为“Windows Longhorn Server”。它是一套相当于 Windows Vista(代号为 Longhorn)的服务器系统，两者拥有很多相同的功能；Windows Vista 及 Windows Server 2008 与 Windows XP 及 Windows Server 2003 间存在相似的关系。

Windows Server 2008 通过加强操作系统和保护网络环境提高了安全性，通过加快 IT 系统的部署与维护使服务器和应用程序的合并与虚拟化更加简单，通过提供直观管理工具为 IT 专业人员提供了灵活性。Windows Server 2008 为任何组织的服务器和网络基础结构奠定了最好的基础。Windows Server 2008 具有新的增强的基础结构，先进的安全特性和改良后的 Windows 防火墙支持活动目录用户和组的完全集成。

Windows Server 2008 用于在虚拟化工作负载、支持应用程序和保护网络方面向组织提供最高效的平台。它为开发和可靠地承载 Web 应用程序和服务提供了一个安全、易于管理的平台。从工作组到数据中心，Windows Server 2008 都提供了令人兴奋且很有价值的新功能，对基本操作系统做出了重大改进。

1. Windows Server 2008 的特点

(1) 易于构架：对于绝大多数管理员来讲，熟悉 Windows 操作界面，无需重新熟悉新操作系统的管理命令、界面、操作。

(2) 易于管理：利用 Windows Server 2008 的活动目录、管理控制台，实现全网所有资源的统一管理，在一台服务器或一台客户机上可以管理本地和远程的所有资源。

(3) 丰富的服务：Windows Server 2008 本身内置提供 DNS、Web、FTP、RAS、WINS、备份等功能齐全的网络服务。

(4) 应用软件的支持：微软拥有自己的数据库产品 SQL Server、电子邮件产品 Exchange、代理服务器软件 Proxy 等，这些容易与 Windows Server 2008 网络操作系统整合，实现资源的统一管理。

(5) 稳定性：微软从发布 Windows NT 3.5 到 4.0，再到 Windows 2000 Server 及 Windows Server 2008，都对操作系统作了大量的完善和改进，使其具有良好的稳定特性。

(6) 安全性：Windows Server 2008 环境提供了更完善、更深层次的安全管理，包括文件、文件夹权限管理、用户、域的组织等，对于病毒和黑客攻击的威胁能确保网络的安全，无需第三方安全手段。

2. Windows 2008 Server 的版本

Windows Server 2008 在 32 位和 64 位计算机平台中分别提供了标准版、企业版、数据中心版、Web 服务器版和安腾版这五个版本的服务器操作系统。

(1) Windows Server 2008 Standard Edition(Windows Server 2008 标准版)：这个版本提供了大多数服务器所需要的角色和功能，也包括全功能的 Server Core 安装选项。

(2) Windows Server 2008 Enterprise Edition(Windows Server 2008 企业版)：这个版本在标准版的基础上提供更好的可伸缩性和可用性，附带了一些企业技术和活动目录联合服务。

(3) Windows Server 2008 Datacenter Edition(Windows Server 2008 数据中心版)：这个版本可以在企业版的基础上支持更多的内存和处理器，以及无限量地使用虚拟镜像。

(4) Windows Server 2008 Web Server(Windows Server 2008 Web 服务器版)：这是一个特别版本的应用程序服务器，只包含 Web 应用，其他角色和 Server Core 都不存在。

(5) Windows Server 2008 Itanium(Windows Server 2008 安腾版)：这个版本是针对Itanium(安腾)处理器技术的服务器操作系统。

三、域的相关概念

当管理的是中型以上规模计算机网络时，通常不再采用对等式工作的网络，而会采用C/S 工作模式的网络，并应用 B/S 的模式来组建网络的应用系统。在单域、域树、森林等多种网络的组织结构中，企业只有规划一个合理的网络结构，才能很好地管理与使用网络。

(1) 域(Domain)：域是一个有安全边界的计算机集合，也可以理解为是服务器控制网络上的计算机能否加入的计算机组合。在域模式(主从式)网络中，资源集中存放在一台或者几台服务器上，在服务器上为每一位员工建立一个账户即可，用户只需登录该服务器就可以使用服务器中的资源。

(2) 域树：域树由多个域组成，如图 2-1 所示，这些域共享同一表结构和配置，形成一个连续的名字空间。树中的域通过信任关系连接起来，活动目录包含一个或多个域树。在域树中，父域和子域的信任关系是双向可传递的，因此域树中的一个域隐含地信任域树中所有的域。

(3) 域林：域林是指由一个或多个没有形成连续名字空间的域树组成，如图 2-2 所示。它与域树最明显的区别就在于域林之间没有形成连续的名字空间，而域树则是由一些具有连续名字空间的域组成。但域林中的所有域树仍共享同一个表结构、配置和全局目录。

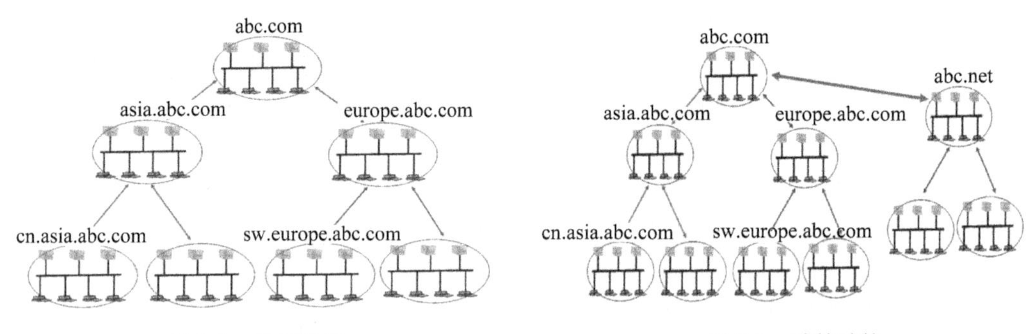

图 2-1　域树结构　　　　图 2-2　域林结构

(4) 域控制器：在域模式下，至少有一台服务器负责每一台连入网络的电脑和用户的验证工作，相当于一个单位的门卫一样，称为“域控制器(Domain Controller，简写为 DC)”。它包含了由这个域的账户、密码、属于这个域的计算机等信息构成的数据库。根据域的规模也可以建立多个域控制器，但其中只能有一个主域控制器(PDC)，其他域控制器称为备份域控制器(BDC)，活动目录信息会自动在 PDC、BDC 之间同步。BDC 除了协助 PDC 进行账户登录验证工作外，在 PDC 失效时，可以将自身提升为 PDC。

(5) 域的信任关系：在实际的应用中，一个域常常有访问另一个域中的资源的需要。为了解决用户跨域访问资源的问题，可以在域之间引入信任，有了信任关系，域 A 的用户想要访问域 B 中的资源，让域 B 信任域 A 就可以了。信任关系可以是单向信任，也可以是双向信任，信任关系可以是可传递的，也可以是不可传递的。

(6) 活动目录：活动目录 AD(Active Directory)是一种目录服务，它存储有关网络对象(如用户、组、计算机、共享资源、打印机和联系人等)的信息，并将结构化数据存储作为目录信息逻辑和分层组织的基础，使管理员比较方便地查找并使用这些网络信息。活动目录是域的核心，是在Windows 2000 Server就推出的新技术，它最大的突破性和成功之一也就在于它全新引入了活动目录服务，使Windows 2000 Server与Internet上的各项服务和协议联系更加紧密。但活动目录并不是Windows Server 2008中必须安装的组件。

四、用户账户与组

1．用户账户的类型

在计算机网络中，计算机的服务对象是用户，用户通过账户访问计算机资源，所以用户也就是账户。Windows Server 2008针对这两种工作模式提供了三种不同类型的用户账户，分别是本地用户账户、域用户账户和内置用户账户。

1) 本地用户账户

本地用户账户(简称本地账户)对应对等网的工作组模式，建立在非域控制器的Windows Server 2008独立服务器、成员服务器以及Windows XP客户端。本地账户只能在本地计算机上登录，无法访问域中其他的计算机资源。

2) 域用户账户

域用户账户(简称域账户)对应于域模式网络，域账户和密码存储在域控制器上的Active Directory数据库中，域数据库的路径为：域控制器中的系统盘下\Windows\NTDS\NTDS.DIT。因此，域账户和密码被域控制器集中管理。用户可以利用域账户和密码登录域，访问域内资源。

3) 内置用户账户

Windows Server 2008中还有一种账户叫内置用户账户(简称内置账户)，它与服务器的工作模式无关。当Windows Server 2008安装完毕后，系统会在服务器上自动创建一些内置账户，分别如下：

(1) Administrator(系统管理员)。Administrator拥有最高的权限，管理着Windows Server 2008的系统和域。系统管理员的默认名字是Administrator，可以更改系统管理员的名字，但不能删除该账户。该账户无法被禁止，永远不会到期，不受登录时间和只能使用指定计算机登录的限制。

(2) Guest(来宾)。Guest是为临时访问计算机的用户提供的，该账户自动生成，且不能被删除，可以更改名字。Guest只有很少的权限，默认情况下，该账户被禁止使用。

(3) Internet Guest(网络来宾)。Internet Guest是用来供Internet服务器的匿名访问者使用的，但是在局域网中并没有太大的作用。

2．组的类型

有了用户之后，为了简化网络的管理工作，Windows Server 2008中提供了用户组的概念。用户组就是指具有相同或者相似特性的用户集合。组也可以是指本地计算机或Active Directory中的对象，包括用户、联系人、计算机和其他组。

根据组的作用范围，Windows Server 2008域内的组又分为通用组、全局组和本地域组，这些组的特性说明如下：

(1) 通用组。通用组可以指派所有域中的访问权限，以便访问每个域内的资源。它可以访问任何一个域内的资源，成员能够包含整个域目录林中任何一个域内的用户组、通用组、全局组，但无法包含任何一个域内的本地域组。

(2) 全局组。全局组主要用来组织用户，即可以将多个即将被赋予相同权限的用户账户加入到同一个全局组中。它可以访问任何一个域内的资源，成员只能包含与该组相同域中的用户和其他全局组。

(3) 本地域组。本地域组主要被用来指派在其所属域内的访问权限，以便可以访问该域内的资源，但只能访问同一域内的资源，无法访问其他不同域内的资源。成员能够包含任何一个域内的用户组、通用组、全局组以及同一个域内的域本地组，但无法包含其他域内的域本地组。

五、Linux 的版本

Linux 的版本分为内核版本和发行版本两种，内核版本指内核小组开发维护的系统内核的版本号，内核版本的每一个版本号都是由四个部分组成：主版本、次版本、修订版本、附版本；发行版本将 Linux 内核、源码以及相关应用软件集成为一个完整的操作系统，发行版本由发行商确定。

一般谈论的 Linux 系统便是针对发行版本(Distribution)的。目前各种发行版本超过 300 种，现在最流行的套件有 Red Hat(红帽子)、红旗 Linux 等。

(1) Red Hat Linux(http://www.redhat.com)：Red Hat 是目前最成功的商业 Linux 套件发布商。它在 1999 年美国纳斯达克上市以来发展良好，目前已经成为 Linux 商界事实上的龙头。目前它旗下的 Linux 包括了两种版本，一种是个人版本的 Fedora，另一种是商业版本的 Red Hat Enterprise Linux。

(2) SUSE Linux Enterprise(http://www.novell.com/linux)：SUSE 是欧洲最流行的 Linux 发行套件，它在软件国际化上做出过不小的贡献。现在 SUSE 已经被 Novell 收购，发展也一路走好。不过，与红帽子相比，它并不太适合初级用户使用。

(3) Ubuntu(http://www.ubuntu.org.cn)：Ubuntu 是 Linux 发行版本中的后起之秀，它具备吸引个人用户的众多特性：简单易用的操作方式、漂亮的桌面、众多的硬件支持……它已经成为 Linux 界一个耀眼的明星。

(4) 红旗 Linux(http://www.redflag-linux.com)：红旗 Linux 是国内比较成熟的一款 Linux 发行套件，它的界面十分美观，操作起来也十分简单，仿 Windows 的操作界面让用户使用起来更感亲切。

六、VMware Workstation 简介

所谓虚拟机(Virtual Machine)技术，就是用软件模拟现实的计算机系统的技术。利用这种技术，可以在现有计算机的主操作系统上建立几个同构或异构的虚拟计算机系统，这些虚拟机系统有独立的 CPU、内存、硬盘，甚至还拥有独立的 BIOS。目前主要的虚拟机软件有 VMware 公司的 VMware 和 Microsoft 公司的 Virtual PC。

VMware Workstation 是 VMware 公司出品的一款虚拟机软件。利用 VMware Workstation 可以在一台电脑上模拟出若干台机器，这些虚拟机如同真实机一样各自拥有自己独立的操作系统、CPU、硬盘、内存及其他硬件，用户可以像使用普通机器一样对它们进行分区、格式化、安装系统和应用软件等操作，所有的这些操作都不会对真实主机的硬盘分区和数据造成任何影响和破坏。

VMware 的主要产品包括：

(1) VMware-ESX-Server：该产品不需要操作系统的支持，因为它本身就是一个操作系统，用来管理硬件资源，所有的系统都安装在它的上面。它带有远程 Web 管理和客户端管理功能。

(2) VMware-GSX-Server：该产品需要安装在一个操作系统下，此操作系统可以是 Windows 2000 Server 以上的 Windows 系统或者是 Linux(官方支持列表中有 RH、SUSE、Mandrake)。它带有远程 Web 管理和客户端管理功能。

(3) VMware-Workstation：该产品需要安装在一个操作系统下，此操作系统可以是 Windows 或者 Linux。它没有 Web 远程管理和客户端管理。VMware Workstation 9.0 已经于 2012 年 8 月 27 日发布，支持微软的操作系统 Windows 8。

【能力培养】

网络操作系统(NOS)是网络的心脏和灵魂，是向网络计算机提供服务的特殊的操作系统。它在计算机操作系统的基础上增加了网络操作所需要的能力，其他的网络协议软件、网络通信软件、网络管理软件和网络应用软件必须在此基础上进行安装和应用。常用的网络操作系统包括：Windows Server 2008、Linux、Unix、Netware 等。

掌握网络操作系统的安装与配置方法是建立和管理计算机网络的必备能力，本实验主要结合 Windows Server 2008 和 Linux 操作系统介绍其配置和管理的相关操作。另外，为了适应不同网络实验环境的需要，介绍虚拟机软件 VMWare Workstation 的使用。

项　　目	能力培养目标
2-1　VMWare Workstation 的安装与配置	了解虚拟机的功能，掌握 VMWare 虚拟机的操作方法，为网络实验提供环境
2-2　Windows Server 2008 的安装与配置	掌握 Windows Server 2008 的安装、配置与操作方法，进一步理解 NOS 的功能
2-3　活动目录的安装与配置	掌握活动目录的安装与管理方法，进一步理解域的相关概念与功能
2-4　用户与组的管理	了解用户账户与组的概念与分类，掌握域用户与组的建立、授权与管理
2-5　Linux 系统的安装与配置	了解 Linux 的功能与特点，掌握红旗 Linux 的安装、配置与操作方法

【实验内容】

实验 2-1　VMWare Workstation 的安装与配置

➢ 实验目标

通过实验了解虚拟机的概念及其工作原理；掌握 VMWare Workstation 的安装、配置及操作，能够利用虚拟机构建简单的虚拟网络环境。

(1) 完成 VMWare Workstation 9.0 中文版的下载安装与配置。

(2) 建立虚拟机并进行相应的网络设置。

(3) 虚拟机安装 Windows XP 操作系统。

(4) 实现虚拟机的网络连接。

➢ 实验要求

安装有 Windows XP 操作系统的计算机并能够连接互联网。

➢ 实验步骤

一、VMWare Workstation 的安装

(1) 下载安装包：登录 http://www.vmware.com 或其他网站下载 VMware Workstation 9.0 中文版的安装包，下载完毕后，打开压缩文件。

(2) 执行安装文件：双击启动安装文件 VMware-workstation-full-9.0.1-894247.exe，安装时为英文提示，单击“Next(下一步)”按钮继续，如图 2-3 所示。

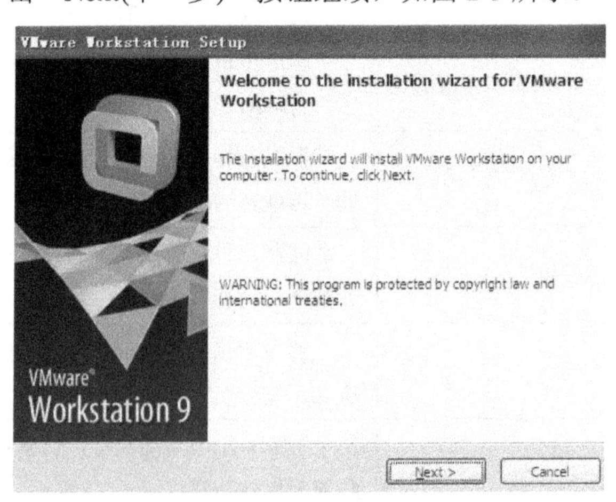

图 2-3　VMware workstation 安装向导

(3) 选择安装模式：选择“自定义模式”时，可以根据自己的需要选择安装的组件，其中前两个组件“核心组件”和“VIX 软件接口组件”为必选项，“强化键盘组件”和“VisualStudio 输入组件”为可选项，“典型模式”只安装必选项。这里选择“典型模式”安装，然后指定安装位置，如图 2-4 和图 2-5 所示。

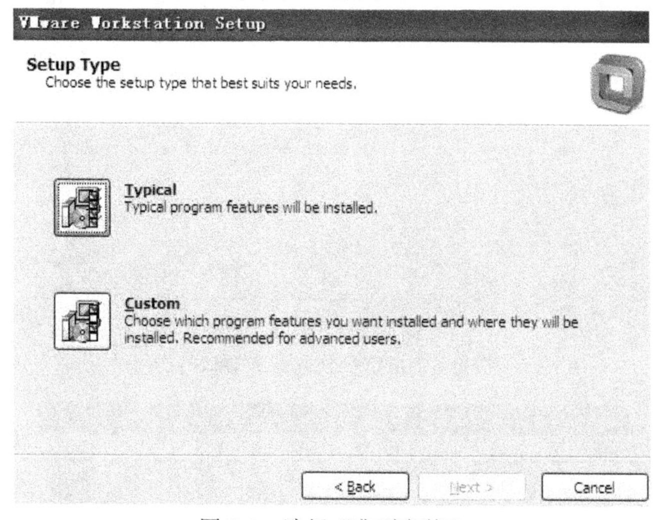

图 2-4　选择“典型安装”

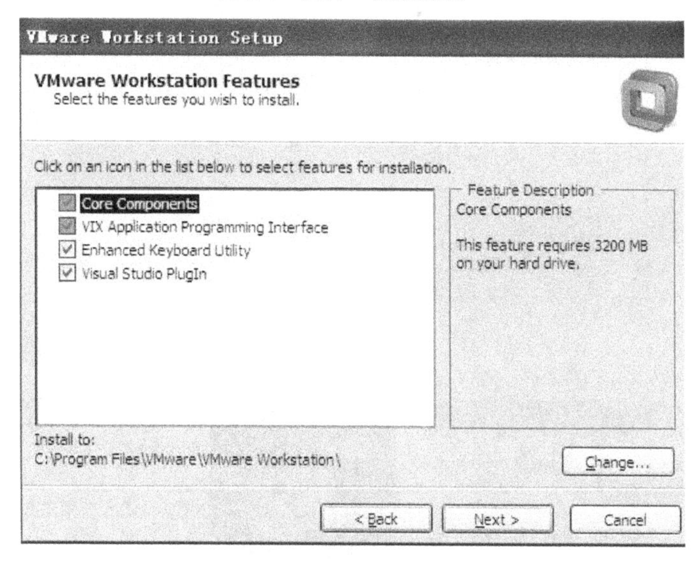

图 2-5　设置安装参数

(4) 指定存储共享虚拟机的位置，并指定端口号，如图 2-6 所示；“Check for product updates on startup”(开启软件时检察更新)复选框可以取消选择(建议手动更新)，如图 2-7 所示；去掉“Help improve VMware Workstation”(帮助改进软件)选项；接下来需要输入注册码(可自行百度搜寻 VMware Workstation 9.0 序列号)。

(5) 下一步需要选择创建的快捷方式，有可能出现与 XP 相兼容的问题，此时只要选择“仍然继续”，不需要更多的处理，如图 2-8 所示；最后点击“Finish”按钮就成功完成了英文原版的安装，如图 2-9 所示。

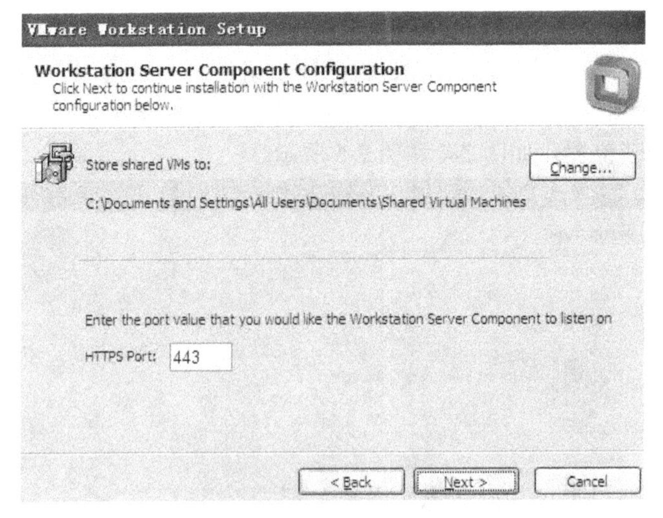

图 2-6　指定安装位置和端口号

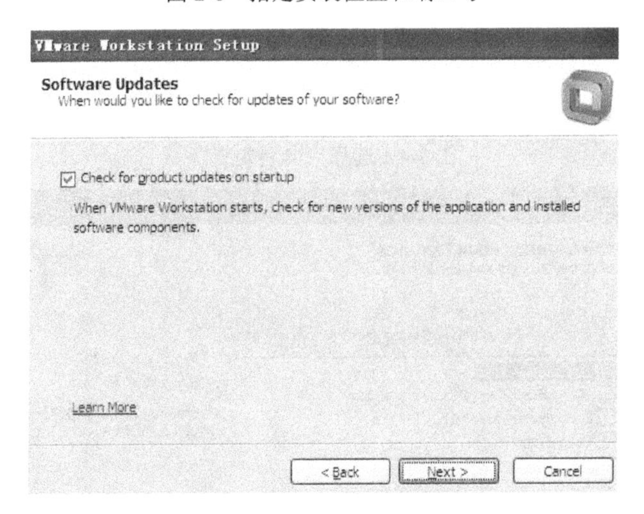

图 2-7　取消自动更新选项

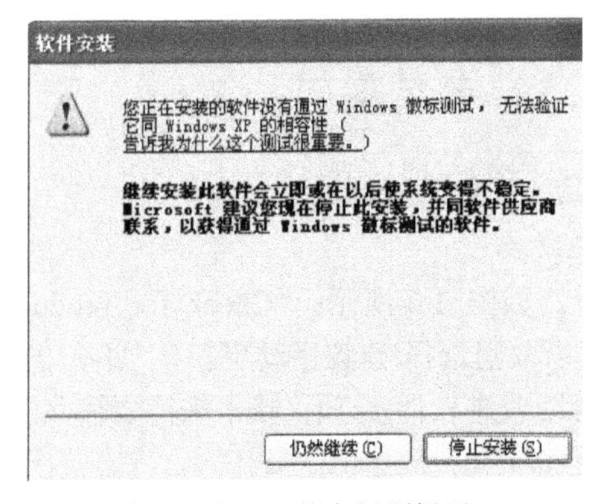

图 2-8　与 XP 兼容问题提示

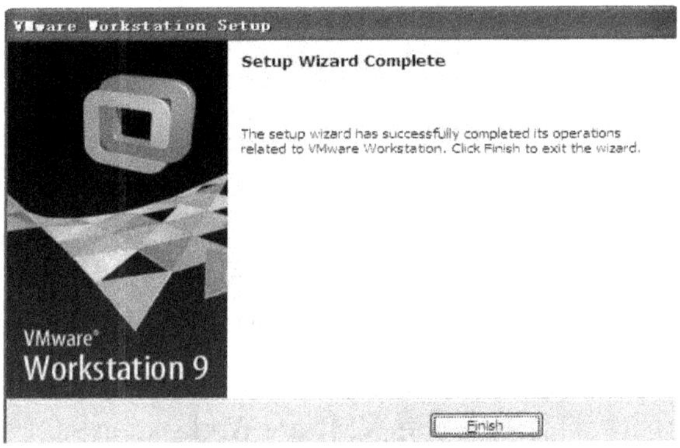

图 2-9　完成安装

(6) 安装汉化补丁：先下载安装补丁，下载完成后解压，将这些文件(文件夹别动)覆盖软件安装目录下的所有文件，如图 2-10 所示。重新启动则会实现系统界面的汉化。

图 2-10　汉化补丁程序

二、创建虚拟机

(1) 点击“文件→新建虚拟机”，选择“典型”配置，点击“继续”按钮，如图 2-11 所示。

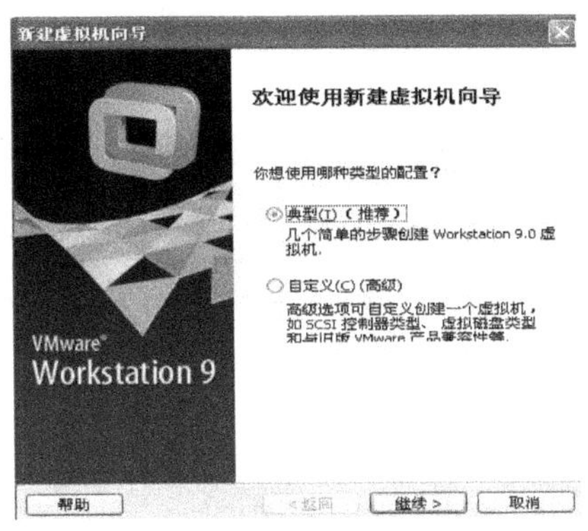

图 2-11　新建虚拟机向导

(2) 选择操作系统安装方式有三个选项推荐选择“安装盘映像文件(ISO)”，那么就需要事先下载操作系统的映像文件(如 windows_XP_ professional.ISO)，并存放在物理机硬盘的相应位置以便选择。如果只新建虚拟机，以后再安装操作系统，则选择第三项“我以后再安装操作系统(S)”，如图 2-12 所示。

接下来继续选择客户操作系统类型，这里选择“Microsoft Windows”，版本为“Windows XP Professional”，点击“继续”按钮，如图 2-13 所示。

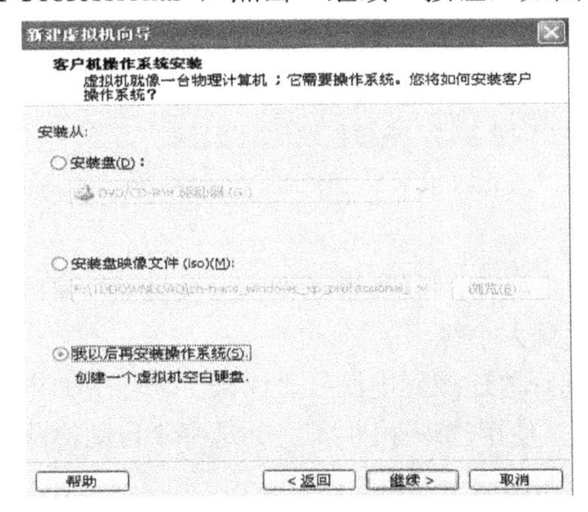

图 2-12　选择安装方式

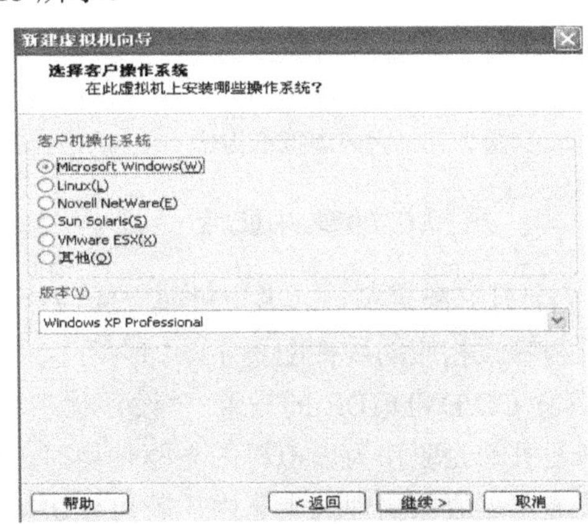

图 2-13　选择安装的操作系统

(3) 指定虚拟机的名称，默认采用所安装操作系统的名称，当然也可以自定义名称，如图 2-14 所示；然后指定虚拟机的磁盘容量(默认为 40 GB)，注意应该根据物理机的硬盘容量来设置，不宜过大但必须在 10 GB 以上，一般在 40 GB 就可以，如图 2-15 所示。

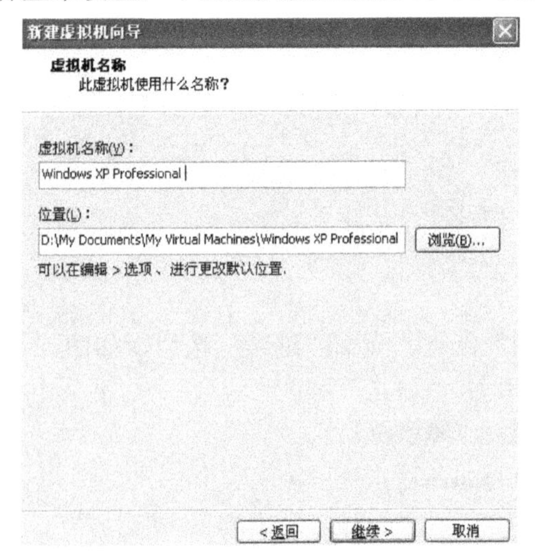

图 2-14　指定虚拟机名称和存储位置

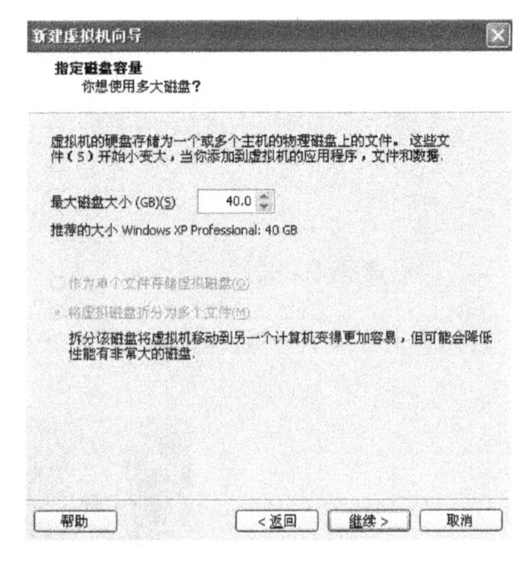

图 2-15　设置磁盘空间

(4) 确认安装信息，点击“完成”按钮，如图 2-16 所示；之后可在主界面调整该虚拟机的硬件分配设置，如图 2-17 所示。

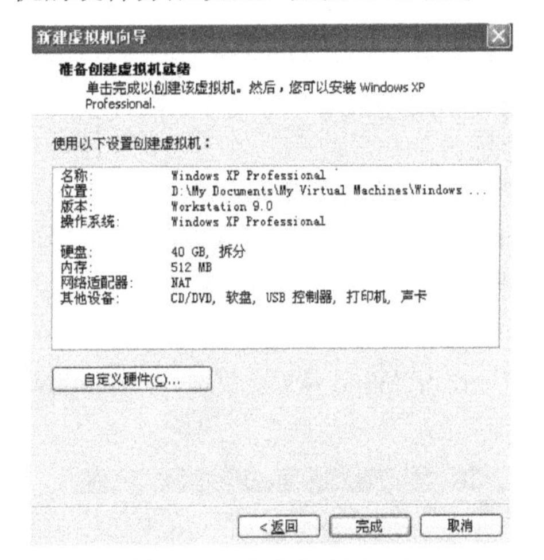

图 2-16　完成虚拟机构建

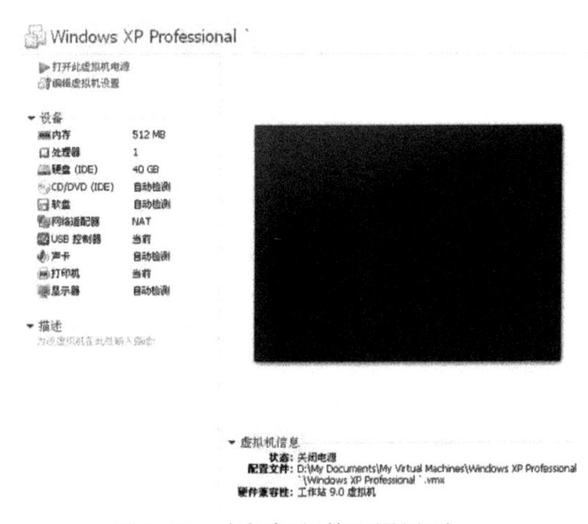

图 2-17　虚拟机硬件配置界面

三、虚拟机的硬件配置

(1) 打开配置窗口。虚拟机建立完成后(不需要启动)，就可以在“虚拟机设置”窗口中查看和修改相应的硬件配置了，如内存大小、硬盘大小等。

(2) CD/DVD(IDE)的设置。“设备状态”应选择“连接到电源”，“连接”选项中如果选择物理机的光驱作为虚拟机的光驱使用时，选择“使用物理驱动器”，并选择“自动检测”，将系统光盘放入物理机光驱内，就可以访问了，如图 2-18 所示。

一般情况下，通过下载光盘映像文件模拟光驱来访问时，应将光盘映像文件(如

Windows XP SP3.ISO)存到硬盘文件夹内。选中“使用 ISO”映像文件，点击“浏览”按钮，把下载的 Windows XP-SP3 的 RAR 文件解压后得到的 ISO 文件选中，点击“打开”按钮并确定，之后打开虚拟机电源，虚拟光驱就可以访问了，如图 2-19 所示。

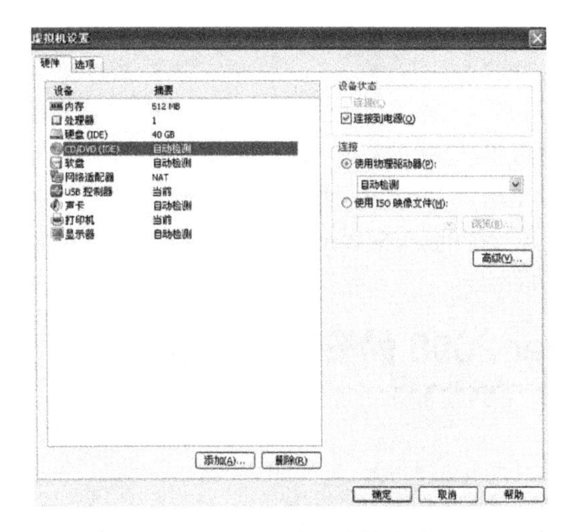

图 2-18　设置光驱连接方法

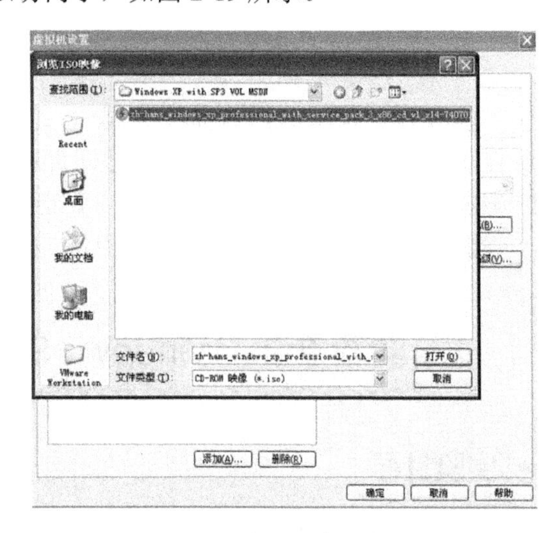

图 2-19　指定光盘映像文件

(3) 网络连接的配置。虚拟机设置窗口中选择“网络适配器”，可以看到虚拟机有五种网络连接方式(见实验 2“提升与扩展”)，如果在有局域网连接的实验室中使用虚拟机，一般选择“桥接”方式连接，连接后虚拟机具有与实验室局域网内物理机相同的地位，会自动分配同类型的 IP 地址，如图 2-20 所示。

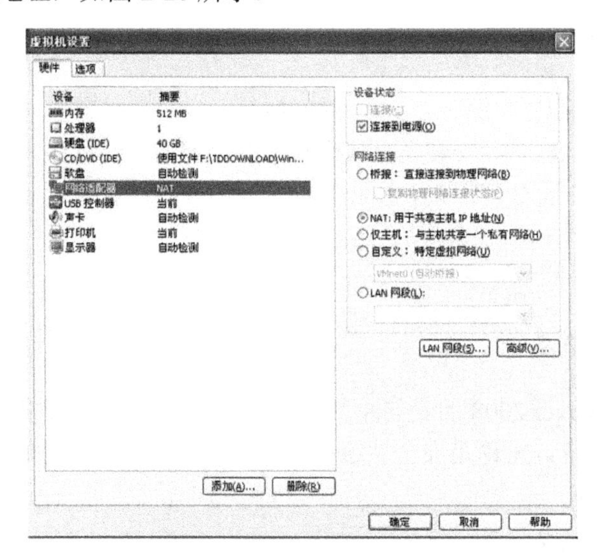

图 2-20　设置网络连接方式

四、虚拟机安装操作系统(WindowsXP)

首先将 Windows XP 安装光盘放入物理机的光驱内，并将虚拟机光驱设置为“使用物理驱动器”；或者下载 Windows XP 的映像文件，并将虚拟机光驱设置为“使用 ISO 映像文件”，并连接设备。

启动虚拟机，将自动启动 Windows XP 的安装向导，其安装过程与物理机安装类似，这里不再赘述。

五、虚拟机的开关机

单击主界面的“打开虚拟机电源”，进行“开机”，之后会出现一个英文窗口和一个硬件自动检测窗口，点击“确定”按钮即可进入虚拟机(启动过程与一般物理机的启动类似)，单击虚拟机界面即可；若要退出，按下键盘上的 Ctrl + Alt 键返回“我的电脑”。

虚拟机的关机方法与一般系统相同，关机后将返回到 VMWare Workstation 的主界面。

实验 2-2　Windows Server 2008 的安装与配置

➢ 实验目标

通过实验了解 Windows 不同的安装方式；熟悉 Windows Server 2008 的安装过程；完成各项初始配置任务。

(1) 选择安装方式和准备工作。

(2) 完成 Windows Server 2008 全新安装。

(3) 完成 Windows Server 2008 初始配置。

➢ 实验要求

(1) 高性能的 PC 或专用服务器。

(2) Windows Server 2008 安装光盘或硬盘中有全部的安装程序。

(3) 安装的磁盘分区为 NTFS 文件系统。

➢ 实验步骤

一、安装前的准备

了解 Windows Server 2008 的安装注意事项是非常有必要的，服务器网络操作系统毕竟不同于个人计算机系统，无论是安全性还是稳定性都是要仔细考虑的。

1. 选择安装方式

Windows Server 2008 有多种安装方式。

(1) 全新安装：利用安装光盘启动进行自定义的全新安装。

(2) 升级安装：对 2003 等旧版本的升级安装。

(3) 服务器核心安装：只安装最关键的 Windows 组件，甚至缺少真正的 GUI 界面。

(4) 从网络进行安装：从微软网站进行远程安装。

(5) 无人参与安装：通过定制安装，不需要回答问题，新服务器就会根据预定义的答案自动地进行安装。

(6) 硬盘克隆安装：全盘复制已安装好的硬盘。

(7) 硬盘保护卡安装：通过硬盘保护卡进行多计算机的克隆安装(实验室多用)。

2．选择文件系统

硬盘中的任何一个分区，都必须被格式化成合适的文件系统后才能正常使用。安装程序提供两种格式化方式：快速格式化与完全格式化。

(1) 硬盘分区的规划。若执行全新安装，需要在运行安装程序之前规划磁盘分区。当在磁盘上创建分区时，可以将磁盘划分为一个或多个区域，并可以用 NTFS 文件系统格式化分区。主分区(或称为系统分区)是安装加载操作系统所需文件的分区。

(2) 确认主分区的大小。执行全新安装之前，需要决定安装 Windows Server 2008 的主分区大小。没有固定的公式计算分区大小，基本规则就是为一同安装在该分区上的操作系统、应用程序及其他文件预留足够的磁盘空间。如若安装 Windows Server 2008 的文件需要至少 10 GB 的可用磁盘空间，建议要预留比最小需求多得多的磁盘空间，如 40 GB 的磁盘空间。

(3) 确认是否使用多重引导操作系统。计算机可以被设置多重引导，即在一台计算机上安装多个操作系统。在安装多重引导的操作系统时，还要注意版本的类型，一般应先安装版本低的，再安装版本高的，否则将不能正常安装。例如，在一台计算机上同时安装 Windows 2003 Server 和 Windows Server 2008 网络操作系统时，应当先安装 Windows Server 2003 再安装 Windows Server 2008。一般情况下不推荐使用多重引导操作系统。

二、全新安装 Windows Server 2008

在条件许可的情况下，建议用户尽可能采用全新安装的方法来安装 Windows Server 2008。可参照以下步骤完成安装操作：

(1) 将 Windows Server 2008 光盘放入光驱，打开电源，点击 Delete 键启动 CMOS 设置(不同电脑启动方式不同)，设置光驱为第一个启动设备，保存 CMOS，并继续启动；

(2) 当系统通过引导之后，出现加载界面，加载完成后在如图 2-21 所示的窗口中需要选择安装的语言、时间格式和键盘类型等设置，一般情况下都直接采用系统默认的中文设置即可，单击“下一步”按钮继续操作；

图 2-21　设置语言格式

(3) 单击“现在安装”按钮开始 Windows Server 2008 系统的安装操作；

(4) 在如图 2-22 所示的窗口选择需要安装的 Windows Server 2008 的版本，例如在此选择“Windows Server 2008 Enterprise(完全安装)”一项，单击“下一步”按钮，开始安装 Windows Server 2008 企业版；

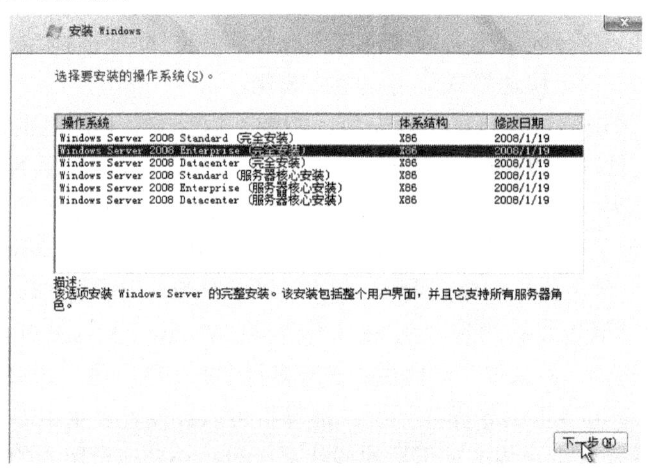

图 2-22　选择安装版本

(5) 在许可协议对话框中提供了 Windows Server 2008 的许可条款，勾选下部“我接受许可条款”复选框之后，单击“下一步”按钮继续安装；

(6) 由于是全新安装 Windows Server 2008，因此在如图 2-23 所示的窗口中直接单击“自定义”选项就可以继续安装操作，此时“升级”选项是不可选的，因为计算机内必须有以前版本的 Windows Server 2003 系统才可以升级安装；

(7) 在安装过程中需要选取安装系统文件的磁盘或分区，此时从列表中选取拥有足够大小且为 NTFS 结构的分区即可；

(8) Windows Server 2008 系统开始安装操作，此时经历复制 Windows 文件和展开文件两个步骤，如图 2-24 所示；

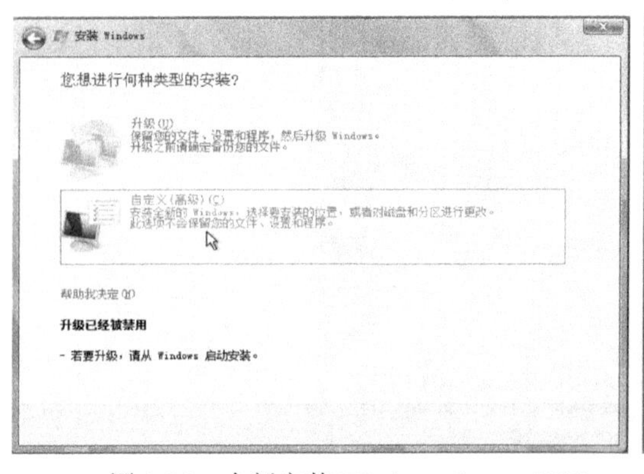

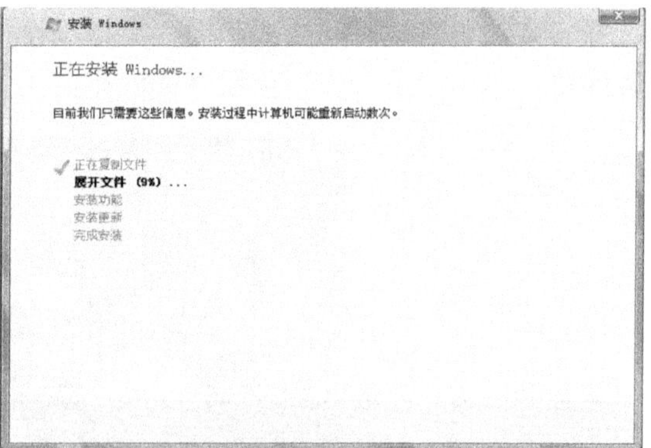

图 2-23　全新安装 Windows Server 2008　　　　图 2-24　复制和展开文件

(9) 在复制和展开系统安装必需的文件完毕之后，计算机会重新启动。在重新启动计算机之后，Windows Server 2008 安装程序会自动继续，并且依次完成安装功能、安装更新等步骤。

三、Windows Server 2008 的初始配置

1. 设置管理员密码

设置管理员密码的步骤如下：

(1) 完成安装后，计算机将会自动重启 Windows Server 2008 系统，并会自动以系统管理员用户 Administrator 登录系统，但从安全角度考虑，第一次启动会出现如图 2-25 所示的界面，要求更改系统管理员密码，单击“确定”按钮继续操作；

(2) 在如图 2-26 所示的界面中，分别在密码输入框中输入两次完全一样的密码，完成之后单击“→”按钮确认密码；

图 2-25　首次登录必须更改密码

图 2-26　设置用户密码

(3) 用户密码设置成功后，单击“确定”按钮开始登录 Windows Server 2008 系统。在第一次进入系统之前，系统还会进行诸如准备桌面之类的最后配置方可进入系统。

2. 初始配置任务

登录成功后将先显示如图 2-27 所示的“初始配置任务”窗口，通过此窗口用户可以根据需要对系统参数进行配置。一般这些参数在安装过程中已经指定，当然也可以在此查看和修改。

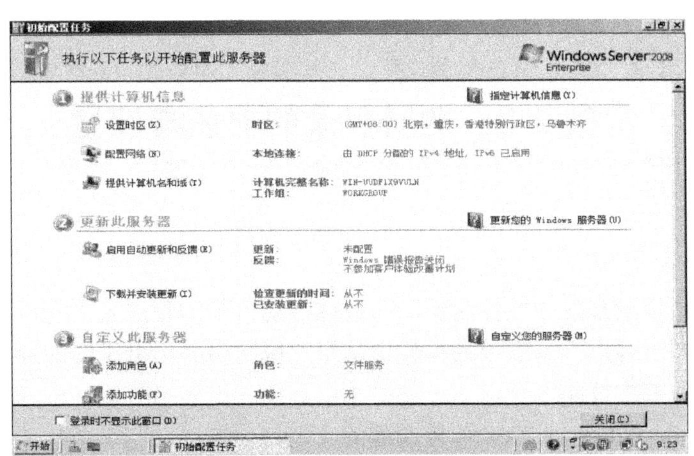

图 2-27　“初始配置任务”窗口

3. 服务器管理器配置

关闭“初始化配置”窗口后，接着还会出现如图 2-28 所示的“服务器管理”窗口，Windows Server 2008 中的服务器管理器用于管理服务器的标识及系统信息、显示服务器状态、标识服务器角色配置问题，以及管理服务器上已安装的所有角色。服务器管理器代替了 Windows Server 2003 中包含的若干个功能，包括管理服务器、配置服务器和添加或删除 Windows 组件。

在此窗口中主要指定服务器的角色，比如可以安装 Web 服务器、FTP 服务器、DNS 服务器、文件共享服务器等(这些内容详见“实验 3”)，这里不做详细配置，此窗口关闭后将显示 Windows Server 2008 的桌面。

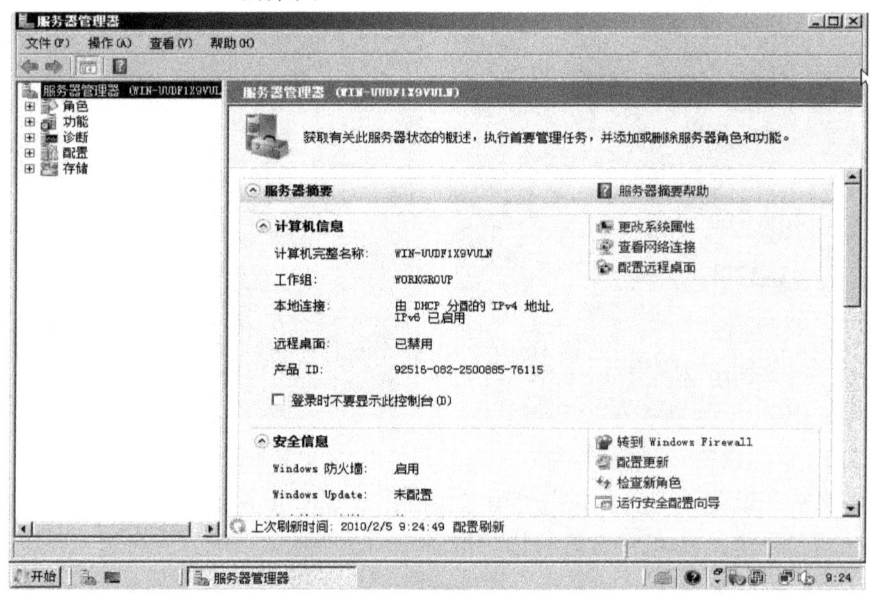

图 2-28 “服务器管理”窗口

通过上述操作步骤，可以发现 Windows Server 2008 和以前版本的 Windows 服务器操作系统安装过程区别并不是很大，但是 Windows Server 2008 的系统安装比以前版本要快很多，过程也简单许多，通常 20 分钟之内就可以完成系统的安装了。

实验 2-3 活动目录的安装与配置

➢ 实验目标

通过安装活动目录来建立域控制器，并通过活动目录的管理来实现针对各种对象的动态管理与服务。同时客户机登录域的操作也是组建域网络必不可少的部分，也是网络管理员应该熟练掌握的基本技能之一。

(1) 掌握 Windows Server 2008 域控制器的安装与设置。

(2) 熟悉客户端登录 Windows Server 2008 域的方法。

(3) 掌握 Windows Server 2008 活动目录的管理方法。

➢ 实验要求

(1) 硬件环境：已建好的以太网络，多台计算机(配置要求为 CPU 最低 1.4 GHz 以上，内存不小于 1 GB，硬盘剩余空间不小于 10 GB，有光驱和网卡)。

(2) 软件要求：Windows Server 2008 操作系统、系统安装光盘(或硬盘中有全部的安装程序)。

➢ 实验步骤

一、建立第一台域控制器

用户要将自己的服务器配置成域控制器，首先应该安装活动目录，以发挥活动目录的作用。系统提供的活动目录安装向导，可以帮助用户配置自己的服务器。如果网络没有其他域控制器，可将服务器配置为域控制器，并新建子域、新建域目录树；如果网络中有其他域控制器，可将服务器设置为附加域控制器，加入旧域、旧目录树。

在 Windows Server 2008 中安装活动目录可以参照下述步骤进行操作：

1．选择安装角色

选择“开始”→“服务器管理器”命令打开服务器管理器，在左侧选择“角色”一项之后，单击右部区域的“添加角色”链接，并且在如图 2-29 所示的对话框中选择“Active Directory 域服务”复选框。

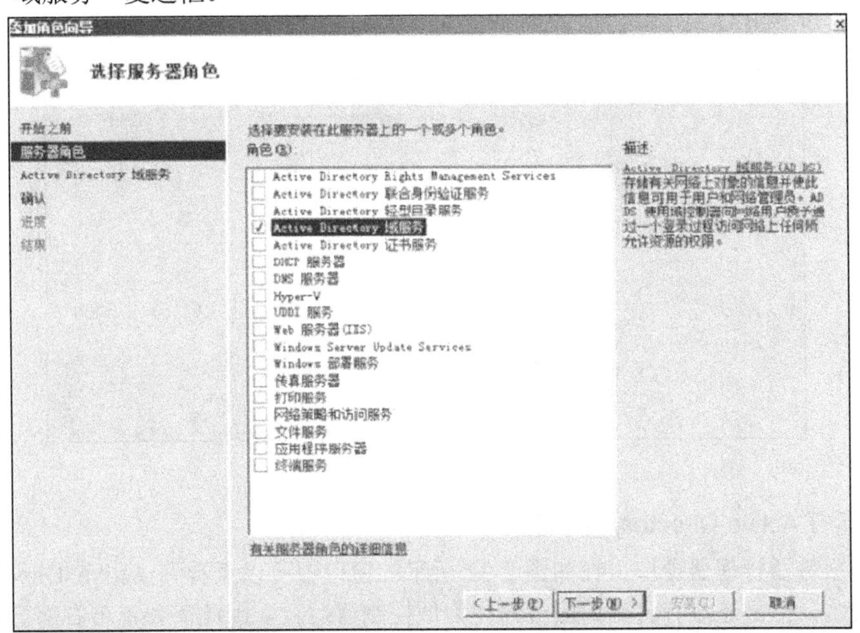

图 2-29　选择“Active Directory 域服务”复选框

单击“下一步”按钮继续操作，在如图 2-30 所示的对话框中，针对活动目录域服务进行相关的介绍。

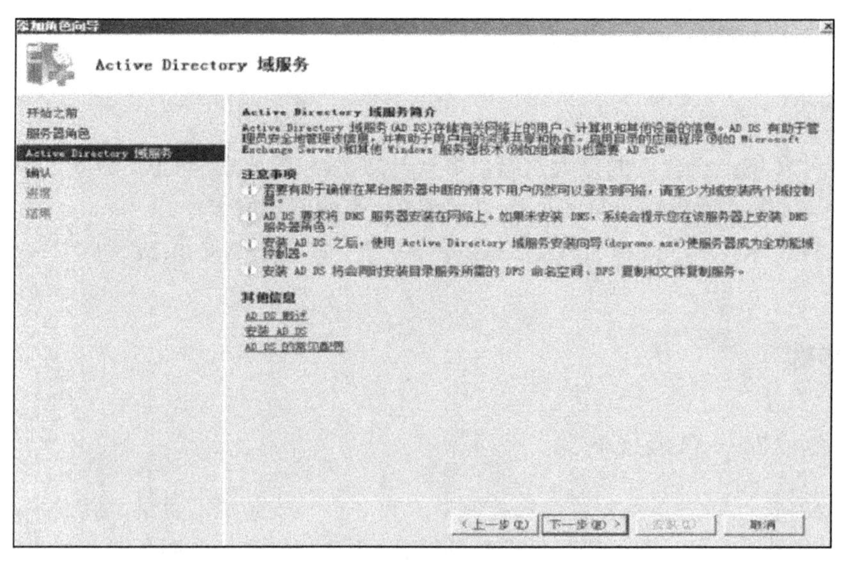

图 2-30　域服务简介

2．安装 Active Directory 域服务

单击“下一步”按钮继续操作，在如图 2-31 所示的对话框中显示了安装域服务的相关信息，确认安装可以单击“安装”按钮。域服务安装完成之后，可以在对话框中查看到当前计算机已经安装了 Active Directory 域控制器，单击“关闭”按钮退出添加角色向导对话框。

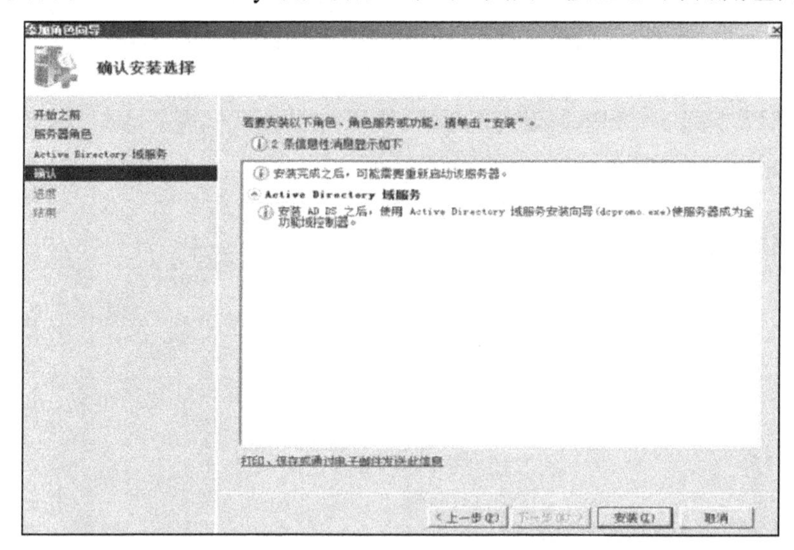

图 2-31　域服务安装信息

3．运行 Active Directory 域服务

返回服务器管理器窗口，在如图 2-32 所示的窗口中可以查看到 Active Directory 域服务已经安装，但是还没有将当前服务器作为域控制器运行，因此需要单击右部窗格中蓝色的“运行 Active Directory 域服务安装向导(dcpromo.exe)”链接来继续安装域服务；也可以单击“开始”菜单，在搜索栏中输入 dcpromo.exe 命令打开域服务安装向导。域服务安装向导的欢迎界面中可以选择“使用高级模式安装”复选框，这样可以针对域服务器更多的

高级选项部分进行设置，单击“下一步”按钮继续操作。

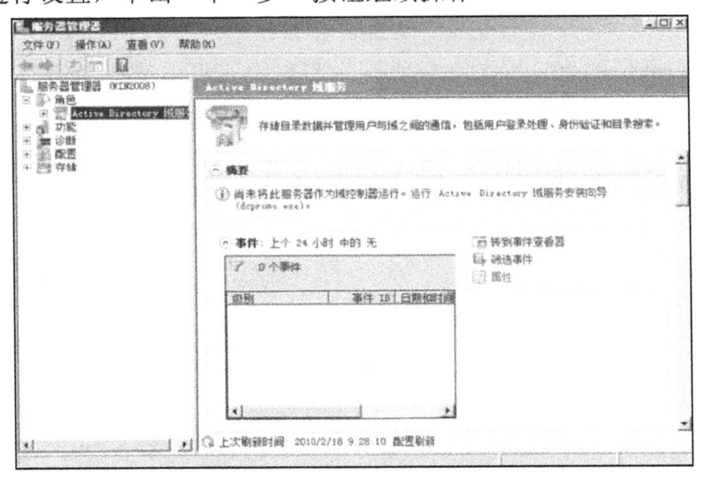

图 2-32　服务器管理器窗口查看域服务

在“操作系统兼容性”窗口中，简单介绍了 Windows Server 2008 域控制器和以前版本的 Windows 之间有可能存在的兼容性问题，可以了解下相关知识，单击“下一步”按钮。

4．建立新域

在如图 2-33 所示的“选择某一部署配置”窗口中，如果以前曾在该服务器上安装过 Active Directory，可以选择“现有林”下的“向现有域添加域控制器”或“在现有林中新建域”选项；如果是第一次安装，则建议选择“在新林中新建域”选项，然后再单击“下一步”按钮继续操作。

在如图 2-34 所示的“命令林根域”窗口中，输入目录林根域的 FQDN，在此输入“nos.com”，单击“下一步”按钮继续操作。

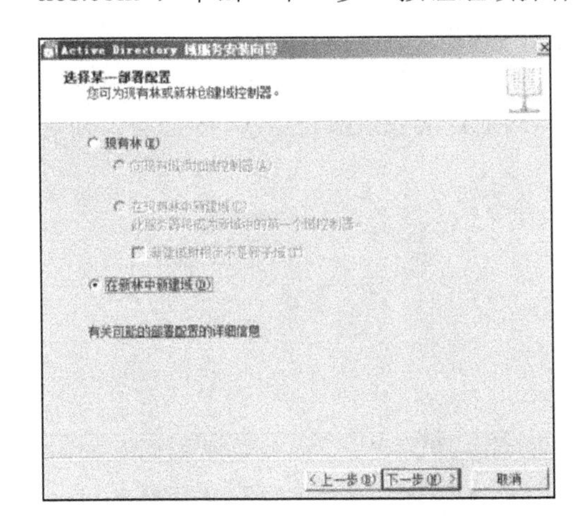

图 2-33　选择“在新林中新建域”选项

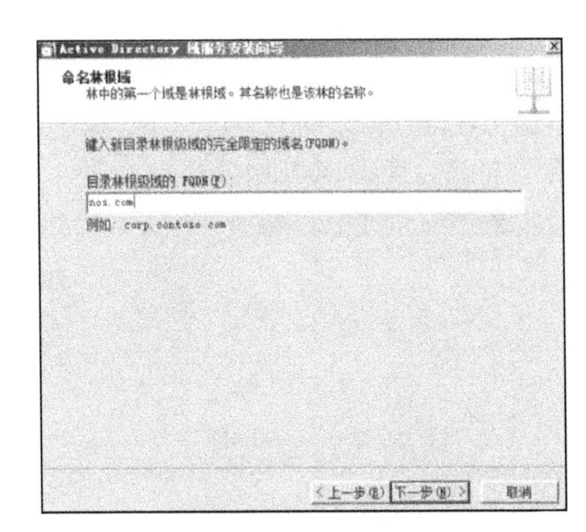

图 2-34　输入域名

在“域 NetBIOS”窗口中，系统会自动出现默认的 NetBIOS 名称，此时可以直接单击“下一步”按钮。NetBIOS 名称的意义在于，让其他早期 Windows 版本的用户可以识别新域。

5．设置林、域功能级别

在如图 2-35 所示的“设置林功能级别”窗口中，可以选择多个不同的林功能级别

“Windows 2000”、“Windows Server 2003”、“Windows Server 2008”，考虑到网络中有低版本的 Windows 系统计算机，建议选择“Windows 2000”一项，然后单击“下一步”按钮。

在如图 2-36 所示的“设置域功能级别”窗口中，可以选择多个不同的域功能级别“Windows 2000 纯模式”、“Windows Server 2003”、“Windows Server 2008”，考虑到网络中有低版本的 Windows 系统计算机，建议选择“Windows 2000 纯模式”一项。

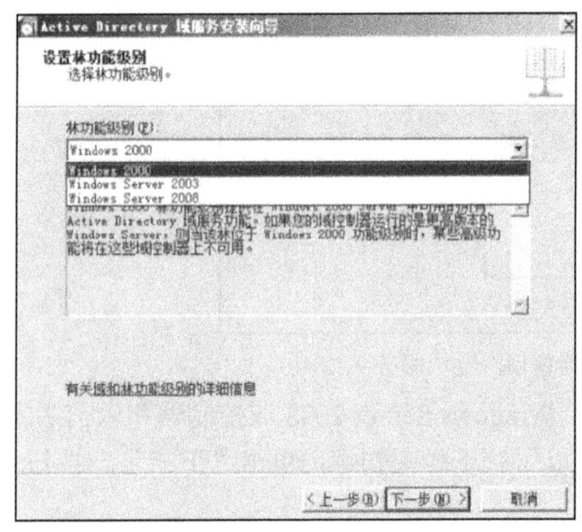

图 2-35　选择林功能级别

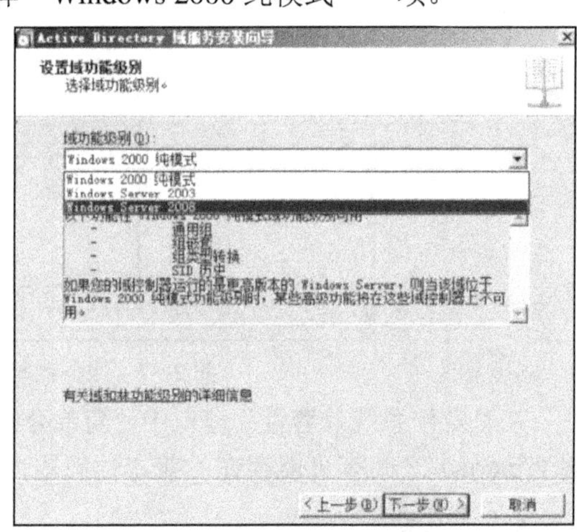

图 2-36　选择域功能级别

6．配置 DNS 服务器

单击“下一步”按钮，在如图 2-37 所示的“其他域控制器选项”窗口中，可以对域控制器的其他方面进行设置。系统会检测是否有已安装好的 DNS，由于没有安装其他的 DNS 服务器，系统会自动选择“DNS 服务器”复选框来一并安装 DNS 服务，使得该域控制器同时也作为一台 DNS 服务器，该域的 DNS 区域及该区域的授权会被自动创建。由于林中的第一台域控制器必须是全局编录服务器，且不能是只读域控制器(RODC)，所以这两项为不可选状态。

单击“下一步”按钮，在如图 2-38 所示的信息提示对话框中，单击“是”按钮继续安装，之后在活动目录的安装过程中，将在这台计算机上自动安装和配置 DNS 服务，并且自动配置自己为首选 DNS 服务器。

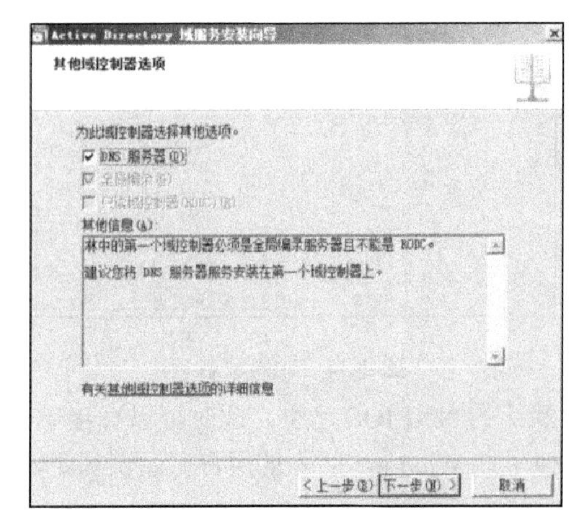

图 2-37　设置其他域控制选项

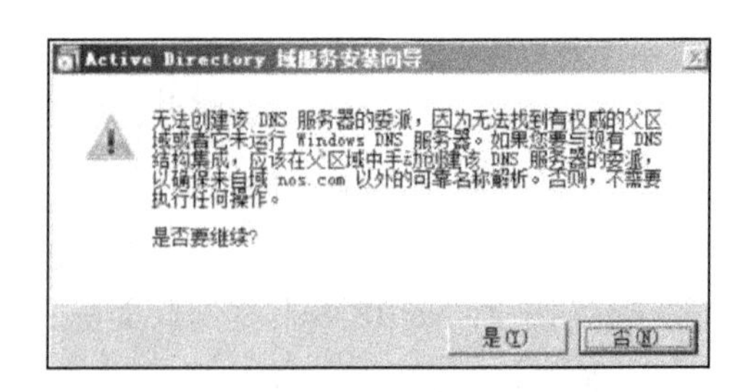

图 2-38　信息提示

7. 指定系统信息的位置，并创建管理员账户

单击“下一步”按钮，在如图 2-39 所示的“数据库、日志文件和 SYSVOL 的位置”窗口中，需要指定将包含这些文件所在的卷及文件夹的位置。注意 SYSVOL 文件夹必须选择在 NTFS 系统的硬盘分区内。

单击“下一步”按钮，在如图 2-40 所示的“目录服务还原模式 Administrator 密码”窗口中输入两次完全一致的密码，用以创建目录服务还原模式的超级用户账户密码。

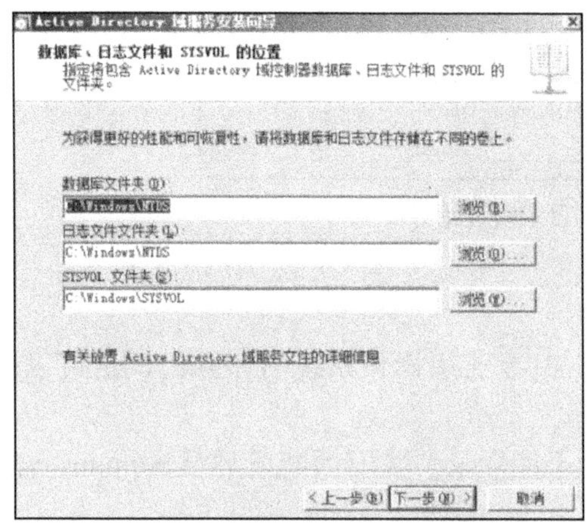

图 2-39 指定系统文件的位置

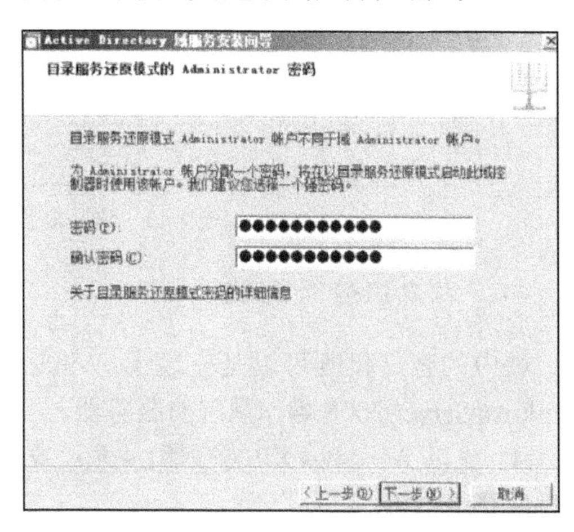

图 2-40 创建目录还原模式的账户密码

8. 确认配置信息并执行安装

单击“下一步”按钮，在“摘要”窗口中可以查看以上各步骤中配置的相关信息。确认之后单击“下一步”按钮继续，安装向导将自动进行活动目录的安装和配置，如图 2-41 所示。

如果选择“完成后重新启动”复选框，则计算机会在域服务安装完成之后自动重新启动计算机，否则将会弹出如图 2-42 所示的“完成 Active Directory 域服务安装向导”窗口，单击“完成”按钮，将重新启动计算机，即可完成活动目录的配置。

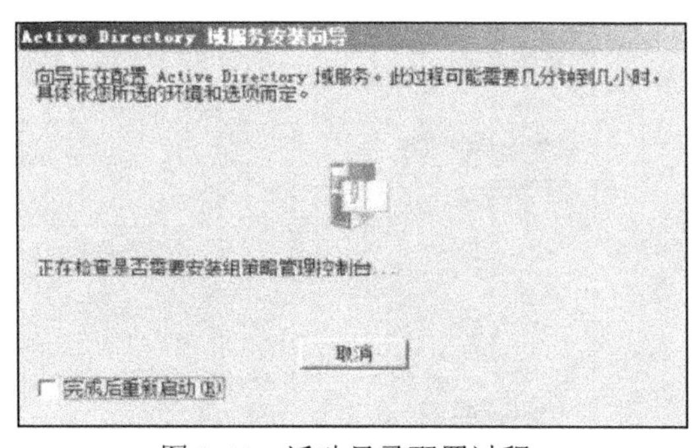

图 2-41 活动目录配置过程

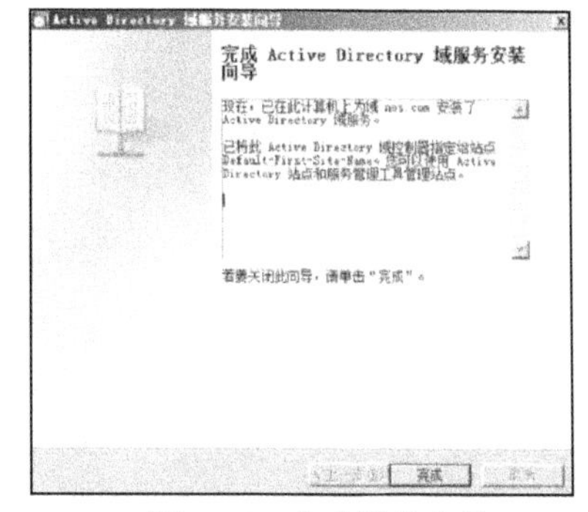

图 2-42 完成服务向导

9. 确认安装成功

活动目录安装好之后，可以选择“开始”→“管理工具”命令，查看 Windows Server 2008 的管理工具安装前后出现的变化，如图 2-43 所示。菜单中增加了有关活动目录的几个管理工具，其中“Active Directory 用户和计算机”用于管理活动目录的对象、组策略和权限等；

“Active Directory 域和信任关系”用于管理活动目录的域和信任关系；“Active Directory 站点和服务”用于管理活动目录的物理结构站点。

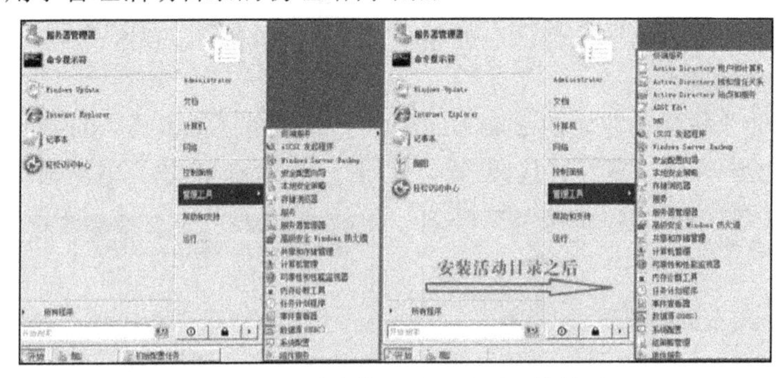

图 2-43　成功安装活动目录后开始界面

二、客户机登录到域

域中的客户机既可以是安装了 Windows XP 专业版操作系统的计算机，也可以是 Windows Server 2008 操作系统的服务器。

(1) 先以 Windows XP 专业版(注意：家庭版不能登录到域)计算机管理员 Administrator 的身份登录本机。

(2) 在需要加入域的计算机上，选择“开始”→“控制面板”命令，在打开的“控制面板”窗口中双击“系统”图标，在打开的“系统属性”对话框中选择“计算机名”选项卡，如图 2-44 所示。

(3) 单击“更改”按钮，打开如图 2-45 所示的“计算机名称更改”对话框，在此对话框中，确认计算机名正确。在“隶属于”选项区中，选中“域”单选钮，输入 Windows XP 专业版工作站要加入的域名，例如“nos.com”，最后单击“确定”按钮。

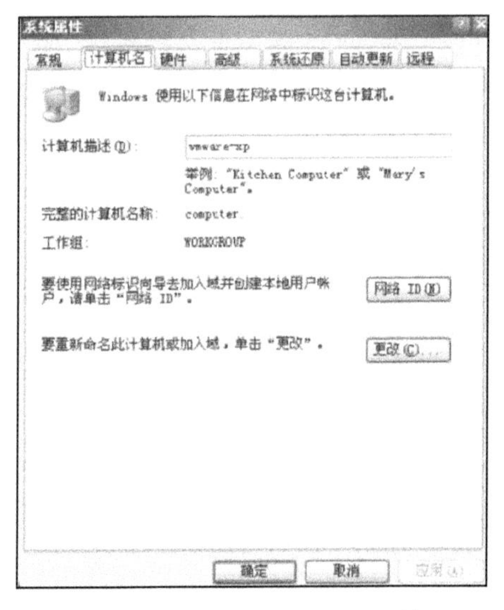

图 2-44　“系统属性”对话框

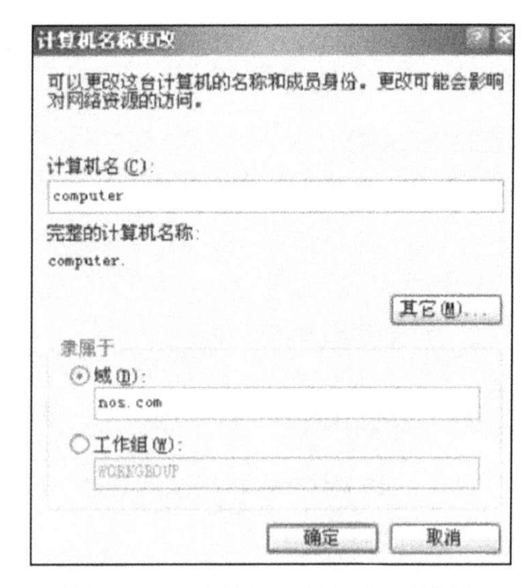

图 2-45　“计算机名称更改”对话框

(4) 当出现如图 2-46 所示的“计算机名更改”对话框时，输入在域控制器中具有将工作站加入“域”权利的用户账号，而不是工作站本身的系统管理员账户或其他账户。

(5) 如果成功地加入了域，将打开提示对话框，显示“欢迎加入 nos.com 域”的信息，否则提示出错信息，最后单击“确定”按钮。

(6) 当出现“计算机名更改”的重新启动计算机的询问对话框时，单击“确定”按钮，重新启动计算机后，出现如图 2-47 所示的三栏登录窗口。由于此时的目的是登录域，因此先在“登录到”下拉列表框中选择拟加入域的的域控制器的 NetBIOS 名称，如“NOS”，前两栏则应输入在活动目录中有效的用户名及相应的密码，即可登录到该域。

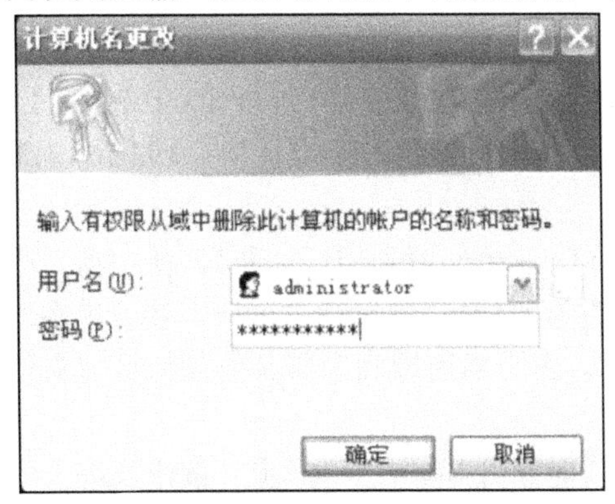

图 2-46 “计算机名更改”对话框

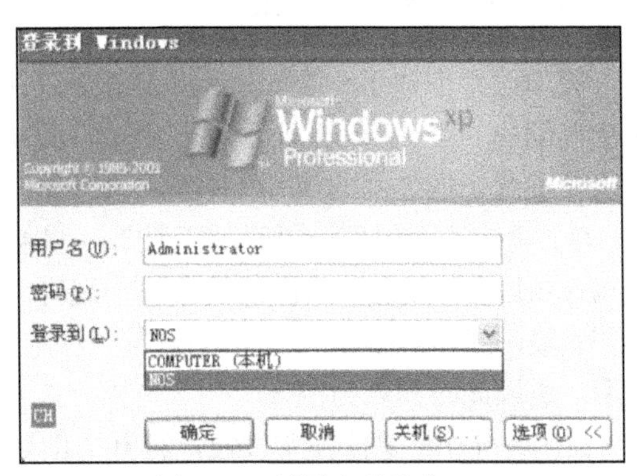

图 2-47 域用户登录窗口

三、活动目录用户和计算机的管理

活动用户和计算机的管理具体操作步骤如下：

(1) 单击“开始”→“管理工具”→“Active Directory 用户和计算机”菜单项，可以打开“Active Directory 用户和计算机”窗口，在该窗口的左部选择“Computers”，可以显示当前域中的计算机，即成员服务器和工作站，如图 2-48 所示，可以看到所登录的工作站“computer”。

(2) 在“Active Directory 用户和计算机”窗口左部，选择“Domain Controllers”，可以显示当前域中的域控制器，如图 2-49 所示。

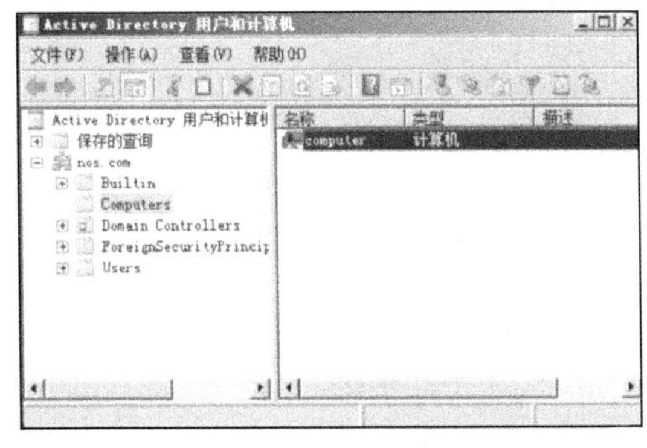

图 2-48 显示当前域中的计算机

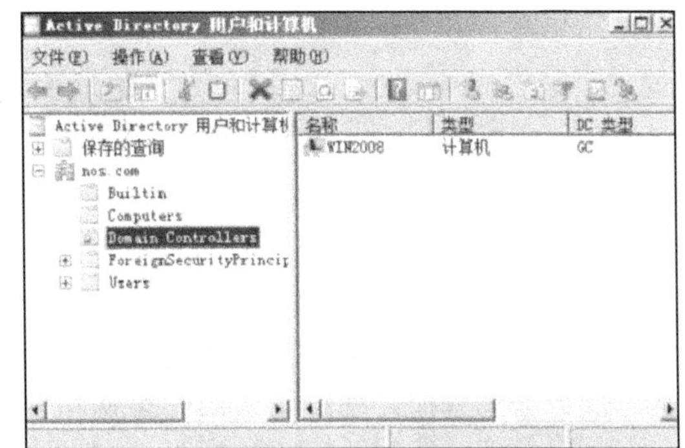

图 2-49 显示域控制器

(3) 在“Active Directory 用户和计算机”窗口左部，选择“Users”或“Builtin”，可以显示域中的用户或组等情况。

(4) 活动目录的逻辑结构非常灵活，包括域、域树、域林和组织单元(Organizational OU)，它是一个容器对象，可以把域中的对象(用户、组、计算机等)组织成逻辑组，以简化管理工作，反映了企业行政管理的实际框架。

具体的创建方法为：在“Active Directory 用户和计算机”窗口左部选中“information.com”，右击，选择“新建”→“组织单元”命令，在“新建对象—组织单元”对话框中，输入组织单元名称，单击“确定”按钮即可。

四、建立域信任关系

假如已经创建了一个 nos.com 域，主域计算机名为 Win2008，IP 地址为：192.168.1.27。现在再创建一个 network.com 域，主域计算机名为 Win2008-N，IP 地址为：192.168.1.32。

设置两个域之间的信任关系操作如下：

(1) 单击“开始”→“管理工具”→“Active Directory 域和信任关系”，从主窗口中右击 network.com 域名，从出现的菜单中选择“属性”，打开“域属性”窗口，接着单击“信任”标签，打开如图 2-50 所示的“信任”选项卡。由于当前域尚未与其他任何域建立信任关系，所以此时列表为空。

(2) 单击“新建信任”按钮，打开“新建信任向导”，单击“下一步”按钮，进入如图 2-51 所示的“信任名称”窗口，在“名称”文本框中输入要与之建立信任关系的 NetBIOS 名称或者 DNS 名称，这里为“nos.com”。

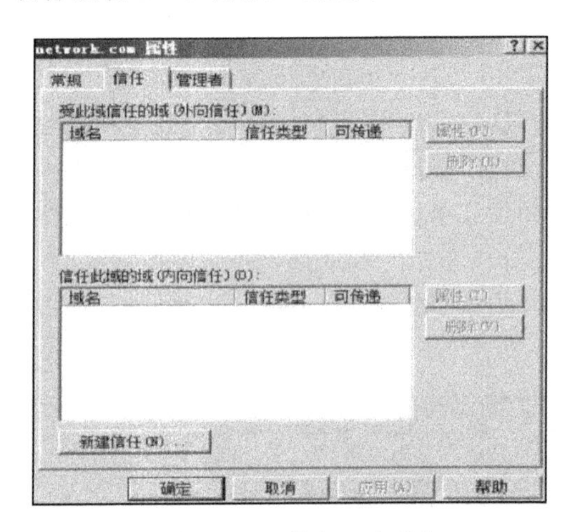

图 2-50 “信任”选项卡

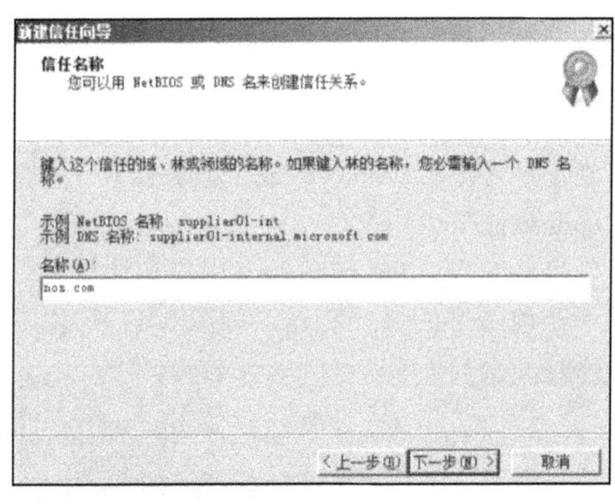

图 2-51 “信任名称”窗口

(3) 单击“下一步”按钮，进入如图 2-52 所示的“信任方向”对话框，选择信任关系的方向，可以是“双向”、“单向：内传”、“单向：外传”。双向的信任关系实际上是由两个单向的信任关系组成的，因此也可以通过分别建立两个单向的信任关系来建立双向信任关系。这里为了方便，选择“双向”单选按钮，单击“下一步”按钮。

(4) 如图 2-53 所示，由于信任关系要在一方建立传入，在另一方建立传出，因此，为了方便，选择“此域和指定的域”单选按钮，同时创建传入和传出信任，单击“下一步”按钮，否则必须在 nos.com 域上重复以上的步骤。

(5) 在对话框中输入 nos.com 域中管理员的账户和密码，单击“下一步”按钮，选择“是，确认传出信任”按钮，即确认 network.com 域信任 nos.com 域，单击“下一步”按钮。

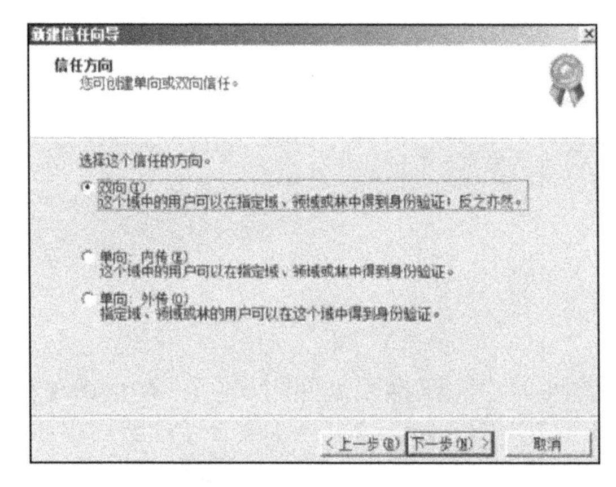

图 2-52　“信任方向”对话框

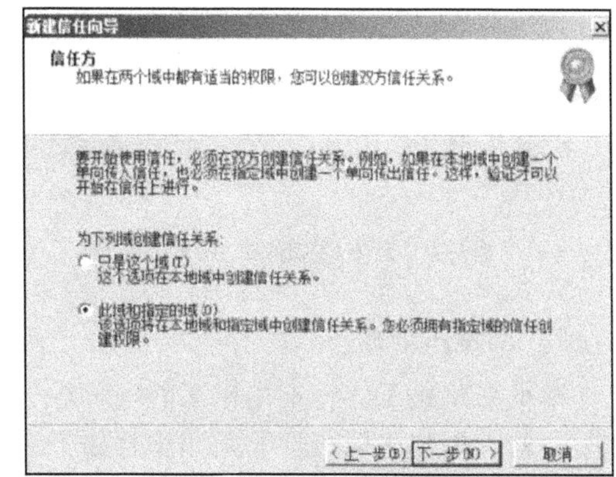

图 2-53　“信任方”对话框

(6) 如图 2-54 所示，选择“是，确认传入”按钮，即确认 nos.com 域信任 network.com 域，单击“下一步”按钮，信任关系成功创建。如图 2-55 所示，此时在“受此域信任的域”和“信任此域的域”列表框中均可看到刚才创建的信任关系。

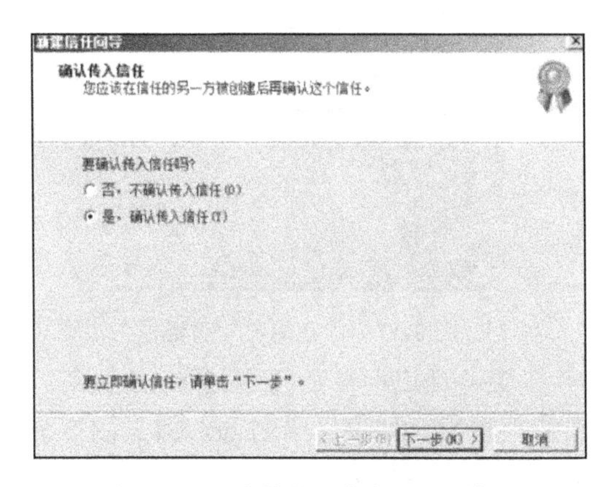

图 2-54　“确信传入信任”对话框

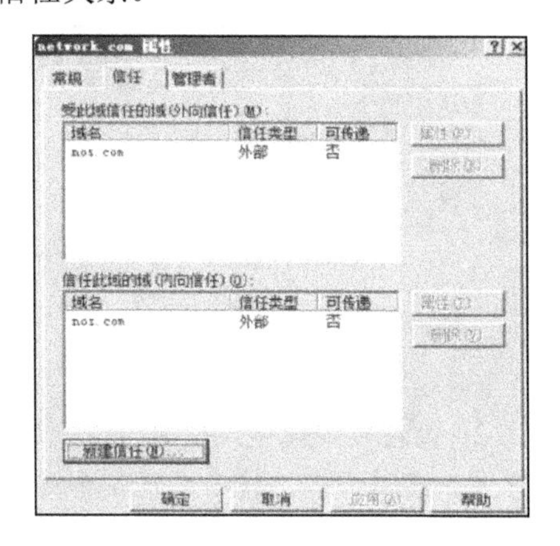

图 2-55　新创建的信任关系

实验 2-4　用户与组的管理

➢ 实验目标

通过对本地用户账户、组、域用户账户、组的创建与管理，特别是对账户进行重新设置密码、修改和重新命名等相关操作，理解和掌握工作组模式、域模式的特点，各种账户的作用和应用场合。

(1) 熟悉用户账户的创建与管理。

(2) 熟悉组账户的创建与管理。

(3) 理解内置的组。

(4) 掌握设置用户的工作环境。

➢ 实验要求

有 Windows XP 平台、Windows Server 2008 平台、域控制器、网络连接。

➢ 实验步骤

一、创建与管理本地用户账户与组

1. 创建本地账户

本地账户是工作在本地机上的，只有系统管理员才能在本地创建用户。在 Windows 独立服务器上创建本地账户的操作步骤如下：

(1) 选择菜单“开始”→“管理工具”→“计算机管理”→“本地用户和组”命令，在弹出的“计算机管理”窗口中，右击“用户”，选择“新用户”命令(见图 2-56)，弹出“新用户”对话框，输入：用户名、全名、密码等信息(见图 2-57)。

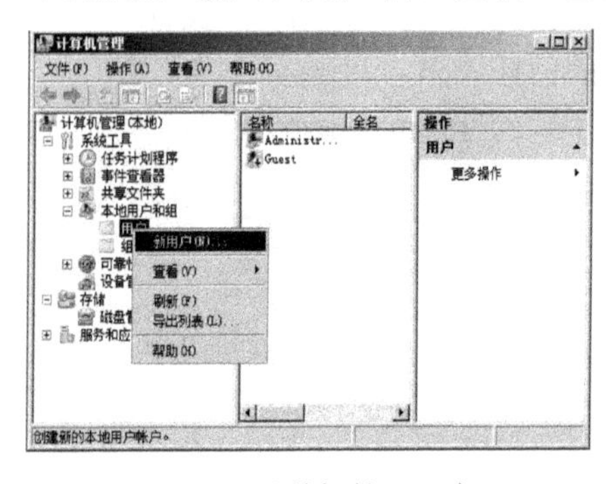

图 2-56 “计算机管理”窗口

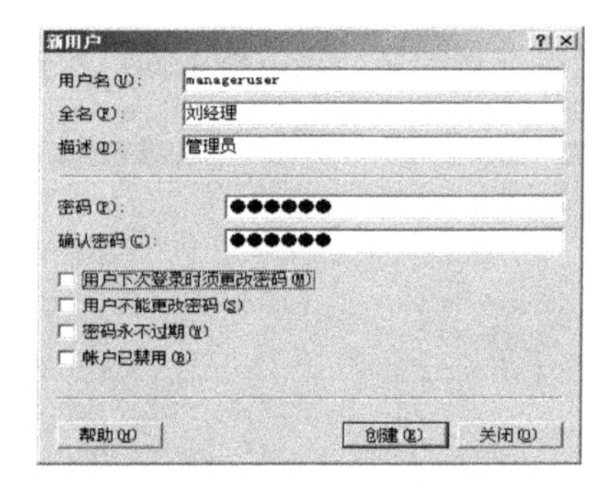

图 2-57 “新用户”对话框

(2) 设置账户属性。在用户账户属性窗口中，设置各项属性参数(见图 2-58)，如密码更新方式、隶属于等。其中“隶属于”应选择账户的类型组，如隶属于 Users 组(见图 2-59)，则本账户为一般用户；如果隶属于 Administrator 组，则本用户为系统管理员组的成员，具有系统管理员的权限。

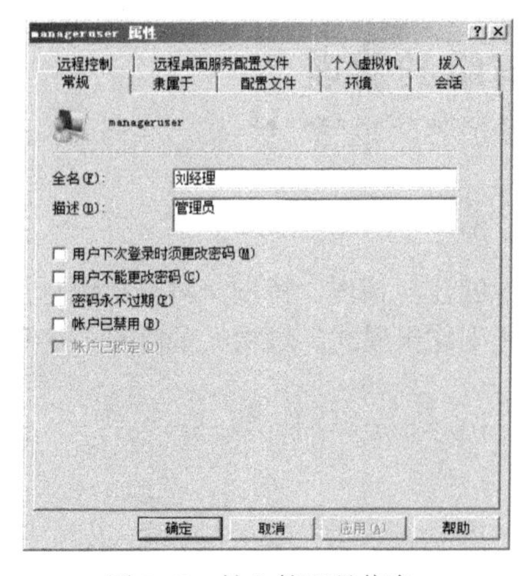

图 2-58 输入管理员信息

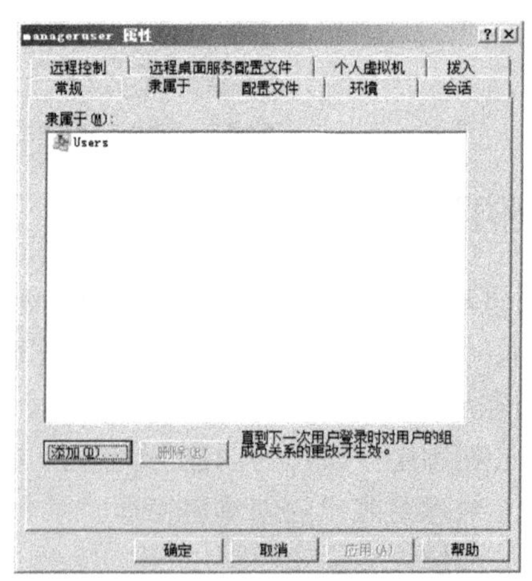

图 2-59 设置隶属于组信息

2. 更改账户

要对已经建立的账户更改登录名，具体的操作步骤为：在“计算机管理”窗口中，选择“本地用户和组”→“用户”命令，在列表中选择并右击该账户，选择“重命名”选项，输入新名字。

3. 删除或禁用账户

如果某用户离开公司，为防止其他用户使用该用户账户登录，就要删除该用户的账户。具体的操作步骤为：在“计算机管理”窗口中，选择“本地用户和组”→“用户”命令，在列表中选择并右击该账户，选择“删除”命令；单击“是”按钮，即可删除。

也可以在用户属性窗口中，选择“账户已禁用”，当需要时再重新开启此账户即可。

4. 更改账户密码

重设密码可能会造成不可逆的信息丢失，出于安全的原因，要更改用户的密码分以下两种情况：

(1) 用户在知道密码的情况下想更改密码，登录后按 Ctrl + Alt + Del 组合键，输入正确的旧密码，然后输入新密码即可。

(2) 用户忘记了登录密码，可以使用“密码重设盘”来进行密码重设，密码重设只能在本地计算机 Windows Server 2008 中进行。

系统登录后按 Ctrl + Alt + Del 组合键，进入如图 2-60 所示的系统界面，单击“更改密码”按钮，在弹出“更改密码”窗口下，在如图 2-61 所示的界面中单击“创建密码重设盘”按钮，进入“欢迎使用忘记密码向导”对话框，按向导提示完成密码重设。

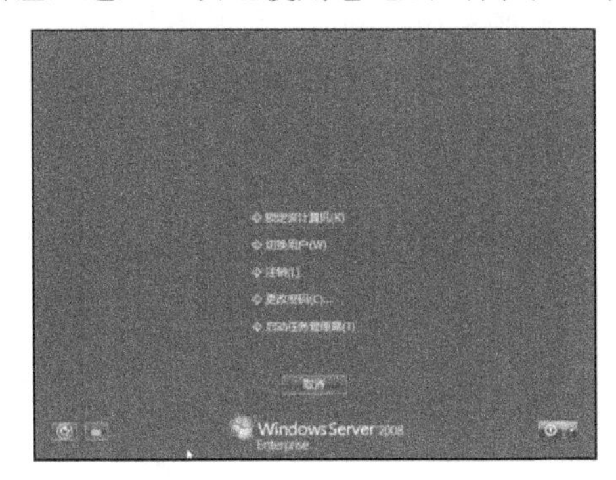

图 2-60　系统界面

图 2-61　“更改密码”窗口

5. 创建本地组

除了 Windows Server 2008 内置组之外，用户还可以根据实际需要创建自己的用户组。可以将一个部门的用户全部放置到一个用户组中，然后针对这个用户组进行属性设定，这样就能够快速完成组内所有用户的属性改动了。

创建本地组账户的用户必须是 Administrators 组或 Account Operators 组的成员，建立本地组账户并在本地组中添加成员的具体操作步骤如下：

(1) 在独立服务器上以 Administrator 身份登录，右击“我的电脑”，选择“管理”→“计算机管理”→“本地用户和组”→“组”命令，右击“组”，选择“新建组”命令，如图 2-62 所示。

(2) 进入“新建组”对话框，如图 2-63 所示，输入组名、组的描述，单击“添加”按钮，即可把已有的账户或组添加到该组中，该组的成员在“成员”列表框中列出。

(3) 单击“创建”按钮完成创建工作。本地组用背景为计算机的两个人头像表示。

管理本地组的操作较简单，在“计算机管理”窗口右部的组列表中，右击选定的组，选择快捷菜单中的相应命令即可删除组、更改组名，或者为组添加或删除组成员。

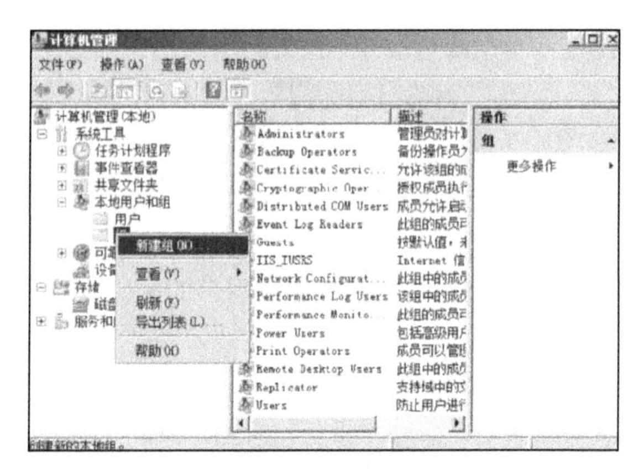

图 2-62　创建本地组

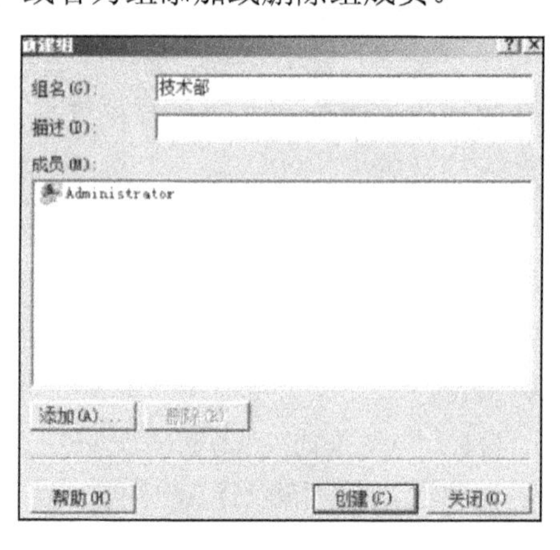

图 2-63　“新建组”对话框

二、创建与管理域账户与组

1. 创建域账户

当有新的用户需要使用网络上的资源时，管理员必须在域控制器中为其添加一个相应的用户账户，否则该用户无法访问域中的资源。另一方面，当有新的客户计算机要加入到域中时，管理员必须在域控制器中为其创建一个计算机账户，以使它有资格成为域成员。创建域账户的具体操作步骤如下：

(1) 在域控制器或者已经安装了域管理工具的计算机上的“控制面板”中，双击“管理工具”，选择“Active Directory 用户和计算机”选项，弹出“Active Directory 用户和计算机”窗口，如图 2-64 所示，在窗口的左部选中 Users，右击，选择“新建”→“用户”命令。

(2) 进入“新建对象—用户”对话框，如图 2-65 所示，输入用户的姓名以及登录名等资料，注意登录名才是用户登录系统所需要输入的。

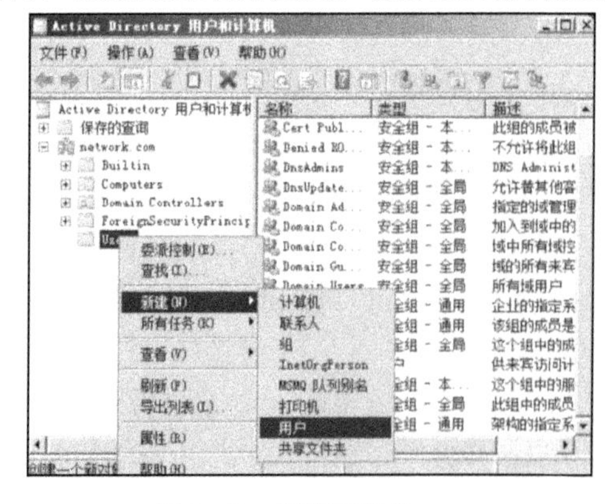

图 2-64　创建域账户

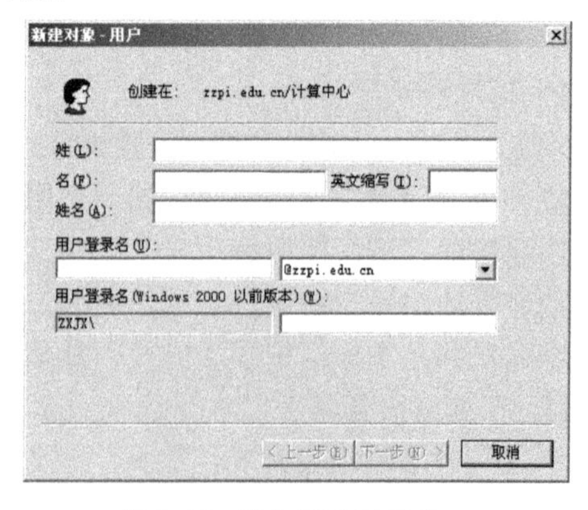

图 2-65　输入用户登录名

(3) 单击“下一步”按钮，打开密码对话框，如图 2-66 所示，输入密码并选择对密码的控制项，单击“下一步”按钮，单击“完成”按钮。

(4) 创建完毕，在窗口右部的列表中会有新创建的用户。域用户是用一个人头像来表示的，与本地用户的差别在于域的人头像背后没有计算机图标。如图 2-67 所示，利用新建立的用户可以直接登录到 Windows Server 2008/2003/XP/2000/NT 等非域控制器的成员计算机上。

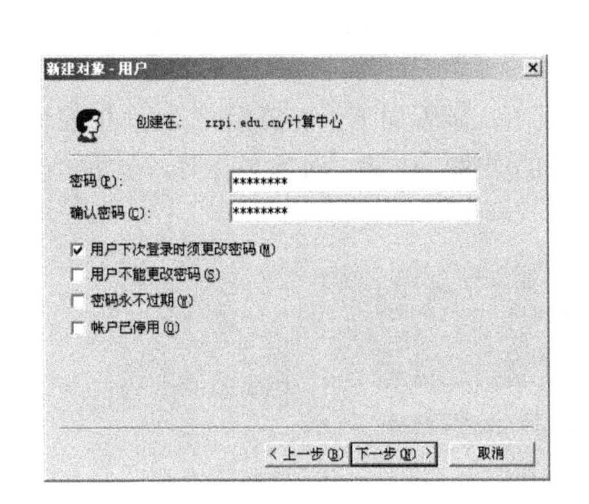

图 2-66　输入密码

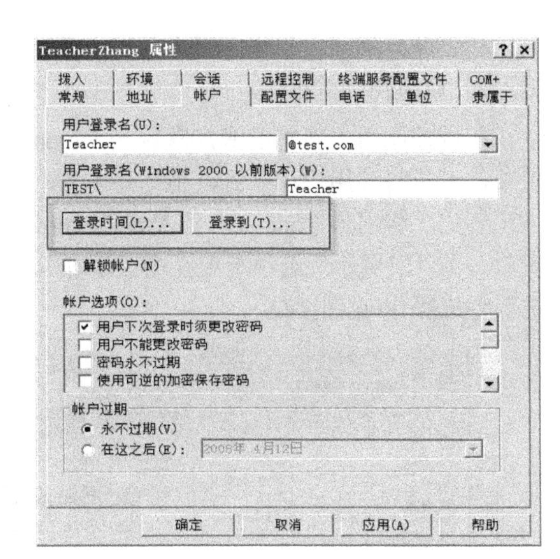

图 2-67　创建用户结束

2. 删除域账户

在删除域账户之前，要确定计算机或网络上是否有该账户加密的重要文件，如果有则先将文件解密再删除账户，否则该文件将不会被解密。

删除域账户的操作步骤为：在“计算机管理”窗口中，选择“本地用户和组”→“用户”命令，在列表中选择右击要删除的用户名，在弹出的快捷菜单中选择“删除”命令即可。

3. 禁用域账户

如果某用户离开公司，就要禁用该账户，操作步骤为：在“计算机管理”窗口中，选择“本地用户和组”→“用户”命令，在列表中选择右击要禁用的账户名，在弹出的快捷菜单中选择“禁用账户”命令即可。

4. 复制域账户

同一部门的员工一般都属于相同的组，有基本相同的权限，系统管理员无需为每个员工建立新账户，只需建好一个员工的账户，然后以此为模板，复制出多个账户即可。

操作步骤为：在“计算机管理”窗口中，选择“本地用户和组”→“用户”命令，在列表中右击选择作为模板的账户，选择“复制”命令，进入“复制对象—用户”对话框，与新建用户账户步骤相似，依次输入相关信息即可。

5. 移动域账户

如果员工调动到新部门，系统管理员需要将该账户移到新部门的组织单元中去，用鼠标将账户拖曳到新的组织单元即可。

6．重设密码

当用户忘记密码且系统管理员也无法知道该密码是什么时，就需要重设密码。

操作步骤为：在“计算机管理”窗口中，选择“本地用户和组”→“用户”命令，在列表中右击选择要改密码的账户，选择“重设密码”命令，进入“重设密码”对话框，输入新密码。建议用户选中“用户下次登录时须更改密码”复选框，单击“确定”按钮，这样用户下次登录时，可重新设置自己的密码。

7．将账户加入到组

在域控制器上新建的账户默认是Domain Users组的成员，如果让该用户拥有其他组的权限，可以将该用户加入到其他组中。

例如，将用户Tom加入到WS\Administrator组中。步骤如下：打开用户Tom的属性窗口、在“隶属于”选项卡中点击“添加”、选择组的类型、位置、对象名称等，单击“确定”完成操作(见图2-68)。

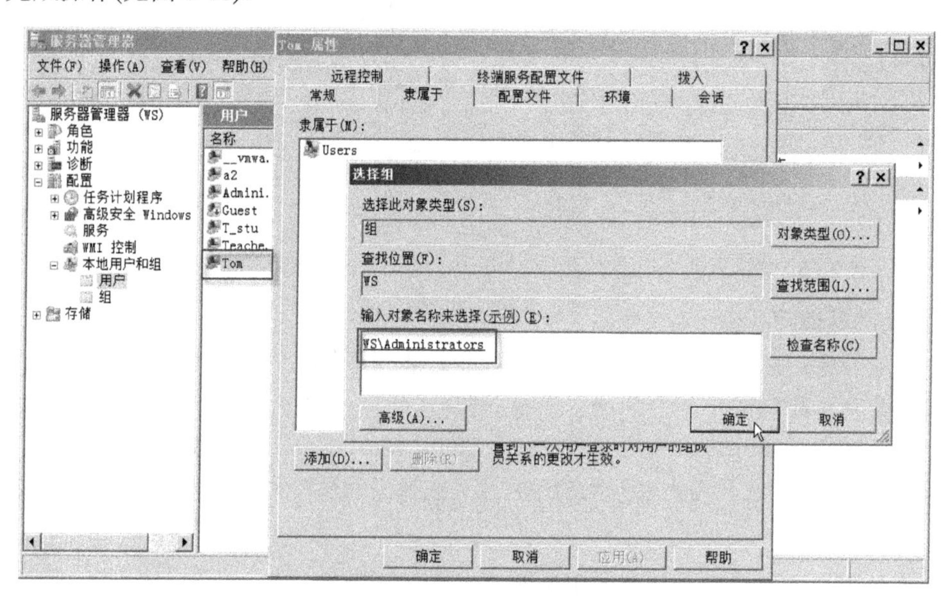

图2-68　本地用户属性设置

8．创建与管理域组

只有Administrators组的用户才有权限建立域组，域组要创建在域控制器的活动目录中。创建域组账户的步骤如下：

(1) 在域控制器上，选择“开始”→“管理工具”→“Active Directory用户和计算机”命令，左键单击域名，右击某组织单位，选择“新建”→“组”命令。

(2) 进入“新建对象－组”对话框，如图2-69所示，输入组名，选择“组作用域”、“组类型”后，单击“确定”按钮即可完成创建工作。

与管理本地组的操作相似，在“Active Directory用户和计算机”窗口中，右击选定的组，选择快捷菜单中的相应命令可以删除组、更改组名，或者为组添加或删除组成员(见图2-70)。

图 2-69　“新建对象－组”对话框

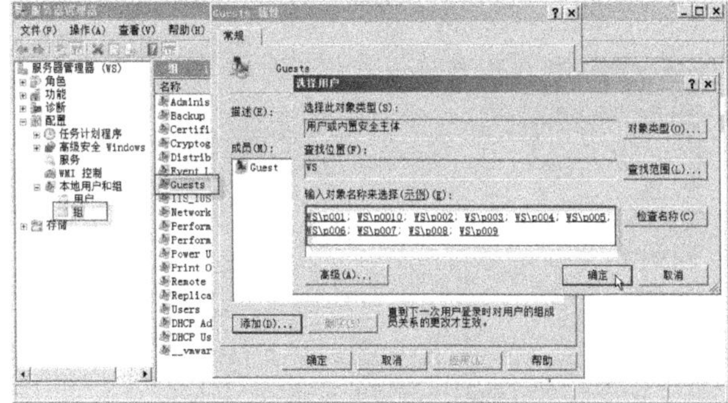

图 2-70　管理组成员窗口

三、创建和使用用户配置文件

计算机内 All User(公用)文件夹的内容构成了第一次在该计算机登录的用户的桌面环境。用户登录后，可以定制自己的工作环境，当用户注销时，这些设置的更改会存储到这个用户的本地用户配置文件的文件夹内。

1．创建和查看本地用户配置文件

若使用域账户登录，则会在计算机内建立一个名为“用户名.域名”的用户配置文件的文件夹。

用鼠标右键单击“计算机”图标，在弹出的菜单中选择“属性”命令，打开“系统属性”对话框，选择“高级”选项卡，在“用户配置文件”栏中单击“设置”按钮，可以查看当前计算机内的用户配置文件及其属性(见图 2-71)。

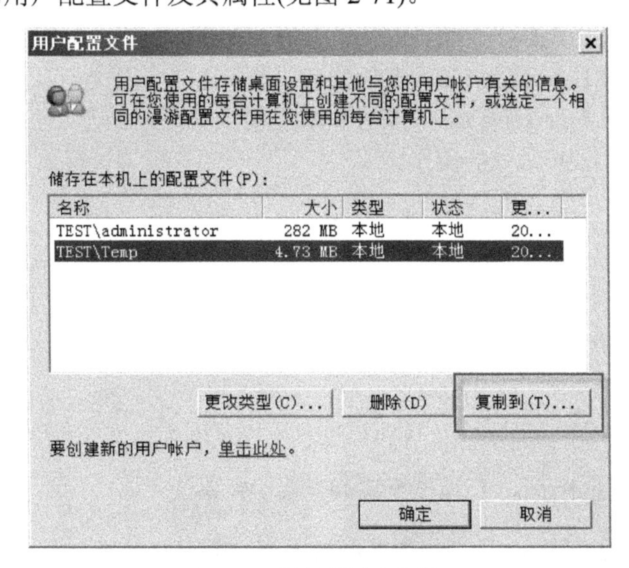

图 2-71　用户配置文件窗口

2．将本地用户配置文件指定给新用户

在用户配置文件窗口中选择配置文件，单击“复制到(T)...”按钮，指定新用户的配置文件位置(见图 2-72)，单击“更改”，在“选择用户或组”对话框中，添加新用户(见图 2-73)，

单击“确定”完成用户配置文件的设置。

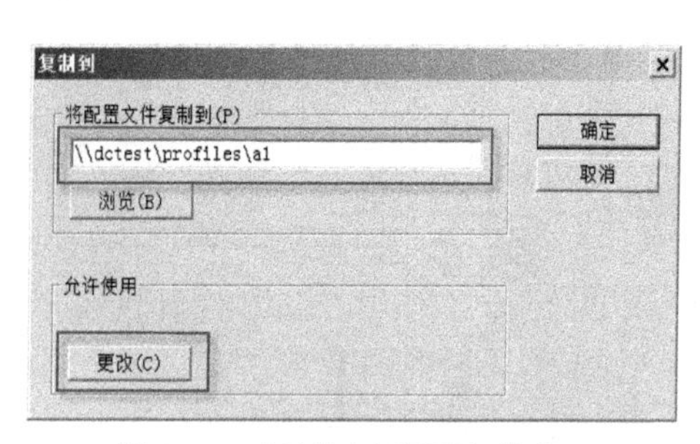

图 2-72　复制用户配置文件窗口

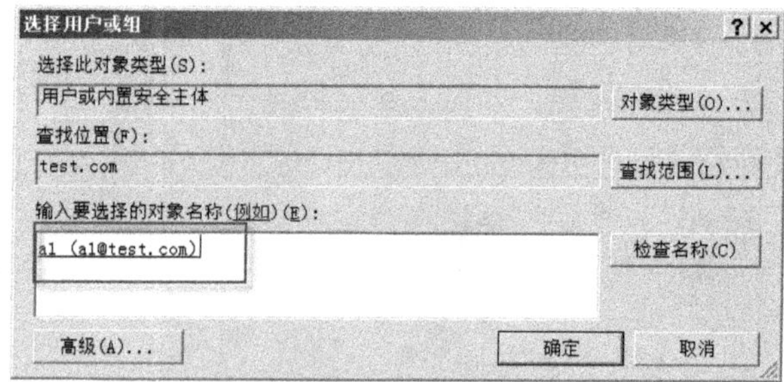

图 2-73　指定新用户

3. 使用强制性用户配置文件

若希望无论从网络中哪台计算机登录，都只能使用同一种工作环境，也就是使得用户无法修改工作环境，可以通过创建和使用强制用户配置文件来实现。

创建强制性用户配置文件的方法是：将漫游用户配置文件夹中的 Ntuser.dat 文件名改为 Ntuser.man 即可。

实验 2-5　Linux 的安装与配置

➢ 实验目标

通过实验了解 Linux 操作系统的功能和特性，掌握 Linux 操作系统的安装配置过程，熟悉 Linux Shell 命令及其操作方法。

(1) 掌握 Red Hat Enterprise Linux 5 的安装过程。

(2) 掌握 Red Hat Enterprise Linux 5 的基本配置。

(3) 熟悉一般的 Shell 命令的操作。

➢ 实验要求

Linux 操作系统对硬件没有太高的要求，目前主流的 PC 均可正常安装。当然安装过程需要 Red Hat Enterprise Linux 5 光盘或映像文件。

➢ 实验步骤

一、Red Hat Enterprise Linux 5 安装前的准备

要想成功安装 Linux，必须要对硬件的基本要求、硬件的兼容性、多重引导、磁盘分区和安装方式等进行充分准备，要获取发行版本，查看好硬件是否兼容，选择出适合的安装方式。只有做好这些准备工作，Linux 安装之旅才会一帆风顺。

Red Hat Enterprise Linux 5 提供了四种安装方式：

(1) 从 CD-ROM/DVD 光盘安装。

(2) 从硬盘安装文件安装。

(3) 从网络文件服务器安装。

(4) 从远程 FTP/HTTP 网站安装。

二、Linux 系统安装

(1) 进入文本安装模式：将第一张光盘放入光驱，重启电脑，直接回车，进入图形安装模式(见图 2-74)。输入“linux text”，然后回车，进入文本安装模式。

(2) 检测光盘：如果需要检测光盘，直接按回车。否则，先按 TAB 键，然后回车，则能跳过光盘检测(见图 2-75)。

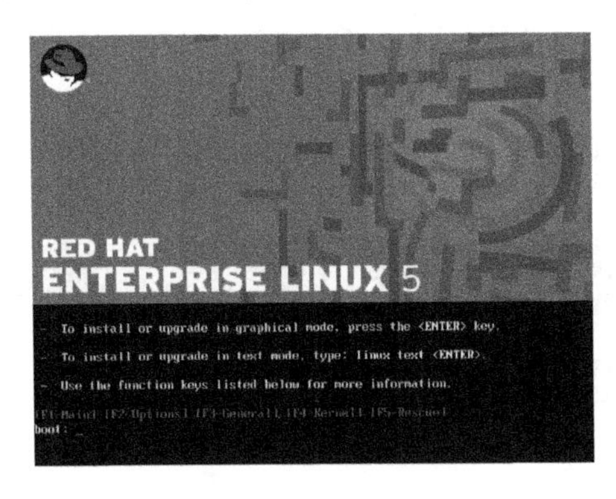

图 2-74 系统安装界面

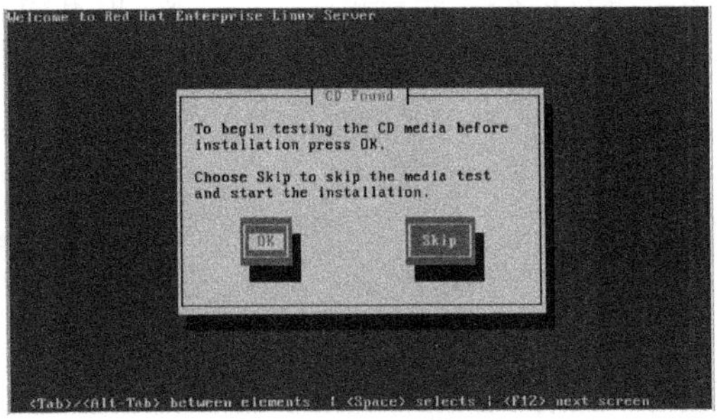

图 2-75 跳过检测光盘界面

(3) 选择安装语言：在检测完安装光盘后(或者跳过检测光盘后)，将会进入一个安装的欢迎界面，在该界面下，直接单击“Next”按钮进入语言选择界面，选中“简体中文”，然后单击“Next”按钮(见图 2-76)。

(4) 选择键盘：在选择系统语言后就进入键盘选中界面。选中“美国英语式”，然后单击“下一步”按钮(见图 2-77)。

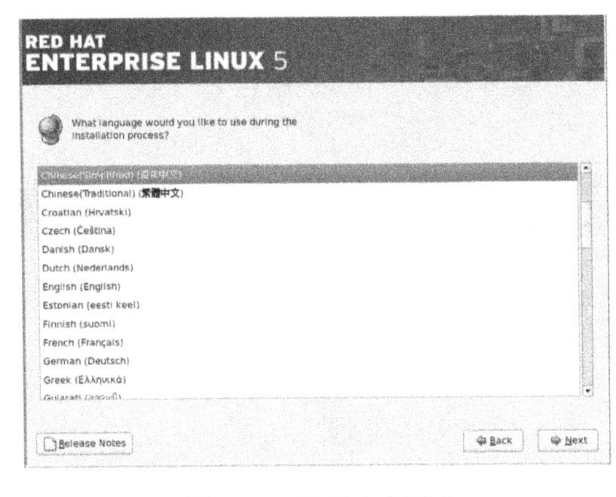

图 2-76 选择安装语言

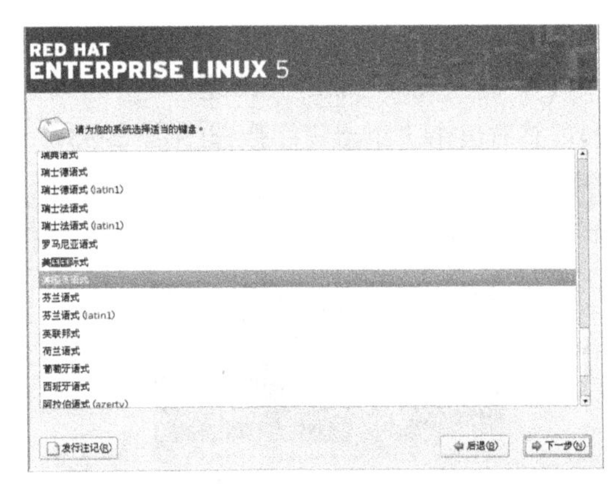

图 2-77 选择键盘模式

(5) 输入安装号码：此时，系统会提示输入安装号码。如果有安装号码，则输入安装号码，然后单击“确定”按钮(见图 2-78)。

当然，如果没有安装号码也没有太大影响，选中“跳过输入安装号码”，然后单击

“确定”按钮，接下来，系统会有一个跳过信息，告诉用户如果不输入安装号码会有什么影响(见图 2-79)。

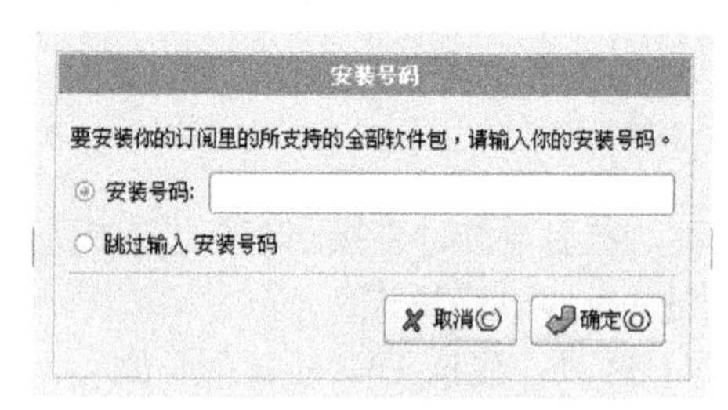

图 2-78　安装号码界面

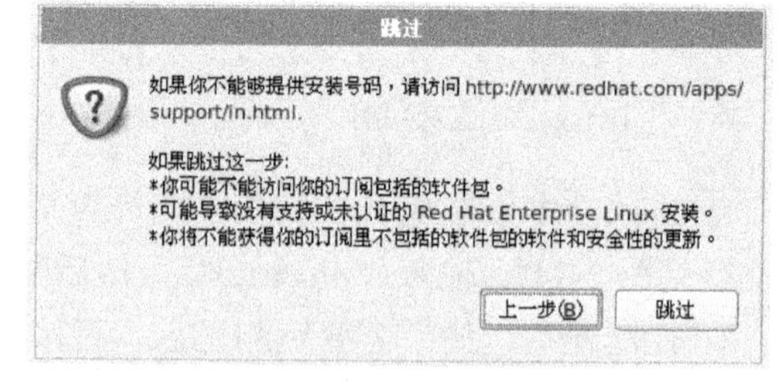

图 2-79　跳过安装号码界面

(6) 硬盘分区：进行初始化分区时会删除分区内的所有数据，所以在安装前要对重要的数据进行备份，然后单击“是”按钮(见图 2-80)。

(7) 网络配置：接下来进入网络配置界面，在这里根据自己的情况做出相应的配置，然后点击“下一步”按钮(见图 2-81)。

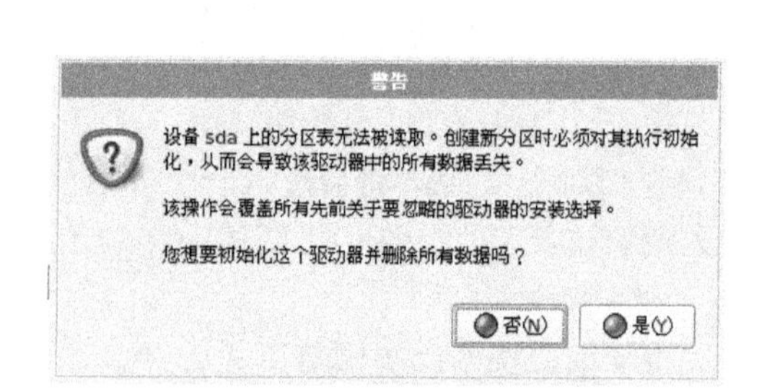

图 2-80　初始化分区提示

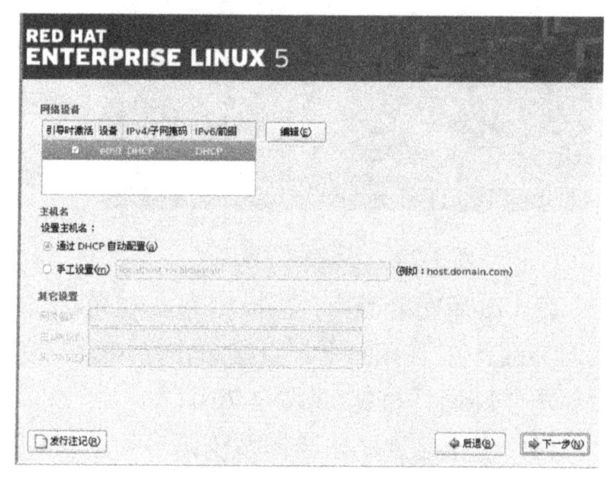

图 2-81　网络配置界面

(8) 选择时区：选择“亚洲/上海”，然后单击“下一步”按钮(见图 2-82)。

(9) 输入 root 密码：root 用户是 Linux 系统的管理员用户，输入 root 用户的密码(根口令)，然后单击“下一步”按钮(见图 2-83)。

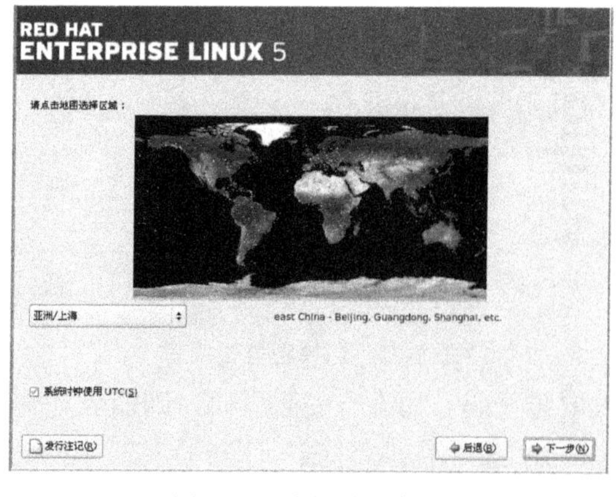

图 2-82　选择时区窗口

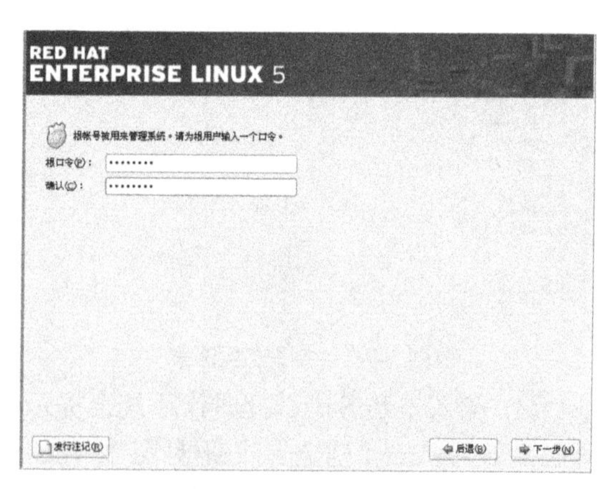

图 2-83　输入 Root 密码

(10) 定制安装：此时可以选择需要安装的内容。对于初学者而言，按照默认设置，直接点击“下一步”按钮(见图 2-84)。

(11) 准备安装：接下来就要准备安装了。首先是收集安装所需要的信息，然后进入安装开始界面，直接单击“下一步”按钮，进入“需要的安装介质”提示界面，单击“继续”按钮开始安装(见图 2-85)。

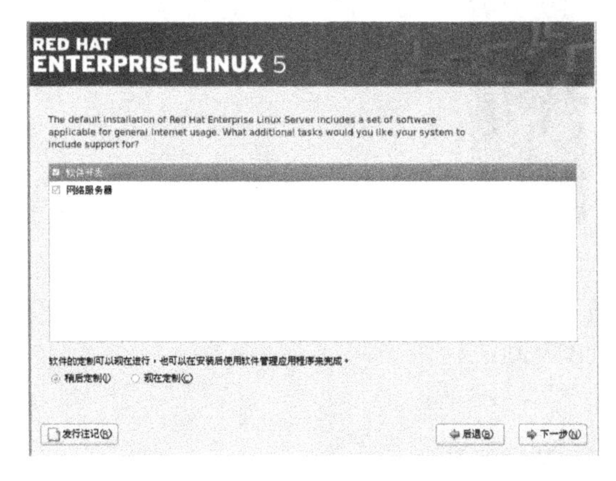

图 2-84　定制安装界面

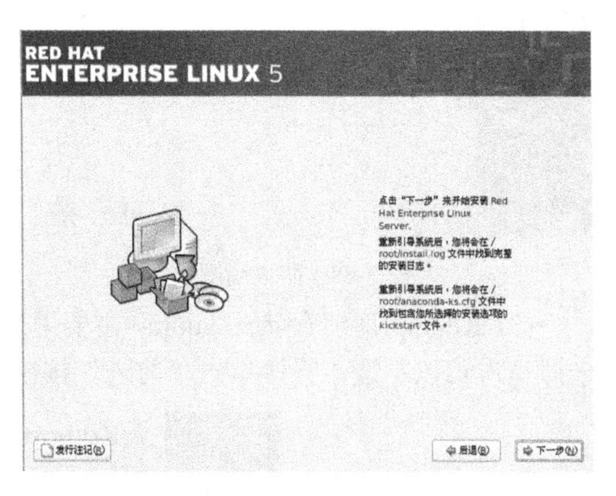

图 2-85　准备安装界面

(12) 开始安装：一切准备就绪，正式开始安装(见图 2-86)。安装完成后，重新启动系统(见图 2-87)。

图 2-86　正在安装界面

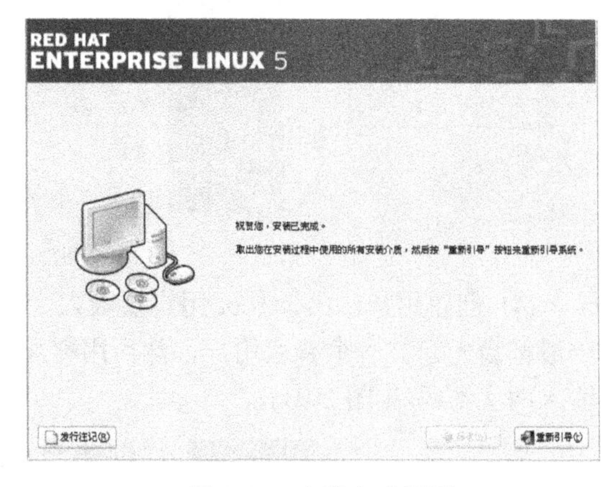

图 2-87　安装完成界面

三、Linux 安装后的配置

安装完成重新启动系统后，系统进入基本配置界面，配置包括：欢迎、许可协议、防火墙、SELinux、Kdump、日期和时间、设置软件更新、创建用户、声卡、附加光盘。这里只对几个主要的配置环节进行说明：

(1) 配置防火墙。在信任服务中按需要选择服务，并启用防火墙。对于初学者，直接单击“前进”(见图 2-88)。

(2) 设置 SELinux。SELinux 旨在提高 Linux 系统的安全性，提供强健的安全保证，可防御未知攻击，在“SELinux 设置”中选择“强制”，然后单击“前进”按钮(见图 2-89)。

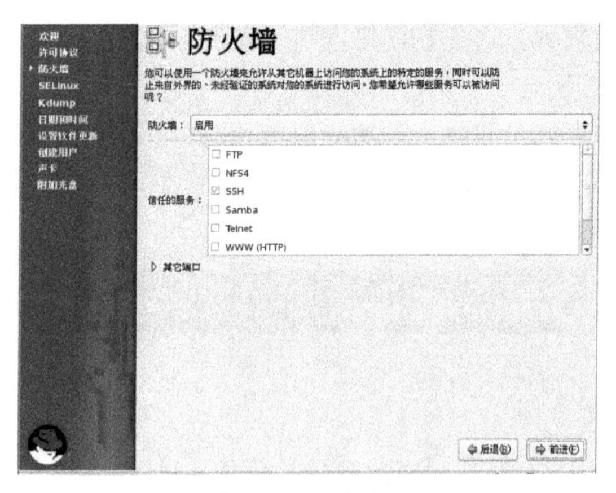

图 2-88　防火墙配置

图 2-89　SELinux 设置

(3) Kdump(崩溃存储)。kdump 主要用来做灾难恢复，即系统崩溃了可以用其来恢复。一般情况可以不选，直接单击“前进”按钮(见图 2-90)。

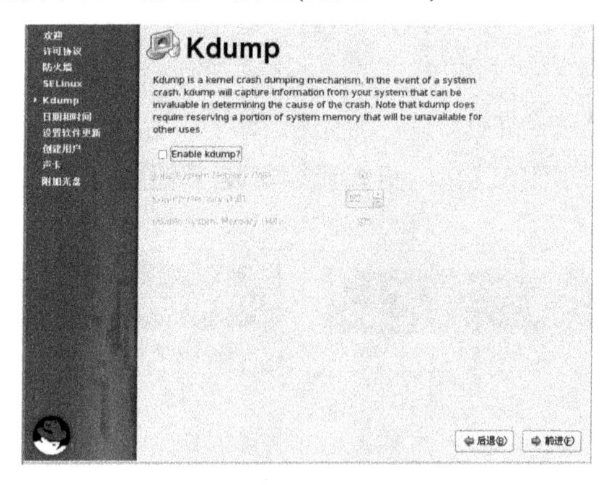

图 2-90　崩溃存储设置

(4) 创建用户。由于 root 用户权限太大，容易造成误操作，所以在使用 Linux 系统时，一般都会先建立一个普通用户，然后用普通用户登录。步骤为输入用户名、用户全名，并输入两次密码(见图 2-91)。

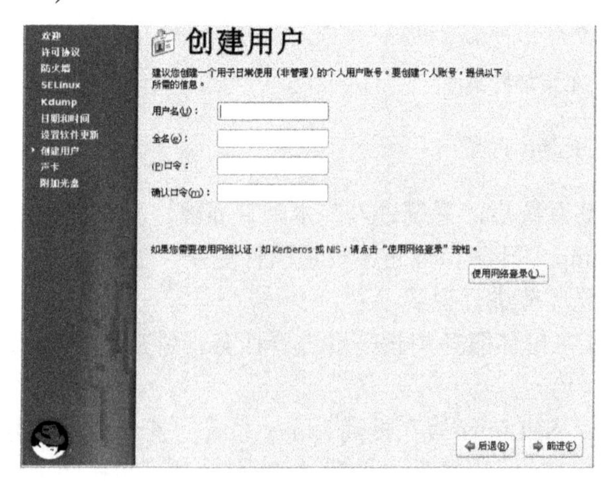

图 2-91　创建用户界面

(5) 配置声卡。Linux 系统自带的声卡驱动程序能够支持的声卡很少，绝大多数市场上流行的声卡产品都难以得到系统的支持，因此需要声卡原配驱动程序的支持。

检查各项参数、进行测试后，单击“前进”按钮(见图 2-92)。

(6) 附加光盘。附加光盘选择是否安装附加光盘，如果不装，直接点击“结束”按钮(见图 2-93)。

图 2-92　声卡设置

图 2-93　附加光盘设置

系统安装完成并进行相关配置后，就可以登录了，登录需要先输入账号，然后输入密码。输入正确的账号和密码后，就进入了系统界面。

四、Linux 的登录和退出

1. Linux 的登录

Red Hat Enterprise Linux 5 的登录方式，根据启动的是图形界面还是文本模式而异。

(1) 图形界面登录。在登录界面的左下角有“语言”、“会话”、“重新启动”和“关机”四个选项(见图 2-94)。如果单击“语言”，我们发现 Red Hat Enterprise Linux 5 有多种语言供选择，只需要点选，就可以马上启动到相应的语言界面了(见图 2-95)。

图 2-94　启动界面

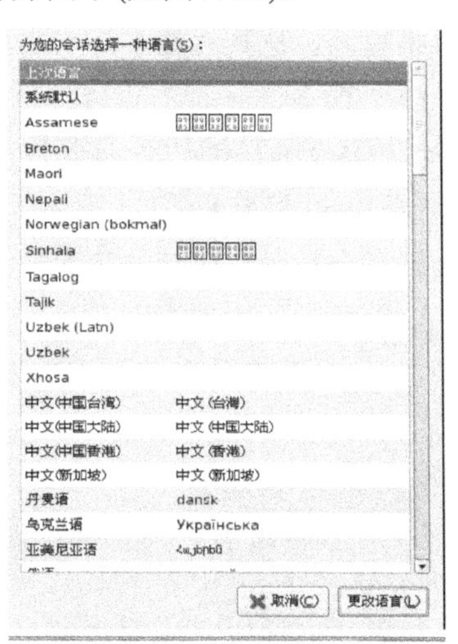

图 2-95　语言选择界面

(2) 文本模式登录。在终端窗口(或者直接右键单击桌面，选择“终端”命令)输入“init 3”命令，即可进入文本登录模式；如果在命令行窗口下输入“init 5”或“start x”命令即可进入图形界面(见图 2-96)。

```
Red Hat Enterprise Linux Server release 5.3 (Tikanga)
Kernel 2.6.18-128.el5 on an i686

localhost login: Starting background readahead:            [  OK  ]
Starting irqbalance:                                       [  OK  ]


Red Hat Enterprise Linux Server release 5.3 (Tikanga)
Kernel 2.6.18-128.el5 on an i686

localhost login: _
```

图 2-96 文本模式登录

2. Linux 的退出

(1) 图形模式。图形模式很简单，只要执行“系统”→“注销”就可以退出了。

(2) 文本模式。shutdown 命令可以安全地关闭或重启 Linux 系统，它在系统关闭之前给系统上的所有登录用户提示一条警告信息。该命令还答应用户指定一个时间参数，可以是一个精确的时间，也可以是从现在开始的一个时间段。

该命令的一般格式：

shutdown [选项] [时间] [警告信息]

例如：系统在十分钟后关机并且马上重新启动：

```
# shutdown  -r 10
```

系统马上关机并且不重新启动：

```
# shutdown  -h now
```

3. 启动 Shell

1) 使用 Linux 系统的终端窗口

一般用户，可以执行“应用程序”→“附件”→“终端”命令来打开终端窗口(或者直接右键单击桌面，选择“终端”命令)。

执行以上命令后，就打开了一个白底黑字的命令行窗口，在这里可以使用 Red Hat Enterprise Linux 5 支持的所有命令行指令。

2) 使用 Shell 提示符

进入纯命令行窗口之后，还可以使用 Alt + F1～Alt + F6 组合键在六个终端之间切换，每个终端可以执行不同的指令，进行不一样的操作。

登录之后，普通用户的命令行提示符以“$”号结尾，超级用户的命令以“#”号结尾。

```
[yy@localhost ～]$                ；一般用户以“$”号结尾
[yy@localhost ～]$  su  root      ；切换到 root 账号
[root@localhost ～]#              ；命令行提示符变成以“#”号结尾
```

当用户需要返回图形桌面环境时，也只需要按下 Ctrl + Alt + F7 组合键，就可以返回到刚才切换出来的桌面环境了。

3) 修改系统配置文件

使用任何文本编辑器打开/etc/inittab 文件，找到如下所示的行：

id:5:initdefault

将它修改为：

id:3:initdefault

重新启动系统就会发现，它登录的是命令行而不是图形界面。

要想让 Red Hat Enterprise Linux 5 直接启动到图形界面，可以按照上述操作将“id:3”中的“3”修改为“5”；也可以在纯命令行模式，直接执行“start x”命令打开图形模式。

五、Linux 常用命令

命令行的使用，是 Linux 的一大特色。在 Linux 操作系统中，命令行处于核心的地位。命令行是一种对操作系统的输入和输出界面，与图形界面相对。作为字符界面的命令行由于占用系统资源少、性能稳定并且非常安全等特点因而仍发挥着重要作用，Linux 命令行在服务器中一直有着广泛的应用。

1．pwd：查看当前目录

在 Linux 层次结构中，用户想要知道当前所处的目录，可以用 pwd 命令，该命令显示整个路径名(在 Linux 中，命令行是区分大小写的)。

语法：

pwd

描述：将当前目录的全路径名称(从根目录)写入标准输出。

示例：

[root@localhost root]#pwd

2．cd：更改当前目录

语法：

cd [directory]

描述：cd 命令设置某一进程的当前工作目录，简单的说，就是更改当前工作目录。用户必须具有指定目录中的执行(搜索)许可权。

示例：

[root@localhost root]#cd /usr/bin ；进入目录/usr/bin

[root@localhost root]#cd .. ；转至目录树的上一级

[root@localhost root]#cd 或 [root@localhost root]#cd ～ ；将目录转到当前用户的默认工作目录

[root@localhost root]#cd - ；转到前一个目录

3．mkdir：创建目录

语法：

mkdir [-m Mode] [-p] Directory ...

描述：mkdir 命令创建由 Directory 参数指定的一个或多个新的目录。要创建新目录，必须在父目录中具有写权限。

-m Mode 表示设置新创建的目录的权限，其值由变量 Mode 指定。

-p 表示同时创建多级目录。如果没有指定 -p 标志，那么每个新创建的目录的父目录必须已经存在。

示例：

```
[root@localhost root]#mkdir Test                  ；在当前工作目录下创建一个名为 Test 的新目录
[root@localhost root]#mkdir -m 755 /home/stu/stu1；在以前已创建的/home/stu 目录中新建一个使
                                                  用 rwxr-xr-x 权限的名为 stu1 的新目录
```

4. rmdir：删除目录

语法：

rmdir [-p] Directory ...

描述：rmdir 命令从系统中删除 Directory 参数指定的目录。在删除该目录前，它必须为空，并且必须有它的父目录的写权限。

-p Directory 表示删除 Directory 参数指定的路径名的所有目录。父目录必须为空且用户必须有父目录的写权限。

示例：

```
[root@localhost root]#rmdir mydir                 ；删除 mydir 目录
[root@localhost root]#rmdir -p /home/stu/stu1     ；除去/home、/home/stu 和/home/stu/stu1 目录
```

5. ls：查看目录内容和文件属性

语法：

ls [选项] [File | Directory ...]

描述：ls 命令将每个由 Directory 参数指定的目录或者每个由 File 参数指定的名称写到标准输出，以及所要求的和标志一起的其他信息。如果不指定 File 或 Directory 参数，ls 命令显示当前目录的内容。选项包括：

-A：表示列出所有条目，除了 .(点)和 ..(点-点)。

-a：表示列出目录中所有条目，包括以 .(点)开始的条目。

-l：表示显示权限、链接数目、所有者、组、大小(按字节)和每个文件最近一次的修改时间。

示例：

```
[root@localhost root]#ls -a                   ；列出当前目录中的所有文件
[root@localhost root]#ls -l stu1.profile      ；显示 stu1.profile 文件的详细信息
```

6. cp：复制文件

语法：

cp [选项] SourceFile|SourceDir TargetFile | TargetDir

描述：cp 命令复制由 SourceFile 参数指定的源文件到由 TargetFile 参数指定的目标文件。如果目标文件已存在，则 cp 覆盖原来的内容；如果 TargetFile 不存在，则 cp 创建一个新文件命名为 TargetFile。选项包括：

-f：表示如果目标文件不能被写操作打开的话，指定移去目标文件。

-i：表示提示将被覆盖的文件名。

-r：表示复制由 SourceFile 或 SourceDirectory 参数指定的文件或目录下的文件层次结

构(递归复制)。

示例：

[root@localhost root]#cp stu1.c stu1.bak ；复制当前目录下的文件 stu1.c 到文件 stu1.bak

[root@localhost root]#cp /home/stu/* /home/teach ；复制目录/home/stu/下的所有文件到一个新目录/home/teach 中

7．cat：查看文件内容

语法：

cat File ...

描述：cat 命令按顺序读取每个 File 参数并将它写至标准输出。

示例：

[root@localhost root]#cat notes ；查看文件 notes 的内容

[root@localhost root]#cat stu1 stu2 stu3 >stu1；将 stu1、stu2、stu3 三个文件合并为一个文件 stu1

[root@localhost root]#cat stu4 >> stu1 ；将文件 stu4 追加到文件 stu1 末尾

8．rm：删除文件

语法：

rm [参数] File ...

描述：rm 命令从目录中除去指定的 File 参数的项。参数包括：

-i：表示删除每个文件前提示。

-r：表示当 File 参数为目录时允许循环地删除目录及其内容。

-f：表示在除去有写保护的文件前不提示。

示例：

[root@localhost root]#rm stu1 ；删除文件 stu1

[root@localhost root]#rm -i stu1 ；删除文件 stu1 前先给出提示

[root@localhost root]#rm -f stu1 ；删除文件 stu1 前不给出提示

【实验作业】

(1) 利用 VMware Workstation 新建虚拟机并进行相应的硬件和网络设置，安装 XP 操作系统，实现虚拟机的联网及与物理机的通信。

(2) 虚拟机上全新安装 Windows Server 2008，并进行“服务器管理器”的配置。

(3) 在 Windows Server 2008 上安装活动目录，新建主域 abc.com，进行主域控制器的一般管理与配置。

(4) 新建主域的多个用户和组，分别设置管理员和一般用户等权限，用新用户登录，观察权限的不同。

(5) 虚拟机上全新安装 Red Hat Enterprise Linux 5，进行相应的配置，熟悉常用的 Linux 命令的操作。

【提升与拓展】

一、VMware构建虚拟局域网

VMware 允许在同一台机器上建立多台虚拟机并将之构建成网络。当然，在同一台主机上同时开启多台虚拟机会需要较大的内存，不过，近来内存价格一降再降，使得为电脑配备较大内存不再成为不可承受的开销，目前 2～4 GB 的内存、500 GB 以上的硬盘、3 GHz 的 CPU 已经成为个人电脑的标准配置。事实上，只需要有 768 MB 以上的内存，就可以同时开启三台虚拟机(每台分配 196 MB 内存)，再加上主机，四台电脑已经可以完成绝大部分的网络实验了。

VMware 不但可以建立虚拟机，还可以通过虚拟机添加多网卡模拟代理服务器、路由器、防火墙；通过 VMware 提供的虚拟网段(VMnet0～VMnet8)可以模拟网桥、交换机；通过安装不同的操作系统(Linux、Win2008 等)以及不同的服务器软件模拟不同的服务器。所以，我们可以利用 VMware 任意构建所需要的网络环境，并进行想要的操作。

比如我们在一台物理机上建立四个虚拟机就可以构建如图 2-97 所示的网络结构了。

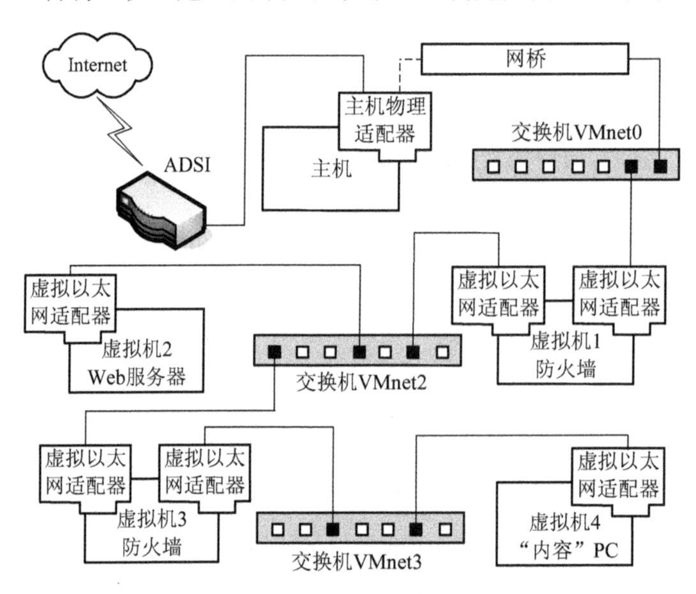

图 2-97　VMware 虚拟局域网举例

二、活动目录的其他操作

(1) 活动目录的删除。在活动目录安装之后，不但服务器的开机和关机时间变长，而且系统的执行速度也变慢，所以如果用户对某个服务器没有特别要求或不把它作为域控制器来使用，可将该服务器上的活动目录删除，使其降级成为成员服务器或独立服务器。

要删除活动目录，可以打开“开始”菜单，选择“运行”命令，打开“运行”对话框，输入“dcpromo”命令，然后单击“确定”按钮，打开“Active Directory 安装向导”对话框，并按向导的步骤进行删除即可。

(2) 创建子域。当需要更为详细地划分某个域范围或者空间时，可以为其创建子域，建成子域后该域也就成了父域，其下所有的子域名称中均包含其(父域)名称。创建子域的过程和创建主域控制器的过程基本相似。

(3) 创建附加的域控制器(备份域控制器)。通常情况下，一个功能强大的网络中至少应设置两台域控制器，即一台主域控制器和一台附加域控制器。网络中的第一台安装活动目录的服务器通常会默认被设置为主域控制器，其他域控制器(可以有多台)称为附加域控制器，主要用于主域控制器出现故障时及时接替其工作，从而能够继续提供各种网络服务，不致造成网络瘫痪，并可以起到备份数据的作用。

三、Linux 服务器的安全配置

SELinux 的全称是 Security Enhanced Linux，是由美国国家安全部(National Security Agency)主导开发的 GPL 项目，它拥有一个灵活而强制性的访问控制结构，旨在提高 Linux 系统的安全性、提供强健的安全保证、可防御未知攻击，据称相当于 B1 级的军事安全性能。应用 SELinux 后，可以减轻恶意攻击或恶意软件带来的灾难，并对机密性和完整性有很高要求的信息提供安全保障。

为了确保安全，对于准备投入实际运行的 Linux 服务器，一定要开启防火墙和 SELinux 功能。但如果在安装系统时没有启用防火墙和 SELinux 功能，可以在安装后进行启用，方法有以下两种：

(1) 执行“system-config-securitylevel”命令启动服务配置程序，在出现的对话框中的“安全级别”选项中，选择“启用”即可。

(2) 启用 SELinux。编辑/etc/selinux/config 文件，找到语句“SELINUX=disabled”，将该句改为“SELINUX=enforcing”。重新启动 Linux，SELinux 就会被启用了。

四、Linux 和 Windows 的多重引导

Linux 和 Windows 的多系统共存有多种实现方式，最常用的有以下三种：

(1) 先安装 Windows，再安装 Linux，最后用 Linux 内置的 GRUB 或者 LILO 来实现多系统引导。这种方式实现起来最简单。

(2) 无所谓先安装 Windows 还是 Linux，最后经过特殊的操作，使用 Windows 内置的 OS Loader 来实现多系统引导。这种方式实现起来稍显复杂。

(3) 同样无所谓先安装 Windows 还是 Linux，最后使用第三方软件来实现 Windows 和 Linux 的多系统引导。这种实现方式最为灵活，操作也不算复杂。

在这三种实现方式中，目前用户使用最多的是通过 Linux 的 GRUB(GRand Unified Bootloader)或者 LILO(Linux Loader)实现 Windows、Linux 的多系统引导。

五、Samba 服务器

Samba 使用基于 TCP/IP 的 SMB(Server Message Block)协议，该协议是在局域网中共享文件夹和打印机的一种协议，是微软(Microsoft)公司和英特尔(Intel)公司于 1987 年制定的 Microsoft 网络的通信协议。SMB 不仅可以工作在 TCP/IP 体系，也可以用于其他网络体系，

如 IPX、NetBEUI 等。

Samba 最先在 Linux 和 Windows 两个平台之间架起了一座桥梁。正是由于 Samba 的出现，我们可以在 Linux 系统和 Windows 系统之间互相通信，比如拷贝文件、实现不同操作系统之间的资源共享等。我们可以将其架设为一个功能非常强大的文件服务器，也可以将其架设为打印服务器提供本地和远程联机打印。我们甚至可以使用 Samba Server 完全取代 NT/2K/2K3 中的域控制器，做域管理工作，这样使用也非常方便。

Samba 服务器的主要功能：

(1) 共享 Linux 的文件系统。

(2) 共享安装在 Sanba 服务器上的打印机。

(3) 支持 Windows 客户使用“网上邻居”浏览网络。

(4) 提供 SMB 客户功能，Linux 利用 Samba 所提供的 smbclient 程序，可访问 Windows 系统的共享资源。

(5) 支持 WINS 服务器解析及浏览。

(6) 支持 SSL 安全套接层协议。

实验 3　网络服务与资源管理

【基础知识介绍】

一、网络服务的概念

“网络服务”(Web Services)是指一些在网络上运行的、面向服务的、基于分布式程序的软件模块。网络服务采用 HTTP 和 XML 等互联网通用标准，使人们可以在不同的地方通过不同的终端设备访问 Web 上的数据，如网上订票、查看订座情况。网络服务在电子商务、电子政务、公司业务流程电子化等应用领域有广泛的应用，被业内人士奉为互联网的下一个重点。

典型的网络服务有 DHCP、DNS、FTP、Telnet、WINS、SMTP 等。

二、DHCP 简介

在 TCP/IP 网络上，每台工作站在要使用网络上的资源之前，都必须进行基本的网络配置，诸如 IP 地址、子网掩码、默认网关、DNS 的配置等。通常采用 DHCP 服务器技术来实现网络的 TCP/IP 动态配置与管理，这是网络管理任务中应用最多、最普通的一项管理技术。

动态主机分配协议(DHCP)是一个简化主机 IP 地址分配管理的 TCP/IP 标准协议，提供自动指定 IP 地址给使用 DHCP 用户端的计算机。采用 DHCP 后，不会像采用静态分配 IP 地址一样，经常由于不同用户使用同一个 IP 地址而发生地址的冲突，从而避免了由于 IP 地址冲突造成的无法使用网络资源的情况。

DHCP 允许有三种类型的地址分配方案：

(1) 自动分配方式。当 DHCP 客户端第一次成功地从 DHCP 服务器端租用到 IP 地址之后，就永远使用这个地址。

(2) 动态分配方式。当 DHCP 客户端第一次从 DHCP 服务器端租用到 IP 地址之后，并非永久的使用该地址，只要租约到期，客户端就得释放这个 IP 地址，以给其他工作站使用。

(3) 手工分配方式。DHCP 客户端的 IP 地址是由网络管理员指定的，DHCP 服务器只是把指定的 IP 地址告诉客户端。

三、DNS 简介

1．DNS 的概念

DNS(Domain Name System)域名系统是因特网的一项核心服务，它作为可以将域名和

IP 地址相互映射的一个分布式数据库，能够使人更方便地访问互联网，而不用去记住能够被机器直接读取的 IP 地址。

在网络中唯一能够用来标识计算机身份和定位计算机位置的方式就是 IP 地址，但网络中往往存在许多服务器，如 E-mail 服务器、Web 服务器、FTP 服务器等，记忆这些纯数字的 IP 地址不仅枯燥无味，而且容易出错。通过 DNS 服务器，将这些 IP 地址与形象易记的域名一一对应，使得网络服务的访问更加简单，而且可以完美地实现与 Internet 的融合，对于一个网站的推广发布起到极其重要的作用。因此，DNS 服务可视为网络服务的基础。

2. 域名解析

DNS 的域名 FQDN(Fully Qualified Domain Name，完全合格域名)解析包括正向解析和逆向解析两个不同方向的解析。

(1) 正向解析：是指从主机域名到 IP 地址的解析。是将用户习惯使用的域名，如 www.sina.com，解析为其对应的 IP 地址。

(2) 反向解析：是指从 IP 地址到域名的解析，如将新浪网站服务器的 IP 地址解析为 www.sina.com。

3. DNS 的查询模式

当客户机需要访问 Internet 上某一主机时，首先向本地 DNS 服务器查询对方的 IP 地址，往往本地 DNS 服务器继续向另外一台 DNS 服务器查询，直到解析出需访问主机的 IP 地址为止，这一过程称为查询。DNS 查询模式有三种，即递归查询、迭代查询和反向查询。

(1) 递归查询(Recursive Query)。递归查询是指 DNS 客户端浏览器发出查询请求后，如果本地 DNS 服务器内没有所需的数据，则 DNS 服务器会代替客户端向其他的 DNS 服务器进行查询。在这种方式中，DNS 服务器必须向 DNS 客户端做出回答，因此从客户端来看，它是直接得到了查询的结果。

(2) 迭代查询(Iterative Query)。迭代查询多用于 DNS 服务器与 DNS 服务器之间的查询方式。它的工作过程是：当第一台 DNS 服务器向第二台 DNS 服务器提出查询请求后，如果在第二台 DNS 服务器内没有所需要的数据，则它会提供第三台 DNS 服务器的 IP 地址给第一台 DNS 服务器，让第一台 DNS 服务器直接向第三台 DNS 服务器进行查询。依此类推，直到找到所需的数据为止。如果到最后一台 DNS 服务器中还没有找到所需的数据时，则通知第一台 DNS 服务器查询失败。

(3) 反向查询(Reverse Query)。反向查询的方式与递归型和迭代型两种方式都不同，它是依据 DNS 客户端提供的 IP 地址，来查询它的主机名的。由于 DNS 名字空间中域名与 IP 地址之间无法建立直接对应关系，所以必须在 DNS 服务器内创建一个反向型查询的区域，该区域名称的最后部分为 in-addr.arpa。由于反向查询会占用大量的系统资源，因而会给网络带来不安全，因此通常均不提供反向查询。

四、IIS 简介

微软 Windows Server 2008 家族的 Internet Information Server(IIS，Internet 信息服务)在

Internet、Intranet 或 Extranet 上提供了集成、可靠、可伸缩、安全和可管理的 Web 服务器功能，为动态网络应用程序创建强大的通信平台的工具。IIS7.0 提供了基本服务，包括发布信息、传输文件、支持用户通信和更新这些服务所依赖的数据存储。

IIS 提供简单 WWW 服务、FTP 服务、SMTP 服务和 NNTP 服务，更新 Windows 操作系统注册表，配置 IIS 数据库(用来保存 IIS 的各种配置参数)。IIS 管理服务还对其他应用程序提供配置数据库，这些应用程序包括 IIS 核心组件、在 IIS 上建立的应用程序以及独立于 IIS 的第三方应用程序(如管理或监视工具)。

1. WWW 服务

WWW 即万维网发布服务，通过将客户端 HTTP 请求，连接到在 IIS 中运行的网站上，万维网发布服务向 IIS 最终用户提供 Web 发布。WWW 服务是 IIS 的核心组件，这些组件处理 HTTP 请求并配置管理 Web 应用程序。

如今互联网的 Web 平台种类繁多，各种软硬件组合的 Web 系统更是数不胜数，Windows 平台下常用的 Web 服务器软件主要有 IIS 和 Apache。

Web 中的目录分为两种类型：物理目录和虚拟目录。物理目录是位于本地计算机文件系统中的目录，它可以包含文件及其他目录。虚拟目录是在网站主目录下建立的一个别名(子目录名称)，它被 IIS 指定并映射到本地或远程服务器上的目录。

2. FTP 服务

FTP(File Transport Protocol)文件传输协议，是 Internet 上使用最广泛的网络应用，它使用客户端/服务器(C/S)模式，用户通过一个支持 FTP 协议的客户端程序，连接到在远程主机上的 FTP 服务器程序，客户机向服务器发出命令，服务器执行命令并将执行的结果返回到客户端。

FTP 用于实现客户端与服务器之间的文件传输，尽管 Web 也可以提供文件下载服务，但是 FTP 服务的效率更高，对权限控制更为严格。

3. E-mail 服务

电子邮件已经成为网络上使用最多的一种服务，也是 Internet/Intranet 提供的主要服务之一。电子邮件服务器能够有效地为客户服务，它不仅可以代替传统的纸质信件来实现文件信息传输，还可以传输各种图片及程序文件。因此，搭建一个邮件服务器可以大大方便企业内部员工之间、企业与企业之间或企业与外部网络之间的联系。

一个完整的 E-mail 系统一般由三个部分组成，包括用户邮件代理、邮件服务器和邮件协议。邮件服务器是电子邮件系统的核心，其主要功能是发送和接收邮件，并向发件人告知邮件的传送情况。邮件服务器根据功能，分为邮件传输服务器(SMTP 服务器)和邮件接收服务器(POP3 或 IMAP4 服务器)。

【能力培养】

资源共享和数据通信是计算机网络的最终目标，在构建网络硬件平台和相应操作系统的基础上，安装配置常用的网络服务是网络构建的重要工作，为互联网网页服务、文件传输、电子邮件等应用提供平台，同时为实现电子商务、电子政务、企业信息化、云计算及物联网等打下良好的基础。

本实验主要在 Windows 2008 Server 操作系统的基础上，对 DHCP、DNS、Web、FTP、Email 等网络常用服务进行安装与配置。

实　验	能力培养目标
3-1　DHCP 的安装与配置	掌握 DHCP 服务的功能及安装配置方法
3-2　DNS 的安装与配置	掌握 DNS 服务的功能及安装配置方法
3-3　Web 服务器的安装与配置	掌握 Web 服务的功能及安装配置方法
3-4　FTP 服务器的安装与配置	掌握 FTP 服务的功能及安装配置方法
3-5　E-mail 服务的安装与配置	掌握 E-mail 服务的功能及安装配置方法

【实验内容】

实验 3-1　DHCP 的安装与配置

➢ 实验目标

通过操作进一步理解 DHCP 协议的原理和工作过程，掌握 DHCP 服务器的安装、配置与维护、熟悉 DHCP 客户端的配置，从而了解复杂网络中 DHCP 服务器的部署方法。

(1) DHCP 服务器的安装与授权。

(2) 配置 DHCP 作用域。

(3) 配置 DHCP“服务器选项”。

(4) DHCP 客户机的配置与检测。

➢ 实验要求

(1) 安装有 Windows 2008 Server Enterprise Edition 中文版的计算机作为服务器。

(2) 安装有 Windows XP 的计算机作为客户机。

(3) 局域网连接。

(4) Windows 2008 Server Enterprise Edition 中文版安装光盘。

➢ 实验步骤

一、DHCP 的安装

可以通过在服务器管理器中“添加角色”安装 DHCP，也可以通过控制面板中“添加 Windows 组件”来安装 DHCP。本节主要介绍第一种方法。

1. 启动 DHCP 向导

以管理员账户登录到 Windows 2008 Server 计算机上，单击“开始→管理工具→服务器管理器”命令，打开“服务器管理”控制台。单击“角色”节点，然后单击控制台右侧的“添加角色”按钮，打开“添加角色向导”页面。在打开的“选择服务器角色”对话框中，选择“DHCP 服务器”复选框，如图 3-1 所示。

单击“下一步”按钮，打开“DHCP 服务器”对话框，显示的是 DHCP 服务器注意事项，如图 3-2 所示。

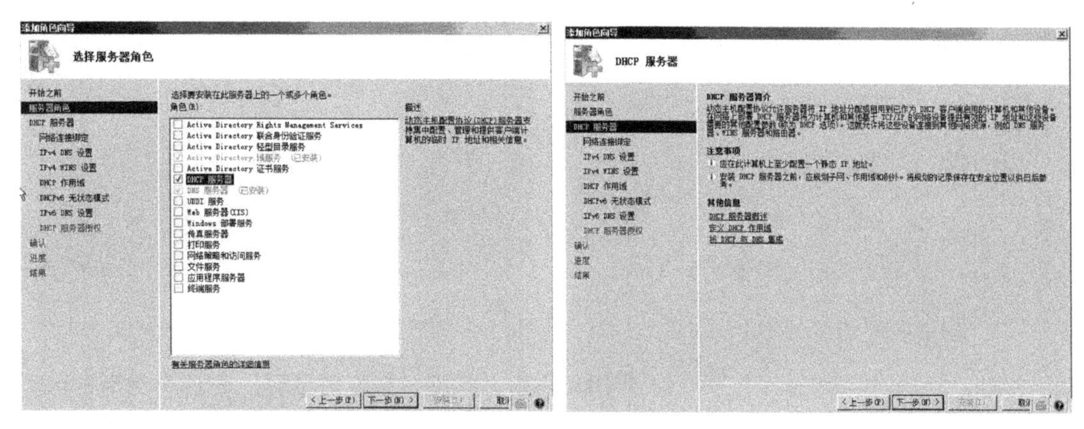

图 3-1　选择 DHCP 服务器　　　　图 3-2　“添加角色向导”窗口

2. 设置网络连接

单击“下一步”按钮，打开“选择网络连接绑定”对话框，默认绑定到当前 DHCP 服务器的 IP 地址，如图 3-3 所示。单击“下一步”按钮，打开“指定 IPv4 DNS 服务器设置”对话框，在文本框中设置父域、DNS 服务器的 IPv4 地址，如图 3-4 所示。

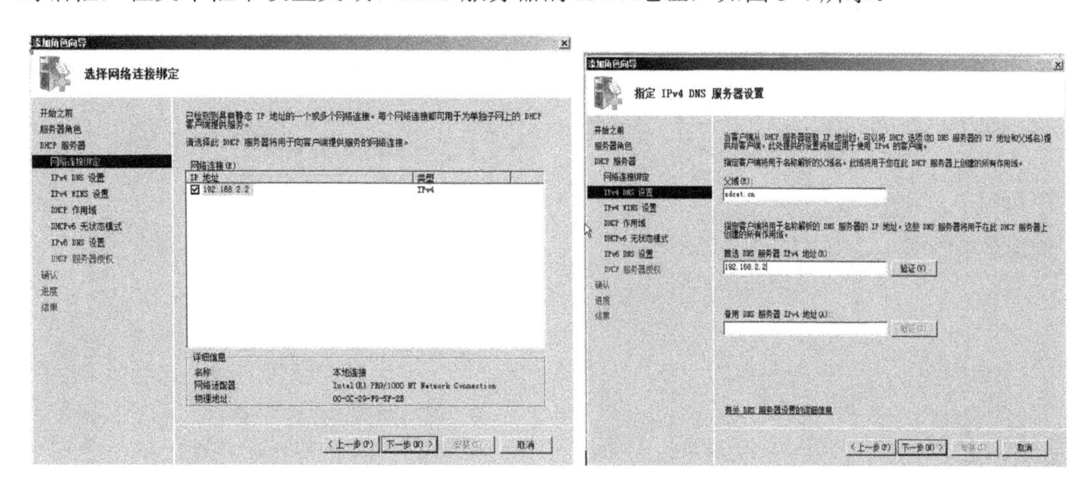

图 3-3　选择网络连接窗口　　　　图 3-4　DNS 设置窗口

3. 设置网络服务

单击“下一步”按钮，打开“指定 IPv4 WINS 服务器设置”对话框，可以指定网络中是否需要 WINS(Windows Internet Name Service，Windows 网际名称服务)，选择“此网络上的应用程序不需要 WINS”单选框，如图 3-5 所示。

单击“下一步”按钮，打开“添加或编辑 DHCP 作用域”对话框。在这个对话框中，可以添加 DHCP 的作用域。如果不添加作用域，也可以在 DHCP 服务安装完毕之后，在 DHCP 服务控制台添加，如图 3-6 所示。

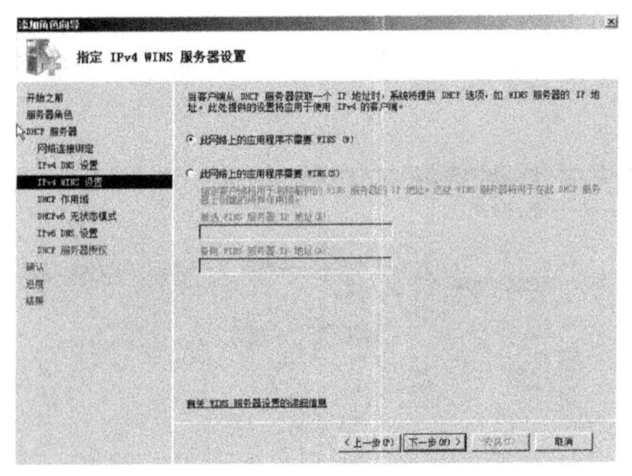

图 3-5　设置 WINS 窗口

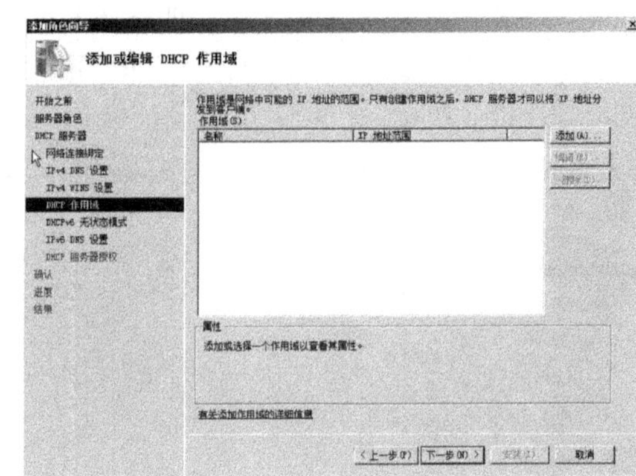

图 3-6　设置 DHCP 作用域窗口

单击“下一步”按钮，打开“配置 DHCPv6 无状态模式”对话框。在这个对话框可以设置 DHCP 服务器是否启用支持 IPv6 客户端的 DHCPv6 协议，这里选择“对此服务禁用 DHCPv6 无状态模式”，如图 3-7 所示。

4．DHCP 服务器授权

单击“下一步”按钮，打开“授权 DHCP 服务器”对话框。在“授权 DHCP 服务器”对话框可以设置是否对 DHCP 服务器进行授权，也可以在安装完 DHCP 服务之后对其授权。这里选择“跳过 AD DS 中此 DHCP 服务器的授权”单选框，如图 3-8 所示。

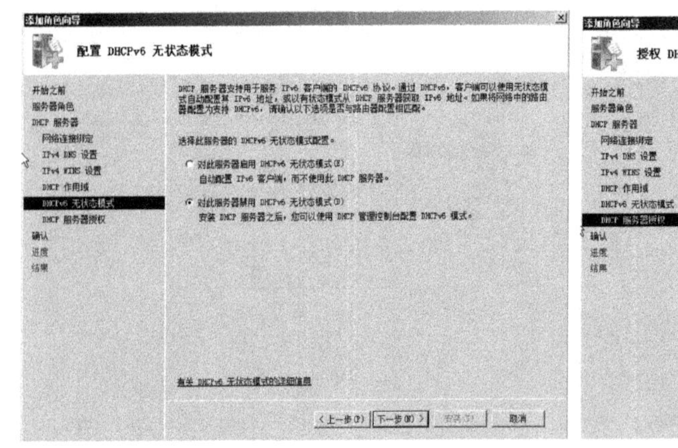

图 3-7　配置 DHCPv6 窗口

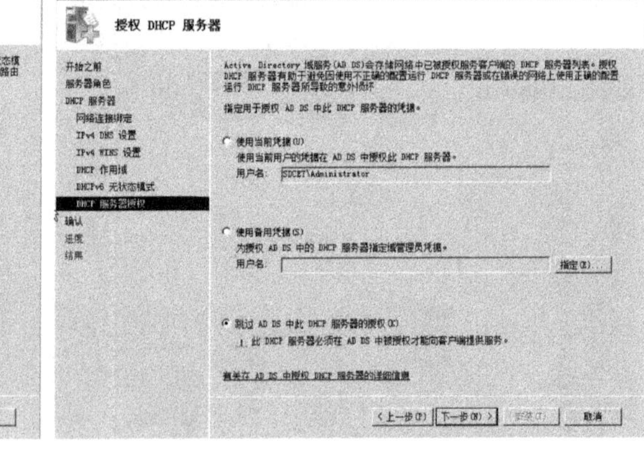

图 3-8　授权 DHCP 服务器窗口

5．查看配置信息、完成安装

单击“下一步”按钮，打开“确认安装选择”对话框。在“确认安装选择”对话框显示该 DHCP 服务器的配置信息，如图 3-9 所示。

DHCP 服务器配置信息核对无误，单击“安装”按钮，安装完毕出现“安装结果”对话框，如图 3-10 所示。单击“关闭”按钮，完成 DHCP 服务的安装。

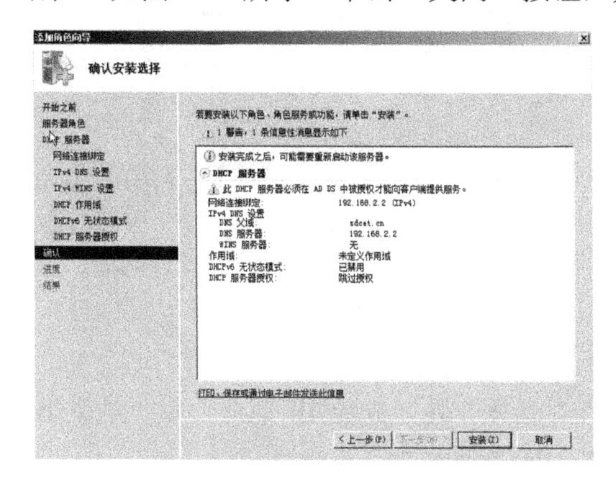

图 3-9　DHCP 安装信息窗口

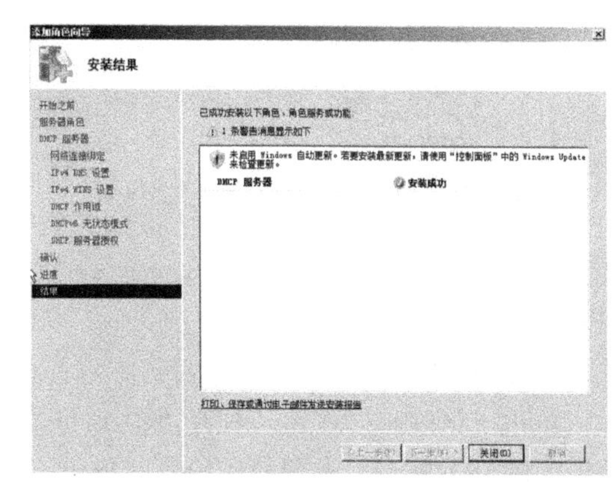

图 3-10　DHCP 安装完成窗口

6. DHCP 服务器的启动与停止

单击“开始→管理工具→DHCP”命令，打开“DHCP”控制台。在“DHCP”控制台左侧窗格中，右键单击“DHCP”，在弹出的菜单中选择“所有任务→启动(或停止)”命令，如图 3-11 所示。

单击“开始→管理工具→服务”，打开“服务”控制台。在“服务”控制台找到“DHCP Server”，右键单击，在弹出的菜单中选择“启动(或停止)”，如图 3-12 所示。

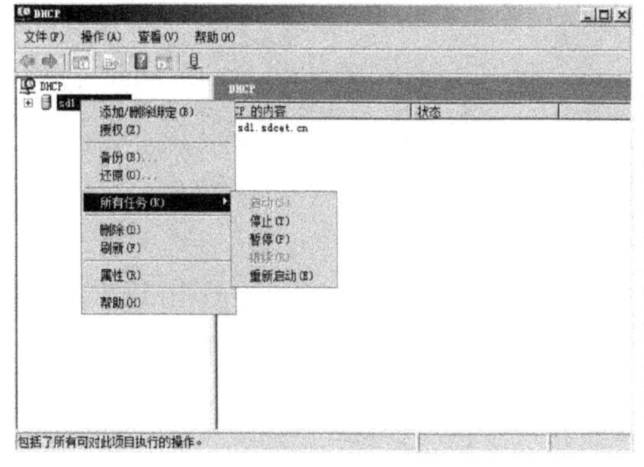

图 3-11　在 DHCP 控制台中启动

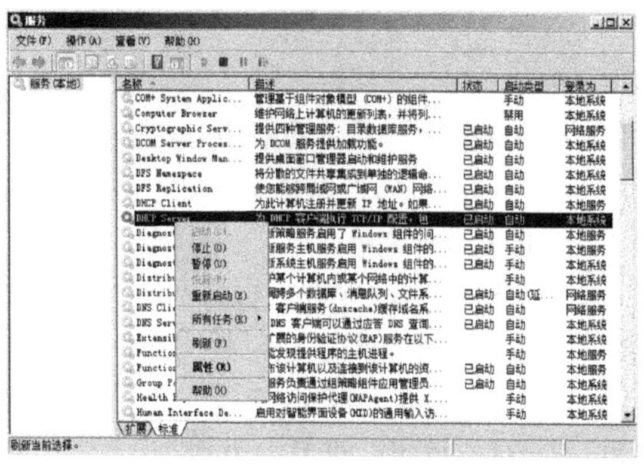

图 3-12　在“服务”窗口中启动 DHCP

二、DHCP 的配置

1. 创建 DHCP 作用域

1) 新建作用域

单击“开始→管理工具→DHCP”，打开“DHCP”控制台。右键单击“DHCP”控制台左侧窗格中的“IPv4”。在弹出的菜单中选择“新建作用域”命令，如图 3-13 所示。

打开“欢迎使用新建作用域向导”对话框，单击“下一步”按钮，打开“作用域名称”对话框，在文本框中输入作用域的名称和描述，如图 3-14 所示。

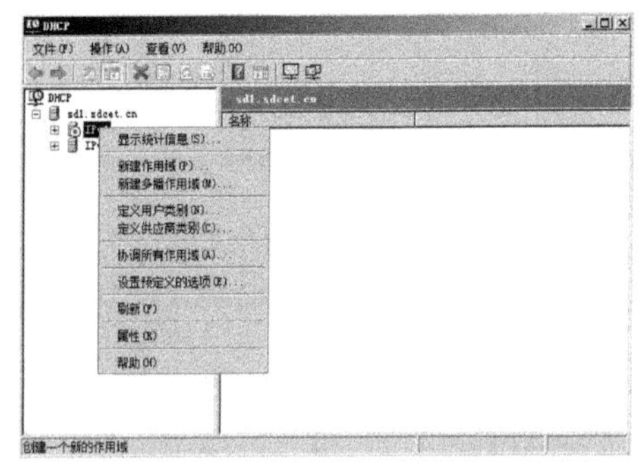

图 3-13　新建作用域窗口

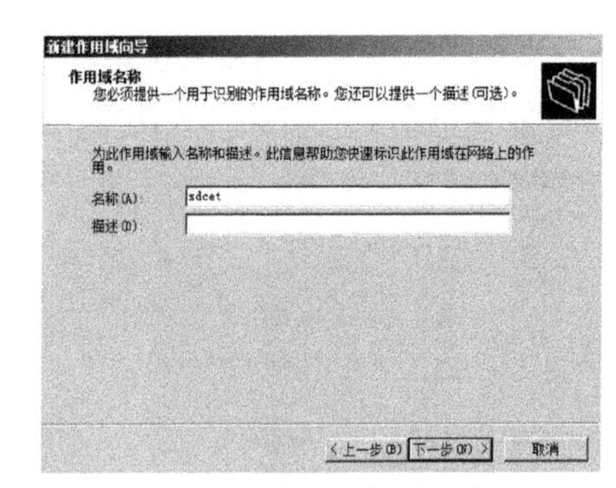

图 3-14　输入作用域名称

2) 指定 IP 地址范围

单击“下一步”按钮，打开“IP 地址范围”对话框。在“起始 IP 地址”和“结束 IP 地址”的文本框中，设置相应的子网掩码，如图 3-15 所示。

单击“下一步”按钮，打开“添加排除”对话框。在该对话框可以将作用域中不分配给客户机的 IP 地址排除，既可以排除单个 IP 地址，也可以排除连续的地址段，如图 3-16 所示。这些 IP 地址一般是分配给服务器的固定 IP 地址。

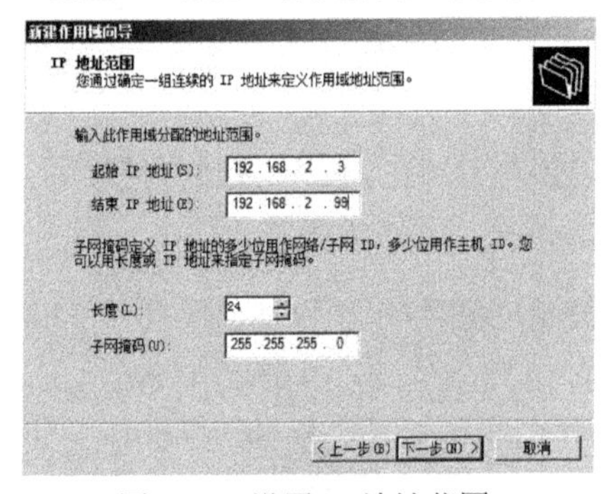

图 3-15　设置 IP 地址范围

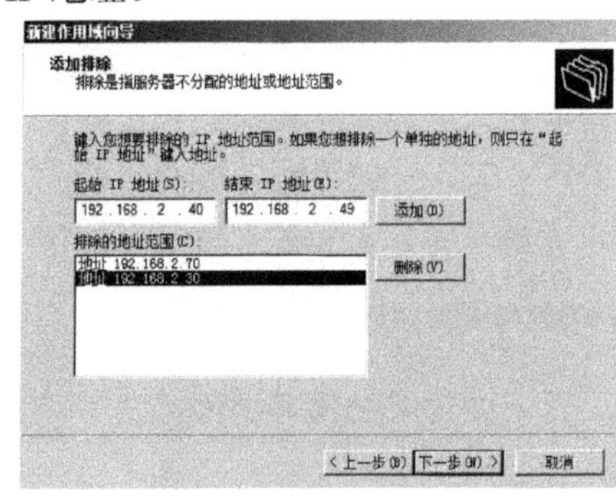

图 3-16　设置排除 IP 地址范围

3) 设置租约期限

单击“下一步”按钮，打开“租约期限”对话框。这个对话框中可以设置 IP 地址租给客户机使用的时间期限。租约期限默认是 8 天，可以根据具体需求进行调整，如图 3-17 所示。

单击“下一步”按钮，打开“配置 DHCP 选项”对话框，选择“是，我想现在配置这些选项”单选按钮，如图 3-18 所示。

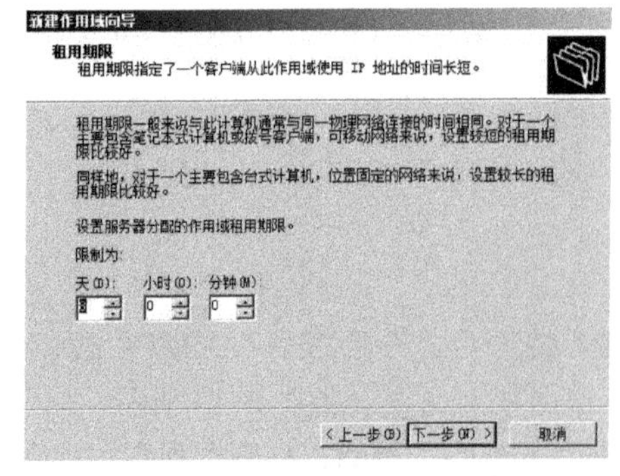

图 3-17　“租约期限”对话框

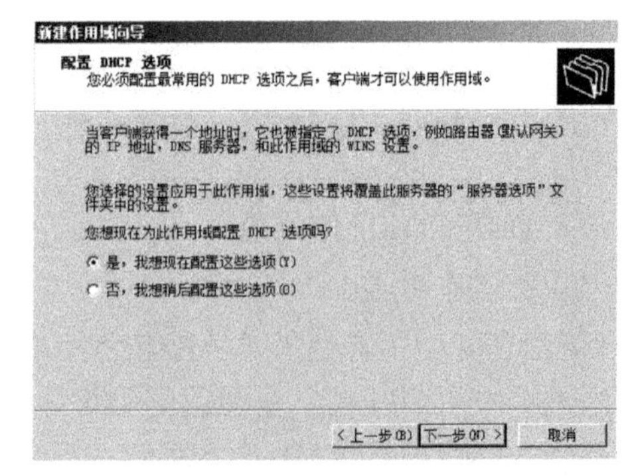

图 3-18　“配置 DHCP 选项”对话框对话框

4) 设置网关与域名

单击“下一步”按钮，打开“路由器(默认网关)”对话框。在这个对话框的文本框中，输入网关的 IP 地址(可以在网络属性中查看)，单击“添加”按钮，如图 3-19 所示。

单击“下一步”按钮，打开“域名称和 DNS 服务器”对话框。在这个对话框的“父域”文本框中，输入父域的域名(本机所在的域)。在 DNS 的 IP 地址文本框中输入 DNS 服务器的 IP 地址(DNS 也可以安装在本机)，如图 3-20 所示。

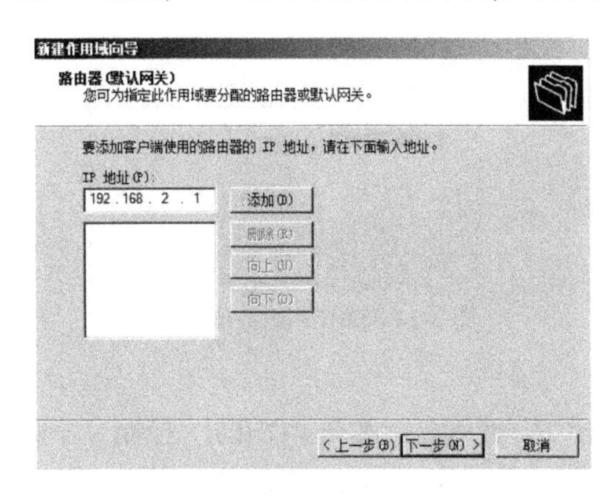

图 3-19　“路由器(默认网关)”对话框

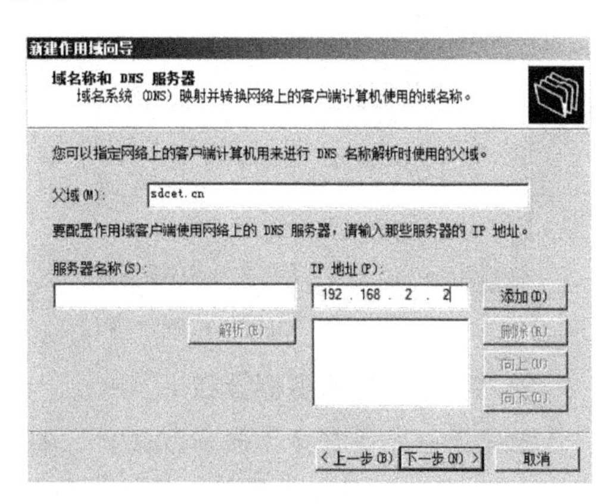

图 3-20　“域名称和 DNS 服务器”对话框

5) 设置 WINS 服务、激活作用域

单击“下一步”，打开“WINS 服务器”对话框。WINS 用来登记 NetBIOS 计算机名，并在需要时将它解析成为 IP 地址。由于网络中没有配置 WINS 服务器，因此这里不填写，如图 3-21 所示。

单击“下一步”按钮，打开“激活作用域”对话框。选择“是，我想现在激活此作用域”单选按钮，如图 3-22 所示。单击“下一步”按钮，打开“激活作用域”对话框，单击“完成”按钮，完成作用域的创建。

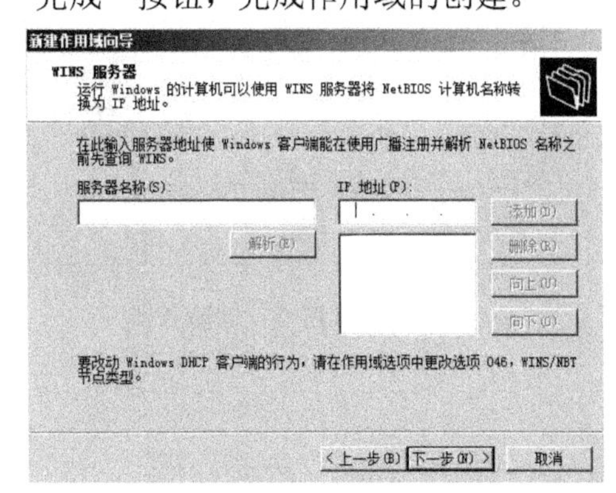

图 3-21　“WINS 服务器”对话框

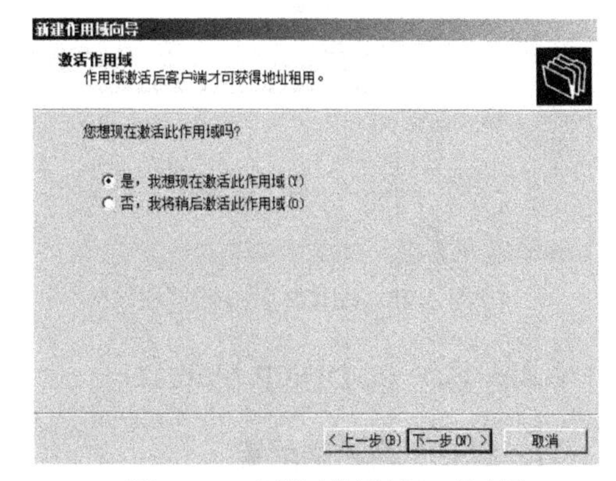

图 3-22　“激活作用域”对话框

2. 配置 DHCP 服务器选项

单击“开始→管理工具→DHCP”，打开“DHCP”控制台。展开“DHCP”控制台左侧窗格中的“IPv4”节点，右键单击“服务器选项”。在弹出的菜单中，选择“配置选项”命令，如图 3-23 所示。

打开“服务器选项”对话框，在该对话框中可以根据用户需求对 DHCP 服务器进行详尽的配置，如图 3-24 所示。

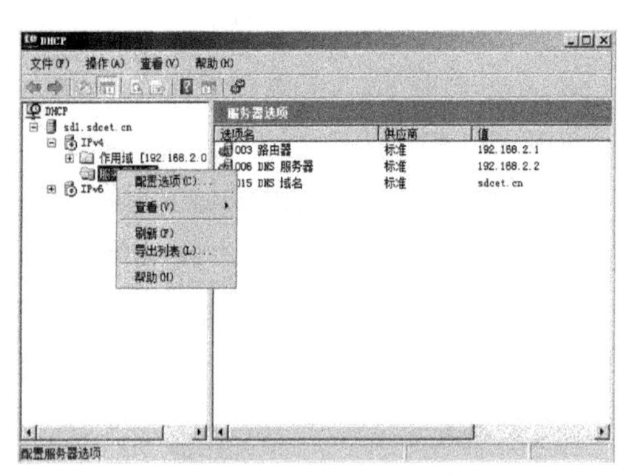

图 3-23　DHCP 控制台窗口

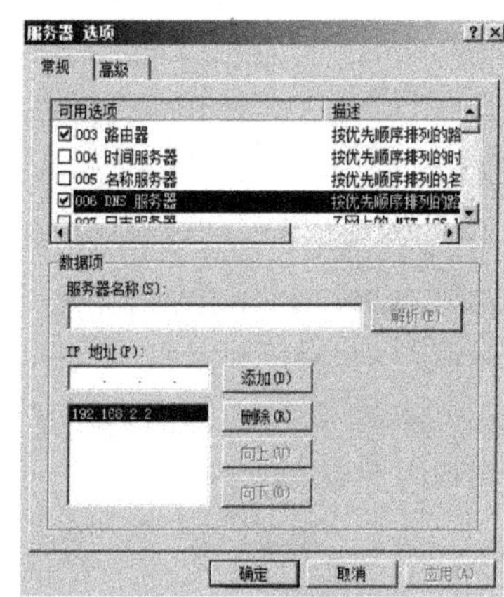

图 3-24　DHCP 服务器选项窗口

3. 为 DHCP 服务器授权

单击“开始→管理工具→DHCP”，打开“DHCP”控制台。展开“DHCP”控制台左侧窗格中的 DHCP 服务器节点，可以看到“IPv4”“IPv6”状态标志是红色向下的箭头，这表示 DHCP 服务器未经授权。右键单击 DHCP 服务器节点，在弹出菜单中选择“授权”命令，即可对 DHCP 服务器进行授权，如图 3-25 所示。

右键单击“DHCP”节点，在弹出菜单中选择“管理授权的服务器”，打开“管理授权的服务器”对话框，可管理添加或删除对 DHCP 服务器的授权，如图 3-26 所示。

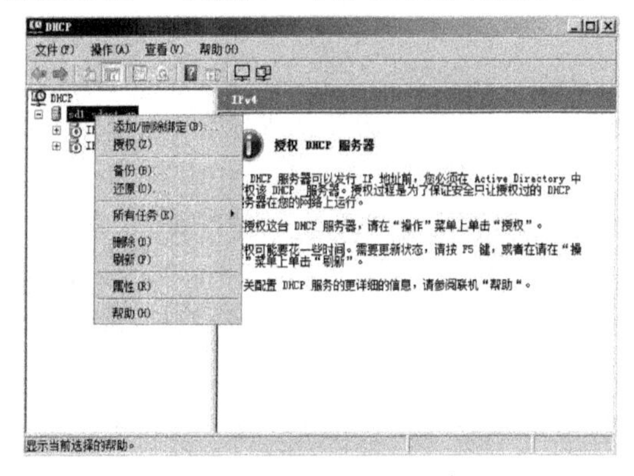

图 3-25　DHCP 服务器授权

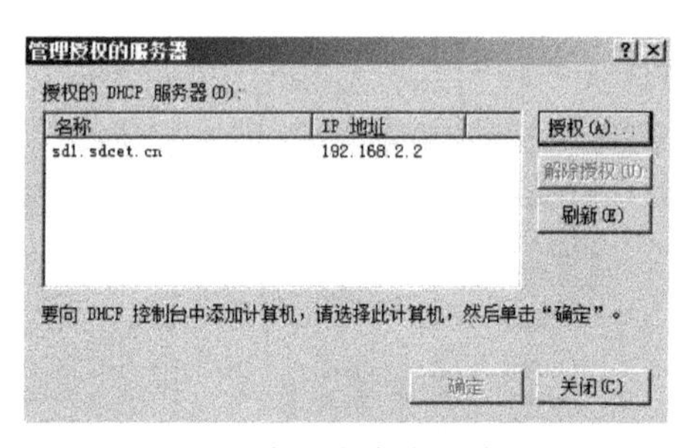

图 3-26　管理授权的服务器

三、客户机 DHCP 的验证

1. DHCP 客户端配置

DHCP 客户机可以有多个类型，这里介绍 Windows XP/2003/2008 的客户机配置。

登录客户机，打开“本地连接属性”，继续打开“Internet 协议(TCP/IP)属性”，将 TCP/IP 地址设置为自动获取，如图 3-27 所示。

2. DHCP 的测试

在客户机中，单击“开始→运行”，在“运行”对话框输入 cmd，然后回车，打开命令提示符界面。

在命令提示符下，输入 ipconfig/all 后回车，可以查看当前本机的网络连接配置，如图 3-28 所示；输入 ipconfig/renew 后回车，可以更新 IP 地址；输入 ipconfig /release 后回车，可以释放 IP 地址。

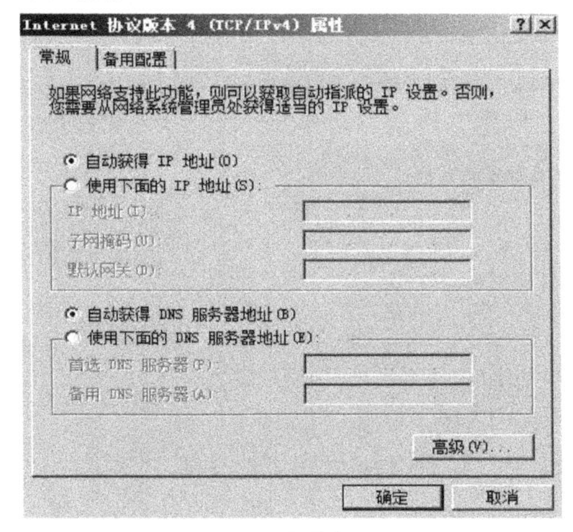

图 3-27　DHCP 客户机 TCP/IP 配置

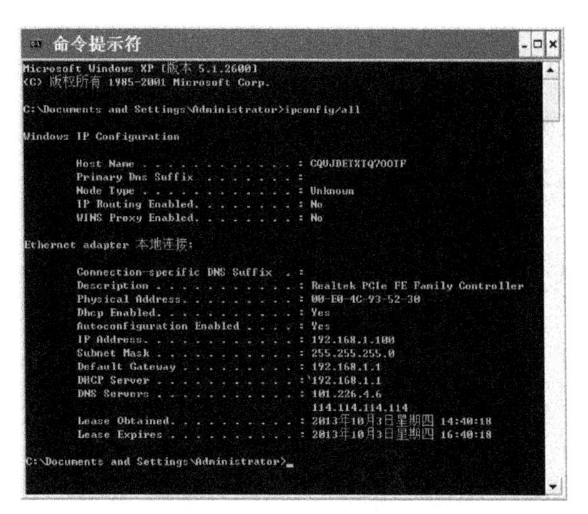

图 3-28　客户机 DHCP 测试

实验 3-2　DNS 的安装与配置

➢ 实验目标

通过实验掌握 DNS 服务器的安装、配置及客户端配置的方法，从而进一步理解 DNS 的基本概念、原理、功能，掌握 Internet 的域名结构及其与 IP 地址的关系。

(1) 掌握在 Windows Server 2008 中安装 DNS 服务器的方法。

(2) 掌握在 Windows Server 2008 中配置与管理 DNS 服务器的方法。

(3) 掌握 DNS 客户端的设置与应用测试。

➢ 实验要求

(1) 基于 Windows XP 或 Windows 7 操作系统平台、Windows 2008 Server 操作系统的计算机多台。

(2) 局域网或互联网连接。

(3) Windows 系统的安装光盘，或相应的 I386 文件夹。

➢ 实验步骤

一、DNS 的安装

1. 启动服务器管理器“添加角色”

以系统管理员身份登录到需要安装 DNS 服务器角色的计算机上，单击“开始→管理工具→服务器管理器”命令，打开“服务器管理器”控制台。在“服务器管理器”控制台中单击左侧窗格中的“角色”节点，如图 3-29 所示。

然后单击控制台右侧“添加角色”按钮，打开“添加角色向导”页面。单击“下一步”按钮，在打开的“选择服务器角色”对话框中，选中“DNS 服务器”复选框，如图 3-30 所示。

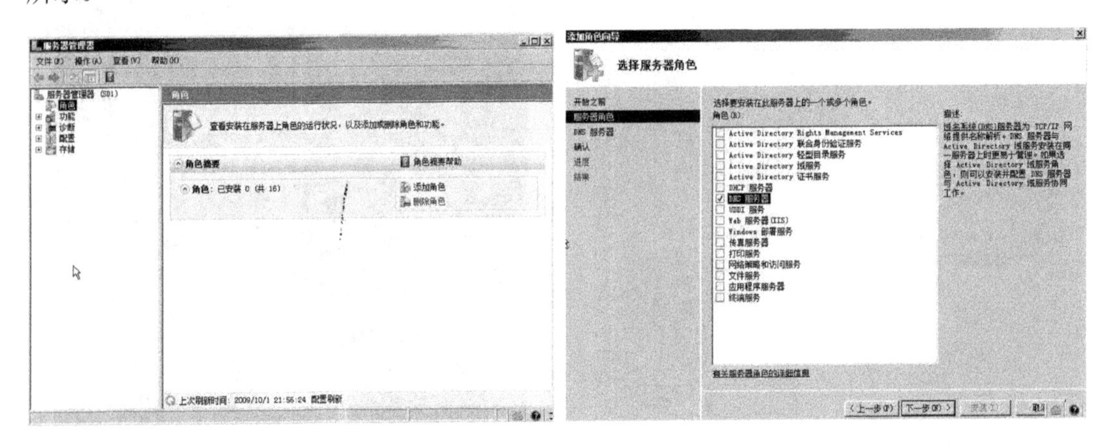

图 3-29 “服务器管理器”控制台　　图 3-30 “选择服务器角色”对话框

2．确认安装选项

单击“下一步”按钮，打开“DNS 服务器”对话框。该对话框显示的是 DNS 服务器简介和注意事项。单击“下一步”按钮，打开“确认安装选择”对话框，如图 3-31 所示。

单击“安装”按钮，开始安装 DNS 服务器，安装完毕出现“安装完毕”对话框，如图 3-32 所示。

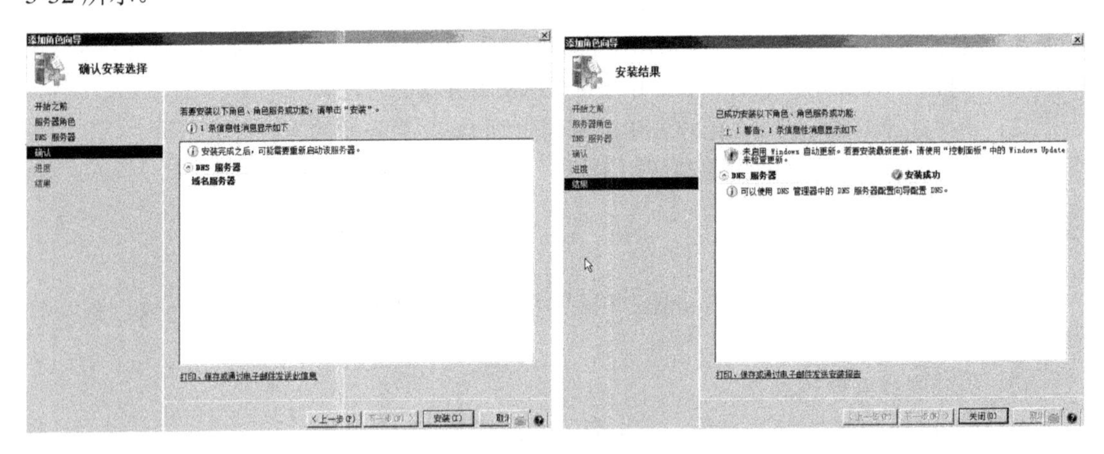

图 3-31 “确认安装选项”对话框　　图 3-32 安装结果窗口

3．DNS 服务的启动和停止

单击“开始→管理工具→DNS”命令，打开“DNS 管理器”控制台。在控制台左侧窗格中右键单击服务器，在弹出菜单中选择“所有任务→启动”命令，就可以启动 DNS 服务器了，如图 3-33 所示。DNS 服务器启动后，若想停止 DNS 服务器，可在以上步骤中选择“所有任务→停止”命令。

也可以通过“服务”控制台启动或停止 DNS 服务。如单击“开始→管理工具→服务”命令，打开“服务”控制台。在“服务”控制台中，右键单击“DNS Server”，选择“启动”命令，如图 3-34 所示，就可启动 DNS 服务。

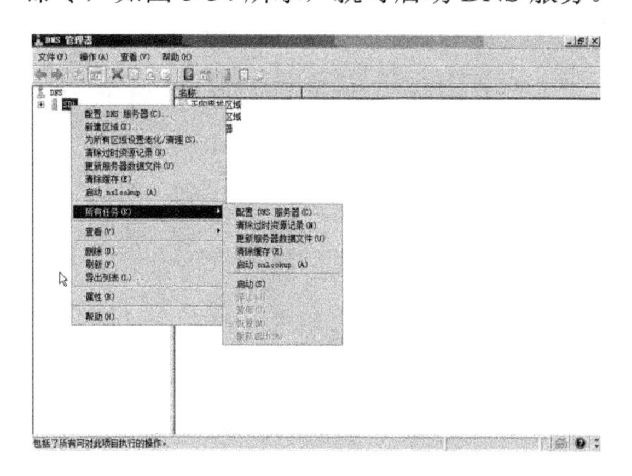

图 3-33　“DNS 管理器”控制台

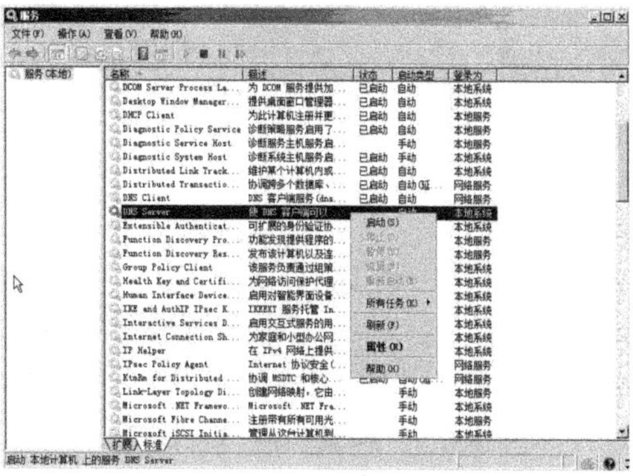

图 3-34　“服务”窗口启动 DNS

二、DNS 的配置与管理

1．创建正向主要区域

1) 选择区域类型

单击“开始→管理工具→DNS”，打开“DNS 管理器”控制台，展开左侧窗格中的服务器节点，右键单击“正向查找区域”，在弹出菜单中选择“新建区域”命令，如图 3-35 所示。

在“新建区域向导”页面，单击“下一步”按钮，打开“区域类型”对话框，如图 3-36 所示。在“区域类型”对话框中选择“主要区域”单选按钮。

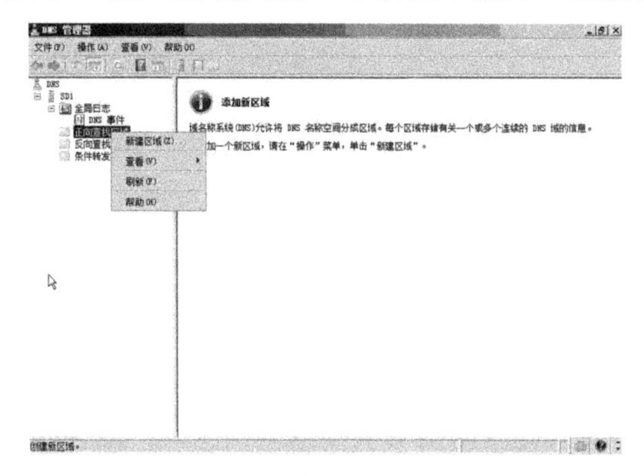

图 3-35　“DNS 管理器”启动正向搜索

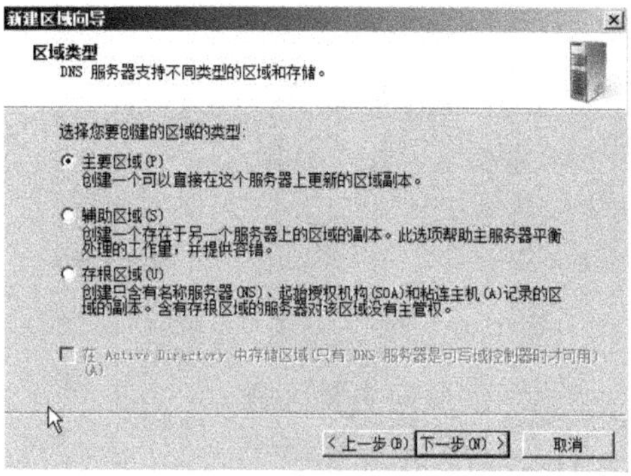

图 3-36　“区域类型”对话框

2) 输入区域名称

单击“下一步”按钮，打开“区域名称”对话框，输入正向主要区域的名称。区域名称以域名表示(域名可以是顶级域名，如 cn；也可以是上级域的子域，如 sdcet.cn)，如图 3-37 所示。

单击“下一步”按钮，打开“区域文件”对话框。在“区域文件”对话框中，可以创建新的区域文件或使用现存的区域文件，这里选择默认设置，如图 3-38 所示。

区域文件用以保存区域资源记录。

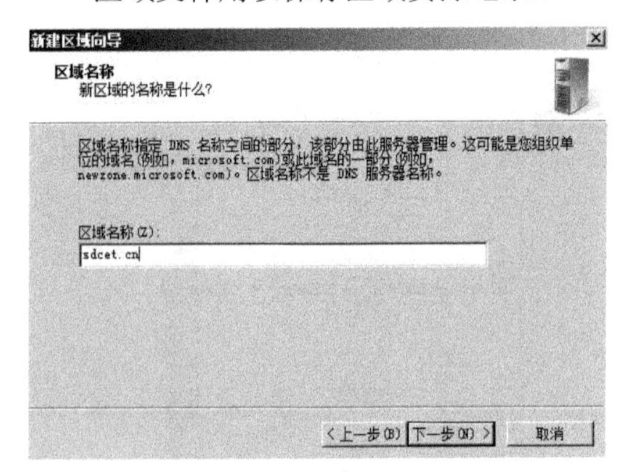

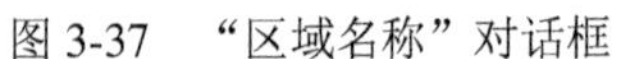
图 3-37 “区域名称”对话框

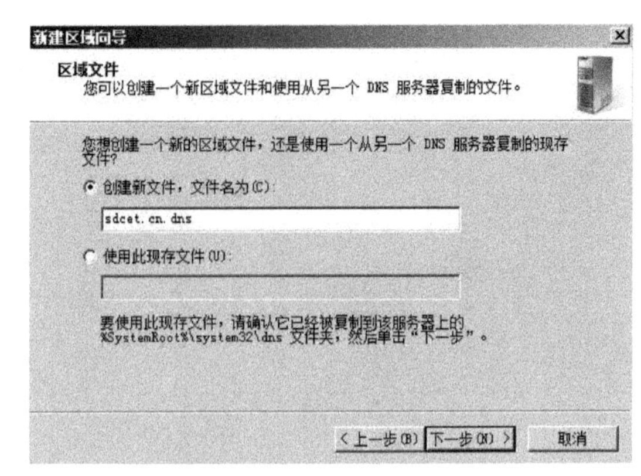

图 3-38 “区域文件”对话框

3) 设置不允许动态更新

单击“下一步”按钮，打开“动态更新”对话框。“动态更新”对话框中选择默认选项，即“不允许动态更新”单选框，如图 3-39 所示。

单击“下一步”按钮，打开“正在完成新建区域向导”对话框，然后单击“完成”按钮，结束正向主要区域的创建。返回“DNS 管理器”控制台，单击左侧窗格中的“正向查找区域→sdcet.cn”，可以查看区域资源记录，如图 3-40 所示。

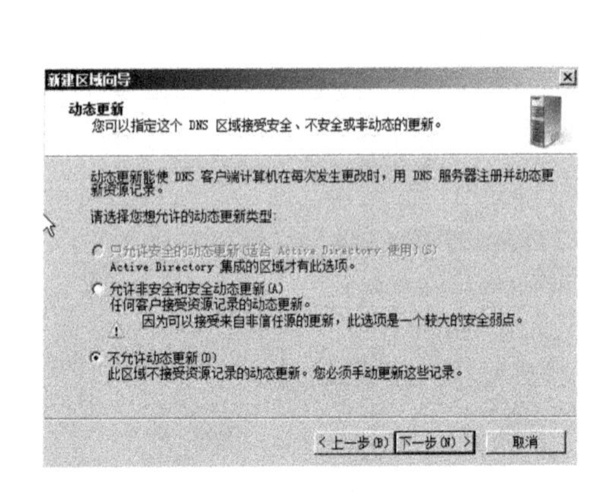

图 3-39 “动态更新”对话框

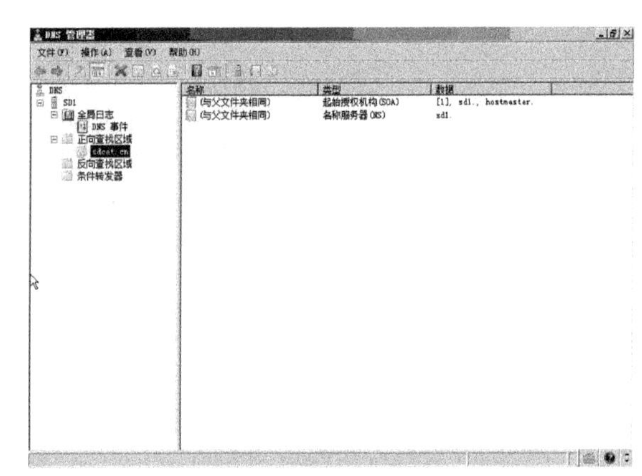

图 3-40 查看区域资源记录

2. 创建反向主要区域

1) 选择区域类型

单击“开始→管理工具→DNS”命令，打开“DNS 管理器”控制台，展开左侧窗格中的服务器节点。右键单击“反向查找区域”，在弹出菜单中选择“新建区域”命令，打开“新建区域向导”。

单击“下一步”按钮，打开“区域类型”对话框。在“区域类型”对话框中，选择“主要区域”单选框，如图 3-41 所示。单击“下一步”按钮，打开“反向查找区域名称”对话框，选择“Ipv4 反向查找区域”单选框，如图 3-42 所示。

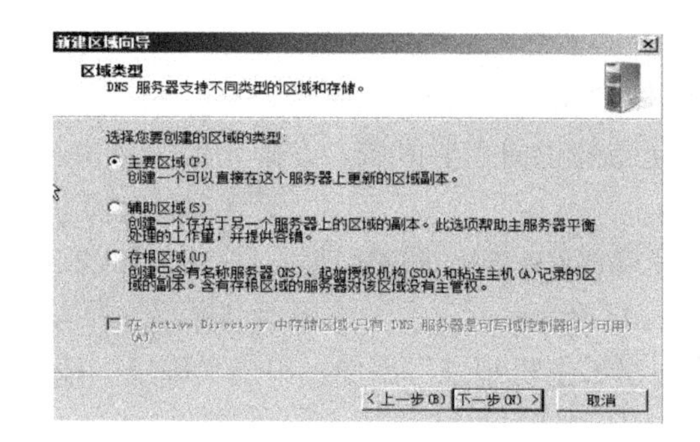

图 3-41 “区域类型”对话框

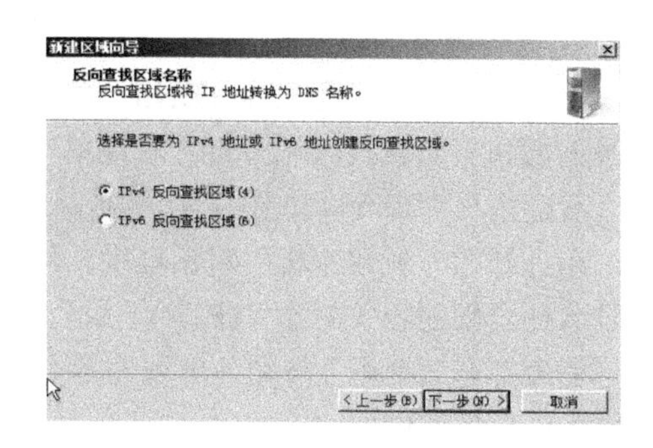

图 3-42 “反向查找区域名称”对话框

2) 输入网络 ID

单击“下一步”按钮，在“反向查找区域名称”对话框中输入反向查找区域的网络 ID(这里输入要查询网络服务器的 IP 地址，如 192.168.2)，如图 3-43 所示。

单击“下一步”按钮，打开“区域文件”对话框。这里选择默认选项“创建新文件，文件名为“2.168.192.in-addr.arpa.dns”单选框，如图 3-44 所示。

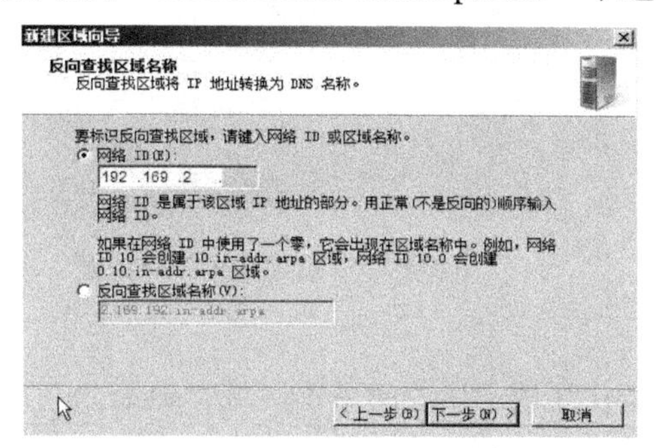

图 3-43 “反向查找区域名称”对话框

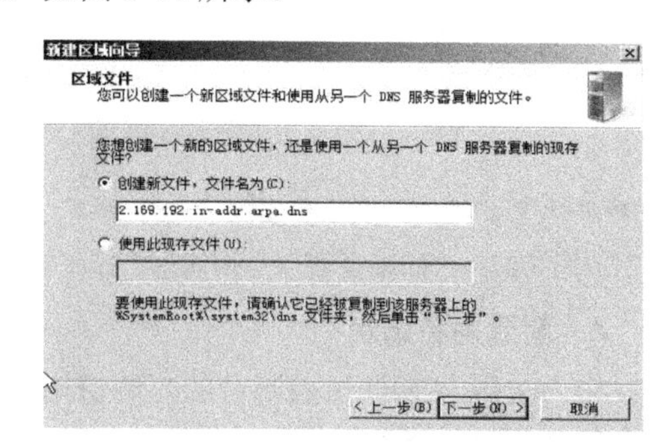

图 3-44 “区域文件”对话框

3) 设置不允许动态更新

单击“下一步”按钮，打开“动态更新”对话框。在该对话框中可以选择是否支持动态更新，这里选择默认选项“不允许动态更新”单选框，如图 3-45 所示。

单击“下一步”按钮，打开“正在完成新建区域向导”对话框，在该对话框中单击“完成”按钮，结束反向主要区域的创建。返回“DNS 管理器”，反向主要区域创建完成后的效果如图 3-46 所示。

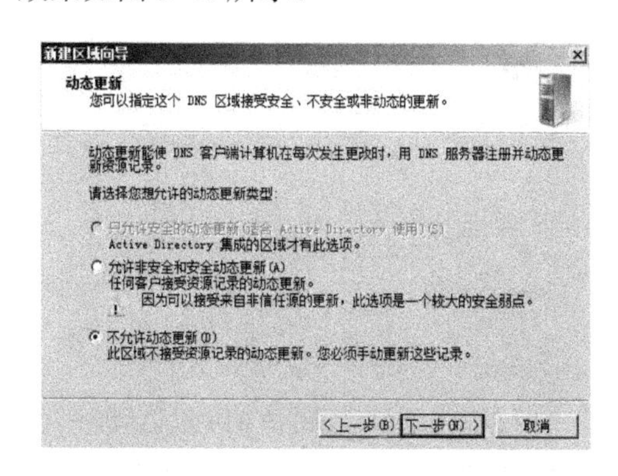

图 3-45 “动态更新”对话框

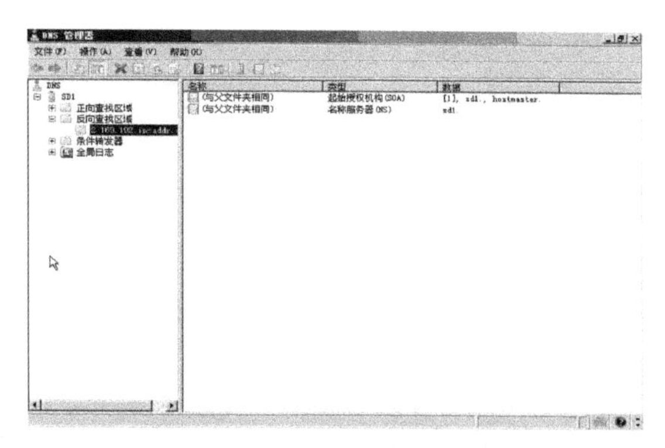

图 3-46 “DNS 管理器”窗口

3. 新建主机记录

单击“开始→管理工具→DNS”命令，打开“DNS 管理器”控制台，展开左侧窗格中的服务器和正向查找区域节点。右键单击上面建立的正向主要区域，在弹出的菜单中，选择“新建主机”命令，如图 3-47 所示。

在打开的“新建主机”对话框中，输入主机名(如 WWW)和 IP 地址(如 192.168.2.2)，同时选择“创建相关的指针(PTR)记录”，如图 3-48 所示。

单击“添加主机”按钮，出现提示“成功创建了主机记录”界面，单击“确定”按钮，结束主机记录的创建。

重复同样的步骤，可以添加 Mail、FTP 等主机记录。

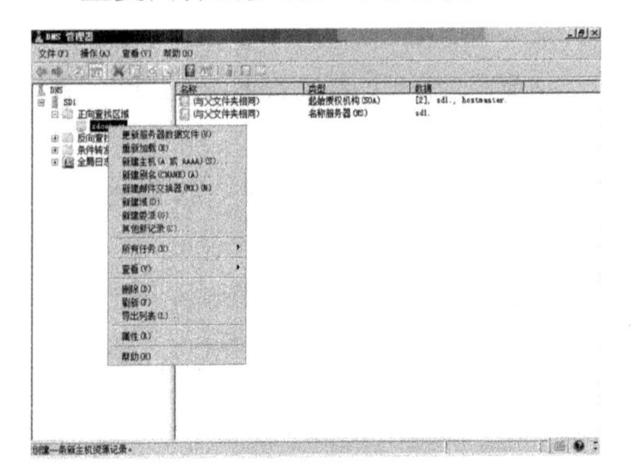

图 3-47 “DNS 管理器”控制台

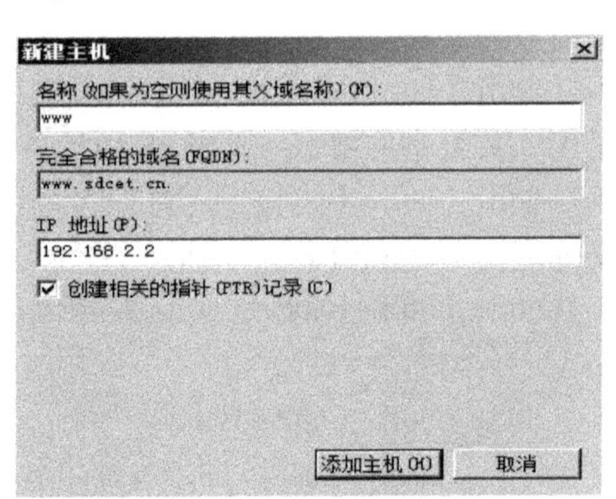

图 3-48 “新建主机”对话框

4. 新建别名记录

在“DNS 管理器”控制台的左侧窗格正向查找区域中，右键单击区域“sdcet.cn”，在弹出的菜单中选择“新建别名”命令。在打开的“新建资源记录”对话框中，在“别名”文本框中输入别名(可以认为是完全合格域名的简称)。在“目标主机的完全合格的域名”文本框中输入已经存在的主机记录 www.sdcet.cn，如图 3-49 所示。或单击“浏览”按钮选择已经存在的主机记录，如图 3-50 所示。

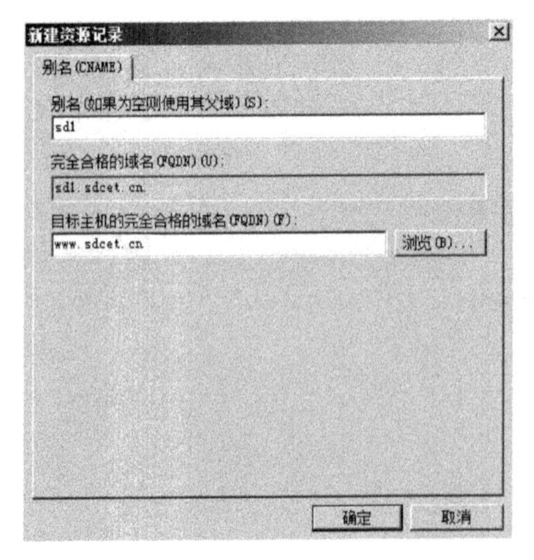

图 3-49 “新建资源记录”对话框

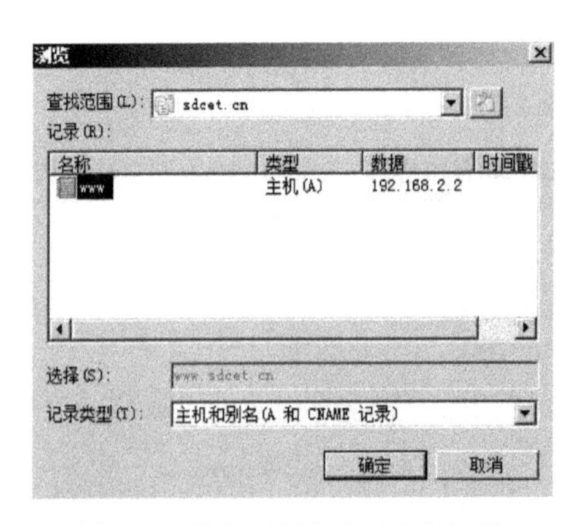

图 3-50 选择已经存在的主机记录

输入完毕后，单击“新建资源记录”对话框的“确定”按钮，结束新建别名记录。可以单击“DNS 管理器”控制台左侧窗格中的“sdcet.cn”节点，在右侧窗格中查看刚才新添加的别名记录。

5. 新建邮件交换器记录

在“DNS 管理器”控制台的左侧窗格正向查找区域中，右键单击区域“sdcet.cn”，在弹出的菜单中选择“新建邮件交换器”命令。

在打开的“新建资源记录”对话框中，“主机或子域”文本框多数情况下为空，不填写。在“邮件服务器的完全合格的域名”文本框中输入已经存在的主机记录，如 mail.sdcet.cn。在“邮件服务器优先级”文本框中输入相应的优先级别，如图 3-51 所示。单击“确定”按钮，完成邮件交换器记录的创建。

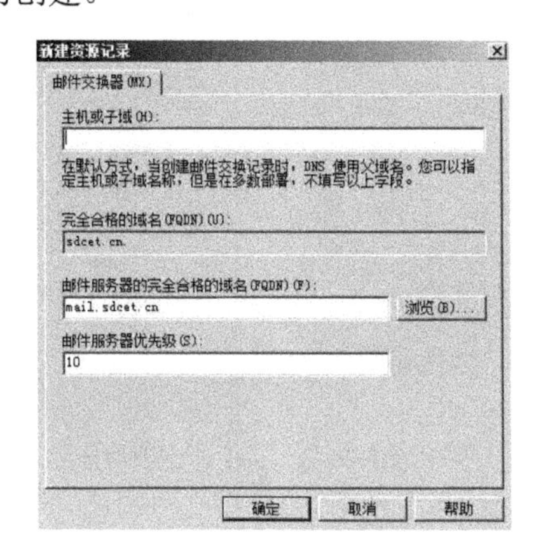

图 3-51　“新建资源记录”对话框

6. 新建条件转发器

在“DNS 管理器”控制台的左侧窗格中，右键单击“条件转发器”，在弹出的菜单中选择“新建条件转发器”，如图 3-52 所示。在打开的“新建条件转发器”对话框的 DNS 域文本框输入外部 DNS 服务器的主机名称，这里输入济南联通(原网通)的 DNS 主机名。单击主服务器的 IP 地址下方的输入文本框，输入济南联通 DNS 服务器的 IP 地址，这里输入 202.102.128.68，其他默认，如图 3-53 所示。稍等片刻，等到网络验证之后，单击“确定”按钮。使用转发器可以管理网络外的名称解析，改进网络中的解析效率。

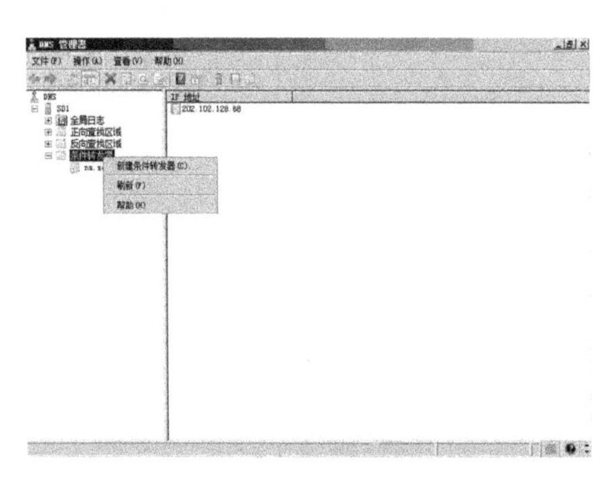

图 3-52　“DNS 管理器”控制台

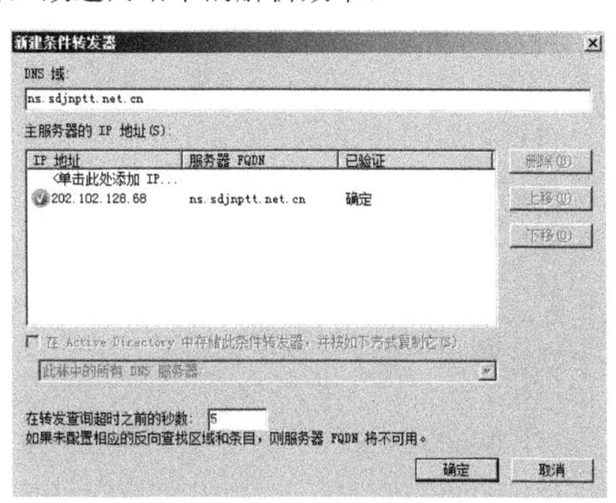

图 3-53　“新建条件转发器”对话框

7. 查看区域文件

默认 DNS 服务器的区域文件存储在“C:\Windows\system32\dns”文件夹下，其中“sdcet.cn.dns”文件是正向查找区域的区域文件，可以用记事本打开，如图 3-54 示。“2.168.192.in-addr.arpa.dns”文件是反向查找区域的区域文件，可以用记事本打开，如图 3-55 所示。

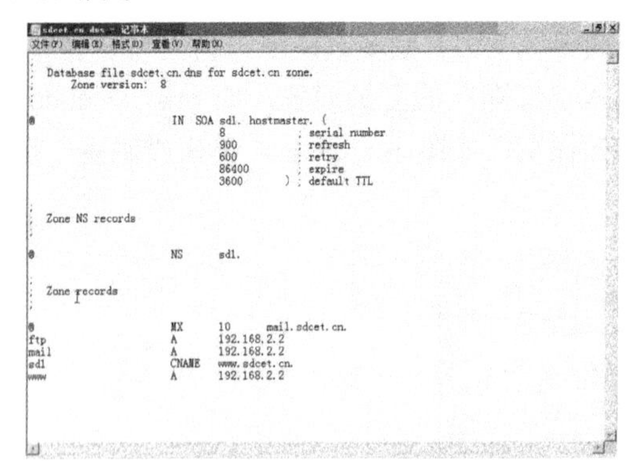

图 3-54 正向查找区域的区域文件

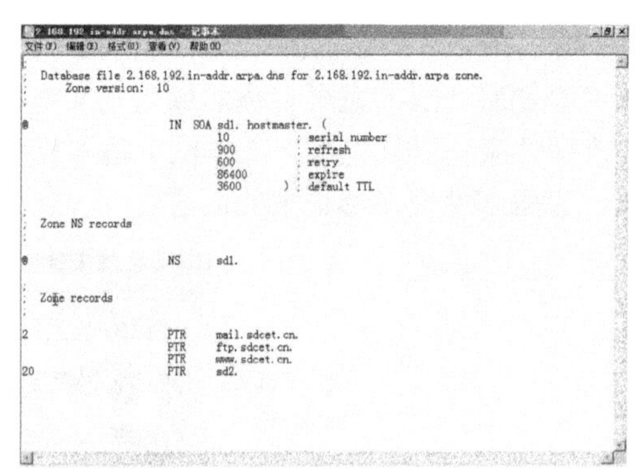

图 3-55 反向查找区域的区域文件

三、DNS 客户端测试

在 XP 客户端的本地连接“TCP/IP 属性”对话框中指定 DNS 服务器的 IP 地址后，就可以对 DNS 服务器进行测试了。

DNS 服务器的测试一般使用 ping、ipconfig/all、nslookup 等命令，其中 nslookup 命令有交互式测试和非交互式测试两种。点击“开始→运行”命令，在“运行”对话框输入 cmd，然后回车。在打开的 DOS 界面中，输入相应的测试命令即可看到配置结果。

实验 3-3 Web 服务器的安装与配置

➢ 实验目标

通过实验理解 WWW 服务器的工作原理，掌握 Web 服务器的建立与配置方法，并通过客户端 IE 实现对 Web 服务器网页的访问。

(1) 添加 IIS 服务器角色。

(2) 配置 Web 服务器属性。

(3) 创建新的 Web 站点。

(4) 实现客户端的 Web 访问。

➢ 实验要求

(1) Windows 2008 Server 平台的服务器。

(2) Windows XP 等平台的客户端，并能与服务器进行网络连接。

(3) Windows 2008 Server 安装光盘。

➢ 实验步骤

一、IIS 的安装

1. 添加“Web 服务器”角色

以系统管理员身份登录到需要安装 DNS 服务器角色的计算机上，单击“开始→管理工具→服务器管理器”命令，打开“服务器管理器”控制台；在“服务器管理器”控制台中单击左侧窗格中“角色”节点；然后单击控制台右侧“添加角色”按钮，打开“添加角色向导”页面。单击“下一步”按钮，在打开的“选择服务器角色”对话框中，选中“Web 服务器(IIS)”复选框，如图 3-56 所示。

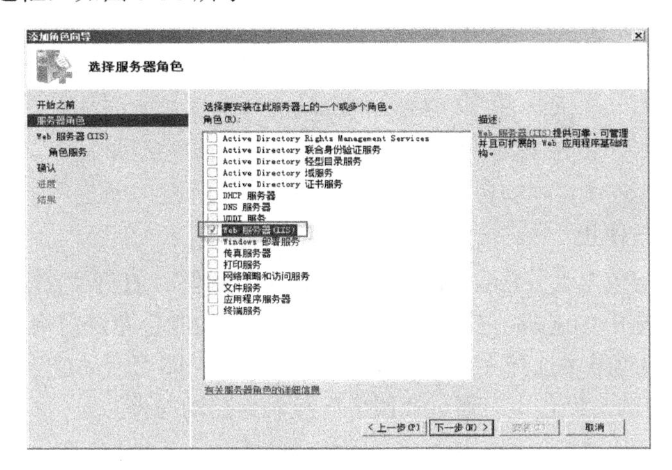

图 3-56 “添加角色向导”对话框

2. 选择所需功能

单击“下一步”按钮，打开“Web 服务器(IIS)”对话框。这个对话框显示 Web 服务器(IIS)简介和注意事项。单击“添加必需的功能”按钮，打开“选择角色服务”对话框。在“选择角色服务”对话框中，可以看到 IIS 除了提供 Web 服务之外，还可提供应用程序开发、IIS 管理工具、FTP 服务等功能。这里选择所有的角色功能，如图 3-57 所示。

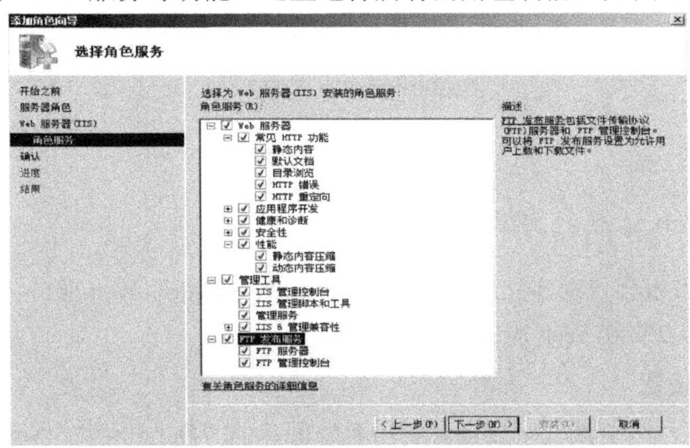

图 3-57 “选择角色服务”对话框

3. 确认安装信息

单击“下一步”按钮，打开“确认安装选择”对话框，显示将要安装的 Web 服务器(IIS)角色信息；单击“安装”按钮，开始安装 IIS 角色；安装完毕，打开“安装结果”对话框，显示已安装的 Web 服务器(IIS)角色信息(见图 3-58)；单击“关闭”按钮，完成 Web 服务器(IIS)角色的安装。

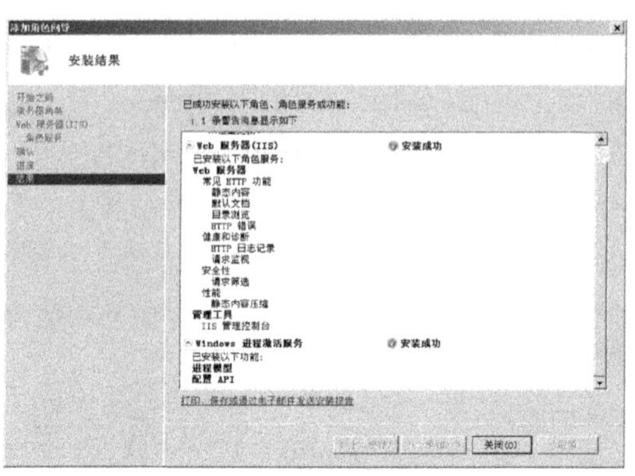

图 3-58　“安装结果”对话框

4. IIS 的启动与停止

单击“开始→管理工具→Internet 信息服务(IIS)管理器”，打开“Internet 信息服务(IIS)管理器”控制台；展开“Internet 信息服务(IIS)管理器”控制台左侧窗格中的节点，右键单击 IIS 服务器，弹出菜单中选择“启动”或“停止”命令，即可启动或停止 IIS 服务，如图 3-59 所示。IIS 的启动与停止也可通过“服务”控制台启动与停止。

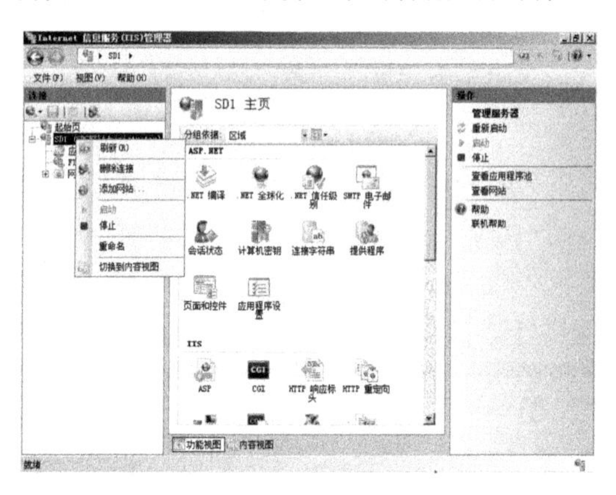

图 3-59　IIS 管理器窗口

二、默认 Web 站点的配置

IIS 安装后，系统会自动建立默认站点“Default Web Site”Web 服务器，通过对默认站点的简单配置就可以实现 Web 服务的功能。

1. 网站目录设置

在默认站点下，浏览默认主目录。利用系统创建的“Default Web Site”站点进行网站的基本设置：在“操作”窗格下，单击“浏览”链接，将打开系统默认的网站主目录

C:\Inetpub\wwwroot。当用户访问此默认网站时，浏览器将会显示“主目录”中的默认网页，即 wwwroot 子文件夹中的 IIS Start 页面，如图 3-60 所示。

可以在“基本设置”选项中更改网站主目录，在本地磁盘 D 下新建 Web 的文件夹，作为网站发布的主目录，如图 3-61 所示。

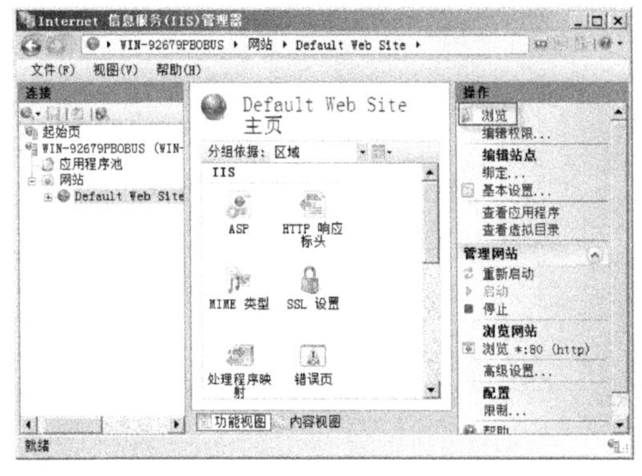

图 3-60　浏览默认网站主目录

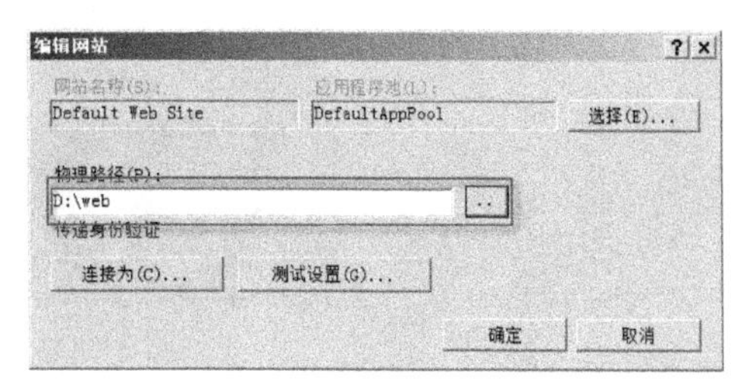

图 3-61　更改网站主目录

提示：也可以在物理路径中输入远程共享的文件夹，就是将主目录指定到另外一台计算机内的共享文件夹，当然该文件夹内必须有网页存在，同时需单击“连接为”按钮，且必须指定一个有权访问此文件夹的用户名和密码。

2. 默认文档设置

打开“IIS 管理器”窗口，在功能视图中选择“默认文档”图标，双击查看网站的默认文档(见图 3-62)。利用 IIS 7.0 搭建 Web 网站时，默认文档的文件名有多个，这也是一般网站中最常用的主页名。当然也可以通过操作面板(添加、删除、上移、下移)由用户自定义默认网页文件及顺序(见图 3-63)。

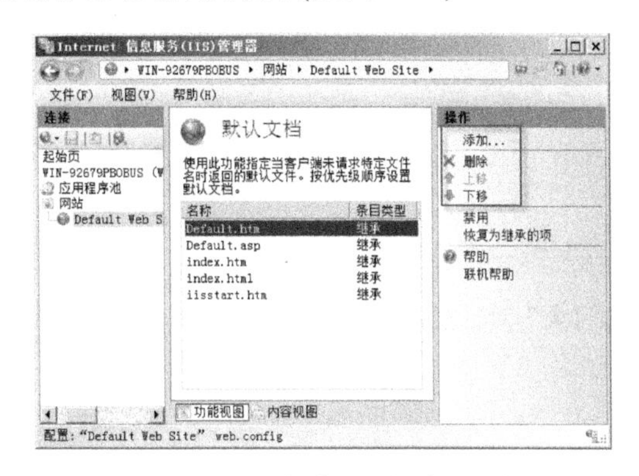

图 3-62　查看网站的默认文档

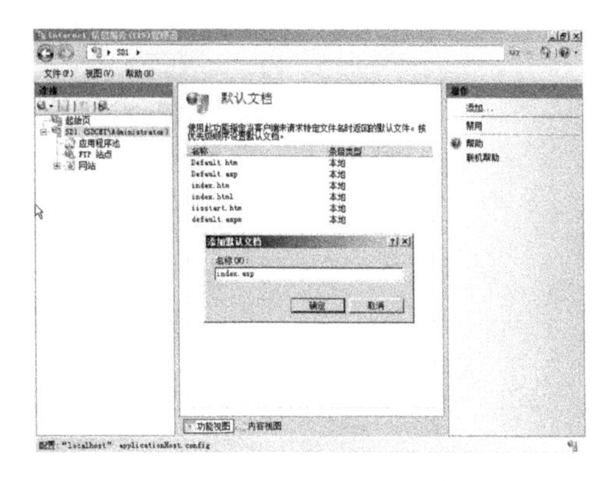

图 3-63　添加默认文档

三、建立新的站点

IIS 除了提供默认 Web 外，还可以建立新的站点实现多站点的虚拟服务器的功能。

展开“Internet 信息服务(IIS)管理器”控制台左侧窗格中的节点，右键单击“网站”，在弹出的菜单中选择“添加网站”命令，打开“添加网站”对话框。在对话框中，设置网站名称为“myweb”，物理路径为 C:\myweb，绑定类型为 HTTP，HTTP 的端口默认 80 端口。如果已经在 DNS 服务器上解析了域名 sdcet.cn，并添加了主机 WWW 记录，主机名文本框输入 www.sdcet.cn，如图 3-64 所示。

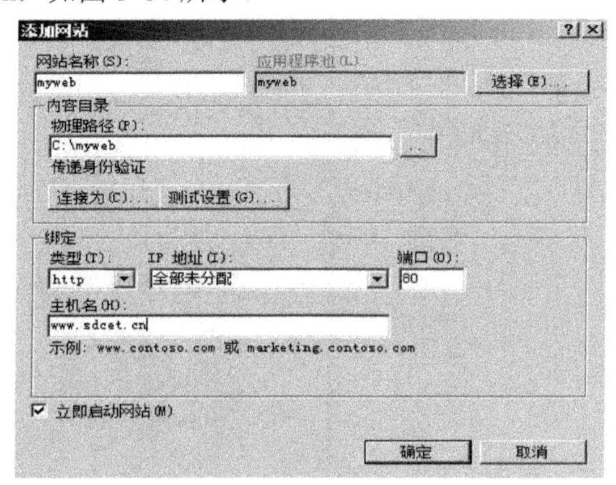

图 3-64 “添加网站”对话框

四、建立虚拟目录

单击“开始→管理工具→Internet 信息服务(IIS)管理器”，打开“Internet 信息服务(IIS)管理器”控制台。右键单击控制台左侧窗格中的需要创建虚拟目录的“myweb”站点，弹出的菜单中选择“添加虚拟目录”命令，打开“添加虚拟目录”对话框。

在“添加虚拟目录”对话框的别名文本框输入虚拟目录的别名，这里输入 computer。物理路径输入 C:\computer，如图 3-65 所示)。单击“确定”按钮。

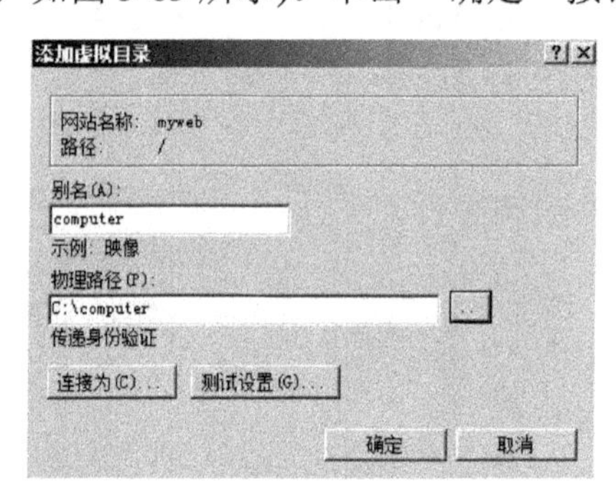

图 3-65 “添加虚拟目录”对话框

五、安全性设置

1. 启用 Windows 身份验证

打开“Internet 信息服务(IIS)管理器”控制台。单击左侧窗格中的“myweb”站点，在功能视图中双击打开“身份认证”界面。Web 站点默认启用“匿名身份认证”，就是说任何人都可以访问该 Web 站点。选择“匿名身份认证”，单击控制台右侧“操作”窗格中的“禁用”按钮，如图 3-66 所示。

在“身份认证”界面，选择“Windows 身份验证”，单击控制台右侧“操作”窗格中的“启用”按钮，即可启用 Windows 身份验证方法。此时，浏览器访问该站点将被要求提供访问账号及密码。

打开浏览器，在地址栏中输入 http://192.168.2.2，回车访问该站点，弹出对话框，要求输入能够访问该站点的账号及密码，如图 3-67 所示。

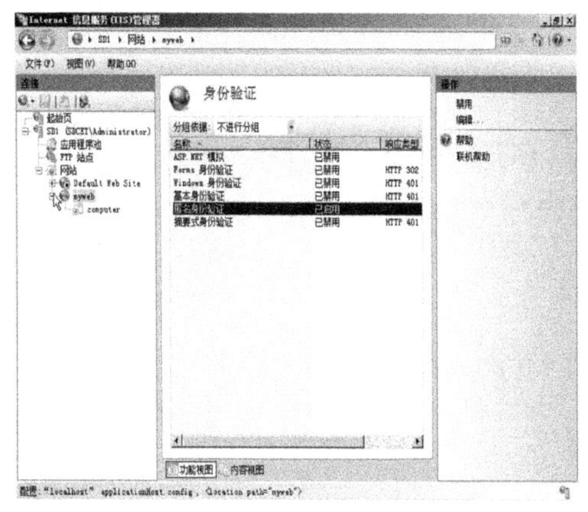

图 3-66 “身份认证”界面

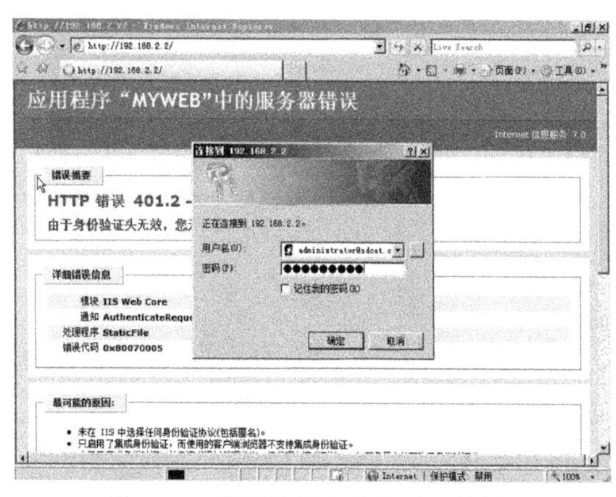

图 3-67 访问该站点的账号及密码

2. 设置 Web 站点限制连接数与带宽

打开“Internet 信息服务(IIS)管理器”控制台。单击左侧窗格中的“myweb”站点，在右侧“操作”窗格中单击“配置”区域的“限制”按钮，打开“编辑网站限制”对话框。在“编辑网站限制”对话框，可以限制客户连接的带宽，也可以设置站点的最大连接数(见图 3-68)。

3. 使用 IPv4 地址限制客户端访问

打开“Internet 信息服务(IIS)管理器”控制台。单击左侧窗格中的“myweb”站点，在功能视图中双击打开“IPv4 地址和域限制”设置界面，单击控制台右侧“操作”窗格中的“添加拒绝条目”按钮，打开“添加拒绝限制规则”对话框。在对话框中，可以输入单个的 IP 地址，也可以输入一个地址段(见图 3-69)。

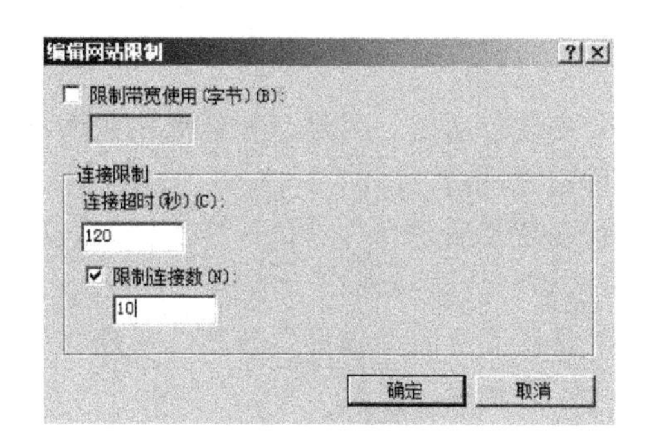

图 3-68 “编辑网站限制”对话框

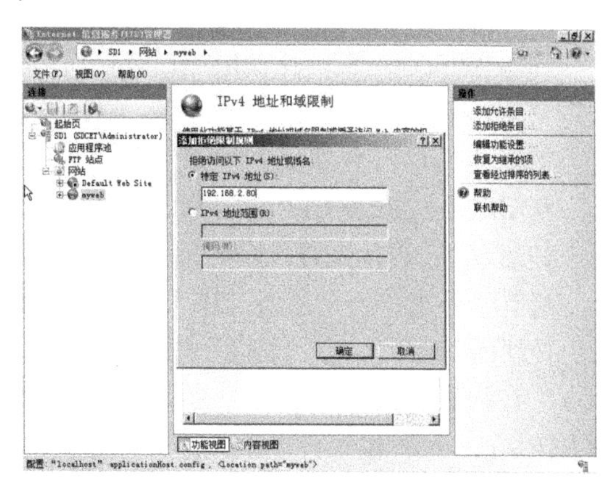

图 3-69 “添加拒绝限制规则”对话框

六、客户端的访问

完成了 Web 站点的创建(或默认 Web 站点)、进行相应的配置，并“启动”Web 站点的前提下，可以在客户端(Windows XP)浏览器中通过 Web 服务器的 IP 地址(如：http://192.168.1.2)访问 Web 网站的内容。也可以输入 http://127.0.0.1/或 http://localhost 访问。

当然，如果在 DNS 服务器上配置了相应的域名记录，可以实现域名的访问(见 DNS 的安装与配置)。

实验 3-4 FTP 服务器的安装与配置

➢ 实验目标

通过实验进一步了解 FTP 的工作原理，掌握 FTP 站点的创建与配置方法，掌握通过客户端访问 FTP 站点的方式方法。

(1) 安装 FTP 服务器。

(2) 创建新的 FTP 站点。

(3) 配置 FTP 站点的相关属性。

(4) 使用 FTP 客户端程序测试 FTP 站点。

➢ 实验要求

(1) Windows 2008 Server 平台的服务器。

(2) Windows XP 等平台的客户端，并能与服务器进行网络连接。

(3) Windows 2008 Server 安装光盘。

➢ 实验步骤

一、FTP 服务器的安装与启动

通过 Windows Server 2008 中的角色管理工具安装基于 IIS 的 FTP 服务(与 Web 服务的安装类似，这里不再赘述)，同样在 FTP 角色服务安装完成后，系统会自动建立默认 FTP 服务器，我们可以对默认 FTP 服务器进行设置、启动和关闭。

在 IIS7.0 上安装 FTP 服务后，默认情况下也不会启动该服务，因此，在安装 FTP 服务后必须启动该服务(我们可以利用 IIS6.0 管理工具对 FTP 进行管理)。

选择“开始”→“管理工具”→“Internet 信息服务(IIS)管理器”，打开“IIS 信息服务(IIS)管理器”窗口，在“连接”窗格中选择“FTP”节点，用鼠标右击“Default FTP Site”站点，在弹出的菜单中选择“启动”命令，或单击工具栏的“启动项目”按钮，启动默认的 FTP 站点。

二、FTP 基本配置

本节直接利用“默认 FTP 站点”来说明 FTP 站点的站点标识、主目录、目录安全性等基本属性的设置。

1．“FTP 站点”选项卡

“默认 FTP 站点属性”的“FTP 站点”选项卡(见图 3-70)，有三个选项区域：

(1) “FTP 站点标识”选项区域。

描述：为每一个站点设置不同的识别信息，一般输入一些文字说明。

IP 地址：若有多个 IP 地址，可以指定只有通过某个 IP 地址才可以访问 FTP 站点。

TCP 端口：FTP 默认的端口是 21，可以修改此号码，不过修改后，用户要连接此站点时，必须输入端口号码。

(2) “FTP 站点连接”选项区域。用来限制同时最多可以有多少个连接。

(3) “启用日志记录”选项区域。该区域用来设置将所有连接到此 FTP 站点的记录都存储到指定的文件。

2．“安全账户”选项卡

如果选中了“只允许匿名连接”复选框，则所有的用户都必须利用匿名账户来登录 FTP 站点，不可以利用正式的用户账户和密码。反过来说，如果取消选中“允许匿名连接”复选框，则所有的用户都必须输入正式的用户账户和密码，不可以利用匿名登录(见图 3-71)。

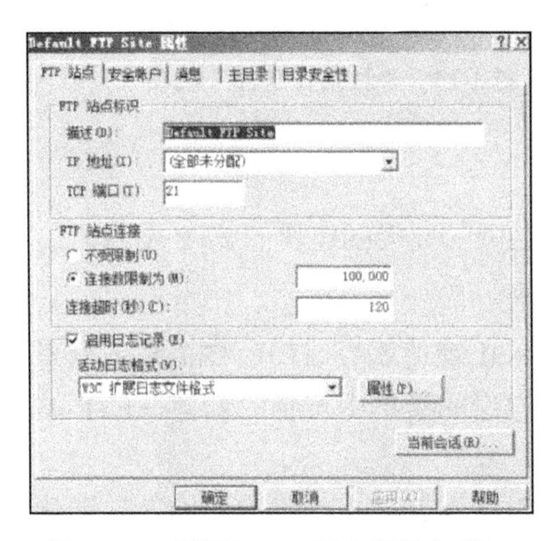

图 3-70 “默认 FTP 站点属性”窗口

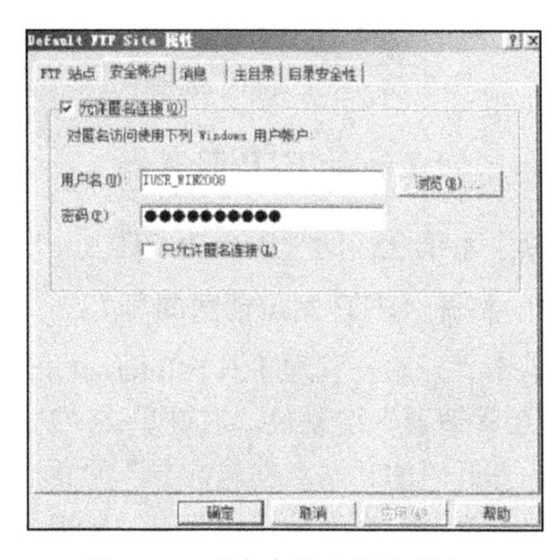

图 3-71 “安全账户”选项卡

3．“消息”选项卡

可以设置用户登录 FTP 站点时的消息。其中的“欢迎”消息，指的是用户成功登录 FTP 站点之后所显示的信息。

4．“主目录”选项卡

计算机上每个 FTP 站点都必须有自己的主目录，可以设定 FTP 站点的主目录。“主目录”选项卡(见图 3-72)，有三个选项区域。

(1) “此资源的内容来源”选项区域。该选项卡有两个选项：此计算机上的目录(默认主目录位于 C:\inetpub\ftproot)；另一台计算机上的目录：将主目录指定到另外一台计算机的共享文件夹，同时需单击“连接为”按钮，来设置一个有权限存取此共享文件夹的用户名和密码。

(2) “FTP 站点目录”选项区域。可以选择本地路径或者网络共享，同时可以设置用户的访问权限，共有三个复选框：读取、写入、记录访问。

(3) “目录列表样式”选项区域。用来设置如何将主目录内的文件显示在用户的屏幕上，有两种选择：MS-DOS、UNIX。

5. “目录安全性”选项卡

“目录安全性”选项卡可以配置FTP站点，以允许或拒绝特定计算机、计算机组或域访问FTP站点。添加相关选项(见图3-73)。

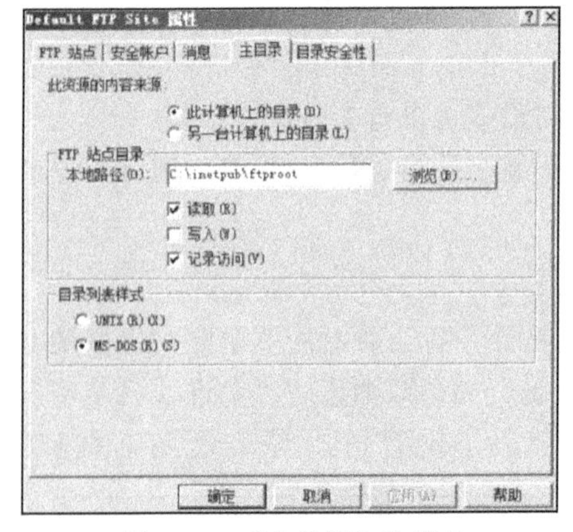

图3-72 “主目录”选项卡

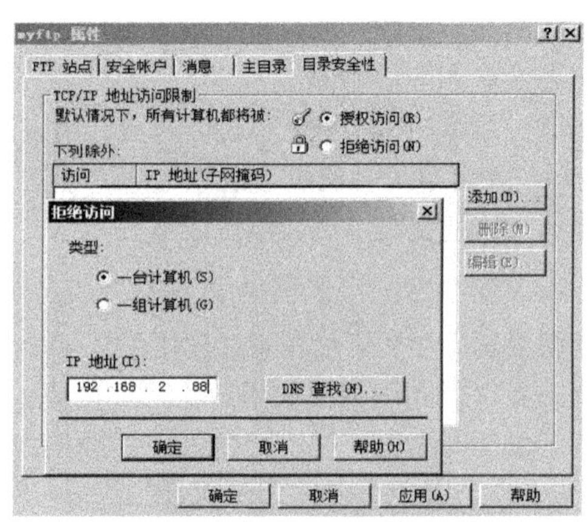

图3-73 “目录安全性”选项卡

三、创建新的FTP服务器

除了系统默认的“Default FTP Site”站点外，也可以直接创建新的FTP站点。

1. 打开“FTP站点创建向导”

单击“开始→管理工具→Internet信息服务(IIS)6.0管理器”，打开“Internet信息服务(IIS)6.0管理器”控制台。右键单击“FTP站点”，弹出的菜单中选择“新建→FTP站点”命令，打开“FTP站点创建向导”页面。

单击“下一步”按钮，打开“FTP站点描述”对话框。在文本框中，输入要创建站点的名称(见图3-74)。

单击“下一步”按钮，打开“IP地址和端口设置”对话框。本对话框中的“输入此FTP站点使用的IP地址”文本框输入本机的静态IP地址，FTP默认TCP端口是21端口(见图3-75)。

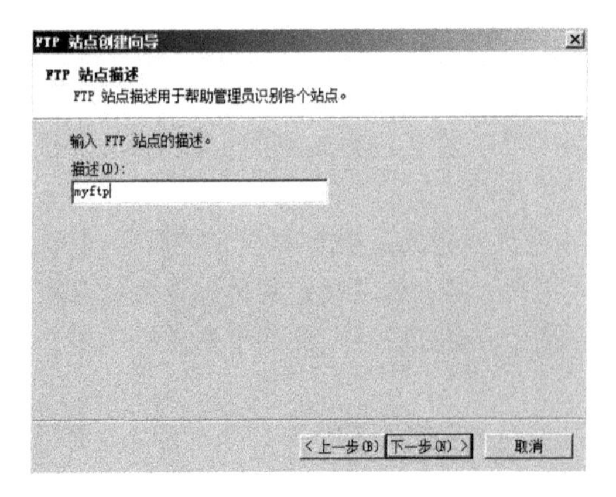

图3-74 FTP站点描述”对话框

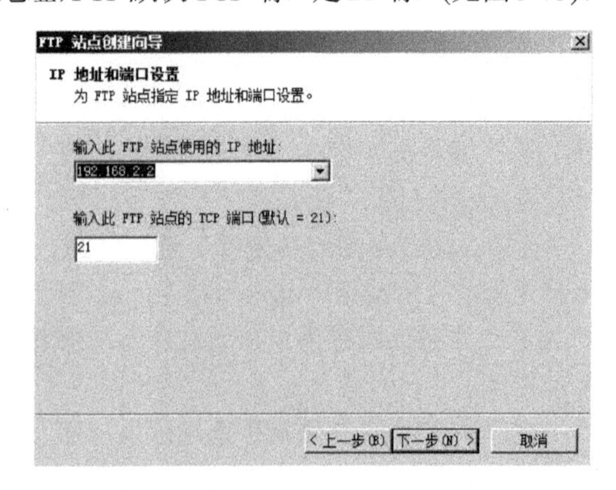

图3-75 “IP地址和端口设置”对话框

2. 选择访问方式

单击“下一步”按钮，打开“FTP 用户隔离”对话框。FTP 站点若要能够匿名访问，选择“不隔离用户”单选按钮；若 FTP 站点以 Windows 用户账号访问，建议选择“隔离用户”单选按钮；域环境下，建议选择“用 Active Directory 隔离用户”单选按钮。这里选择“不隔离用户”单选按钮，以实现 FTP 站点的匿名访问(见图 3-76)。

3. 指定主目录

单击“下一步”按钮，打开“FTP 站点主目录”对话框。在对话框的“路径”文本框，输入 FTP 站点的主目录。这里输入 C:\myftp，如图 3-77 所示。

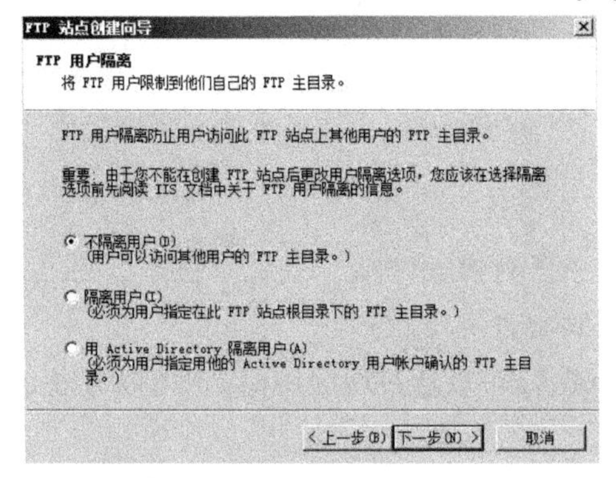

图 3-76　“FTP 用户隔离”对话框

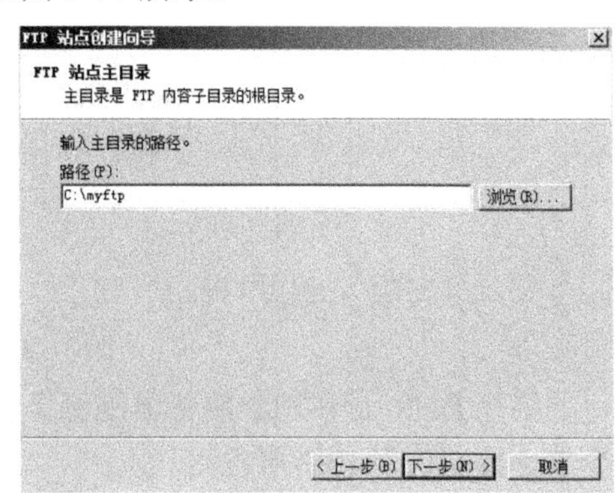

图 3-77　“FTP 站点主目录”对话框

4. 设置访问权限

单击“下一步”按钮，打开“FTP 站点访问权限”对话框。FTP 客户端能够使用下载功能，选择“读取”复选框；FTP 客户端能够使用上传功能，选择“写入”复选框。这里选择“读取”、“写入”两个复选框。

单击“下一步”按钮，打开“已完成 FTP 站点创建向导”对话框。单击“完成”按钮，结束 FTP 站点的创建。

5. 启动 FTP

FTP 站点的创建完成后，该站点处于“停止”状态，右键单击该站点，弹出菜单中选择“启动”命令，启动该站点的 FTP 服务，如图 3-78 所示。

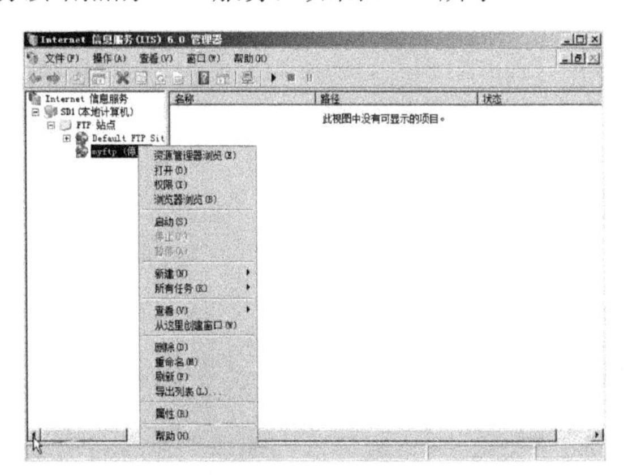

图 3-78　启动 FTP

四、测试 FTP 站点(客户端的访问)

在客户机浏览器中输入 FTP 服务器的 IP 地址(如 FTP://192.168.2.2)，可以测试 FTP 服务器的连通性(见图 3-79)。

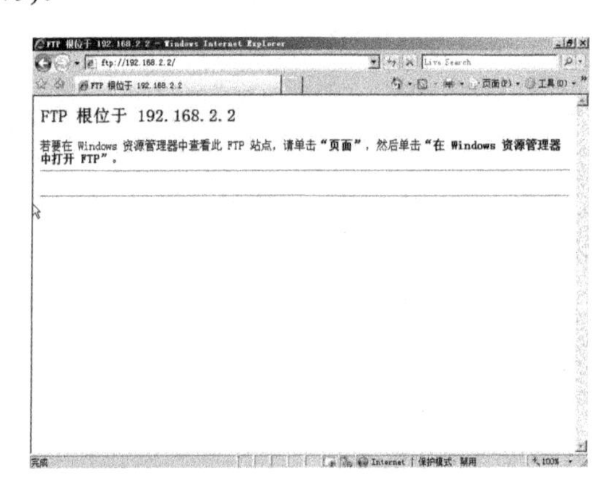

图 3-79　测试 FTP 站点

如果在 DNS 上为 FTP 服务器配置了相应的域名，可以通过域名访问；也可以通过 FTP 命令来连接和访问 FTP 服务器。

实验 3-5　SMTP 服务的安装与配置

➢ 实验目标

通过实验熟悉 SMTP 组件的安装、SMTP 服务器属性的设置、创建 SMTP 域以及创建 SMTP 虚拟服务器等的操作方法，进一步理解电子邮件系统的组成与工作原理。

(1) 添加 SMTP 服务。

(2) SMTP 服务器的基本设置。

(3) 实现电子邮件发送。

➢ 实验要求

(1) 基于 Windows Server 2008 的服务器。

(2) 基于 Windows XP 的客户端(局域网连接)。

(3) Windows Server 2008 安装光盘。

➢ 实验步骤

一、SMTP 服务器安装

(1) 在服务器中选择“开始”→“服务器管理器”命令打开服务器管理器窗口，选择左侧的“功能”项之后，单击右侧的“添加功能”链接，启动“添加功能向导”对话框。

(2) 单击“下一步”按钮，进入“选择服务器功能”对话框，勾选“SMTP 服务器”复选框，由于 SMTP 依赖远程服务等服务，因此会出现“远程服务器管理工具”的对话框(见图 3-80)，单击“添加必需的功能”按钮，然后在“选择服务器功能”对话框中单击“下一步”按钮继续操作。

(3) 进入“确认安装选择”对话框中(见图 3-81)，显示了 Web 服务器安装的详细信息，确认安装这些信息单击“安装”按钮。

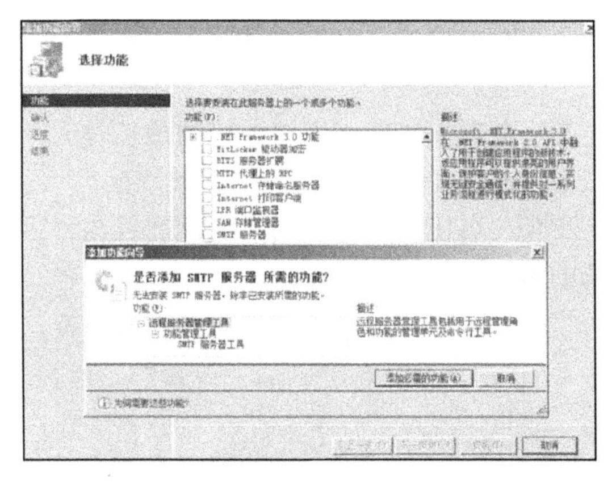

图 3-80 “远程服务器管理工具”的对话框

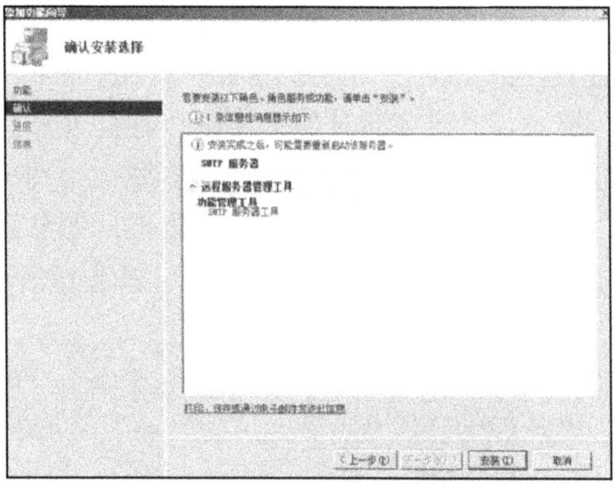

图 3-81 “确认安装选择”对话框

(4) 进入“安装进度”对话框(见图 3-82)，显示 SMTP 服务器安装的过程，安装 Web 服务器之后，在如图 3-83 所示的对话框中可以查看到 Web 服务器安装完成的提示，此时单击“关闭”按钮退出添加角色向导。

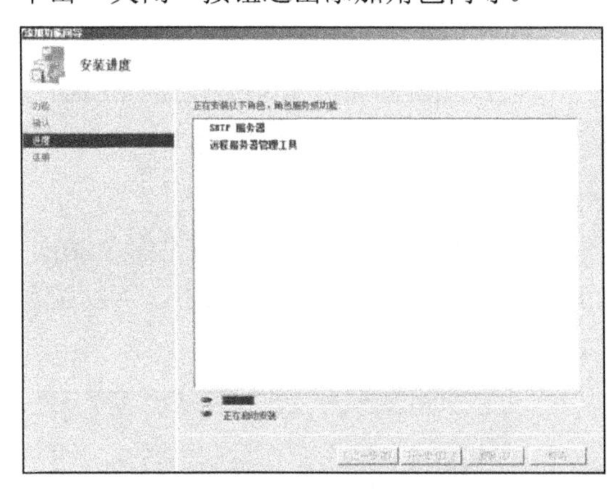

图 3-82 “安装进度”对话框

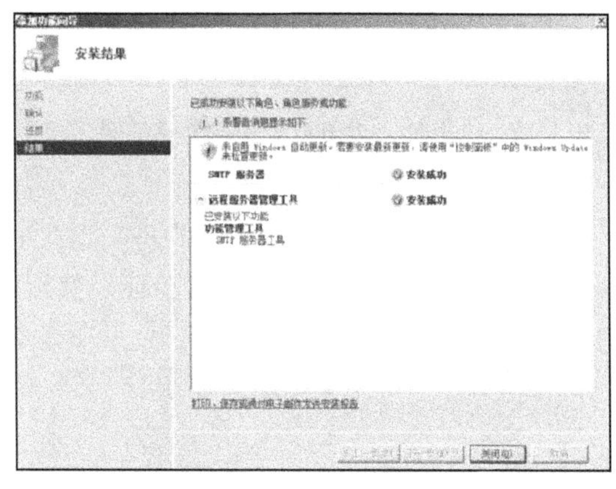

图 3-83 “安装结果”对话框

二、SMTP 服务器的配置

SMTP 服务器安装完成之后还不能提供相应的服务，需要对 SMTP 服务器进行相应的设置，它还是使用老版本 IIS 6.0 的管理器来管理。

选择“开始”→“管理工具”→“Internet 信息服务 6.0 管理器”命令，打开 Internet 信息服务 6.0 管理器，依次展开“本地计算机”→“SMTP Virtual Server #1”(见图 3-84)。

可以通过默认 SMTP 虚拟服务器来配置和管理 SMTP 服务器，当然也可以新建 SMTP

虚拟服务，选择“SMTP Virtual Server #1”项目，单击鼠标右键之后从弹出的快捷菜单中选择“属性”命令，共有六个选项卡，各选项卡相关设置如下：

1．“常规”选项卡

设置IP地址、连接特性等常规选项(见图3-85)。

(1) “IP地址”下拉列表框：选择服务器的IP地址，利用“高级”按钮可以设置SMTP服务器的端口号，或者添加多个IP地址。

(2) “限制连接数为”复选框：可以设置允许同时连接的用户数，这样可以避免由于并发用户数太多而造成的服务器效率太低。

(3) “连接超时”文本框：在此文本框中输入一个数值来定义用户连接的最长时间，超过这个数值，如果一个连接始终处于非活动状态，则SMTP Service将关闭此连接。

(4) “启用日志记录”复选框：服务器将记录客户端使用服务器的情况，而且在“活动日志格式”下拉列表框中，可以选择活动日志的格式。

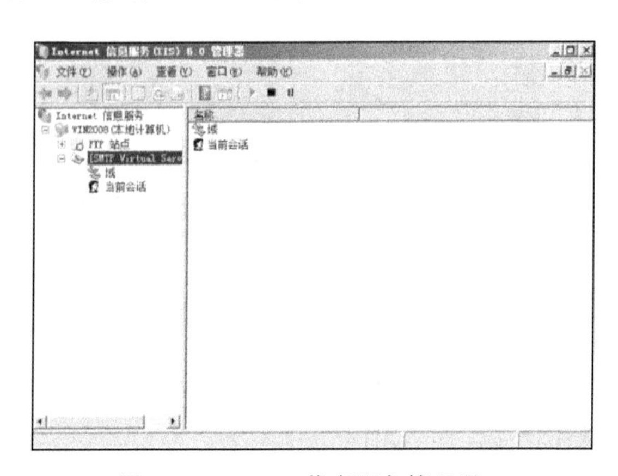

图3-84　Internet信息服务管理器

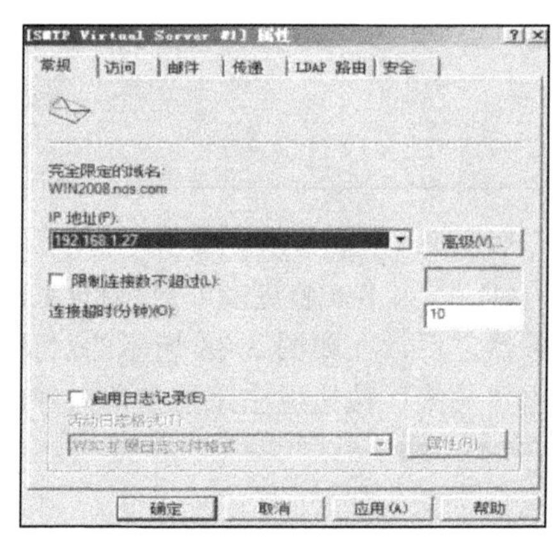

图3-85　“常规”选项卡

2．“访问”选项卡

可以设置客户端使用SMTP服务器的方式，并且设置数据传输安全属性(见图3-86)。

(1) 身份验证：单击“身份验证”按钮，在弹出的“身份验证”对话框中，可以设置用户使用SMTP服务器的验证方式(见图3-87)。

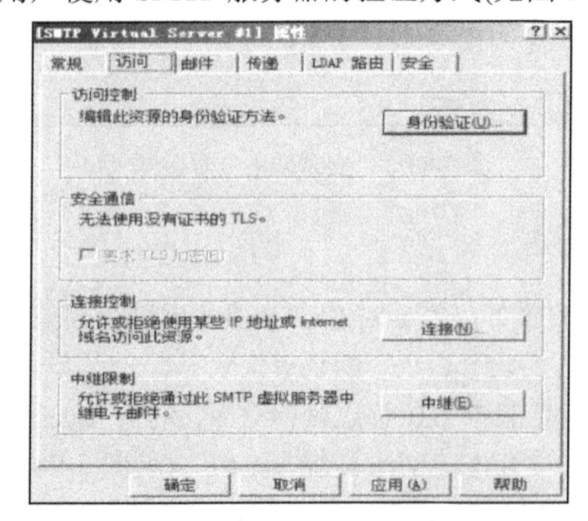

图3-86　“访问”选项卡

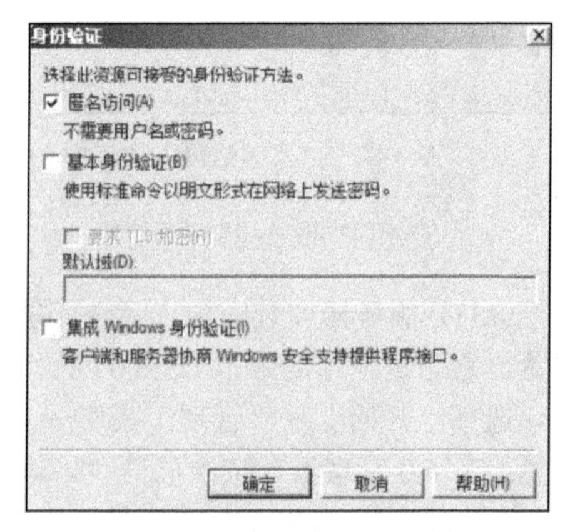

图3-87　“身份验证”对话框

匿名访问：匿名访问允许任意用户使用 SMTP 服务器，不询问用户名和密码。

集成 Windows 身份验证：集成 Windows 身份验证是一种安全的验证形式，因为在通过网络发送用户名和密码之前，先将它们进行哈希计算。

基本身份验证：基本身份验证方法要求提供用户名和密码才能够使用 SMTP 服务器，由于密码在网络上是以明文(未加密的文本)的形式发送的，这些密码很容易被截取，因此可以认为安全性很低。

(2) 证书：如果在基本身份验证时要使用 TLS 加密，则必须创建密钥对，并配置密钥证书。然后，客户端才能够使用 TLS 将加密邮件提交给 SMTP 服务器，再由 SMTP 服务器进行解密。

(3) 连接控制：单击“身份验证”按钮，弹出“连接”对话框(见图 3-88)，可以按客户端计算机的 IP 地址来限制对 SMTP 服务器的访问。默认情况下，所有 IP 地址都有权访问 SMTP 虚拟服务器可以允许或拒绝特定列表中的 IP 地址的访问权限。

(4) 中继限制：单击“身份验证”按钮，弹出“中继限制”对话框(见图 3-89)。默认情况下，SMTP 服务禁止计算机通过虚拟服务器中继不需要的邮件，也就是说，只要收到的邮件不是寄给它所负责的域，一律拒绝转发。

如果想让自己的 SMTP 服务器可以替客户端转发远程邮件，要通过简单邮件传输协议虚拟服务器启用中继访问才可以，选中“允许所有通过身份验证的计算机进行中继，而忽略上表”复选框即可。默认情况下，除了符合“身份验证”对话框中所指定的身份验证要求的计算机外，禁止其他所有的计算机访问。

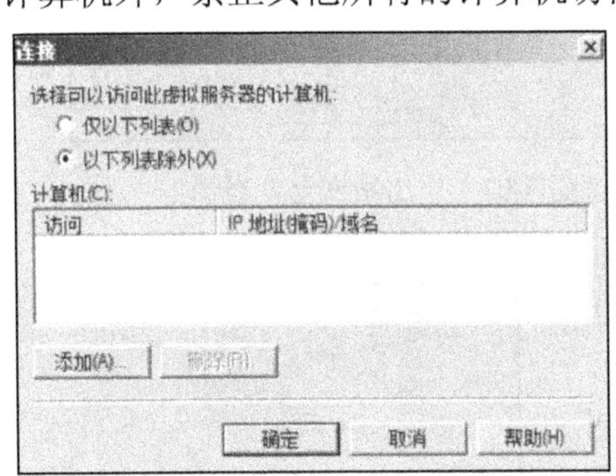

图 3-88 “连接”对话框

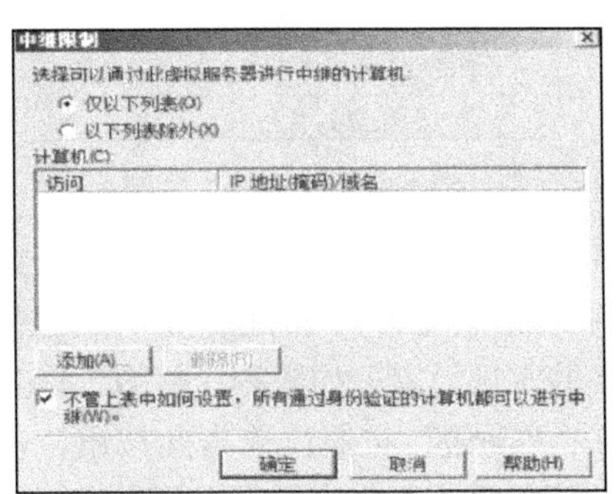

图 3-89 “中继限制”对话框

3. “邮件”选项卡

可以设置邮件限制，可以提高 SMTP 服务器的整体效率(见图 3-90)。

(1) 限制邮件大小：能够指定每封进出系统的邮件的最大容量值，系统默认为 2 MB。

(2) 限制会话大小：表示系统中所允许的最大可以进行会话的用户最大容量。

(3) 限制每个连接的邮件数：表示一个连接一次可以发送的邮件最大数目。

(4) 限制每个邮件的收件人数：限制了每一封邮

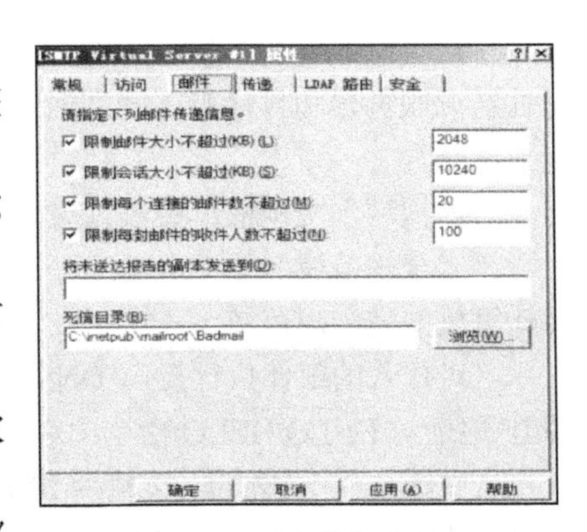

图 3-90 “邮件”选项卡

件同时发送的人数，也就是说同一封邮件可以抄送的最多用户数。

(5) 死信目录：当邮件无法传递时，SMTP 服务将此邮件与未传递报告(NDR)一起返回给发件人，也可以指定将 NDR 的副本发送到选定的位置。如果不能将 NDR 发送到发件人，则将邮件的副本放入死信目录中。

4. “传递”选项卡

客户在发送邮件的时候，首先需要和 SMTP 服务器连接，连接成功后得到 SMTP 准备接收数据的响应后就开始发送邮件，并进行传递(见图 3-91)。

(1) “出站”选项区域：可设置重试和远程传递延时时间。

(2) “本地”选项区域：可设置本地延时和超时设置。

(3) “出站安全性”按钮：单击此按钮，可对待发邮件使用身份验证和对传输层安全性(TLS)加密，如图 3-92 所示。

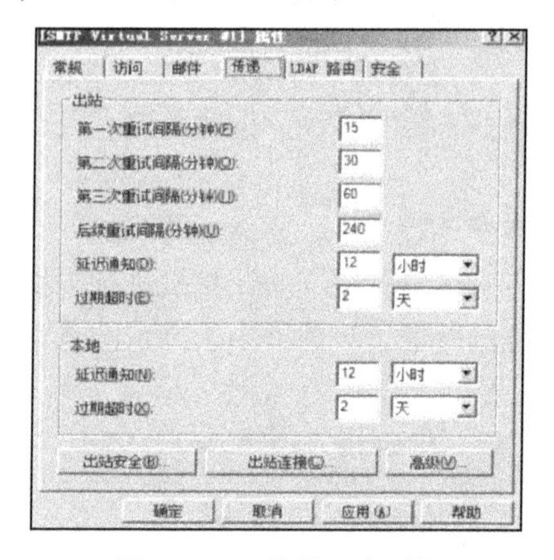

图 3-91 “传递”选项卡

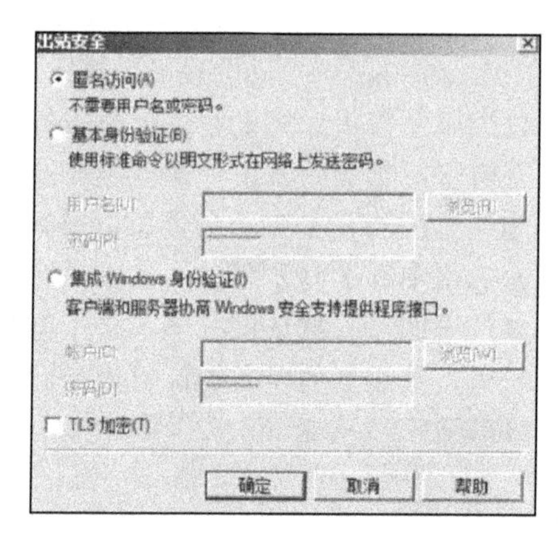

图 3-92 “出站安全”对话框

(4) “出站连接”按钮：单击此按钮，从弹出的对话框(见图 3-93)中可配置 SMTP 虚拟服务器传出连接的常规设置，如限制连接数、端口等。

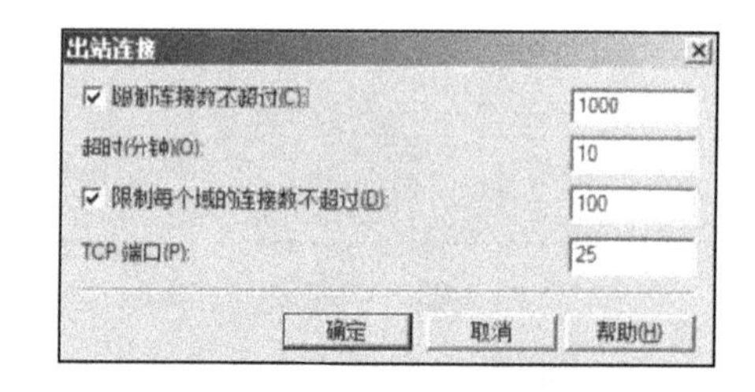

图 3-93 “出站连接”对话框

(5) “高级”按钮：单击此按钮，从弹出的对话框中可配置 SMTP 虚拟服务器的路由选项，分别为以下选项。

“最大跳数”文本框：可输入一个值，它表示邮件在源服务器和目标服务器之间的跃点数，默认值为“15”。

“虚拟域”文本框：可输入虚拟的域名。

“完全规范域名”文本框：可输入 SMTP 虚拟服务器的完全规范域名，默认的就是这台计算机的完全规范域名。

“对传入的邮件执行反向 DNS 搜索”复选框：表示 SMTP 服务器将尝试验证客户端的 IP 地址与 EHLO/HELO 命令中客户端提交的主机/域是否匹配。

“中继主机”文本框：可输入 IP 地址或域名，当 SMTP 虚拟服务器要发送远程邮件(即收信人的邮箱在另外一台服务器上)时，它会通过 DNS 服务器来寻找远程邮件的 SMTP 服务器(MX 资源记录)，然后将邮件发送给此台 SMTP 服务器。

5. “LDAP 路由”选项卡

轻型目录访问协议(Light weight Directory Access Protocol，LDAP)是一个 Internet 协议，可用来访问 LDAP 服务器中的目录信息。如果拥有使用 LDAP 的权限，则可以浏览、读取和搜索 LDAP 服务器上的目录列表。可以使用“LDAP 路由”选项卡配置 SMTP 服务，以便向 LDAP 服务器询问以解析发件人和收件人(见图 3-94)。

6. “安全”选项卡

用户可以指派哪些用户账户具有简单邮件传输协议虚拟服务器的操作员权限，默认情况下有三个用户具有操作员权限，设置 Windows 用户账户后，可以通过从列表中选择账户来授予其权限。从虚拟服务器操作员列表中删除账户，可以撤销其权限(见图 3-95)。

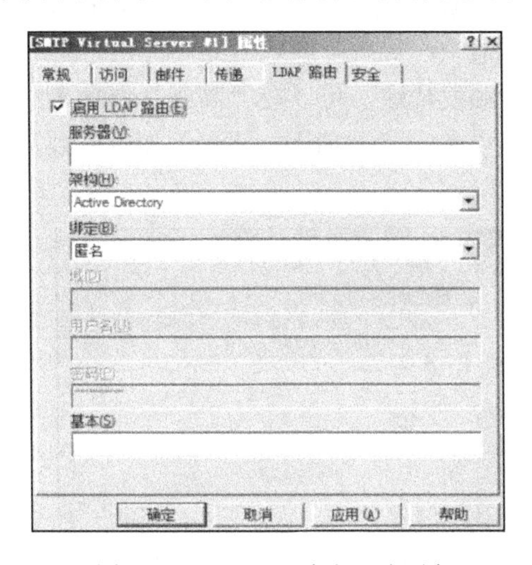

图 3-94 “LDAP 路由”选项卡

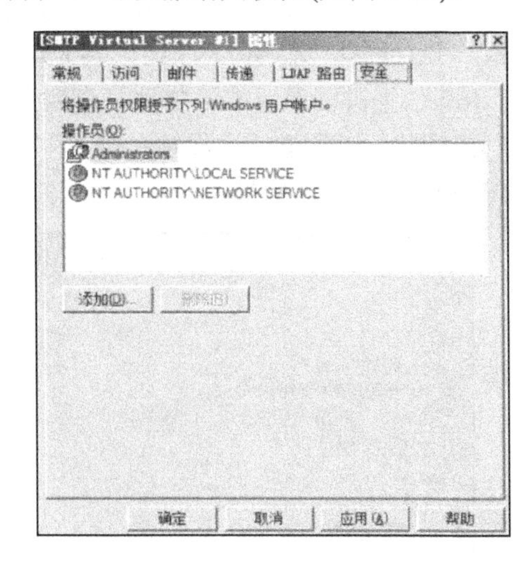

图 3-95 “安全”选项卡

三、创建 SMTP 域和 SMTP 虚拟服务器

在对 SMTP 服务器属性设置完成之后，为了确保 SMTP 服务器能够正常运行，还要创建 SMTP 域和 SMTP 虚拟服务器。

1. 创建 SMTP 域

(1) 选择“开始”→“管理工具”→“Internet 信息服务 6.0 管理器”命令打开 Internet 信息服务 6.0 管理器，依次展开“本地计算机”→“SMTP Virtual Server #1”→“域”项目，右键单击之后从弹出的快捷菜单中选择“新建”→“域”命令；

(2) 在弹出的如图 3-96 所示的“欢迎使用新建 SMTP 域向导”对话框中，选择“远程”单选按钮将域类型设置为远程，单击“下一步”按钮继续操作；

(3) 在弹出的如图 3-97 所示的“域名”对话框中，输入 SMTP 邮件服务器的域名信息，此时输入例如“nos.com”之类的地址；

(4) 完成上述操作返回 Internet 6.0 管理器窗口，依次选择展开“本地计算机”→“SMTP Virtual Server #1”→“域”项目，即可在右部区域中查看到刚才新增的域，此时右键单击新建的域，并从弹出的快捷菜单中选择“属性”命令可以对域的属性进行相应设置；

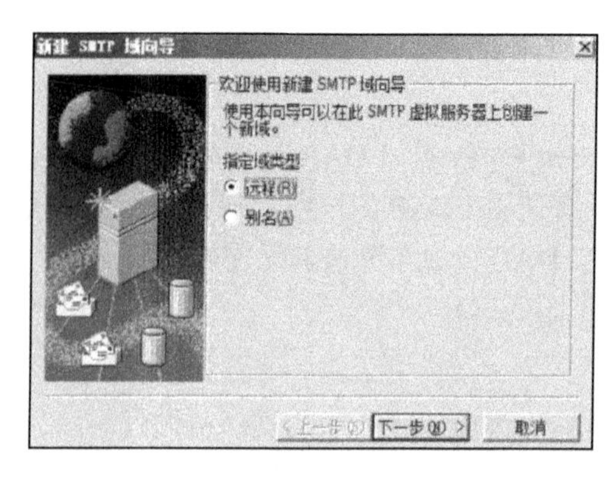

图 3-96 “新建 SMTP 域向导”对话框

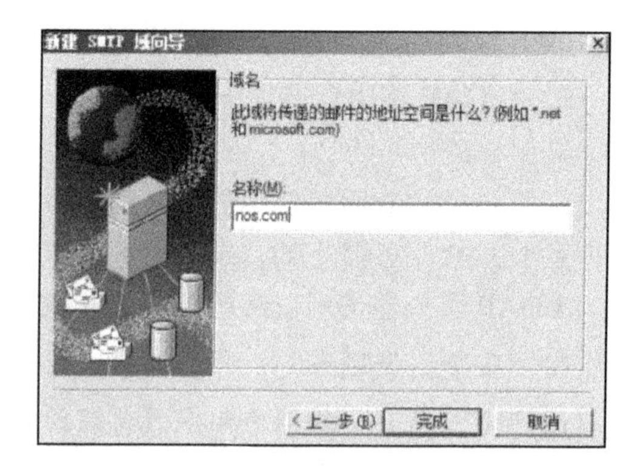

图 3-97 “域名”对话框

(5) 如图 3-98 所示，在“常规”选项卡中确保勾选“允许将传入邮件中继到此域”复选框，并且选择“使用 DNS 路由到此域”单选按钮；

(6) 如果需要保留电子邮件，直到远程服务器触发传递，可以在“高级”选项卡中勾选“排列邮件以便进行远程触发传递”复选框，接着单击“添加”按钮来添加可以触发远程传递的授权账户(见图 3-99)。

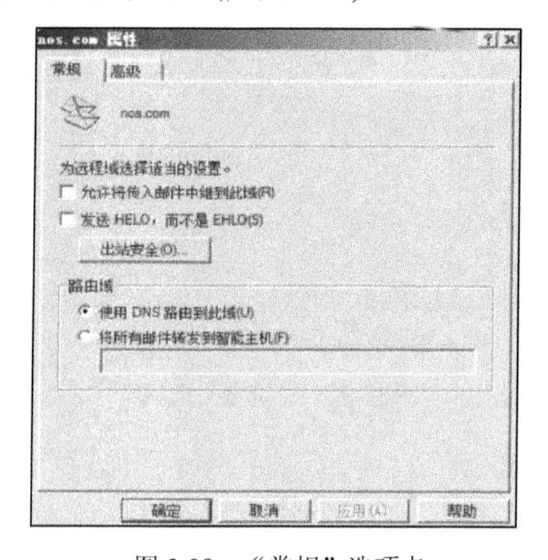

图 3-98 “常规”选项卡

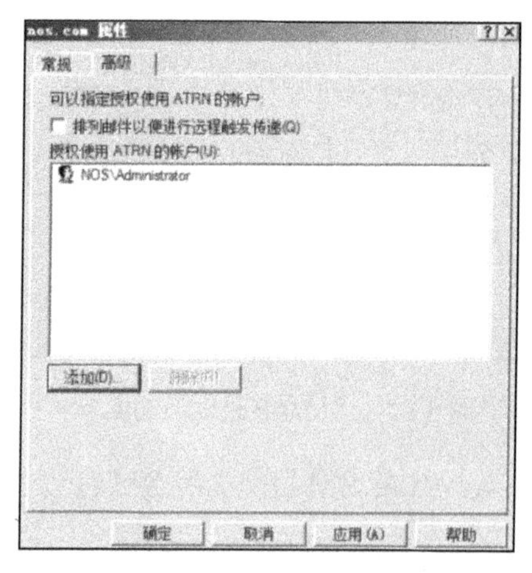

图 3-99 “高级”选项卡

2. 创建 SMTP 虚拟服务器

(1) 选择“开始”→“管理工具”→“Internet 信息服务 6.0 管理器”命令打开 Internet 信息服务 6.0 管理器，依次展开“本地计算机”→“SMTP Virtual Server #1”项目，右键单击之后从弹出的快捷菜单中选择“新建”→“虚拟服务器”命令；

(2) 在“欢迎使用新建 SMTP 虚拟服务器向导”对话框中，输入服务器的名称，例如“SMTP Server”(见图 3-100)，单击“下一步”按钮继续操作；

(3) 在“选择 IP 地址”对话框下拉列表框中选择 SMTP 虚拟服务器的 IP 地址，例如设置为 192.168.1.27(见图 3-101)，单击“下一步”按钮继续操作；

(4) 在“选择主目录”对话框中需要设置 SMTP 的目录，系统默认目录为“C:\inetpub\mailroot”，一般不需要更改，单击“下一步”按钮继续操作；

(5) 在“默认域”对话框中输入 SMTP 虚拟服务器的域名，例如输入“nos.com”，单击“完成”按钮，就完成了Windows Server 2008中的SMTP服务器的设置。

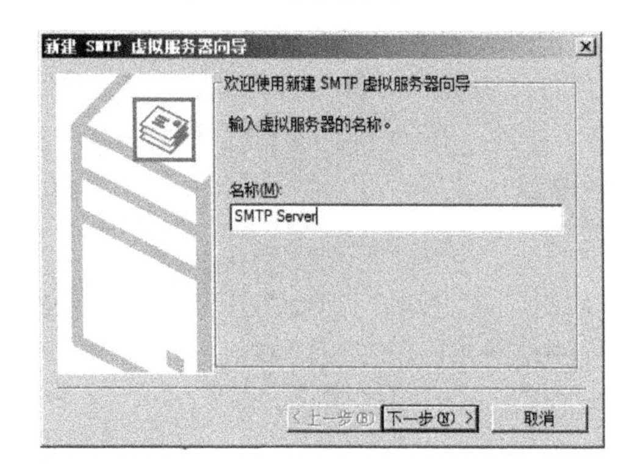

图 3-100　输入虚拟服务器名称

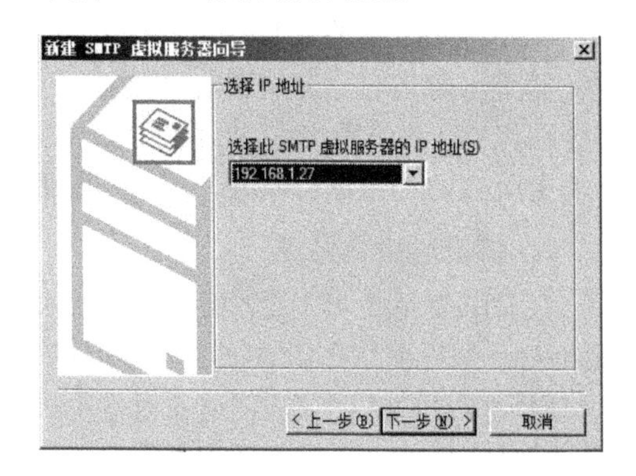

图 3-101　选择虚拟服务器 IP 地址

四、邮件服务器的测试

为了确保邮件服务器的正常运行，可以在局域网上通过Outlook Express等客户端软件进行测试，也可以通过FTP命令方式或Web浏览器方式访问和测试邮件服务器(与一般的邮件使用方法相同，这里不再赘述)。

【实验作业】

(1) 利用Windows平台的控制面板，安装DHCP、DNS、IIS等Windows组件。

(2) 进行DHCP服务的配置，新建作用域(如192.168.1.1～192.168.1.100)，启动DHCP服务，通过客户端设置“自动获取IP”，测试节点的连通性。

(3) 配置DNS服务，建立域名(如：www.abc.com、ftp.abc.com)与本机IP的对应关系(或其他提供服务主机IP的对应关系)。

(4) 启动IIS管理窗口，配置默认Web(IP地址、服务端口、主目录、默认文档等)、默认FTP服务器(IP地址、服务端口、主目录、访问权限、匿名登录等)。

(5) 结合DNS与IIS服务的功能，制作简单主页，分别实现在浏览器中通过IP地址和域名的方式对Web网站的访问；分别实现在浏览器中通过IP地址和域名的方式对FTP服务器的访问，进行文件上传和下载操作。

【提升与拓展】

一、DHCP的高级配置

1. 配置多个DHCP服务器

在一些比较重要的网络中，需要在一个网段中配置多个DHCP服务器。这样做有两大好处：一是提供容错；二是负载均衡的作用。

在两台DHCP服务器上分别创建一个作用域，这两个作用域同属一个子网。在分配IP

地址时，一个 DHCP 服务器作用域上可以分配 80%的 IP 地址，另一个 DHCP 服务器作用域上可以分配 20%的 IP 地址。这样当一台 DHCP 服务器由于故障不可使用时，另一台 DHCP 服务器可以取代它并提供新的 IP 地址，继续为现有客户端服务。80/20 规则是微软所建议的分配比例，在实际应用时可以根据情况进行调整。另外，在一个子网上的两台 DHCP 服务器上所建的 DHCP 作用域，不能有地址交叉的现象。

2. 建立超级作用域

在 DHCP 服务器上至少定义一个作用域以后，才能创建超级作用域(防止创建空的超级作用域)。假设网络内已建立了三个作用域“作用域[192.168.1.0]”、“作用域[192.168.2.0]”、“作用域[192.168.3.0]”，将这三个作用域定义为超级作用域的子作用域。

具体的操作：在服务器管理窗口左部目录树中的 DHCP 服务器名称下选中“IPv4”选项，按右键并在弹出的快捷菜单中选择“新建超级作用域”命令，弹出“欢迎使用新建超级作用域向导”对话框，按向导提示完成配置即可。

如果需要，可以从超级作用域中删除一个或多个作用域，然后在服务器上重新构建作用域。如果被删除的作用域是超级作用域中的唯一作用域，Windows Server 2008 也会移除这个超级作用域。如果选择删除超级作用域则只会删除超级作用域，不会删除下面的子作用域，这些子作用域会被直接放在 DHCP 服务器分支下显示，作用域不会受影响，将继续响应客户端请求，它们只是不再是超级作用域的成员而已。

3. 创建多播作用域

多播作用域用于将 IP 流量广播到一组具有相同地址的节点，一般用于音频和视频会议。因为数据包一次被发送到多播地址，而不是分别发送到每个接收者的单播地址，所以用多播地址简化了管理，也减少了网络流量。就像给单个计算机分配单播地址一样，Windows Server 2008 DHCP 服务器可以将多播地址分配给一组计算机。

只要作用域地址范围不重叠，就可以在 Windows Server 2008 DHCP 服务器上创建多个多播作用域，多播作用域在服务器分支下直接显示，不能被分配给超级作用域，超级作用域只能管理单播地址作用域。创建多播作用域和创建超级作用域过程比较相似。

4. DHCP 数据库的备份与恢复

DHCP 服务器提供了数据库的备份与恢复功能，以管理员账户登录到 DHCP 服务器，创建备份文件夹作为保存 DHCP 服务器数据备份的路径，我们可以将 DHCP 服务器的所有配置信息保存到备份文件夹中。如果 DHCP 服务器作用域被误操作，如删除或修改，就可以执行还原操作，以还原 DHCP 服务器作用域。

恢复 DHCP 数据库时必须停止 DHCP 的运行，恢复完成后，重新启动 DHCP 服务即可完成 DHCP 数据库的还原。

二、DNS 故障的处理

能够实现 DNS 解析功能的机器可以是本地的计算机也可以是网络中的一台计算机，不过当 DNS 解析出现错误，例如把一个域名解析成一个错误的 IP 地址，或者根本不知道某个域名对应的 IP 地址是什么时，就无法通过域名访问相应的站点了，这就是 DNS 解析故障。出现 DNS 解析故障最大的现象就是访问站点对应的 IP 地址没有问题，然而访问他的域名就会出现错误。

DNS 解析故障时可以采用以下的解决方法：

(1) 用 nslookup(网路查询)来判断是否真的是 DNS 解析故障。输入 nslookup 命令，将进入 DNS 解析查询界面，如果 DNS 解析正常的话，会反馈回正确的 IP 地址。如果通过 IP 地址可以访问，而通过域名不能访问站点，那么可以确认是 DNS 解析的故障。

(2) 查询 DNS 服务器工作是否正常。输入 ipconfig/all 命令来查询网络参数。如果在 DNS 服务器处显示的是自己公司的内部网络地址，那么说明公司的 DNS 解析工作是交给公司内部的 DNS 服务器来完成的，这时需要检查这个 DNS 服务器，在 DNS 服务器上进行 nslookup 操作看是否可以正常解析。如果使用外网 DNS 出现解析错误时，可以更换一个其他的 DNS 服务器地址即可解决问题。

(3) 清除 DNS 缓存信息法。执行 ipconfig /flushdns 命令，当出现"successfully flushed the dns resolver cache"的提示时就说明当前计算机的缓存信息已经被成功清除。接下来再访问域名时，就会到 DNS 服务器上获取最新的解析地址，这样可以排除因为以前的缓存造成解析错误。

(4) 修改 HOSTS 文件法。修改 HOSTS 法就是把 HOSTS 文件中的 DNS 解析对应关系进行修改，从而实现正确解析的目的。因为在本地计算机访问某域名时会首先查看本地系统中的 HOSTS 文件，HOSTS 文件中的解析关系优先级大于 DNS 服务器上的解析关系。

三、IIS 在单个服务器上支持多个网站

1. 多个域名对应同一个 Web 站点

用户只需先将某个 IP 地址绑定到 Web 站点上，再在 DNS 服务器中，将所需域名全部映射到这个 IP 地址上，则用户在浏览器中输入任何一个域名，都会直接得到所设置好的那个网站的内容。

2. 多个 IP 对应多个 Web 站点

如果本机已绑定了多个 IP 地址，想利用不同的 IP 地址得出不同的 Web 页面，则只需给不同的网站绑定不同的 IP 地址即可。

3. 一个 IP 地址对应多个 Web 站点

用户可以通过给各 Web 站点设不同的端口号来实现，比如给一个 Web 站点设为 80，一个设为 81，一个设为 82……，则对于端口号是 80 的 Web 站点，访问格式仍然直接是 IP 地址就可以了，而对于绑定其他端口号的 Web 站点，访问时必须在 IP 地址后面加上相应的端口号，也即使用如"http://192.168.0.1:81"的格式。

四、远程管理网站

当一个 Web 服务器搭建完成后，对它的管理是非常重要的，如添加删除虚拟目录、站点，为网站中添加或修改发布文件，检查网站的连接情况等。但是管理中不可能每天都坐在服务器前进行操作。因此，就需要从远程计算机上管理 IIS 了。过去，远程管理 IIS 服务器的方法有两种：通过使用远程管理网站或使用远程桌面/终端服务来进行。但是，如果在防火墙之外或不在现场，则这些选项作用有限。

IIS7.0 提供了多种新方法来远程管理服务器、站点、Web 应用程序，以及非管理员的安全委派管理权限，通过在图形界面中直接构建远程管理功能(通过不受防火墙影响的 HTTPS 工作)来对此进行管理。IIS7.0 中的远程管理服务在本质上是一个小型 Web 应用程序，它作为单独的服务、在服务名为 WMSVC 的本地服务账户下运行，此设计使得即使在 IIS 服务器自身无响应的情况下仍可维持远程管理功能。

与 IIS7.0 中的大多数功能类似，出于安全性考虑，远程管理并不是默认安装的。要安装远程管理功能，需将 Web 服务器角色的角色服务添加到 Windows Server 2008 的服务器管理器中，该管理器可在管理工具中找到。

五、典型网络服务软件

1. Apache 简介

Apache 源于 NCSAhttpd 服务器，经过多次修改，成为世界上最流行的 Web 服务器软件之一。Apache 是自由软件，所以不断有人来为它开发新的功能、新的特性、修改原来的缺陷。Apache 的特点是简单、速度快、性能稳定，并可做代理服务器来使用。本来它只用于小型或试验 Internet 网络，后来逐步扩充到 UNIX 系统中，尤其对 Linux 的支持相当完美。

Apache 是以进程为基础的结构，进程要比线程消耗更多的系统开支，不太适合于多处理器环境，因此，在一个 Apache Web 站点扩容时，通常是增加服务器或扩充群集节点而不是增加处理器。到目前为止 Apache 仍然是世界上用得最多的 Web 服务器，世界上很多著名的网站都采用 Apache 平台，它的成功之处主要在于它的源代码开放、开放的开发队伍、支持跨平台的应用以及它的可移植性等方面。

2. Server-U 简介

Server-U 是一种被广泛运用的 FTP 服务器端软件，支持 Windows 系列平台。可以设定多个 FTP 服务器、限定登录用户的权限、登录主目录及空间大小等，功能非常完备。它具有非常完备的安全特性，支持 SSL FTP 传输，支持在多个 Server-U 和 FTP 客户端通过 SSL 加密连接保护用户的数据安全等。

通过使用 Server-U，用户能够将任何一台 PC 设置成一个 FTP 服务器，这样，用户或其他使用者就能够使用 FTP 协议，通过在同一网络上的任何一台 PC 与 FTP 服务器连接，进行文件或目录的复制、移动、创建和删除等。

3. Exchange Server 简介

Windows Server 2008 虽然集成了邮件服务，但功能不算强大，而且无法与其他集成办公软件相结合。Exchange Server 可以满足从小型机构到大型分布式企业的不同规划企业的通信和协作需求，它最主要的两大功能是信息管理和协同作业，也就是 Exchange Server 并不是简单的电子邮件服务器代名词，而是一种交互式传送和接收的重要场所。

与以前版本相比，Exchange Server 2007 取消了许多不适合新型网络环境和需要的一些功能，增加了许多新的功能，特别是在服务器角色方面包括五个集成：邮箱服务器角色、客户端访问服务器角色、统一消息服务器角色、边缘传输服务器角色、中心传输服务器角色。

4. U-Mail 简介

U-Mail 邮件系统是 U-Mail 最新推出的第四代专家级企业邮局系统。该产品依托 U-Mail 在信息领域中的领先技术与完善服务，专门针对互联网信息技术特点，综合各行业多领域不同类型企业，在自身信息管理发展中的需求特色，采用与国际先进技术接轨的专业系统和设备，将先进的网络信息技术与企业自身的信息管理需要完美地结合起来。

U-Mail 邮箱管理软件历经十年的开发运营，以广大企事业单位的邮箱应用需求为目标做深入开发；将邮件系统的功能发挥至极致，最大化拓展企业邮箱的功能灵活性和稳定性，在已有数千家企业单位应用需求的基础上做了大量改进，使之更加适合政府、教育、企事业集团和从事销售企业邮箱软件的网络服务商、集成商。

实验 4　交换机的配置与操作

【基础知识介绍】

一、网络模拟器 Packet Tracer 简介

随着 Internet 的迅猛发展，网络规模和复杂性的迅速增加，网络研究人员一方面要不断思考新的网络协议和算法，为网络发展做前瞻性的基础研究；另一方面也要研究如何利用和整合现有的网络资源，使网络达到最高效能。这两方面都需要对新的网络方案进行验证和分析，其中分析方法的有效性和精确性受假设的限制很大，实验方法的局限性则在于成本很高，实验环境的规模很难做到很大，不能实现网络中的多种通信流量和拓扑的融合。采用模拟方法在很大程度上可以弥补前两种方法的不足。

思科路由器模拟器 Packet Tracer 是由 Cisco 公司发布的一个辅助学习工具，为学习 CCNA 课程的网络初学者设计、配置、排除网络故障提供了网络模拟环境。学生可在软件的图形用户界面上直接使用拖曳方法建立网络拓扑，软件中实现的 IOS 子集允许学生配置设备；并可提供数据包在网络中行进的详细处理过程，观察网络实时运行情况。

CCNA 模拟器的主要特点：

(1) 支持多协议模型。支持常用协议 HTTP、DNS、TFTP、Telnet、TCP、UDP、Single Area OSPF、DTP、VTP 以及 STP，同时支持 IP、Ethernet、ARP、wireless、CDP、Frame Relay、PPP、HDLC、inter-VLAN routing 以及 ICMP 等协议模型。

(2) 支持大量的设备仿真模型，包括路由器、交换机、无线网络设备、服务器、各种连接电缆、终端等，还能仿真各种模块。另外，提供图形化和终端两种配置方法，各设备模型有可视化的外观仿真。

(3) 支持逻辑空间和物理空间的设计模式。逻辑空间模式用于进行逻辑拓扑结构的实现，物理空间模式支持构建城市、楼宇、办公室、配线间等虚拟设置。

(4) 可视化的数据报表示工具。配置有一个全局网络监测器，可以显示仿真数据报的传送路线，并显示各种模式，前进后退，或一步步执行。

(5) 数据报传输采用实时模式和仿真模式，实时模式与实际传输过程一样，仿真模式通过可视化模式显示数据报的传输过程，使用户能对抽象的数据的传送具体化。

二、交换机 MAC 地址表的地址分类

在交换机的 MAC 地址表中，有三种类型的地址。

(1) 动态地址。动态地址是交换机通过接收到的报文自动学习到的地址。当一个端口接收到一个包时，交换机 MAC 将把这个包的源地址和这个端口关联起来，并记录到地址表中。

(2) 静态地址。静态地址是手工添加的地址。静态地址和动态地址功能相同，不过相对 MAC 动态地址而言，静态地址只能手工进行配置和删除，不能学习和老化。静态地址会保存到配置文件中，即使交换机复位，静态地址也不会丢失。

(3) 过滤地址。过滤地址是手工添加的地址。当交换机接收到以过滤地址为源地址的包时，将会直接丢弃。MAC 过滤地址永远不会被老化，只能手工进行配置和删除。过滤地址会保存到配置文件中，即使交换机复位，过滤地址也不会丢失。

如果希望交换机能屏蔽掉一些非法的用户，可以将这些用户的地址设置为过滤地址，从而这些非法用户将无法通过交换机与外界通信。

三、交换机的管理方式

可网管交换机可以通过以下几种途径进行管理：通过 RS-232 串行口(或并行口)管理、通过网络浏览器管理和通过网络管理软件管理。

(1) 串行口管理：可网管交换机附带了一条串口电缆，供交换机管理使用。

(2) Web 浏览器管理：可网管交换机可以通过 Web(网络浏览器)管理，但是必须给交换机指定一个 IP 地址。在默认状态下，交换机没有 IP 地址，必须通过串口或其他方式指定一个 IP 地址之后，才能启用这种管理方式。

(3) 管理软件管理：可网管交换机均遵循 SNMP 协议(简单网络管理协议)，SNMP 协议是一整套的符合国际标准的网络设备管理规范。凡是遵循 SNMP 协议的设备，均可以通过网管软件来管理。

四、VLAN 的划分

VLAN(Virtual Local Area Network，虚拟局域网)是在一个物理网络上划分出来的逻辑网络，这个网络对应于 OSI 模型的第二层网络，VLAN 的划分不受网络端口的实际物理位置的限制。VLAN 有和普通物理网络同样的属性，除了没有物理位置的限制，它和普通局域网一样。第二层的单播、广播和多播帧均在一个 VLAN 内转发、扩散，而不会直接进入其他的 VLAN 之中。

VLAN 的划分有基于端口、MAC 地址、协议和子网这四种方式，目前最常用的是基于端口的 VLAN 划分。通过使用 VLAN，可以带来如下的好处：

(1) 隔离广播包，即广播包只在本 VLAN 中传播，从而在一定程度上可以提高整个网络的处理能力。

(2) 虚拟的工作组，通过灵活的 VLAN 设置，可以把不同物理地点的用户划分到同一工作组内。

(3) 一个 VLAN 内的用户和其他 VLAN 内的用户不能互访，提高了网络的安全性。

五、交换机的层次

交换机用做网络集中设备，其端口连接网络中的主机。在转发数据帧时，端口带宽能够独享。交换机按其工作在 OSI 参数模型的对应层次，有第二层、第三层和第四层交换机。可管理的交换机内置了操作系统软件。

1. 二层交换

传统交换技术是在 OSI 网络标准模型第二层——数据链路层进行操作的，所以也称为二层交换技术。二层交换技术的发展比较成熟。二层交换机属数据链路层设备，可以识别数据包中的 MAC 地址信息，根据 MAC 地址进行转发，并将这些 MAC 地址与对应的端口记录在自己内部的一个地址表中。

在小型局域网中，广播包影响不大，二层交换机的快速交换功能、多个接入端口和低廉价格为小型网络用户提供了很完善的解决方案。

2. 三层交换

三层交换机就是具有部分路由器功能的交换机，三层交换机最重要的目的是加快大型局域网内部的数据交换，所具有的路由功能也是为这个目的服务的，能够做到一次路由，多次转发。对于数据包转发等规律性的过程由硬件高速实现，而像路由信息更新、路由表维护、路由计算、路由确定等功能由软件实现。三层交换技术就是二层交换技术 + 三层转发技术。

三层交换机的优点在于接口类型丰富、支持多层交换、路由能力强大，便于实现选择最佳路由、负荷分担、链路备份等路由器所具有的功能，适合用于大型的网络间的路由。

3. 四层交换

第四层交换的一个简单定义是：它是一种功能，它决定传输不仅仅依据 MAC 地址(第二层网桥)或源/目标 IP 地址(第三层路由)，而且依据 TCP/UDP(第四层)应用端口号。第四层交换功能就像是虚 IP，指向物理服务器。它传输的业务服从的协议多种多样，有 HTTP、FTP、NFS、Telnet 或其他协议。这些业务在物理服务器基础上，需要复杂的载量平衡算法。

六、STP(生成树协议)简介

在一个交换式网络中有可能会出现单点失效的故障，所谓单点失效，指的是由于网络中某一台设备的故障，而影响整个网络的通信。为了避免单点失效，提高网络的可靠性，可以通过构建一个冗余拓扑来解决(如多个交换机之间设置多条链路)。但是，一个冗余的拓扑，又会给我们的网络造成环路而产生其他的影响(比如：多帧复制、MAC 地址表的翻动、广播风暴等)。为了解决二层环路问题，而设计了 STP 协议。

STP(Spanning Tree Protocol 生成树协议)是为克服冗余网络中透明桥接的环路问题而创建的，是通过判断网络中存在环路的地方，并逻辑上阻断冗余链路来实现无环网络的。防止二层网络的广播风暴的产生，当线路出现故障，断开的接口被激活，恢复通信，起备份线路的作用。

STP 采用 STA(Spanning Tree Arithmetic)算法，STA 会在冗余链路中选择一个参考点(生成树的根)，并将选择要到达的单条路径，同时阻断其他冗余路径。一旦已选路径失效，将启用其他路径。

七、RSTP

RSTP(Rapid Spanning Tree Protocol 快速生成树协议)是优化版的 STP，它大大缩短了端口进入转发状态的延时，从而缩短了网络最终达到拓扑稳定所需要的时间。RSTP 的端口状态实现快速迁移的前提如下：

(1) 根端口的端口状态快速迁移的条件是：本设备上旧的根端口已经停止转发数据，而且上游指定端口已经开始转发数据。

(2) 指定端口的端口状态快速迁移的条件是：指定端口是边缘端口或者指定端口与点对点链路相连。如果指定端口是边缘端口，则指定端口可以直接进入转发状态；如果指定端口连接着点对点链路，则设备可以通过与下游设备握手，得到响应后即刻进入转发状态。

八、MSTP

MSTP(Multiple Spanning Tree Protocol，多生成树协议)是在 STP 和 RSTP 的基础上，根据 IEEE 协会制定的 802.1S 标准上建立的，它既可以快速收敛，也能使不同 VLAN 的流量沿各自的路径转发，从而为冗余链路提供了更好的负载分担机制。

MSTP 的特点如下：

(1) MSTP 通过 VLAN 的实例映射表，把 VLAN 和生成树联系起来，将多个 VLAN 捆绑到一个实例中，并以实例为基础实现负载均衡。

(2) MSTP 把一个生成树网络划分成多个域，每个域内形成多棵内部生成树，各个生成树之间彼此独立。

(3) MSTP 在数据转发过程中实现 VLAN 数据的负载分担。

(4) MSTP 兼容 STP 和 RSTP。

【能力培养】

交换机是网络节点连接和信息转发的核心网络连接设备之一，对其进行科学合理的配置是网络构建和管理的重要工作。虽然说现在的交换机都比较智能了，甚至不需要经过初始配置，直接接入到网络中就可以正常工作，但这是一种不可取的做法，因为如果没有做好相关的配置，那么对于后续的排错与维护是非常不利的。

本实验主要介绍交换机的基本配置、VLAN 配置、利用三层交换机实现 VLAN 间的路由功能、快速生成树配置、SPT 配置等内容。另外，为了适应实验室硬件环境不同的要求，介绍了网络模拟器 Packet Tracer 的使用方法，它可以满足交换机、路由器等绝大部分实验的要求。

实　验	能力培养目标
4-1　Packet Tracer 模拟器的安装与使用	了解网络模拟器的基本功能，掌握思科模拟器的安装与基本操作方法
4-2　交换机的基本配置	了解交换机的功能和操作，掌握交换机的配置方法、配置模式、配置命令以及基本配置参数的设置方法
4-3　交换机的 VLAN 配置	了解 VLAN 的概念与功能，掌握单交换机、多交换机 VLAN 的配置方法
4-4　利用三层交换机实现 VLAN 间路由	了解三层交换机的工作原理和配置方法，掌握交换机 Tag VLAN 的配置方法，配置三层交换机的路由功能，实现 VLAN 间相互通信
4-5　速生成树配置	理解生成树协议功能和工作原理，掌握快速生成树协议 RSTP 基本配置方法，实现网络链路的冗余，避免单点失效

【实验内容】

实验 4-1　Packet Tracer 模拟器的安装与使用

➢ 实验目标

通过实验了解网络模拟器的功能和特点，熟悉网络搭建模拟软件 Packet Tracer 的安装、配置和使用方法，能够掌握通过 Packet Tracer 模拟器进行多种网络实验的方法。

(1) 安装 Packer Tracer 模拟器。
(2) 利用交换机与多台 PC 互连组建小型局域网。
(3) 分别设置 PC 的 IP 地址。
(4) 验证 PC 间可以互通。

➢ 实验要求

Switch_2960 1 台；PC 2 台；直连线 2 根。

➢ 实验步骤

一、Packet Tracer 的安装与配置

1. 软件下载

可在 Cisco 官方网站或其他下载网站下载 Packet Tracer 5.3 英文原版软件安装包、汉化包。注意一般汉化包为不完全汉化，英语基础较好者使用英文原版可靠性更好。

2. 安装过程

(1) 执行安装程序 Packet Tracer 5.3_setup.exe，进入安装程序主界面(见图 4-1)，点击“Next”按钮。

(2) 选择接受协议，点击“Next”按钮。

(3) 选择安装目录(记住此目录，以便后面汉化)，点击“Next”按钮。

(4) 修改文件夹，点击“Next”按钮。

(5) 出现创建桌面图标与快速启动图标复选框，选择后点击“Next”按钮。

(6) 完成安装，出现启动界面(见图 4-2)。

图 4-1　安装程序主界面

图 4-2　启动界面

3. 汉化过程

(1) 将语言包“chinese.ptl”复制到文件安装目录下的“languages”目录下。

(2) 打开 PT5.3，选择“Options>>preferences”，在下面的“Select Language”中选择“chinese.ptl”，点击“Change Language”。

(3) 重启 PT，汉化成功。

4. 字体设置

初始运行时界面的字号较小(一般为 8)，可在“菜单—选项—首选项—字体”中设置相应的字体大小(建议 12)，如图 4-3 所示。

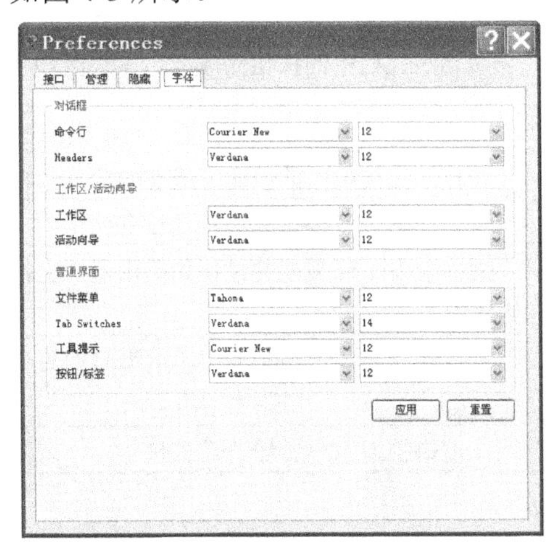

图 4-3　设置字体界面

二、熟悉 Packet Tracer 界面及操作

1．Packet Tracer 的基本界面

Packet Tracer 的基本界面主要包括菜单栏、工具栏、工作区、设备库、用户数据包窗口等 10 个部分，其功能及 Packet Tracer 5.3 汉化后的工作界面如图 4-4 所示，界面栏目介绍如表 4-1 所示。

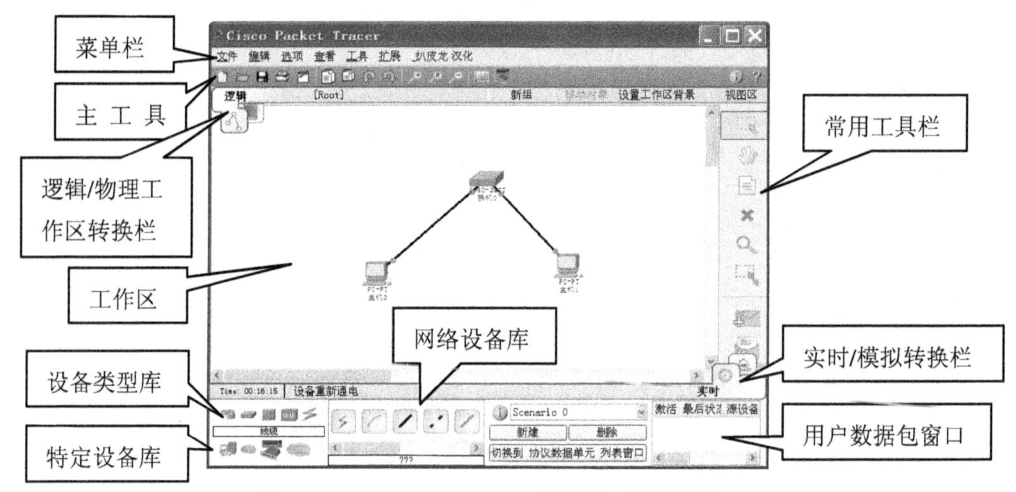

图 4-4　Packet Tracer 5.3 工作界面、栏目介绍

表 4-1　Packet Tracer 5.3 界面栏目介绍

序号	界面栏目	具 体 介 绍
1	菜单栏	此栏中有文件、选项和帮助按钮，在此可以找到一些基本的命令，如打开、保存、打印和选项设置，还可以访问活动向导
2	主工具栏	此栏提供了文件按钮中命令的快捷方式，还可以点击右边的网络信息按钮，为当前网络添加说明信息
3	常用工具栏	此栏包括：选择、整体移动、备注、删除、查看、添加简单数据包和添加复杂数据包
4	逻辑/物理工作区转换栏	可通过此栏中的按钮完成逻辑工作区和物理工作区之间的转换
5	工作区	此区域中可以创建网络拓扑，监视模拟过程，查看各种信息和统计数据
6	实时/模拟转换栏	可以通过此栏中的按钮完成实时模式和模拟模式之间的转换
7	网络设备库	此库包括设备类型库和特定设备库
8	设备类型库	此库包含不同类型的设备如路由器、交换机、HUB、无线设备、连线、终端设备和网云等
9	特定设备库	此库包含不同设备类型中不同型号的设备，它随着设备类型库的选择级联显示
10	用户数据包窗口	此窗口管理用户添加的数据包

2．设备的选择与连接

在界面左下角的一块区域有许多种类的硬件设备，从左至右、从上到下依次为路由器、

交换机、集线器、无线设备、设备之间的连线、终端设备、仿真广域网、自定义设备等。

以连线为例进行说明，用鼠标点一下“连线”之后，在右边会看到各种类型的线，依次为：自动选线、控制线、直通线、交叉线、光纤、电话线、同轴电缆、DCE、DTE。其中 DCE 和 DTE 是用于路由器之间的连线，实际当中，需要把 DCE 和一台路由器相连，DTE 和另一台设备相连。而在这里只需选一根，若选了 DCE 这一根线，则和这根线先连的路由器为 DCE，配置该路由器时需配置时钟频率。交叉线只在路由器和电脑直接相连，或交换机和交换机之间相连时才会用到。

3．设备属性的编辑

在界面右边有一个区域(图 4-4 中的常用工具栏)对设备进行编辑，从上到下依次为：选择、整体移动、备注、删除、查看、添加简单数据包、添加复杂数据包等。

4．实时模式(Realtime Mode)和模拟模式(Simulation Mode)

主界面的最右下角有两个切换模式，分别是 Realtime Mode(实时模式)和 Simulation Mode(模拟模式)。实时模式顾名思义为即时模式，也就是说是真实模式。例如，两台主机通过直通双绞线连接并将它们设为同一个网段，那么一台主机 ping 另外一台主机时瞬间可以完成，这就是实时模式。而切换到模拟模式后第一台主机的 CMD 里将不会立即显示 ICMP 信息，而是软件正在模拟这个瞬间的过程，以我们能够理解的方式展现出来。

(1) 要实现 Flash 动画，只需点击 Auto Capture(自动捕获)，那么直观、生动的 Flash 动画即显示了网络数据包的来龙去脉。这是该软件的一大闪光点。

(2) 单击 Simulate Mode 会出现 Event List 对话框，该对话框可以显示当前捕获到的数据包的详细信息，包括持续时间、源设备、目的设备、协议类型和协议详细信息，非常直观。

(3) 要了解协议的详细信息，只需单击显示不同颜色的协议类型信息 Info 即可。这个功能非常强大，有很详细的 OSI 模型信息和各层 PDU。

三、常用设备的管理

Packet Tracer 5.3 提供了很多典型的网络设备，包括：路由器(Routers)、交换机(Switches)、中继器(Hubs)、无线设备(Wireless Devices)、连线(Connections)、终端设备(End Devices)、模拟/仿真 WAN(WAN EMULATION)等。它们有各自迥然不同的功能，管理界面和使用方式也不同。这里主要介绍 PC、路由器、连线的设备配置和管理方法。

1．主机配置和管理

双击工作区中的 PC 图标就可以打开 PC 的配置窗口(见图 4-5)。

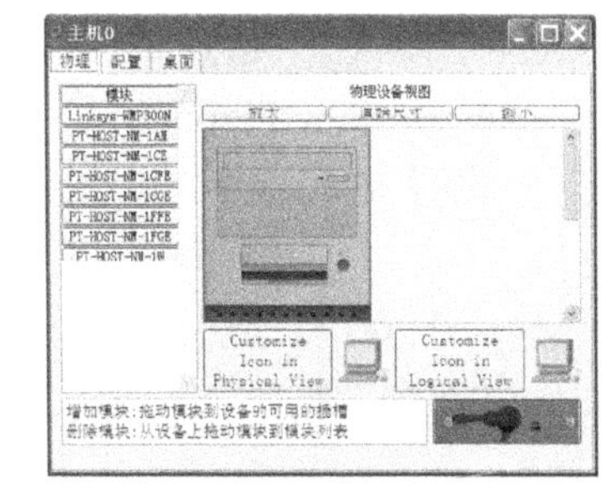

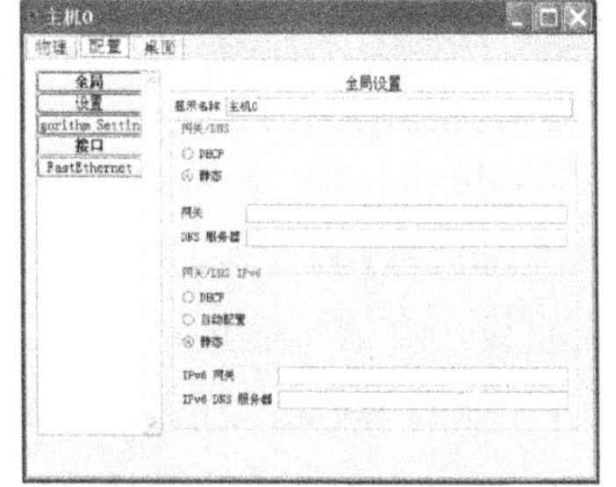

图 4-5　PC 配置窗口

PC 的配置界面有以下三个选项卡。

(1) “物理”选项卡：显示和配置主机的设备情况，可以将窗口左侧的硬件模块添加到主机箱的插槽中，或将其从插槽中移除。

(2) “配置”选项卡：可以配置主机的网关、DHCP、以太网的接口、IP 地址、MAC 地址等参数。

(3) “桌面”选项卡：以桌面的方式显示各种配置的图标，如可以打开“命令提示符”窗口、浏览器窗口等。

一般情况下，PC 配置不像路由器有命令行(CLI)，只需要在图形界面下简单地配置一下就行了。一般通过桌面(Desktop)选项卡下面的 IP Configuration 实现简单的 IP 地址、子网、网关和 DNS 的配置。此外还提供拨号、终端、命令行(只能执行一般的网络命令)、Web 浏览器和无线网络功能。如果要设置 PC 自动获取 IP 地址，可以在“配置”选项卡里的 Global Settings 下设置。

2．路由器的配置和管理

Packet Tracer 5.3 提供的路由器共 6 个，包括 1841、2620*M 等，根据实验需要选择。选好设备，连好线后就可以直接进行配置了。有些设备，如某些路由器需添加一些模块才能用，这时直接点击“设备”，就可以进入其属性的配置界面(见图 4-6)。

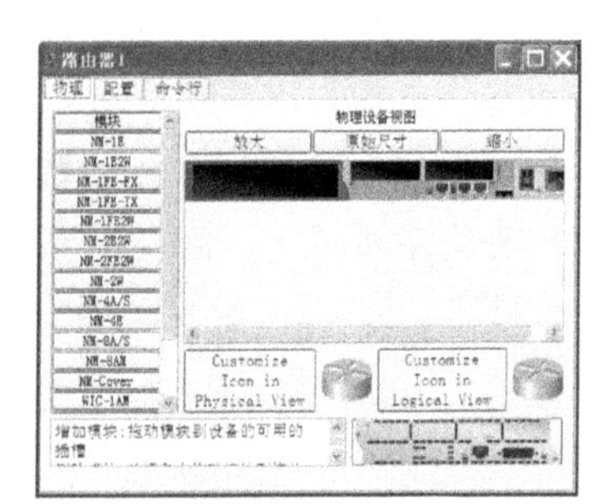

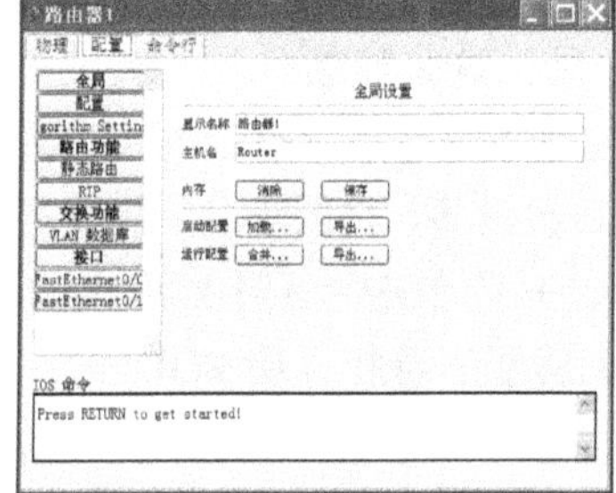

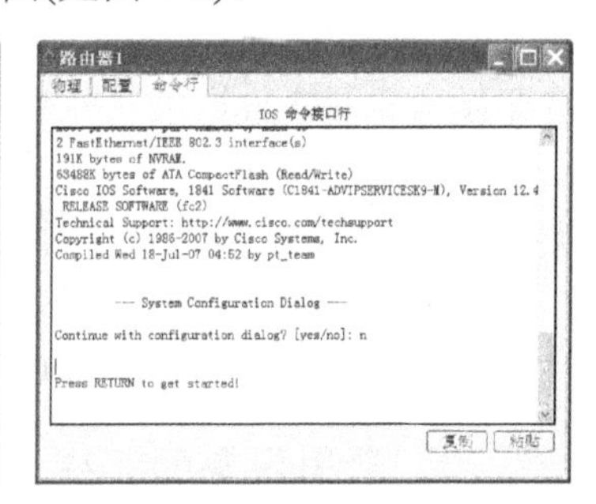

图 4-6　路由器配置窗口

路由器的配置界面有物理(Physical)、配置(Config)、命令行(CLI)三个选项卡。

(1) “物理”选项卡：“模块”标识下有许多可选模块，最常用的有 WIC-1T 和 WIC-2T。

(2) “配置”选项卡：可以查看和设置路由的显示名称、路由协议与接口参数等。

(3) “命令行”选项卡：可以通过命令方式实现对路由器的各项参数的查看与配置。

3．连线的使用

Packet Tracer 5.3 提供的连线一共 9 个，分别是：自动选择连接类型(Automatically Choose Connection Type)、控制台连线(Console)、铜直连线(Copper Straight Through)、交叉线(Copper Cross-Over)、光纤(Fiber)、电话线(Phone)、同轴电缆(Coaxial)、串口线 DCE(Serial DCE)、串口线 DTE(Serial DTE)。

连接不同的设备需选用适合的线，否则不能正常通信。虽然有 AUTO 自动选择线，但最好别用，因为软件的智能性是有限的。比如，连接一个主机和路由器，选择自动连线，软件很难判断用户是想连接 Console 控制还是路由器。

四、简单网络构建实例

1. 配置目标

(1) 连接小型局域网：Switch_2960 1 台、PC 2 台、直连线，如图 4-7 所示。

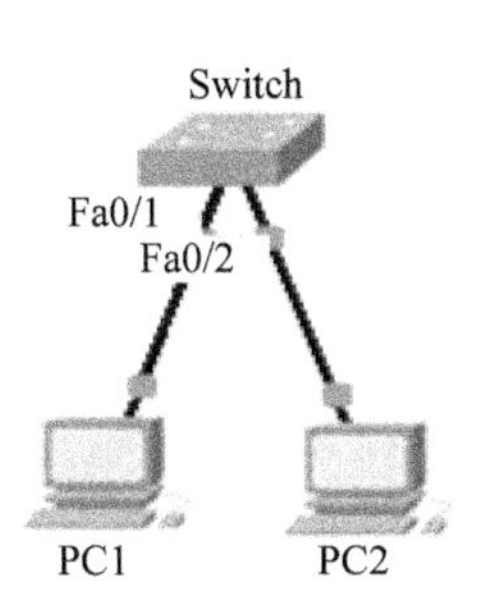

图 4-7　简单网络结构

(2) 节点参数配置。

PC1 配置：IP 192.168.1.2　子网掩码 255.255.255.0　默认网关 192.168.1.1

PC2 配置：IP 192.168.1.3　子网掩码 255.255.255.0　默认网关 192.168.1.1

(3) 实现 PC1 与 PC2 的相互访问。

2. 网络连接过程

首先拖动一台 2960 交换机，再拖动两台普通 PC，再用直通线将设备相互连接起来。连接时要注意选择连接设备的端口，当线缆两端都变成绿色的时候就说明网络已经互相连通了(见图 4-8)。

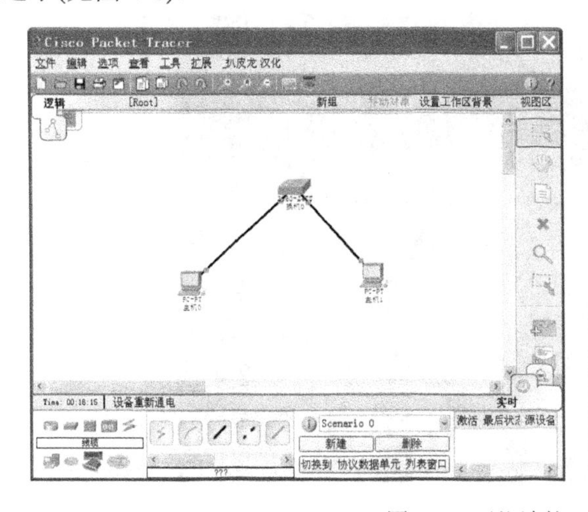

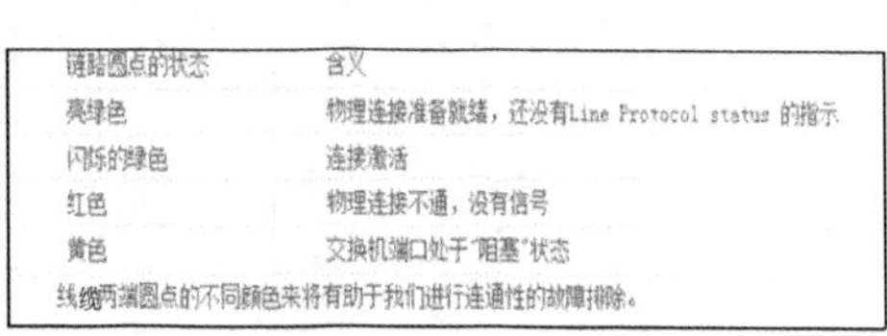

链路圆点的状态	含义
亮绿色	物理连接准备就绪，还没有Line Protocol status 的指示
闪烁的绿色	连接激活
红色	物理连接不通，没有信号
黄色	交换机端口处于"阻塞"状态

线缆两端圆点的不同颜色来将有助于我们进行连通性的故障排除。

图 4-8　网络连接、状态灯含义

可以通过注释工具添加一些注释，如将上图的“主机 0”改为“PC1”、“主机 1”改为“PC2”等。

3. 配置主机参数

我们发现各个端口已经通信正常了，现在来配置一下 PC 的 IP 地址，按照图 4-9 所示的步骤、参数进行设置。

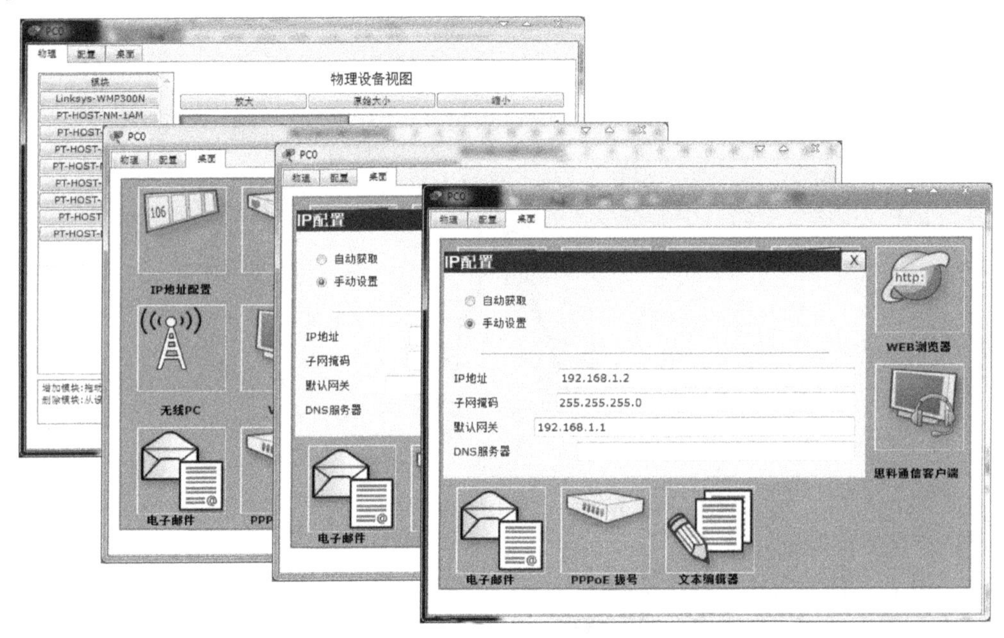

图 4-9 主机参数配置

在图 4-9 的“桌面选项卡”中选择“命令提示符”图标后，键入“netstat –r”以查看当前的路由表(见图 4-10)，这样可以判断主机的配置是否正常。

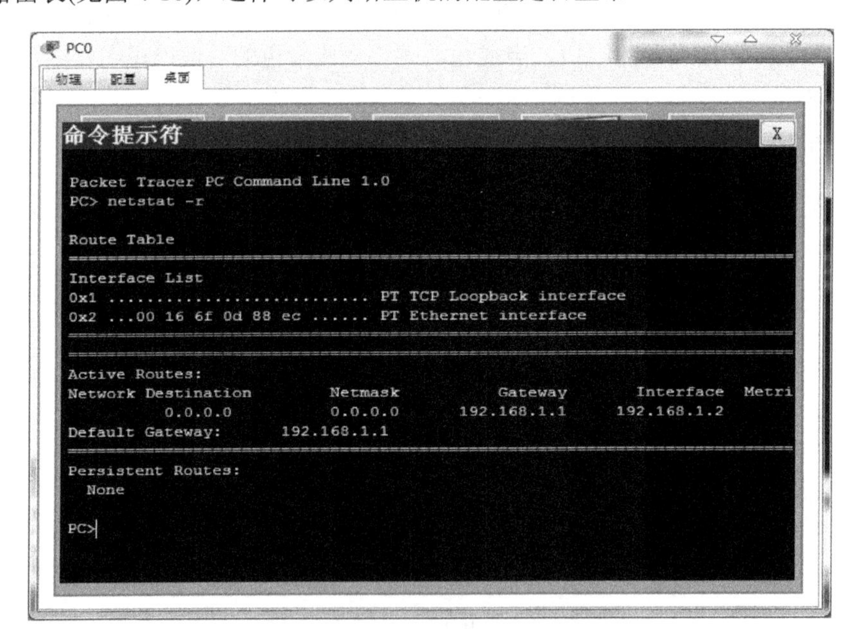

图 4-10 查看当前的路由表

4．连通性测试

可以通过 ping 命令来测试两台主机以及默认网关的连通性，以判断网络是否运行正常。当然也可以通过两台主机互相访问共享资源来测试其连通性。

实验 4-2　交换机的基本配置

➢ 实验目标

掌握交换机的管理特性，学会使用超级终端连接到交换机；熟悉交换机配置模式；学会配置交换机的机器名，管理地址、密码、配置保存方法及检查方法。

(1) 掌握交换机的配置模式及转换方法。

(2) 掌握命令行的配置方法及相关命令。

(3) 掌握交换机的远程终端的配置方法。

(4) 掌握交换机 Telnet 的配置方法。

➢ 实验要求

交换机 1 台，计算机多台(与交换机直连线连接)，配置线 1 根。

➢ 实验步骤

一、交换机的配置模式与命令

1．认识交换机的配置模式

在学习交换机配置时，可借助 Packet Tracer 模拟器的配置窗口进行基本参数的配置(如全局设置、VLAN 设置、接口设置，如图 4-11 所示)，但在实际中交换机配置都是通过超级终端、远程登录等方式连接到交换机，再执行相应的配置命令方式来完成的。

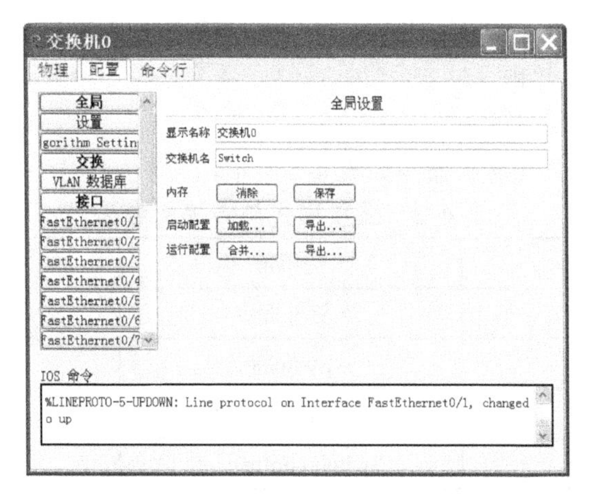

图 4-11　交换机的“配置”窗口

命令方式下，交换机的配置模式有多种。交换机配置模式用于不同级别的命令对交换机进行配置，同时提供一定的安全性、规范性。对于几种配置模式的学习，需要不断地使用才可掌握。交换机的配置模式介绍如下。

1) 普通用户模式

开机直接进入普通用户模式，在该模式下只能查询交换机的一些基础信息，对交换机和路由器进行有限的操作，如显示软、硬件版本和进行简单的测试。

提示信息：Switch>

2) 特权用户模式

特权用户模式是由用户模式进入的下一级操作模式，可对交换机和路由器进行更深入的操作，可进行配置文件的管理、查看交换机信息、进行网络测试和调试等。有配置和监视权力，是进入其他配置模式的前提。

在普通用户模式下输入“enable”命令即可进入特权用户模式，在该模式下可以查看交换机的配置信息和调试信息等。

提示信息：Switch#

3) 全局配置模式

全局配置模式是由特权模式进入的下一级操作模式，该模式可以进入下一级配置模式，该模式下可配置交换机的全局性参数(主机名，登录信息)等内容。

在特权用户模式下输入“configure terminal”命令即可进入全局配置模式，在该模式下主要完成全局参数的配置。

提示信息：switch(config)#

4) 接口配置模式

接口配置模式属于全局模式的下一级模式，该模式可以进入下一级配置模式，可对交换机的端口进行参数配置。在全局配置模式下输入“interface interface-list”命令即可进入接口配置模式，在该模式下主要完成接口参数的配置。

提示信息：Switch(config-if)#

5) VLAN 配置模式

在全局配置模式下输入“vlan database”命令即可进入 VLAN 配置模式，该配置模式下可以完成 VLAN 的一些相关配置。

提示信息：Switch(vlan)#

以上所述各配置模式与转换命令如表 4-2 所示。

表 4-2　配置模式与转换命令表

配置模式	提示符	进入命令
用户模式	Switch>	
特权模式	Switch#	enable
全局模式	Switch(config)#	configure terminal
接口配置模式	Switch(config-if)#	Interface f 1/1

2．各种配置模式之间的转换

(1) 登录交换机，进入用户模式，连接交换机并且登录。请注意此时交换机上的显示符号，显示为 Switch>。

(2) 使用 help 命令，使用 help 命令(？)查看在用户模式下路由器所支持的命令。

(3) 进入特权模式，输入(enable)命令，进入特权模式。如果交换机有密码保护那么此时需要输入确认密码。注意此时所显示符号和用户模式时的差别。显示为：Switch#。

(4) 使用 help 命令，使用 help 命令(?)查看在特权模式下路由器所支持的命令，注意和用户模式下的区别。

(5) 进入全局配置模式，输入命令(configure terminal or config t)进入全局配置模式。注意此时所显示符号以及命令提示。显示为：Switch(config) #。

(6) 使用 help 命令，使用 help 命令(?)查看在全局配置模式下路由器所支持的配置命令。

(7) 退出全局配置模式，使用快捷键(Ctrl + Z)退出全局配置模式，进入特权模式。也可以使用命令(exit)退出全局配置模式。

(8) 退出特权模式，使用命令(disable)从特权模式退到用户模式。

(9) 退出交换机，使用命令(exit)退出交换机。这个命令可以用来从特权模式中退出交换机。

(10) 实验体会 end 命令的作用。如果要彻底退出路由器或者交换机的配置模式，使用 Ctrl + Z。exit 是返回上层配置模式；end 是退出且保存；Ctrl + Z 是直接退出。

3. 其他配置命令

1) 获得帮助

在使用命令行进行配置的时候，我们不可能完全记住所有的命令格式和参数，思科交换机提供了强有力的帮助功能，在任何模式下均可以使用“ ? ”来帮助我们完成配置。使用“ ? ”可以查询任何模式下可以使用的命令，或者某参数后面可以输入的参数，或者以某字母开始的命令。如在全局配置模式下输入“ ? ”或“show ? ”或“s ? ”。在各种模式提示符下输入“ ? ”或“show ?”命令可显示本模式下可执行的所有命令的功能、参数和使用说明。例如：

Switch#?

Switch#show?

2) 命令简写

交换机支持命令的简写，以下两个命令功能相同：

全写：Switch#configure terminal　　　　简写：Switch#conf ter

全写：Switch# configure terminal　　　　简写：Switch# config

3) 使用历史命令

可以使用上下箭头选择历史命令并执行，这很好的提高了键盘命令的输入效率。

Switch#　(向上键)

Switch#　(向下键)

4) 删除配置

删除当前的配置：在配置命令前加 no。例：

Switch(config-if)# no ip address　　　　! 删除当前 IP 地址配置

5) 查看配置文件内容

Switch#show configure　　　　! 查看保存在 Flash 里的配置信息

Switch#show running-config　　　　! 查看 RAM 中当前生效的配置

二、交换机的命令行配置方法

交换机有多种配置模式，本节利用 Packet Tracer 模拟器建立的交换机，通过其命令行配置界面对其进行配置，说明交换机常用参数的配置方法。

1．修改交换机的名称

如：

```
Switch(config)# hostname switch2950
Switch2950 (config)#
```

可发现交换机的命令提示行的名称由 Switch 更改为 Switch2950。

2．IP 地址配置

需要注意的是，二层交换机是二层设备，本身可以不需要 IP，在要进行远程管理时需要给交换机配上 IP 地址。如：

```
Switch 2950(config-if)# ip address 172.16.10.17 255.255.255.0
Switch 2950(config-if)# no shut
Switch 2950(config-if)# exit
Switch 2950(config)# ip default-gateway 172.16.10.1
```

3．交换机端口(port)配置

(1) Access 模式：端口只能属于 1 个 VLAN。用于连接用户计算机的端口。该模式是交换机端口的缺省模式。

命令格式：

```
Switch (config-if)#Switchport mode access
```

(2) Multi 模式：端口可以属于多个 VLAN，Multi 端口可以允许多个 VLAN 的报文不打标签。可以用于交换机之间的连接，也可连接计算机。

命令格式：

```
Switch (config-if)#Switchport mode multi
```

(3) Trunk 模式：端口可以属于多个 VLAN，Trunk 端口只允许缺省 VLAN 的报文不打标签。用于交换机之间连接的端口。

命令格式：

```
Switch (config-if)#Switchport mode trunk
```

4．设置口令

(1) 全局模式下，设定明文口令 cisco，此口令可以限制对特权模式的访问。在配置文件中可以看见口令。注意：口令一般不应以较为简单或有明显特征的单词，不过在实验的过程中可以采用象 cisco 这样的单词。口令区分大小写。

命令格式：

```
Switch (config)#enable password cisco
```

(2) 全局模式下，设定加密口令 cisco，此口令可以限制对特权模式的访问。注意加密口令与明文口令同时设置时，只有加密口令有效。

命令格式：

Switch (config)#enable secret cisco

(3) 接口模式下，设定控制台终端的登录口令 cisco。命令格式如下：

Switch (config)#line console 0　　　　! 进入接口模式

Switch (config-line)#login

Switch (config-line)#password cisco

(4) 接口模式下，设定远程登录口令 cisco。命令格式如下：

Switch (config)#line vty 0 4　　　　! vty 0 4 是 5 个不同的虚拟终端连接

Switch (config)#login

Switch (config)#password cisco　　　　! 设置口令为“cisco”

(5) 以上口令设置中，除了 enable secret 设置加密口令外，其余均可通过 show run 命令在配置文件中查看。也可以通过全局命令将明文口令加密。

命令格式：

Switch (config)#service password-encryption

(6) 交换机命令的历史记录数设置。Cisco 交换机会保存输入过的命令，并可以对保存的命令的个数进行设置，同时可以再次通过快捷方式进行使用，这在再次输入很长或很复杂的命令时很有用。缺省情况下，系统会保存 10 条命令，最大可以设置 256 条命令。

命令格式：

Switch2950#terminal history size 100

(7) 任何时候可以使用 show running-config 命令查看命令配置，可以在特权模式下使用 copy running-config startup-config 命令保存配置。

5．配置文件的管理

可以将当前运行的参数保存到交换机的 Flash 中，用于系统初始化。下面几条命令的作用是一样的，命令格式：

Switch#copy running-config startup-config

Switch#write memory

Switch#write

要永久性的删除 Flash 中不需要的文件，可使用命令 delete flash:config.text。要永久性的删除 Flash 中 VLAN 数据库文件，可使用命令 delete flash:vlan.dat。

查看配置文件内容，可通过以下任意一条命令：

Switch#more flash:config.text

Switch#show configure

Switch#show running-config

6．配置接口的速度、双工和流控模式

在接口配置模式下使用 no speed，no duplex 和 no flowcontrol 命令，可将接口的速率、双工和流控模式配置恢复为默认值。使用 default interface interface-id 命令可将接口的所有设置恢复为默认值。

下面的命令显示如何将吉比特以太网 1/1 的速率设为 1000 Mb/s，将双工模式设为全双

工，并将流控关闭。

```
Switch#configure terminal                          ! 进入全局配置模式
Switch(config)#interface gigabitethernet 1/1       ! 进入端口配置模式
Switch(config-if)#speed 1000                       ! 设置端口速率，可设置为 AUTO
Switch(config-if)#duplex full                      ! 设置端口的双工模式
Switch(config-if)#flowcontrol off                  ! 设置端口的流控模式
Switch(config-if)#end                              ! 回到特权模式
```

7. 显示接口状态

在特权模式下通过 show 命令可查看接口状态。

(1) 显示指定接口的全部状态和配置信息。

```
Switch#show interfaces [interface-id]
```

(2) 显示接口的状态。

```
Switch#show interfaces interface-id status
```

(3) 显示可交换接口(非路由接口)的 administrative 和 operational 状态信息。

```
Switch#show interfaces [interface-id] switchport
```

(4) 显示指定接口的描述配置和接口状态。

```
Switch#show interfaces [interface-id] description
```

(5) 显示指定端口的统计值信息。

```
Switch#show interfaces [interface-id] counter
```

(6) 显示接口当前运行的各种配置信息。

```
Switch#show running-config interfaces [interface-id]
```

例如，下面为显示的端口的信息。

执行命令：

```
Switch#show interface fastethernet0/2
```

显示结果：

```
FastEthernet0/2 is down, line protocol is down (disabled)
Hardware is Lance, address is 0003.e4ec.0202 (bia 0003.e4ec.0202)
BW 100000 Kbit, DLY 1000 usec,reliability 255/255, txload 1/255, rxload 1/255
Encapsulation ARPA, loopback not set
Keepalive set (10 sec)
Half-duplex, 100Mb/s
input flow-control is off, output flow-control is off
ARP type: ARPA, ARP Timeout 04:00:00
Last input 00:00:08, output 00:00:05, output hang never
Last clearing of "show interface" counters never
Input queue: 0/75/0/0 (size/max/drops/flushes); Total output drops: 0
Queueing strategy: fifo
Output queue :0/40 (size/max)
```

```
5 minute input rate 0 bits/sec, 0 packets/sec
5 minute output rate 0 bits/sec, 0 packets/sec
   956 packets input, 193351 bytes, 0 no buffer
   Received 956 broadcasts, 0 runts, 0 giants, 0 throttles
   0 input errors, 0 CRC, 0 frame, 0 overrun, 0 ignored, 0 abort
   0 watchdog, 0 multicast, 0 pause input
   0 input packets with dribble condition detected
   2357 packets output, 263570 bytes, 0 underruns
   0 output errors, 0 collisions, 10 interface resets
   0 babbles, 0 late collision, 0 deferred
   0 lost carrier, 0 no carrier
   0 output buffer failures, 0 output buffers swapped out
Switch#
```

三、交换机的超级终端配置方法

真实的交换机配置一般是通过交换机的控制端口外接计算机的 RS232 接口，通过超级终端的方法对交换机进行相应的配置的。不同类型的交换机 Console 端口所处的位置并不相同，有的位于前面板(如 Catalyst 3200 和 Catalyst 4006)，而有的则位于后面板(如 Catalyst 1900 和 Catalyst 2900XL)。通常是模块化交换机大多位于前面板，而固定配置交换机则大多位于后面板(见图 4-12)。

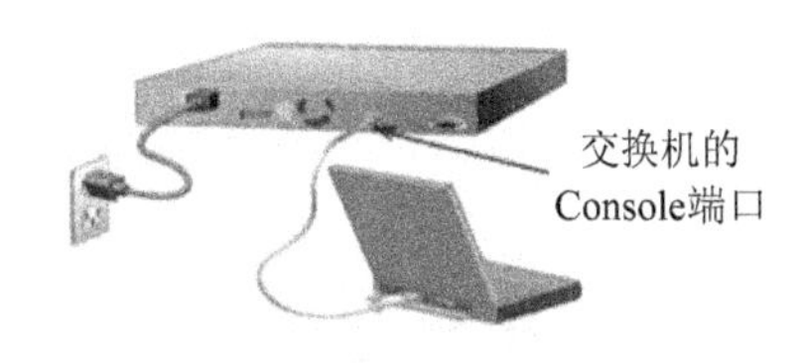

图 4-12 交换机的端口配置

本节中 Packet Tracer 模拟器建立的交换机、计算机的拓扑结构，实现对交换机的配置。相应的配置命令与上节相似，这里不再赘述。

1. 创建拓扑结构

利用 Packet Tracer 模拟器构建一个 2950 交换机、一台 PC 进行相应的交换机配置(拓扑结构图)，其操作过程如下：

(1) 建立交换机。单击鼠标左键，即在工作区中添加了一台 2950-24 型号的交换机，交换机标签为“交换机 0”，同时显示出了交换机的接口信息。

(2) 建立计算机。单击设备类型库中下排列的第一个图标，此设备类型为“终端设备”，单击第一个图标，在其下方的文本框中显示了“PC-PT”字样，选中该种型号的终端设备，该设备实为一台普通的台式计算机。在工作区中的交换机旁边添加了一台计算机，计算机的标签为“主机 0”，同时显示出了计算机的接口信息。

(3) 连接配置线。选择“连接电缆”，在特定设备库中出现了多种不同型号的连接电缆，选择“配置线”，将鼠标光标移至主机 0 上面，然后单击该图标，弹出一个快捷菜单，显示出了该计算机的两个接口，一个为“RS232”、另一个为“FastEthernet”，单击“RS232”，选中使用该接口；此时将鼠标移动至 Switch0 上面，然后单击该图标，弹出一个快捷菜单，显示出了该交换机提供的可以使用的两种类型的接口，一种是“Console”，另外一种共 24

个，是“FastEthernet”，接口名称从 FastEthernet0/1 到 FastEthernet0/24，单击“Console”，选中使用该接口。

(4) 连接直通线。选择直通线，将鼠标光标移至主机 0 上面，然后单击该图标，弹出一个快捷菜单，单击“FastEthernet”，选中使用该接口；继续将鼠标移动至交换机 0 上面，然后单击该图标，弹出一个快捷菜单，显示出该交换机提供的可以使用的 24 个快速以太网端口，接口名称从 FastEthernet0/1 到 FastEthernet0/24，单击“FastEthernet0/1”，选中使用该接口，这样，利用一根直通电缆将计算机的 FastEthernet 接口与交换机的 F0/1 接口连接起来。

(5) 在图 4-13 中已经通过两根不同的电缆连接好了计算机与交换机，需要对刚才所做的网络拓扑结构的创建及设置进行保存。

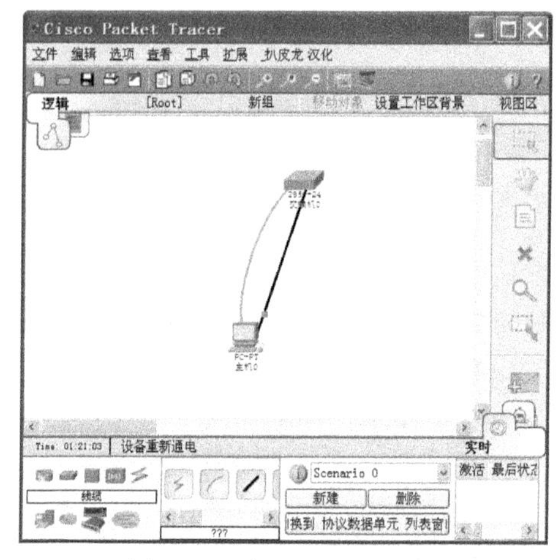

图 4-13　完成的拓扑结构

2. 进入终端配置界面

(1) 在工作区中单击主机 0，弹出主机 0 控制窗口(见图 4-14)。

(2) 单击图 4-14 中第一排第三个图标“终端”，打开终端，弹出“终端配置”对话框，注意其中的参数值依次为：比特/秒：9600、数据位：8、奇偶校验：None、停止位：1、流量控制：None，如图 4-15 所示。

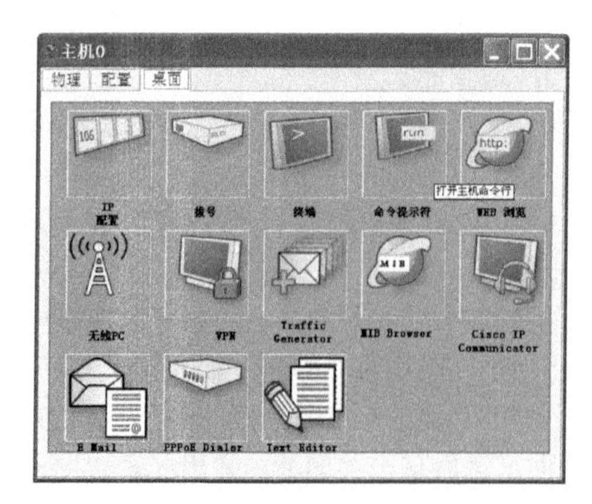

图 4-14　主机 0 的配置桌面

图 4-15　“终端配置”对话框

(3) 单击“确认”按钮，弹出“Terminal”对话框，此时通过使用终端已经连接上交换机了，在该窗口中显示了交换机启动的相关信息，最后提示“Press RETURN to get started!”，按<RETURN>键，进入交换机的用户模式，输入“enable”进入全局配置界面，如图 4-16 所示。

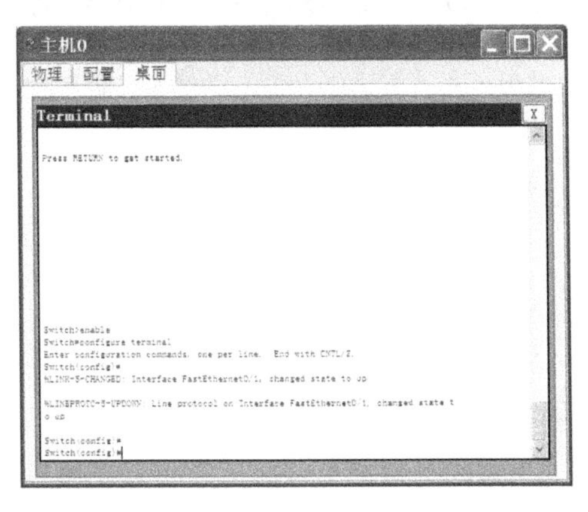

图 4-16　交换机的用户模式的配置界面

3. 进行交换机参数配置

通过超级终端进入交换机，并进入全局模式，键入相应的配置命令(参考上节操作)。

四、交换机的 Telnet 远程登录配置

第一次在设备机房对交换机进行了初次配置后，如果用户希望以后在办公室或出差时也可以对设备进行远程管理，那么就需要在交换机上做适当的配置。

1. 配置交换机的管理 IP 地址

要求计算机的 IP 地址与交换机管理 IP 地址在同一个网段。命令格式如下：

Switch(config)# int vlan 1

Switch(config-if)# ip address **IP** **submask***

2. 配置用户登录密码

交换机、路由器中有很多密码，设置这些密码可以有效地提高设备的安全性。switch(config)# enable password ****** 设置进入特权模式的密码；switch(config-line)可以设置通过 Console 端口连接设备及 Telnet 远程登录时所需的密码。

Switch(config)# enable password *******　　! 设置进入特权模式的密码

Switch(config)# line vty 0 4

Switch(config-line)# password 5ijsj　　! 设置远程登录的密码为 5ijsj

Switch(config-line)# login

3. 客户端远程登录

客户端远程主机的 IP 地址，要求与交换机的 IP 地址在一个网段(验证：在 PC 主机的 DOS 命令行中使用 ipconfig 命令查看 IP 地址配置)；

验证主机与交换机是否连通(主机与交换机互相能够 ping 通)；

使用 Telnet 登录：打开微软视窗系统，点击“开始”—“运行”，运行 Windows 自带的 Telnet 客户端程序，并且指定 Telnet 的目的地址，需要输入正确的登录名和口令；

对交换机做进一步配置，本操作完成。

实验 4-3　交换机的 VLAN 配置

➢ 实验目标

通过实验理解 VLAN 的概念和作用，掌握交换机上划分 VLAN 的方法，并能对 VLAN 的特性进行测试。

(1) 同一交换机上 VLAN 的设置。

(2) 不同交换机上 VLAN 的设置。

(3) 使用 ping 命令测试 VLAN 的连通情况。

➢ 实验要求

锐捷 RG-S2026 系列交换机，4 台 PC 以及直通线等。

➢ 实验步骤

一、配置同一交换机下的 VLAN(port VLAN)

1．进行网络连接

利用模拟器添加 2950-24 交换机一台，PC 4 台，分别用直通线与交换机连接，构成简单的星型网络拓扑结构(见图 4-17)。

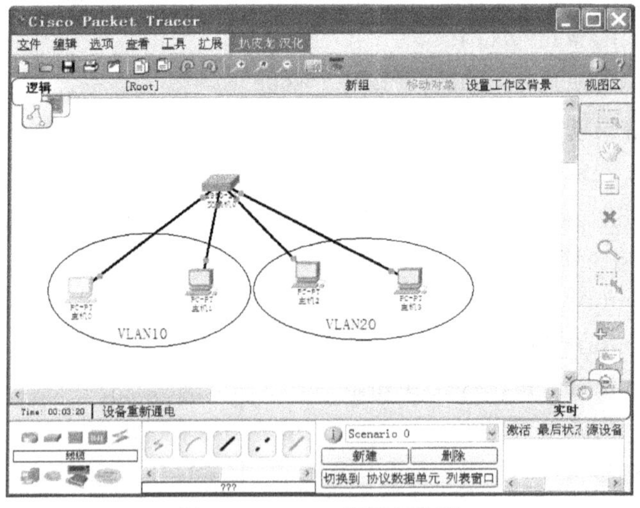

图 4-17　VLAN 配置拓扑图

注意：

主机 0 通过端口 1 与交换机端口 f0/1 连接(VLAN10)；

主机 1 通过端口 2 与交换机端口 f0/2 连接(VLAN10)；

主机 2 通过端口 11 与交换机端口 f0/11 连接(VLAN20)；

主机 3 通过端口 12 与交换机端口 f0/12 连接(VLAN20)。

2．创建 VLAN10

```
Switch>enable
Switch# configure terminal
Switch(config)# vlan 10                          ! 10 为自编的 VLAN 号
Switch(config-vlan)# name test10                 ! test10 为 VLAN 起的名字
Switch(config-vlan)# end
```

3．把接口 0/1、0/2 加入 VLAN10

```
Switch(config)# interface fastethernet 0/1       ! 进入 0/1 的端口模式
Switch(config-if)# switchport access vlan 10     ! 加入 VLAN10
Switch(config-if)#exit
Switch(config)# interface fastethernet 0/2       ! 进入 0/2 的端口模式
Switch(config-if)# switchport access vlan 10     ! 加入 VLAN10
Switch(config-if)#exit
Switch(config-if)# end
```

说明：也可以将一组接口加入某一个 VLAN，例如：

```
Switch(config)#interface range fastethernet 0/1-8，0/15，0/20
Switch(config-if-range)# switchport access vlan 20
```

连续接口(如 0/1-8)，不连续接口用逗号隔开，但一定要写明模块编号(如 0/15)。

4．创建 VLAN20

同样的方式(重复 2、3 步)创建 VLAN20，并将端口 0/11、0/12 加入 VLAN20。

5．VLAN 测试

(1) 给每台计算机设置 IP。

VLAN10：

主机 0　192.168.0.1　255.255.255.0

主机 1　192.168.0.2　255.255.255.0

VLAN20：

主机 2　192.168.0.3　255.255.255.0

主机 3　192.168.0.4　255.255.255.0

(2) 同一个 VLAN 内的计算机互相可以 ping 通、不同 VLAN 间的计算机不能 ping 通，说明 VLAN 建立成功(操作过程不再赘述)。

二、配置不同交换机下的 VLAN(Tag VLAN)

1．构建网络拓扑并进行相应设置

连接网络硬件或利用模拟器软件生成如下网络结构(见图 4-18)：Switch_2960 2 台；PC 4 台；直连线。

各台计算机的 IP 配置如下：

PC1

IP：192.168.1.2

Submark: 255.255.255.0

Gateway: 192.168.1.1

PC2

IP：192.168.1.3

Submark: 255.255.255.0

Gateway: 192.168.1.1

PC3

IP：192.168.1.4

Submark: 255.255.255.0

Gateway: 192.168.1.1

PC4

IP：192.168.1.5

Submark: 255.255.255.0

Gateway: 192.168.1.1

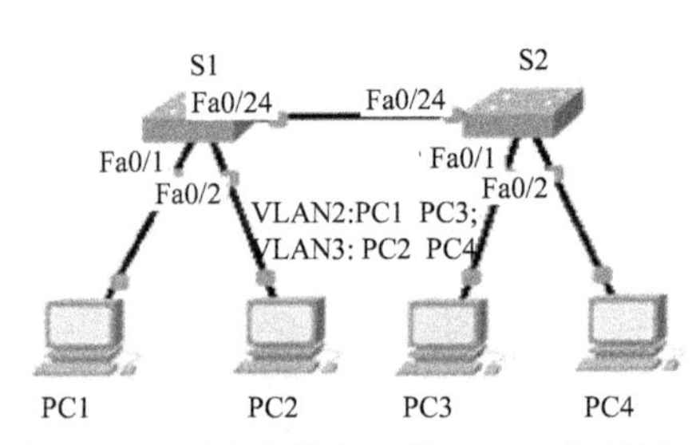

图 4-18　两台交换机下的 VLAN 拓扑图

2. 交换机 S1 的配置

```
Switch>en                                   ！注意本节采用命令简写
Switch#conf t
Switch(config)#vlan 2                       ！定义 VLAN 2
Switch(config-vlan)#exit
Switch(config)#vlan 3                       ！定义 VLAN 3
Switch(config-vlan)#exit
Switch(config)#inter fa 0/1                 ！进入 0/1 号端口配置模式
Switch(config-if)#switch access vlan 2      ！0/1 号端口加入 VLAN 2
Switch(config-if)#exit
Switch(config)#inter fa 0/2                 ！配置 0/2 号端口，与上相同
Switch(config-if)#switch access vlan 3
Switch(config-if)#exit
Switch(config)#inter fa 0/24
Switch(config-if)#switch mode trunk         ！设置 0/24 号端口为 trunk 模式
Switch(config-if)#end
Switch(config)#show vlan                    ！显示 VLAN 配置信息
```

3. 交换机 S2 的配置

交换机 S2 的配置过程与 S1 基本相同：

```
Switch>en
Switch#conf t
Switch(config)#vlan 2
```

```
Switch(config-vlan)#exit
Switch(config)#vlan 3
Switch(config-vlan)#exit
Switch(config)#int fa 0/1
Switch(config-if)#switch access vlan 2
Switch(config-if)#exit
Switch(config)#int fa 0/2
Switch(config-if)#switch access vlan 3
Switch(config-if)#exit
Switch(config)#int fa 0/24
Switch(config-if)#switch mode trunk
Switch(config-if)#end
Switch(config)#show vlan
```

4．VLAN 测试

用ping命令测试各个计算机的连通性，同一VLAN中的计算机可以ping通、不同VLAN间的计算机不能ping通，比如：

```
PC1 ping PC2 timeout
PC1 ping PC3 Reply
```

说明配置成功。

实验4-4　利用三层交换机实现VLAN间路由

➢ 实验目标

通过实验了解三层交换机的工作原理和配置方法，掌握交换机Tag VLAN的配置方法，配置三层交换机的路由功能，实现VLAN间相互通信。

(1) 构建具有三层和二层交换机的网络拓扑结构。

(2) 在二层交换机上定义不同的VLAN。

(3) 在三层交换机上配置路由功能。

(4) 验证不同虚拟网之间的通信。

➢ 实验要求

Switch_2960 1台；Swithc_3560 1台；PC 3台；直连线。

➢ 实验步骤

一、网络连接(或用模拟器建立拓扑结构)

假设某企业有两个主要部门，技术部和销售部，分别处于不同的办公室，为了安全和便于管理对两个部门的主机进行了 VLAN 的划分，技术部和销售部分处于不同的 VLAN，先由于业务的需求需要销售部和技术部的主机能够相互访问，获得相应的资源，两个部门的交换机通过一台三层交换机进行了连接。

构建 Packet Tracer 拓扑图，如图 4-19 所示。

三台计算机进行如下配置：

PC1

IP：192.168.1.2

Submark: 255.255.255.0

Gateway: 192.168.1.1

PC2

IP：192.168.2.2

Submark: 255.255.255.0

Gateway: 192.168.2.1

PC3

IP：192.168.1.3

Submark: 255.255.255.0

Gateway: 192.168.1.1

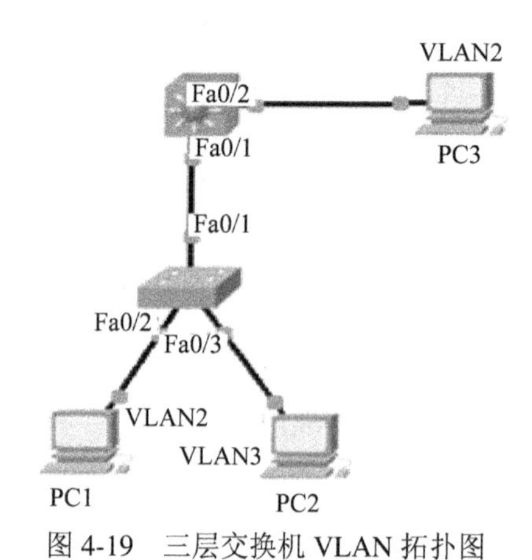

图 4-19　三层交换机 VLAN 拓扑图

二、二层交换机 S2960 的配置

在二层交换机上配置 VLAN2、VLAN3，分别将端口 2、端口 3 划分给 VLAN2、VLAN3。

1．S2960 上配置 VLAN2 和 VLAN3

```
Switch>en
Switch#conf t
Switch(config)#vlan 2
Switch(config-vlan)#exit
Switch(config)#vlan 3
Switch(config-vlan)#exit
```

2．定义相应端口

```
Switch(config)#int fa 0/2
Switch(config-if)switchport access vlan 2
Switch(config)#int fa 0/3
Switch(config-if)switchport access vlan 3
Switch(config)#int fa 0/1
Switch(config-if)#switchport mode trunk
Switch(config-if)#end
Switch(config)#show vlan
```

三、三层交换机 S3560 的配置

1. 定义 VLAN

```
Switch>en
Switch#conf t
Switch(config)#vlan 2
Switch(config-vlan)#exit
Switch(config)#vlan 3
Switch(config-vlan)#exit
```

2. 定义端口

```
Switch(config)#int fa 0/1
Switch(config-if)#switchport trunk encapsulation dot1q
Switch(config-if)#switchport mode trunk
Switch(config-if)#exit
Switch(config)#int fa 0/2
Switch(config-if)#switchport access vlan 2
Switch(config-if)#exit
```

3. 定义 SVI 端口

```
Switch(config)#interface vlan 2
Switch(config-if)#ip address 192.168.1.1 255.255.255.0
Switch(config-if)#no shutdown
Switch(config-if)#exit
！创建 VLAN 2 的 SVI 作为 VLAN 2 主机的网关
Switch(config)#interface vlan 3
Switch(config-if)#ip address 192.168.2.1 255.255.255.0
Switch(config-if)#no shutdown
Switch(config-if)#exit
！创建 VLAN 3 的 SVI 作为 VLAN 3 主机的网关
```

4. 显示路由和 VLAN 信息

```
Switch#show ip route        ！显示 IP 路由信息
Switch#show vlan            ！显示 VLAN 的信息
Switch#show run             ！显示交换机的运行情况
```

四、VLAN 间路由测试

确认各个 VLAN 主机的默认网关配置(VLAN2 主机的默认网关 192.168.1.1；VLAN3 主机的默认网关 192.168.2.1)。

利用 ping 命令测试各个 VLAN 主机之间的连通性，如果能够 ping 通说明配置成功。

(1) PC3 到 PC1 的连通性：ping 192.168.1.2。

(2) PC3 到 PC2 的连通性：ping 192.168.1.3。

实验 4-5　快速生成树配置

➢ 实验目标

通过实验理解生成树协议功能和工作原理，掌握快速生成树协议 RSTP 基本配置方法，实现网络链路的冗余，避免单点失效。

(1) 构建多路由器、具有冗余链路的网络拓扑结构。

(2) 路由器配置 STP 协议。

(3) 查看路由器 spanning-tree 状态，了解根交换机和根端口情况。

(4) 更改交换机生成树的优先级、变化根交换机的角色。

(5) 进行单点失效测试。

➢ 实验要求

Switch_2960 2 台；PC 2 台；直连线(各设备互联)。

➢ 实验步骤

一、网络连接

建立如下拓扑(见图 4-20)并进行相应设置，Switch_2960 2 台；PC 2 台；直连线(各设备互联)。

两台计算机的 IP 配置如下：

PC1

IP：192.168.1.2

Submask：255.255.255.0

Gateway：192.168.1.1

PC2

IP：192.168.1.3

Submask：255.255.255.0

Gateway：192.168.1.1

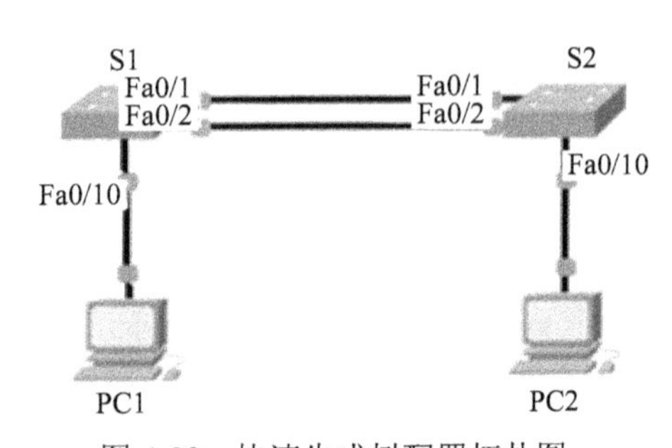

图 4-20　快速生成树配置拓扑图

二、交换机 S1 的设置

```
Switch>en
Switch#show spanning-tree              ! 查看 S1 的生成树协议(默认 SPT 已经启动)
Switch#conf t
Switch(config)# hostname S1
```

```
S1(config)#int fa 0/10
S1(config-if)#switchport access vlan 10
S1(config-if)#exit
S1(config)#int rang fa 0/1 – 2                 ! 设置端口范围
S1(config-if)#switchport mode trunk            ! 设置端口为 Trunk 模式
S1(config-if)#exit
S1(config)#spanning-tree mode rapid-pvst       ! 设置 SPT 模式为 rapid-pvst
S1(config)# spanning-tree                      ! 启动 SPT
S1(config)#soanning-tree mst 0 priority 4096   ! 修改 S1 的优先级，使其成为根桥
S1(config)# show spanning-tree         ! 查看 SPT，确认优先级已修改、SPT 已启动
S1(config)#end
```

三、交换机 S2 的设置

```
Switch>en
Switch#conf t
Switch(config)#hostname S2
S2(config)#int fa 0/10
S2(config-if)#switchport access vlan 10
S2(config-if)#exit
S2(config)#int range fa 0/1 - 2
S2(config-if)switchport mode turnk
S2(config-if)exit
S2(config)#spanning-tree mode rapid-pvst   ! 设置 S2 的 SPT 模式
S2(config)# spanning-tree                  ! 运行 SPT
S2(config)#end
S2#show span                               ! 显示、确认 SPT 已运行
```

四、单点失效测试

1．在 PC1 连续的 ping 计算机 PC2 时，应该连续获得返回信息

```
ipconfig
ping -t 192.168.1.3
```

2．断开主链路的连接

可以手工断开交换机 S1 与 S2 的 0 号端口连线(交换机 S2 的 f0/1 端口是根口，f0/2 端口是备份口)。也可用以下命令关闭 S2 的 0 号端口：

```
S2>en
S2#conf t
S2(config)#int fa 0/1
S2(config-if)#shut
```

3．再次观察 ping 命令的执行情况

可以看出在断开 0 号端口期间，网络不能连通(不能 ping 通)，短暂的修复后(备份口连接)，网络可以连通(ping 命令正常显示连接信息)，结果如图 4-21 所示。

```
Reply from 192.168.10.2: bytes=32 time<1ms TTL=128
Reply from 192.168.10.2: bytes=32 time<1ms TTL=128
Reply from 192.168.10.2: bytes=32 time<1ms TTL=128
Reply from 192.168.10.2: bytes=32 time<1ms TTL=128
Reply from 192.168.10.2: bytes=32 time<1ms TTL=128
Reply from 192.168.10.2: bytes=32 time<1ms TTL=128
Reply from 192.168.10.2: bytes=32 time<1ms TTL=128
Reply from 192.168.10.2: bytes=32 time<1ms TTL=128
Reply from 192.168.10.2: bytes=32 time<1ms TTL=128
Reply from 192.168.10.2: bytes=32 time<1ms TTL=128
Reply from 192.168.10.2: bytes=32 time<1ms TTL=128
Request timed out.
Request timed out.
Request timed out.
Request timed out.
Request timed out.
Request timed out.
Reply from 192.168.10.2: bytes=32 time<1ms TTL=128
Reply from 192.168.10.2: bytes=32 time<1ms TTL=128
Reply from 192.168.10.2: bytes=32 time<1ms TTL=128
Reply from 192.168.10.2: bytes=32 time<1ms TTL=128
Reply from 192.168.10.2: bytes=32 time<1ms TTL=128
Reply from 192.168.10.2: bytes=32 time<1ms TTL=128
Reply from 192.168.10.2: bytes=32 time<1ms TTL=128
Reply from 192.168.10.2: bytes=32 time<1ms TTL=128
Reply from 192.168.10.2: bytes=32 time<1ms TTL=128
```

图 4-21　ping 命令的执行情况

以上结果说明，交换机的活动链路发生故障后，经过一定时间，交换机可以切换到一条备份的链路上，使网络恢复正常工作。

4．验证交换机端口的角色转换

断开网线前交换机 S2 的 f0/1 端口是根口，f0/2 端口是备份口；断开网线后，交换机 S2 的 f0/1 端口变成不活动的端口，f0/2 端口变成根口。

可以通过命令查看 f0/1 和 f0/2 端口的状态：

S2#show spanning-tree interface f0/1

S2#show spanning-tree interface f0/2

【实验作业】

(1) 在 Packet Tracer 模拟器上建立交换机、计算机，并通过控制端口相连；通过配置端口查看交换机的基本设置；进行多种配置模式的切换，熟悉常用配置命令的功能和操作方法。

(2) 在两台二层交换机上配置 VLAN2、VLAN3，分别将端口 2、端口 3 划分给 VLAN2、VLAN3；测试虚拟网内和不同虚拟网间的连通性。

(3) 在此基础上，新建三层交换机，将二层交换机与三层交换机相连的端口 fa 0/1 都定义为 tag Vlan 模式，在三层交换机上配置 VLAN2、VLAN3，创建 VLAN2，VLAN3 的虚接口，并配置虚接口 VLAN2、VLAN3 的 IP 地址，验证二层交换机 VLAN2，VALN3 下的主机之间可以相互通信。

(4) 利用两台交换机，进行两个端口的连接和配置；交换机分别连接一台计算机，进行计算机的 IP 等相关设置；设置快速生成树协议；实现快速生成树的功能，进行单点失效的功能测试。

【提升与拓展】

一、华为网络模拟器

华为技术有限公司是国内著名的生产销售通信设备的民营通信科技公司，总部位于中国广东省深圳市龙岗区坂田华为基地。华为的产品主要涉及通信网络中的交换网络、传输网络、无线及有线固定接入网络和数据通信网络及无线终端产品，为世界各地的通信运营商及专业网络拥有者提供硬件设备、软件、服务和解决方案。

华为模拟器具有以下功能：

(1) 可模拟华为交换机、路由器和三层交换机运行，全真模拟通用路由平台VRP(Versatile routing platform)。

(2) 可随意组建网络拓扑图，完成大多数网络实验。

(3) 支持摸拟 Serial、Ethernet 网络接口，支持 Console 端口，可添加主机 PC。

(4) 随模拟器附带 12 个基本实验，简明扼要。对照实验教程输入命令，即可迅速成为 TCP/IP 网络高手。

(5) 随模拟器附带 TCP/IP 理论学习教程，介绍 TCP/IP 基础、交换机和路由器原理及应用、动态路由协议原理以及防火墙原理。

二、交换机的选购

网络构建中交换机是非常重要的，它把握着一个网络的命脉，那么如何选购交换机？用什么交换机？在选购交换机时交换机的优劣无疑十分的重要，而交换机的优劣要从总体构架、性能和功能三方面入手。

交换机选购时，性能方面除了要满足 RFC2544 建议的基本标准，即吞吐量、时延、丢包率外，随着用户业务的增加和应用的深入，还要满足一些额外的指标，如 MAC 地址数、路由表容量(三层交换机)、ACL 数目、LSP 容量、支持 VPN 数量等。

(1) 交换机的功能是最直接的指标。

(2) 交换机的应用级 QoS 保证。

(3) 交换机应有 VLAN 支持。

(4) 交换机应有网管功能。

(5) 交换机应支持链路聚合。

(6) 交换机应支持 VRRP 协议。

三、三层交换机 VLAN 的设置

交换机在第二层(数据链路层)，可以支持基于端口的 VLAN 和基于 MAC 地址的 VLAN。基于端口的 VLAN 可以快速的划分单个交换机上的冲突域，基于 MAC 地址的 VLAN 可以支持笔记本电脑的移动应用。

第三层交换机的第三层(网络层)VLAN，不仅可以手工配置，也可以由交换机自动产生。

交换机通过对数据包的分析后，自动配置 VLAN，自动更新 VLAN 的成员。第三层交换机能够工作在以 DHCP(Dynamic Host Control Protocol)分配 IP 地址的网络环境中。

第三层交换机能自动发现 IP 地址，动态产生基于 IP 子网的 VLAN，当通过 DHCP 分配一个新的 IP 地址时，第三层交换机能很快地定位这个地址。第三层交换机通过 IGMP、GMRP、ARP 和包探测技术来更新其三层的 VLAN 成员组。通过基于 Web 的网络管理界面，可以对自动学习的范围进行设定，自动学习可以是完全不受限、部分受限或者完全禁止。

四、单臂路由实现 VLAN 间路由

路由器的路由功能表面上是数据报从一个接口进来然后另一个接口出来。如果在路由器与交换机之间通过一条主干实现通信或数据转发，这条主干(称为 Trunk 链路)与交换机相连，也就是说路由器仅用一个接口实现数据的输入与输出；需要路由的数据包会通过这个线路到达路由器，经过路由后再通过此线路返回交换机进行转发(见图 4-22)。

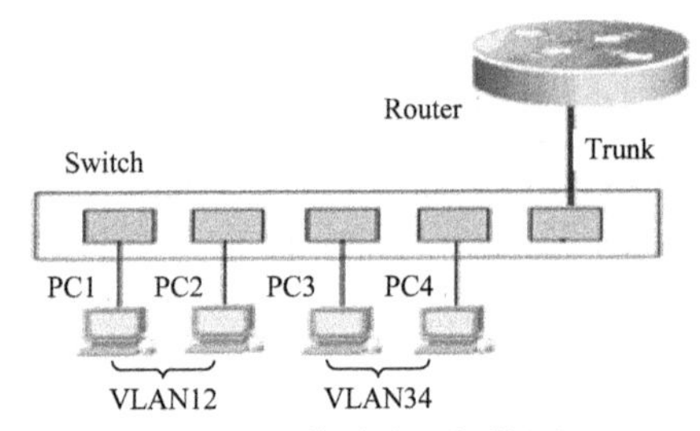

图 4-22　单臂路由拓扑图

单臂路由就是数据包从路由器的同一个接口进出，所有数据包的进出都要通过路由器的同一端口来实现数据转发。

单臂路由是解决 VLAN 间通信的一种非常实用的解决方案。因为它从主要数据通道中去除了处理更加密集的、等待时间更长的路由功能。

单臂路由器的另一个优点是，相对于其他方案而言，其配置和管理都不太复杂。

单臂路由的一般配置步骤：

(1) 配置各部门 PC 的 IP 地址、子网掩码、默认网关。

(2) 配置交换机，划分 VLAN 和添加端口、设置 Trunk。

(3) 配置路由器，划分子接口，封装 dot1q 协议、配置 IP 地址；子接口的形式是 interface.sub-port，例如 0/0.5，0/0 是路由器端口，5 是交换机端口。

(4) 查看路由器的路由表。

(5) 测试网络连通性。

五、配置聚合端口

1. 聚合端口

把多个物理链接捆绑在一起可以形成一个简单的逻辑链接，这个逻辑链接被称为一个聚合端口(Aggregate Port，AP)。AP 是链路带宽扩展的一个重要途径，符合 IEEE 802.3ad 标准。

当 AP 中的一条成员链路断开时，系统会将该链路的流量分配到 AP 中的其他有效链路上去，而且系统可以发送 trap 来警告链路的断开。trap 中包括链路相关的交换机、AP 以及断开的链路的信息。

AP 中一条链路收到的广播或者多播报文，将不会被转发到其他链路上。因此，尽管 AP 也存在冗余链路，但它不会引起广播风暴。图 4-23 中的聚合链路把四条吉比特链路合为一条来使用，可获得 4000 Mb/s 的带宽。

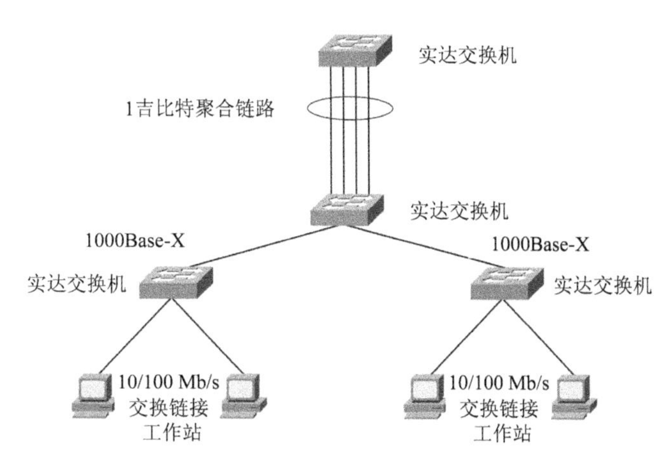

图 4-23　典型的聚合链路拓扑图

2. 流量平衡

AP 可以根据报文的 MAC 地址或 IP 地址进行流量平衡，即把流量平均地分配到 AP 的成员链路中去。流量平衡可以根据源 MAC 地址/目的 MAC 地址或源 IP 地址/目的 IP 地址对进行。

源 MAC 地址流量平衡即根据报文的源 MAC 地址把报文分配到各个链路中，不同的主机转发的链路不同，同一台主机的报文，从同一个链路转发(交换机中学到的地址表不会发生变化)；目的 MAC 地址流量平衡时即根据报文的目的 MAC 地址把报文分配到各个链路中，同一目的主机的报文从同一个链路转发，不同目的主机的报文从不同的链路转发。

不同的源 IP/目的 IP 对的报文通过不同的端口转发，同一源 IP/目的 IP 对的报文通过相同的链路转发，其他的源 IP/目的 IP 对的报文通过其他的链路转发。该流量平衡方式一般用于三层 AP，在此流量平衡模式下收到的如果是二层报文，则自动根据源 MAC/目的 MAC 对来进行流量平衡。

根据不同的网络环境设置合适的流量分配方式，能够把流量较均匀地分配到各个链路上，从而充分利用网络的带宽。在图 4-24 中，一个 AP 同路由器进行通信，路由器的 MAC 地址只有一个，为了让路由器与其他多台主机的通信流量能被多个链路分担，应设置为根据目的 MAC 进行流量平衡。

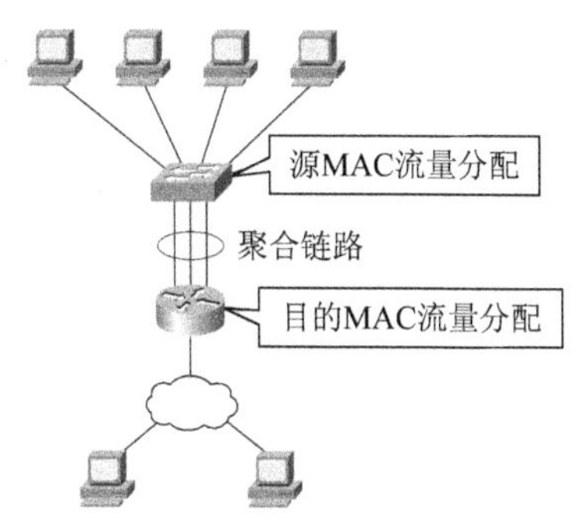

图 4-24　AP 流量平衡示意图

3. 定义聚合端口的常用命令

```
Switch(config)#interface aggregateport 1        ! 定义聚合端口
Switch(config)#interface fastethernet 0/1       ! 选择端口
Switch(config-if)#port-group1                   ! 设置聚合端口
```

```
Switch#show aggregateport 1 summary              ! 显示聚合端口信息
```

六、配置端口镜像

1. 端口镜像

端口镜像(Switched Port Analyzer，SPAN)，可以将一个端口上的帧拷贝到交换机上的另一个连接有网络分析设备或 RMON(远程监控)分析仪的端口上，来分析该端口上的通信。

例如，在图 4-25 中，吉比特端口 5 上的所有帧都被映射到了吉比特端口 10 上，接在端口 10 上的网络分析仪虽然没有和端口 5 直接相连，但可接收通过端口 5 的所有帧。

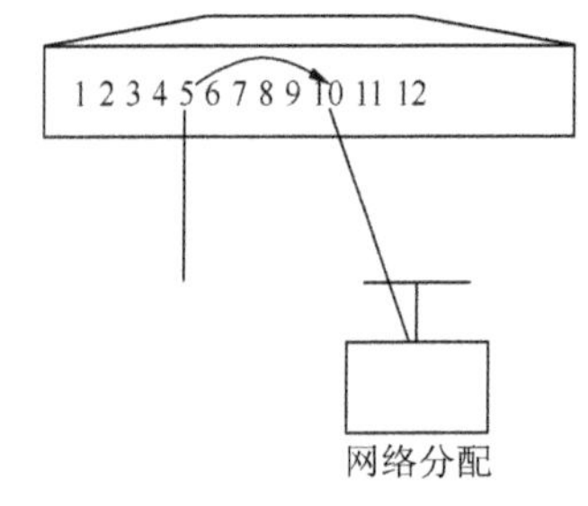

图 4-25　SPAN 配置模型实例

SPAN 并不影响源端口的交换，只是把所有进入和从源端口输出的帧原样拷贝了一份到目的端口。然而一个流量过度的目的端口，例如从一个 100 Mb/s 目的端口监控一个 1000 Mb/s 端口，可能导致帧被丢弃。

目的端口除了转发 SPAN 会话传送过来的帧外，并不接收和转发其他帧，但是如果在目的端口配置静态地址或者安全地址将不能保证这一点，同时如果将端口安全打开，那么将不能配置成 SPAN 目的端口。

2. SPAN 相关术语

(1) SPAN 会话：是一个目的端口和源端口的组合，可以用于监控单个或多个接口的输入、输出和双向帧。

(2) 帧类型：SPAN 会话包含：接收帧(输入帧)、发送帧(输出帧)和双向帧三种帧类型。

(3) 源端口：也叫被监控口，是一个 Switched Port，该端口被监控用做网络分析。在单个 SPAN 会话中，可以用于监控输入、输出和双向帧，对于源端口的最大个数不做限制。

(4) 目的端口：SPAN 会话有一个目的端口(也叫监控口)，用于接收源端口的帧拷贝。

(5) SPAN Traffic：可以使用 SPAN 监控所有网络通信，包括多播帧、BPDU 帧等。

(6) 聚合端口：聚合端口(Aggregation Port)，目的端口不可以配置为 Aggregation Port，但可以配置为源端口。

3. 常用配置命令

定义目的端口：

```
Switch(config)#monitor session 1 destination interface fastethernet 0/1
```

定义源端口：

```
Switch(config)#monitor session 1 source interface fastethernet 0/2 both
```

显示 SPAN 会话 1 的操作状态：

```
Switch#Show monitor session 1
```

实验 5　路由器的配置与应用

【基础知识介绍】

一、路由器与 IOS 简介

路由器是进行网间连接的关键设备，处于网络层，能够跨越不同的物理网络类型，如 DDN、FDDI 网络、以太网等，将整个互连网络分割成逻辑上独立的网络单位。路由器能起到隔离广播域的作用，还能在不同网络间转发数据包。路由器实际上是一台特殊用途的计算机，和常见的 PC 一样，路由器有 CPU、内存和 BOOT ROM。

路由器也有自己的操作系统，通常称为 IOS(Internetwork Operating System)。与计算机上的 Windows 一样，IOS 是路由器的灵魂，路由器的所有配置是通过 IOS 来完成的。Cisco 的 IOS 是命令行界面(Command Line Interface，CLI)，CLI 有如下两种基本工作模式。

(1) 用户模式(User Mode)：通常用来查看路由器的状态。在此状态下，无法对路由器进行配置，可以查看的路由器信息也是有限的。

(2) 特权模式(Privilege Mode)：可以更改路由器的配置，当然也可以查看路由器的所有信息。

二、路由器的基本配置

1. 路由器接口简介

路由器具有非常强大的网络连接和路由功能，它可以与各种各样的不同网络进行物理连接，这就决定了路由器的接口技术非常复杂，越是高档的路由器其接口种类也就越多。路由器既可以对不同局域网段进行连接，也可以对不同类型的广域网络进行连接，所以路由器的接口类型一般可以分为局域网接口和广域网接口两种。另外，因为路由器本身不带有输入和终端显示设备，但它需要进行必要的配置后才能正常使用，所以一般的路由器都带有一个控制端口“Console”，用来与计算机或终端设备进行连接，通过特定的软件进行路由器的配置。

(1) 局域网接口：常见的局域网接口主要有 AUI、BNC 和 RJ-45 接口，还有 FDDI、ATM、光纤接口。

(2) 广域网接口：常见的广域网接口主要有 RJ-45 端口、AUI 端口、高速同步串口、异步串口、ISDN BRI 端口等。

(3) 路由器配置接口：路由器的配置端口其实有两个，分别是“Console”和“AUX”。

“Console”通常用于进行路由器的基本配置时通过专用连线连接计算机，而“AUX”用于连接路由器的远程配置。

2. 路由器的基本配置方法

(1) 通过 Console 端口进行配置：Console 端口连接终端或运行终端仿真软件的微机，这是常用方式。

(2) 通过 AUX 端口连接 Modem 进行远程配置：AUX 端口连接 Modem，通过电话线与远程的终端或运行终端仿真软件的微机相连。

(3) 通过 Ethernet 上的 Telnet 程序以 Telnet 方式进行配置：将路由器已配置好的局域网端口接入支持 TCP/IP 的局域网中。

3. 配置路由器 IP 地址的基本原则

(1) 通常路由器的物理网络端口要有一个 IP 地址。

(2) 相邻路由器的相邻端口的 IP 地址必须在同一 IP 网段上。

(3) 同一路由器的不同端口的 IP 地址必须在不同的 IP 网段上。

(4) 除了相邻路由器的相邻端口外，所有网络中路由器所连接的网段，即所有路由器的任何两个非相邻端口都必须不在同一网段上。

三、路由表的配置

1. 路由表

对于每一个路由器来说，一个数据分组从一个网络接口进来，到底应该从哪一个网络接口出去呢？很简单，路由器查一下自己的路由表就知道了。路由表实际上是一个小数据库，其中的每条路由记录，记载了通往每个节点或网络的记录，记录一般代表一个网络。

路由表一般都包含以下字段。

(1) 网络地址(Network Destination)：目的网络。

(2) 网络掩码(Netmask)：与网络地址配合使用。

(3) 接口(Interface)：路由器本身网络接口的 IP 地址。

(4) 网关(Gateway)：网关字段填写网络接口的 IP 地址，即下一站的地址。

(5) 度量值(Metric)：用来表示路径的跃点数。跃点数可以是跃距数(Hop)，即数据分组从来源端传送到目的端途中所经过的路由器数目，也可以是其他表示度量的参数。

2. 路由表的建立方式

路由器的主要任务是路由选择，路由选择的关键是建立路由表，路由表的建立可以通过两种方式：静态路由和动态路由。

(1) 静态路由：是指通过手工输入的方式建立每一条路由，适用于小型的网络或路由比较固定的场合。

(2) 动态路由：是指路由器通过专门的路由程序去生成路由、管理路由，适用于大型的网络或路由经常动态改变的场合。

3. 静态路由与默认路由

静态路由除了具有简单、高效、可靠的优点外，它的另一个好处是网络安全、保密性高。静态路由配置命令为 ip route ；静态路由有两种方式描述转发路径：指向本地接口和指向下一跳路由器直连接口的 IP 地址。

默认路由也叫缺省路由，是静态路由的一种特殊形式。默认路由的设置原理有点类似于排除法，靠手工输入静态路由，是无法穷尽所有 IP 地址的，因此，所有路由条目中不包含的网络地址，就发往缺省路由所指向的网关。

在自治系统接入因特网的边界路由器上通常配置一条默认路由，使所有发往因特网的数据分组都从这个网络接口出去。缺省路由可以通过静态路由配置，某些动态路由协议也可以生成缺省路由，如 OSPF 和 IS-IS。在小型互连网中，使用缺省路由可以减轻路由器对路由表的维护工作量，从而降低内存和 CPU 的使用率。

配置默认路由命令：

router(config)#ip route 0.0.0.0 0.0.0.0 [转发路由器的 IP 地址/本地接口]

4. 路由协议

为了便于管理和维护路由，因特网的路由选择协议是分层次的，整个因特网由骨干网和不计其数的自治系统(Autonomous System)组成。一个自治系统通常属于一个行政单位，如一个公司、一个学校或一个政府部门，自治系统的特点是在本系统内可以自主选择路由协议。这样，因特网就把路由协议分成两大类，如图 5-1 所示。

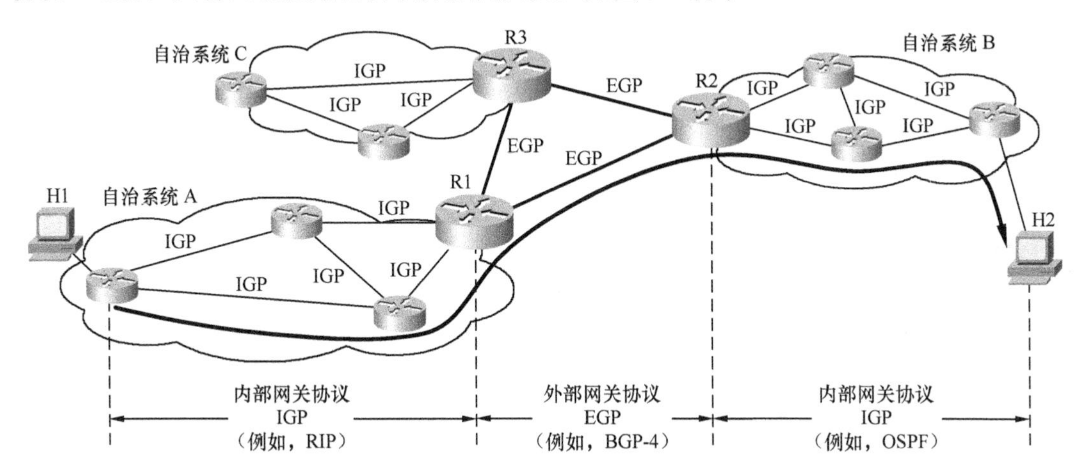

图 5-1　自治系统、内部网关协议和外部网关协议

(1) 内部网关协议(Interior Gateway Protocol)：即在一个自治系统内选择的路由协议，也称为域内路由选择(Intradomain Routing)。目前这类路由协议使用得最多，如 RIP 和 OSPF。

(2) 外部网关协议(External Gateway Protocol)：即自治系统之间的路由协议，也称为域间路由选择(Interdomain Routing)。目前使用最多的外部网关协议是 BGP-4。

四、动态路由的配置

1. 动态路由协议

动态路由是指利用路由器上运行的动态路由协议定期和其他路由器交换路由信息，而从其他路由器上学习到的路由信息自动建立起自己的路由。

常用的动态路由协议有：

RIP	路由信息协议
IGRP	内部网关路由协议
OSPF	开放式最短路径优先
IS-IS	中间系统-中间系统
EIGRP	增强型内部网关路由协议
BGP	边界网关协议

2. RIP 协议概述

RIP(Routing Information Protocols，路由信息协议)是应用较早、使用较普遍的内部网关协议，适用于小型同类网络，是典型的距离矢量(distance-vector)协议。RIP 是基于 UDP，端口 520 的应用层协议。

RIP 路由协议的版本如下。

(1) RIPv1：有类路由协议，不支持 VLSM，以广播的形式发送更新报文，不支持认证。

(2) RIPv2：无类路由协议，支持 VLSM，以组播的形式发送更新报文，支持明文和 MD5 的认证。

3. 配置 RIP 协议的一般步骤

(1) 开启 RIP 路由协议进程：

Router(config)#router rip

(2) 申请本路由器参与 RIP 协议的直连网段信息：

Router(config-router)#network 192.168.1.0

(3) 指定 RIP 协议的版本 2(默认是版本 1)：

Router(config-router)#version 2

(4) 在 RIPv2 版本中关闭自动汇总：

Router(config-router)#no auto-summary

(5) 查看 RIP 的配置信息：

Router#show ip route rip

Router#show ip rip database

(6) 验证 RIP 的配置：

Router#show ip protocols

(7) 显示路由表的信息：

Router#show ip route

(8) 清除 IP 路由表的信息：

Router#clear ip route

(9) 在控制台显示 RIP 的工作状态：

Router#debug ip rip

五、OSPF 协议

1. OSPF 协议的概念

OSPF(开放最短路径优先)协议是由 Internet 网络工程部(IETF)开发的一种内部网关协

议(IGP)，其网关和路由器都在一个自治系统内部。OSPF 协议通过向全网扩散本设备的链路状态信息，使网络中每台设备最终同步一个具有全网链路状态的数据库(LSDB)，然后路由器采用 SPF 算法，以自己为根，计算到达其他网络的最短路径，最终形成全网的路由信息。OSPF 协议是目前网络中应用最广泛的路由协议之一，能够适应各种规模的网络环境，是典型的链路状态协议。

OSPF 属于无类路由协议，支持 VLSM(变长子网掩码)。在大型的网络环境中，OSPF 支持区域的划分，将网络进行合理的规划。划分区域时必须存在 area0(骨干区域)。其他区域和骨干区域直接相连，或通过虚链路的方式连接。

OSPF 的三个版本：

(1) OSPFv1：测试版本，仅在实验平台使用。

(2) OSPFv2：发行版本，目前使用的都是这个版本。

(3) OSPFv3：测试版本，提供对 IPv6 的路由支持。

2. OSPF 的工作过程

OSPF 是一种基于链路状态的路由协议，需要每个路由器向其同一管理域的所有其他路由器发送链路状态广播信息。OSPF 的链路状态广播中包括所有接口信息、所有的量度和其他一些变量。路由器首先必须收集有关的链路状态信息，并根据一定的算法计算出到每个节点的最短路径。

其具体的工作步骤如下：

(1) 每个运行 OSPF 的路由器发送“HELLO”报文到所有启用 OSPF 的接口。如果在共享链路上两个路由器发送的“HELLO”报文内容一致，那么这两个路由器将形成邻居关系。

(2) 从这些邻居关系中，部分路由器形成邻接关系。邻接关系的建立由 OSPF 路由器交换“HELLO”报文和网络类型来决定。

(3) 形成邻接关系的每个路由器都宣告自己的所有链路状态。

(4) 每个路由器都接受邻居发送过来的 LSA(链路状态通告)，记录在自己的链路数据库中，并将链路数据库的一份拷贝发送给其他的邻居。

(5) 通过在一个区域中广播，使得该区域中的所有路由器同步自己的数据库。

(6) 当数据库同步之后，OSPF 通过 SPF 算法，计算到目的地的最短路径，并形成一个以自己为根的无自环的最短路径树。

(7) 每个路由器根据这个最短路径树建立自己的路由转发表。

六、访问控制列表

1. 访问控制列表的概念

访问控制列表简称 ACL(Access Control Lists)，它使用包过滤技术，在路由器上读取第三层或第四层包头中的信息，如源地址、目的地址、源端口、目的端口以及上层协议等，根据预先定义的规则决定哪些数据包可以接收，哪些数据包需要拒绝，从而达到访问控制的目的。

ACL 一方面保护资源节点，阻止非法用户对资源节点的访问；另一方面限制特定的用户节点所能具备的访问权限。

2. ACL 的工作原理

当一个数据包进入路由器的某一个接口时，路由器首先检查该数据包是否可路由或可桥接；接着检查是否在入站接口上应用了 ACL，如果有 ACL，就将该数据包与 ACL 中的条件语句相比较，如果数据包被允许通过，就继续检查路由器选择表条目以决定转发到的目的接口(ACL 不过滤由路由器本身发出的数据包，只过滤经过路由器的数据包)；然后路由器检查目的接口是否应用了 ACL，如果没有应用，数据包就被直接送到目的接口输出。

ACL 的 3P 原则：每种协议一个 ACL；每个方向一个 ACL；每个接口一个 ACL。ACL 的编写可能相当复杂而且极具挑战性。每个接口上都可以针对多种协议和各个方向进行定义。

3. ACL 的分类

最广泛使用的 ACL 是 IP 访问控制列表，IP 访问控制列表工作于 TCP/IP 协议组。按照访问控制列表检查 IP 数据包参数的不同，可以将其分成两种类型：标准 ACL 和扩展 ACL。

目前有三种主要的 ACL：标准 ACL、扩展 ACL 及命名 ACL。其他的还有标准 MAC ACL、时间控制 ACL、以太协议 ACL、IPv6 ACL 等。

1) 标准 ACL

标准 ACL 可以阻止来自某一网络的所有通信流量，或者允许来自某一特定网络的所有通信流量，又或者拒绝某一协议簇(比如 IP)的所有通信流量。

标准的 ACL 使用 1～99 以及 1300～1999 之间的数字作为表号。

2) 扩展 ACL

扩展 ACL 比标准 ACL 提供了更广泛的控制范围。例如，网络管理员如果希望做到“允许外来的 Web 通信流量通过，拒绝外来的 FTP 和 Telnet 等通信流量”，那么，他可以使用扩展 ACL 来达到目的，而标准 ACL 不能控制这么精确。

扩展的 ACL 使用 100～199 以及 2000～2699 之间的数字作为表号。

3) 命名 ACL

在标准与扩展 ACL 中均要使用表号，在命名 ACL 中使用一个字母或数字组合的字符串来代替前面所使用的数字。使用命名 ACL 可以用来删除某一条特定的控制条目，这样可以让我们在使用过程中方便地进行修改。

在使用命名 ACL 时，要求路由器的 IOS 在 11.2 以上的版本，并且不能以同一名字命名多个 ACL，不同类型的 ACL 也不能使用相同的名字。

七、网络地址转换

1. 网络地址转换的概念

网络地址转换(NAT)是指将网络地址从一个地址空间转换为另一个地址空间的行为。NAT 将网络划分为内部网络和外部网络两部分。局域网主机利用 NAT 访问网络时，是将局域网内部的本地地址转换为全局地址(互联网合法 IP 地址)后转发数据包的。它是通过允许较少的公用 IP 地址代表多数的私有 IP 地址来减缓 IP 地址空间枯竭的速度的。图 5-2 给出了 IP 地址空间的转换图解。

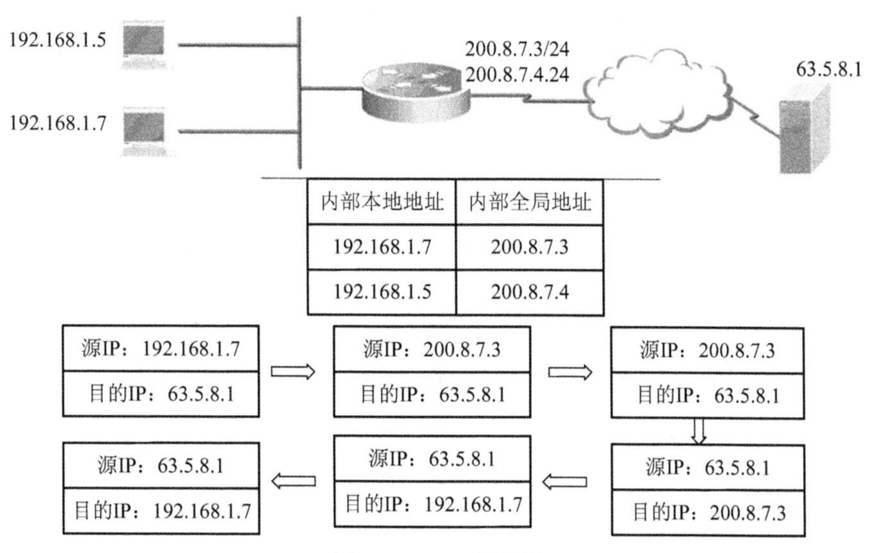

图 5-2　NAT 原理图

NAT 使一个组织在多个域内重用注册过的 IP 地址，只要离开该域之前将那些重用地址转换为全局的唯一注册 IP 地址即可。

2．NAT 的相关术语

在路由器上应用 NAT 时，应理解下面的术语，如图 5-3 所示。

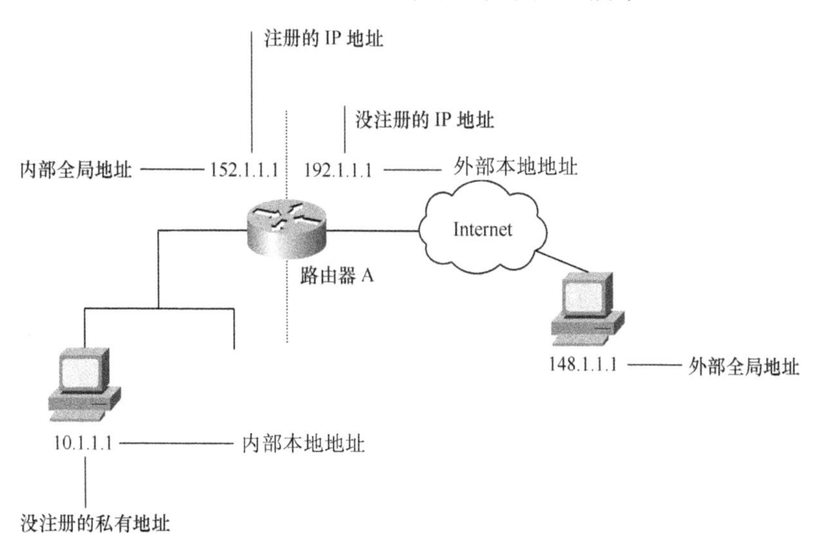

图 5-3　与路由器相关的 IP 地址

(1) 内部本地地址：指在一个网络内部分配给一台主机的 IP 地址。这个地址可能不是网络信息中心(NIC)或服务提供商分配的 IP 地址。

(2) 内部全局地址：用来代替一个或者多个本地 IP 地址的、对外的、NIC 注册过的 IP 地址。

(3) 外部本地地址：一个外部主机相对于内部网络所用的 IP 地址。它不一定是合法的地址，但是，是从内部网络可以进行路由的地址空间中进行分配的。

(4) 外部全局地址：主机拥有者分配给外部网络的一个 IP 地址。它是从一个全局可路由地址或网络空间中进行分配的。

3. NAT 的分类

NAT 按照其工作原理一般分为静态 NAT、动态 NAT、复用 NAT 三种类型。

1) 静态 NAT

静态 NAT 中，内部网络中的某台主机都被永久映射成外部网络中的某个合法 IP 地址，内部网络私有地址(内部本地地址)和内部合法的 IP 地址之间是一一对应的关系。

如果内部网络有 E-mail、WWW、FTP 服务器等可以为外部用户提供服务，那么这些服务器的 IP 地址必须采用静态地址转换，以便外部用户可以使用这些服务。

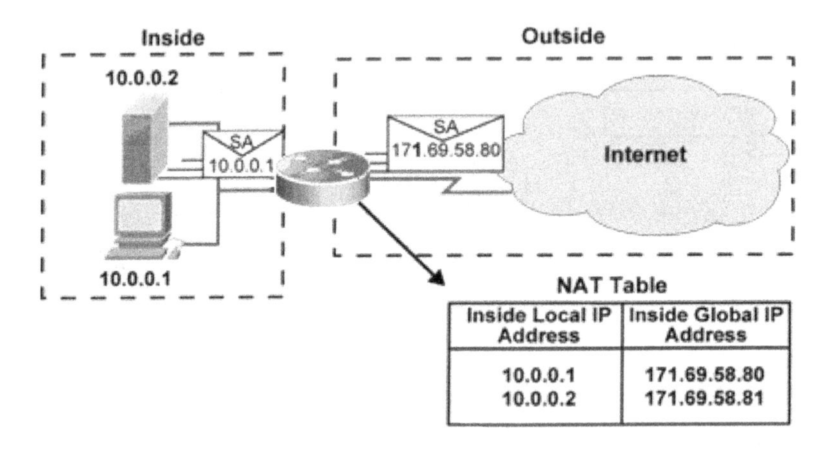

图 5-4 静态 NAT 原理图

在图 5-4 中，内网服务器 10.0.0.2 被静态映射为外网 171.68.58.81，而内网主机 10.0.0.1 则被映射为外网 171.68.58.80。

2) 动态 NAT

动态 NAT 首先定义合法地址池，然后采用动态分配的方法映射到内部网络。动态 NAT 是动态一对一的映射，必须保证有足够的外网 IP 以保证内部网络中发起 Internet 连接的每个用户都能分配到合法的 IP，如图 5-5 所示。

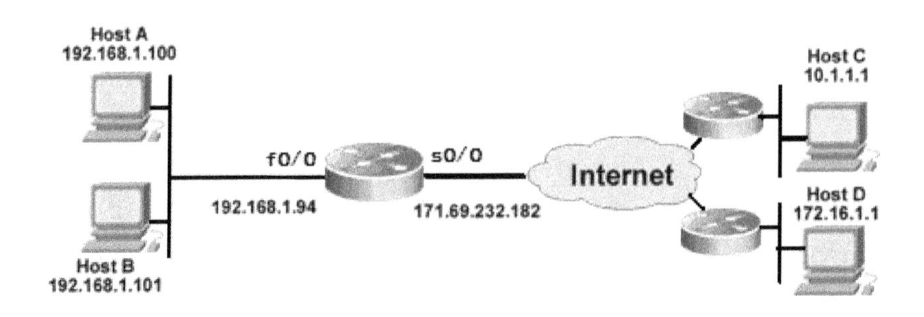

图 5-5 动态 NAT 原理图

3) 复用 NAT(NAPT)

复用 NAT 使用不同的端口来映射多个内网 IP 地址到一个指定的外网 IP 地址，从而实现多对一的映射。通过使用 NAPT 可实现上千个用户仅仅通过一个全球 IP 地址连接到因特网。

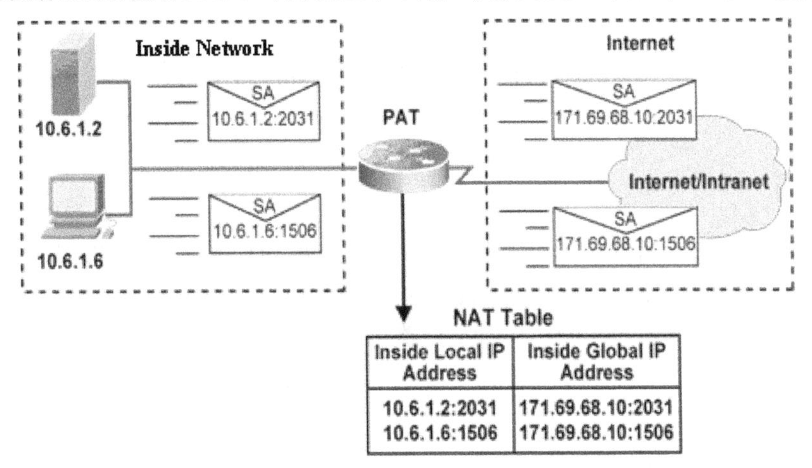

图 5-6 复用 NAT 原理图

在图 5-6 中，10.6.1.2、10.6.1.6 等被映射到外网 171.69.68.10 的不同端口。

【能力培养】

在因特网无处不在的今天，路由器已成为各种骨干网络内部之间、骨干网之间以及骨干网和互联网之间连接的枢纽。路由器在企业网络安全管理中占据着重要的位置，因此配置路由器成了重要的工作。引入和保存初始基准配置路由器是至关重要的要点，配置路由器完毕之后，我们还应维护该设置，并定期地做出修改。

本实验主要内容包括：路由器的基本参数配置、静态路由配置、动态路由配置、访问控制列表(ACL)、网络地址转换(NAT)的配置等内容，涵盖了路由器应用的主要方法和内容。这些实验基本可以在模拟器环境下完成。

实　验	能力培养目标
5-1　路由器的基本配置	熟悉路由器的功能及端口，掌握路由器的基本配置方法、配置模式及配置命令
5-2　静态路由与默认路由的配置	了解路由表的功能与分类，掌握通过静态路由、默认路由方式实现网络的连通性
5-3　RIP 的配置	了解 RIP 的概念、功能、作用，掌握 RIP 协议的配置方法，熟悉广域网线缆的连接方式
5-4　OSPF 的配置	理解 OSPF 路由协议的运作方式,理解 OSPF 的特性和优点，掌握 OSPF 的配置方法
5-5　ACL 的配置	理解标准 IP 访问控制列表的原理及功能，掌握 ACL 的配置过程
5-6　NAT 的配置	掌握静态网络地址转换、动态网络地址转换、复用网络地址转换的方法及配置过程

【实验内容】

实验 5-1　路由器的基本配置

➢ 实验目标

通过实验了解路由器的基本组成和功能、Console 端口和其他基本端口、路由器的启动过程；掌握采用 Console 线缆、Telnet 方式配置路由器的方法；熟悉路由器不同的命令行操作模式以及各种模式之间的切换；掌握路由器的基本配置命令的使用。

(1) 通过 Console 端口配置路由器。

(2) 通过 Telnet 方式配置路由器。

(3) 路由器配置模式的转换与常用命令。

(4) 配置单臂路由。

➢ 实验要求

Router_2811 1 台、PC 1 台、交叉线、配置线。

➢ 实验步骤

一、路由器的 Console 端口配置(带外配置)

路由器的配置方式基本分为两种：带内配置和带外配置。通过路由器的 Console 端口配置路由器属于带外配置。这种配置不占用路由器的网络接口和互联网的带宽，其特点是需要使用配置线缆，近距离配置。利用网络连接，通过 Telnet 或 Web 方式访问路由器的配置称为带内配置。

1．硬件连接

对新购进的路由器，用户对其出厂设置不甚了解，并不知道其网络接口是否已经启用、网络接口的参数如何。在这种情况下，第一次配置时必须利用 Console 端口进行配置。

将标准 Console 线缆连接于计算机的串口和路由器的 Console 端口上，如图 5-7 所示。在计算机上启用超级终端，并配置超级终端的参数，使计算机与路由器通过 Console 接口建立连接。

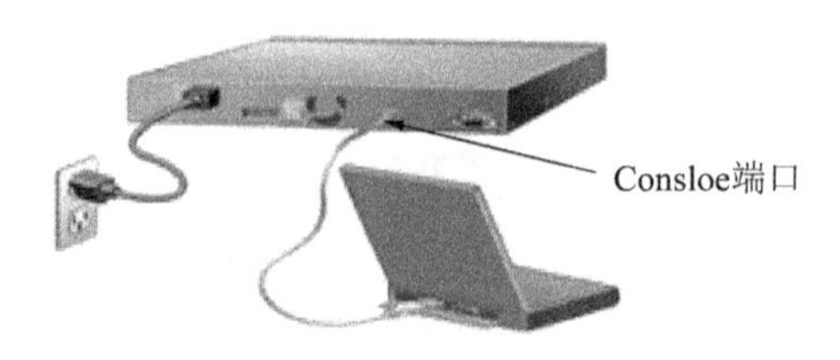

图 5-7　Console 端口物理连接图

2. 启动超级终端

硬件连接好(或在模拟器中建立如图 5-8 所示的拓扑图)之后，借助 Windows 系统的超级终端软件来登录路由器，如图 5-9 所示。

运行超级终端软件，为当前的配置建立一个连接。当出现 COM 端口(串口)属性调整界面时，可单击“还原为默认值”按钮，以确保选用正确的波特率来与路由器通信。然后，即可进入路由器的命令行管理界面，还可监测到路由器的启动过程。

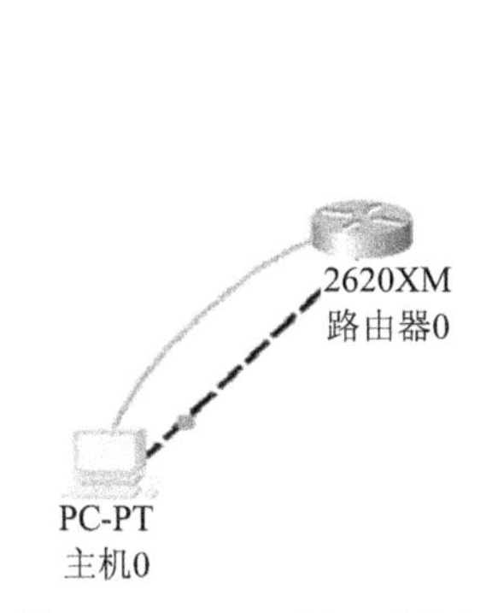

图 5-8　Console 端口连接拓扑图

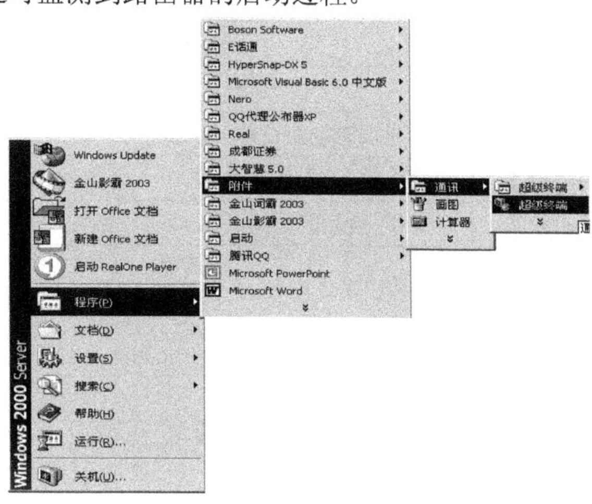

图 5-9　超级终端

3. 开启路由器

开启路由器(如果路由器是处于开机状态，则要关掉再开启)系统自动进入初始化状态，当路由器初始化结束后，首先显示的是 Cisco 路由器的一些版本信息、版权信息和加载 IOS 的过程等，如图 5-10 所示。

在初始化过程中，系统出现如下提示：Would you like to enter the initial configuration dialog? [yes/no]:，在后面输入“no”并回车，系统进行检测，并出现“Router>提示符”，正式进入路由器的用户模式。

与交换机不同，路由器开启后，其所有端口处于关闭状态(交换机端口默认处于打开状态)，必须以手工或命令方式进行开启。如图 5-11 所示为路由器 0 的 f0/0 端口的设置界面，选择端口状态“开启”后，f0/0 端口才能处于工作状态。

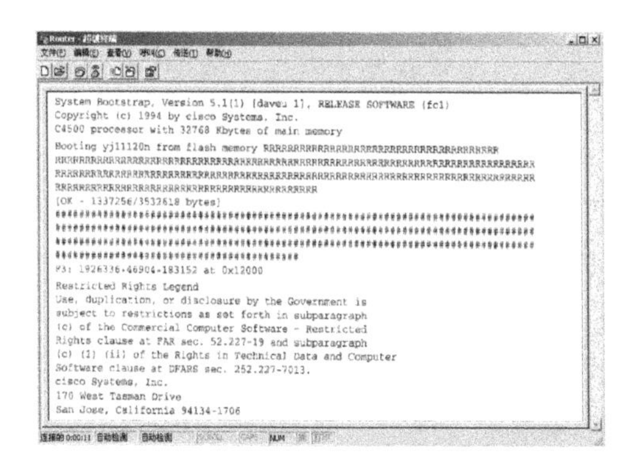

图 5-10　系统初始化状态

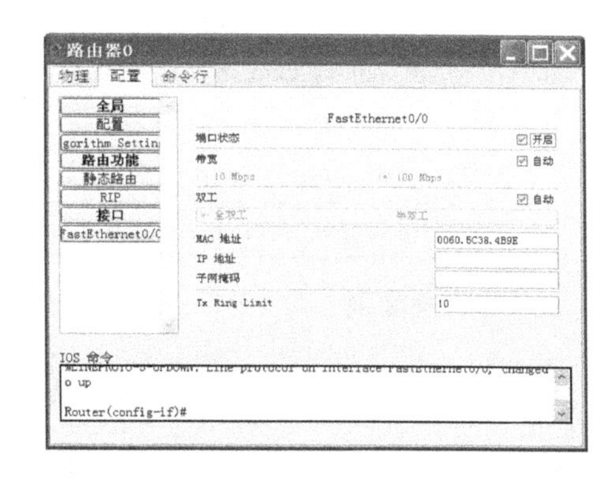

图 5-11　路由器端口状态

二、熟悉模式转换与常用命令

1. 模式转换

与交换机的配置方式相似，进入路由器命令配置方式后，共有四种模式：用户模式、特权模式、全局配置模式、接口配置模式，路由器配置模式和系统监控模式需采用其他方式进入，如表 8-1 所示。

表 8-1　路由器配置模式

命令模式	进入方式	界面提示符	退出方式
系统监控模式	加电同时按住 Ctrl + Break	monitor#	用 quit 命令退出
用户模式	登录后	router>	用 exit 或 quit 退出
特权模式	在用户模式输入enable或者enter	router#	用 exit 或 quit 退出
全局配置模式	在特权模式输入 config 命令	router_config#	用 exit 或 quit 退出，或者 Ctrl + Z 直接退到特权模式
接口配置模式	在全局配置模式输入 interface 命令，如 interface s1/0	router_config_s1/0#	用 exit 或 quit 退出，或者 Ctrl + Z 直接退到特权模式
路由器配置模式	在全局配置模式下输入 router 命令，如 router rip	router_config_rip#	用 exit 或 quit 退出，或者 Ctrl + Z 直接退到特权模式

在进入各种模式后，可输入“exit”退至上一级，输入“end”直接退至特权模式。

2. 常用配置命令

路由器常用的配置命令如表 8-2 所示，读者可以练习(命令的参数读者可根据实际情况进行修改)。

表 8-2　路由器常用配置命令

配置命令	说　　明
hostname name	设置路由器名
enable secret/password password	设置特权密码
IP routing	启用 IP 路由
interface type number	端口设置
no shutdown	激活端口
IP address address subnet-mask	设置 IP 地址
telnet hostname/IP address	登录远程主机
ping hostname/IP address	侦测网络的连通性
traceroute hostname/IP address	跟踪远程主机的路径信息

3. 常用快捷键

命令行还有获得帮助、命令简写、使用历史命令、命令行滑动窗口和编辑快捷键等功能。进行路由器模式配置的常用快捷键介绍如下。

Ctrl + A：光标移动到命令行的开始位置。

Ctrl + E：光标移动到命令行的结束位置。

Esc + B：回移一个单词。

Ctrl + F：下移一个字符。

Ctrl + P 或上方向键：调出最近(前一)使用过的命令。

Ctrl + N 或下方向键：调出最近(后一)使用过的命令。

Ctrl + Shift + 6：终止一个进程。

？键：显示当前可用的命令。

三、路由器的 Telnet 远程配置(带内配置)

参照图 5-7 的物理连接，通过交叉线将主机与路由器连接，进行相应配置，实现远程 Telnet 配置。

1．在路由器上配置 f0/0 端口的 IP 地址

```
Route>enable                                   ！进入特权模式
Route#configure terminal                       ！进入全局配置模式
Route(config)#hostname routerA                 ！配置路由器名称
RouterA(config)#interface fastethernet0/0      ！进入路由器接口配置模式
RouterA(config-if)#ip address 192.168.0.138 255.255.255.0     !配置接口 IP
RouterA(config-if)#end
RouteA#show ip interface f0/0     ！验证路由器接口 f0/0 的 IP 地址已经配置和开启
```

2．配置路由器远程登录密码

```
RouteA(config)#line vty 0 4                    ！进入路由器线路配置模式
RouteA(config-line)#login                      ！配置远程登录
RouteA(config-line)#password 123456            ！设置路由器远程登录密码
RouteA(config-line)#end
```

3．配置路由器特权模式密码

```
RouteA(config)#enable secret 654321      ！设置路由器特权模式密码
(或者 RouteA(config)#enable password 654321)
```

4．在 PC 端命令窗口进行远程登录

远程登录路由器并输入相应密码后进入路由器的特权模式，如图 5-12 所示，可以对路由器进行相应的配置，配置方法与 Consol 方式相同，这里不再赘述。

图 5-12　进行远程登录的命令窗口

5．保存配置信息

管理路由器配置文件的相关命令如下：

```
RouteA#copy running-config startup-config      ！重载默认配置文件
RouteA#write menmory                          ！将当前配置文件保存为默认配置文件
RouteA#write                                   ！保存当前设置到配置文件
RouteA#show running-config                     ！显示当前配置文件信息
RouteA#erase startup-config                    ！删除配置文件
```

四、路由器的单臂路由

假设某企业有两个主要部门：技术部和销售部，分别处于不同的办公室，为了安全和便于管理，对两个部门的主机进行了 VLAN 的划分，技术部和销售部分处于不同的 VLAN。如果由于业务的需求，需要销售部和技术部的主机能够相互访问，获得相应的资源，两个部门的交换机可以通过一台路由器进行连接。

当交换机设置两个 VLAN 时，逻辑上已经成为两个网络，广播被隔离了。两个 VLAN 的网络要通信，必须通过路由器，如果接入路由器的一个物理端口，则必须有两个子接口分别与两个 VLAN 对应，同时还要求与路由器相连得交换机的端口 fa 0/1 要设置为 Trunk，因为这个接口要通过两个 VLAN 的数据包。

单臂路由是为实现 VLAN 间通信的三层网络设备路由器，它只需要一个以太网，通过创建子接口可以承担所有 VLAN 的网关，而在不同的 VLAN 间转发数据。

实现此功能，在建立物理连接后，首先检查设置情况，应该能够看到 VLAN 和 Trunk 信息；其次将计算机的网关分别指向路由器的子接口，配置子接口，开启路由器物理接口，然后配置默认封装 dot1q 协议；最后配置路由器子接口 IP 地址，就可以实现单臂路由了。

1. 建立网络连接或拓扑图

选择一台路由器、一台交换机、两台主机，主机与交换机由直通线连接、交换机与路由器用交叉线连接，连接端口如图 5-13 所示。

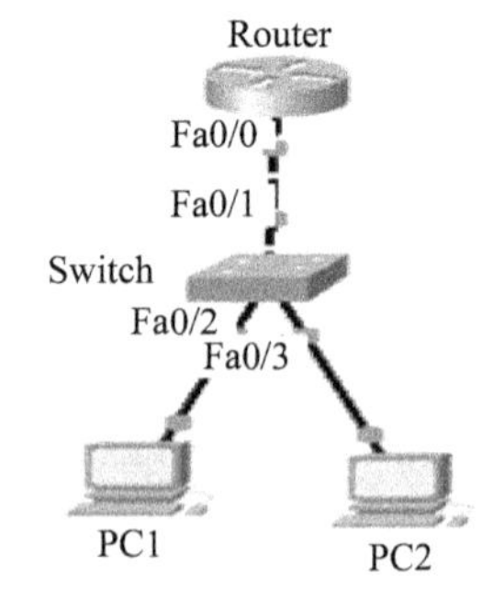

图 5-13　单臂路由拓扑图

2. 配置交换机

```
Switch>en
Switch#conf t
Switch(config)#vlan 2                 ！建立 VLAN2
Switch(config-vlan)exit
Switch(config)#vlan 3                 ！建立 VLAN3
Switch(config-vlan)#exit

Switch(config)#interface fastEthernet 0/2
Switch(config-if)switchport access vlan 2     ！将端口 f0/2 指定到 VLAN2
Switch(config-if)exit
Switch(config)#int fa 0/3                     ！将端口 f0/3 指定到 VLAN3
Switch(config-if)switchport access vlan 3
Switch(config-if)exit
```

```
Switch(config)#int fa 0/1
Switch(config-if)switchport mode trunk        ! 端口 f0/1 设置为 Trunk 模式
```

3. 配置路由器

```
Router>en
Router#conf t
Router(config)#int fa 0/0
Router(config-if)#no shutdown                       ! 开启 f0/0 端口
Router(config-if)#exit

Router(config)#interface fast 0/0.1                 ! 定义子端口 1
Router(config-if)#encapsulation dot1Q 2             ! 配置 dot1q 协议
Router(config-if)#ip address 192.168.1.1 255.255.255.0   ! 定义子端口 1 的 IP
Router(config-if)#exit

Router(config)#int fa 0/0.2                         ! 定义子端口 1
Router(config-if)#encapsulation dot1q 3             ! 配置 dot1q 协议
Router(config-if)#ip address 192.168.2.1 255.255.255.0   ! 定义子端口 2 的 IP
Router(config-if)#end
Router #show ip route
```

4. 测试 PC1 与 PC2 的连通性

为了实现 ping 的功能，分别为 PC1 和 PC2 设置 IP。

PC1：IP 地址为 192.168.1.2，子网掩码为 255.255.255.0，默认网关为 192.168.1.1。

PC2：IP 地址为 192.168.2.2，子网掩码为 255.255.255.0，默认网关为 192.168.2.1。

在 PC1 上 ping 192.168.2.2，在 PC2 上 ping 192.168.1.2。观察其连通性，如果可以 ping 通说明实验成功。

实验 5-2　静态路由与默认路由的配置

➢ 实验目标

通过实验进一步了解路由表的功能、分类以及路由协议等理论知识，掌握静态路由的配置方法和技巧，掌握通过静态路由方式实现网络的连通性，熟悉广域网线缆的连接方式。

(1) 构建网络拓扑。

(2) 配置网络环境。

(3) 静态路由配置。

(4) 默认路由配置。

➢ 实验要求

三台路由器、两台 PC、交叉线、串口 DCE/DTE 电缆等。

➢ 实验步骤

一、硬件设备连接

计算机 PC1、PC2 可用交叉线分别与路由器相连，三台路由器之间通过串口相连，采用 V35 DCE/DTE 电缆实现“背对背”的连接，如图 5-14 所示。开启各个路由器端口，做基本参数配置，通过配置静态路由实现两台主机的通信。

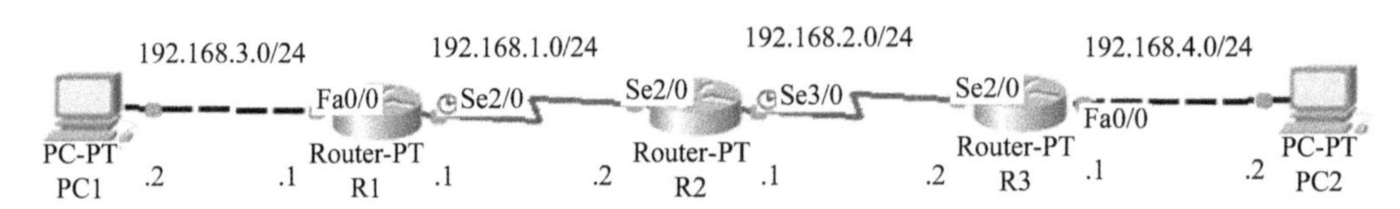

图 5-14　静态路由的网络拓扑

二、基本参数配置

1. 两台计算机的 IP 设置

在计算机的配置窗口中分别配置 IP 信息。

PC1：

IP 地址为 192.168.3.2，子网掩码为 255.255.255.0，默认网关为 192.168.1.1。

PC2：

IP 地址为 192.168.4.2，子网掩码为 255.255.255.0，默认网关为 192.168.4.1。

2. 配置网络接口的 IP 信息及时钟

1) R1 配置命令

```
R1(config)#interface serial 2/0
R1(config-if)#no shut                 ！开启端口(也可以在设置窗口中开启)
R1(config-if)#ip address 192.168.1.1 255.255.255.0
R1(config-if)#exit
R1(config)#interface fa 0/0
R1(config-if)#no shut
R1(config-if)#ip address 192.168.3.1 255.255.255.0
R1(config-if)#exit
```

2) R2 配置命令

```
R2(config)#interface serial 2/0
R1(config-if)#no shut
R2(config-if)#ip address 192.168.1.2 255.255.255.0
R2(config-if)#clock rate 64000         ！串行口必须设置合适的时钟频率
R1(config-if)#exit
R2(config)#interface serial 3/0
R1(config-if)#no shut
```

```
R2(config-if)#ip address 192.168.2.1 255.255.255.0
R2(config-if)#clock rate 64000        ! 串行口必须设置合适的时钟频率
R1(config-if)#exit
```

3) R3 配置命令

```
R3(config)#interface serial 2/0
R1(config-if)#no shut
R3(config-if)#ip address 192.168.2.2 255.255.255.0
R3(config-if)#exit
R3(config)#interface fa 0/0
R1(config-if)#no shut
R3(config-if)#ip address 192.168.4.1 255.255.255.0
R3(config-if)#exit
```

4) 连通性检测

设置好了路由器各个端口的 IP 参数，建立了四个地址段，因为还没有建立路由表，所以四个网段之间不能通信。

比如在 PC1 上只能 ping 通 R1 的 f0/0 端口(192.168.3.1)，而不能 ping 通其他路由器、计算机或其他端口，在 PC2 上也是一样。

三、静态路由配置

1. R1 配置静态路由

```
R1(config)#ip route 192.168.2.0 255.255.255.0 serial 2/0
R1(config)#ip route 192.168.4.0 255.255.255.0 serial 2/0
```

重新测试路由器间的连通性，分析各个端口的连通性及其原因。

2. R3 配置静态路由

```
R3(config)#ip route 192.168.1.0 255.255.255.0 192.168.2.1
R3(config)#ip route 192.168.3.0 255.255.255.0 192.168.2.1
```

重新测试路由器间的连通性，分析各个端口的连通性及其原因。

3. R2 配置静态路由

```
R2(config)#ip route 192.168.3.0 255.255.255.0 serial 2/0
R2(config)#ip route 192.168.4.0 255.255.255.0 serial 3/0
```

重新测试路由器间的连通性，分析各个端口的连通性及其原因。

4. 检测连通性

至此，完成了所有路由器静态路由的配置，各个网段之间均可以连通，如 PC1 与 PC2 之间可以 ping 通，各个路由器之间也可以 ping 通，说明静态路由配置成功。

四、默认路由配置

通过默认路由的配置更容易实现各个网段之间的连接。清除 R1、R3 静态路由的配置，分别用一条默认路由来取代原来的两条路由。

配置命令如下：

```
R1(config)#no ip route 192.168.2.0 255.255.255.0 serial 2/0
R1(config)#no ip route 192.168.4.0 255.255.255.0 serial 2/0
R1(config)# ip route 0.0.0.0 0.0.0.0 serial 2/0
R3(config)#no ip route 192.168.1.0 255.255.255.0 192.168.2.1
R3(config)#no ip route 192.168.3.0 255.255.255.0 192.168.2.1
R3(config)# ip route 0.0.0.0 0.0.0.0 192.168.2.1
```

检测各个节点及路由器之间的连通性。

实验 5-3　RIP 的配置

➢ 实验目标

了解 RIP 的概念、功能、作用，掌握 RIP 协议的配置方法，掌握查看 RIP 产生的路由表的方法，熟悉广域网线缆的连接方式。

(1) 构建多网段、多路由的网络拓扑环境。

(2) 配置网络参数。

(3) 配置路由器的 RIP 协议。

(4) 网络连通性测试。

➢ 实验要求

三台路由器、两台 PC、交叉线、V35 串口电缆。

➢ 实验步骤

一、建立网络连接

路由器 R1、R2、R3 之间通过 V35 串口电缆连接，主机 PC1 与 PC2 分别用交叉线与 R1 与 R2 的 f0/0 端口相连，如图 5-15 所示。开启各个路由器端口，做基本参数配置，通过配置 RIP 协议实现两台主机的通信。

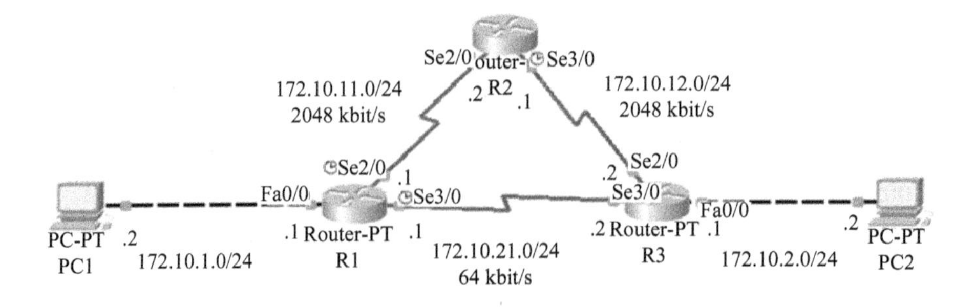

图 5-15　配置 RIP 网络拓扑图

二、基本参数设置

1. 两台计算机的 IP 设置

在计算机的配置窗口中分别配置 IP 信息。

PC1：

IP 地址为 172.10.1.2，子网掩码为 255.255.255.0，缺省网关为 172.10.1.1。

PC2：

IP 地址为 172.10.2.2，子网掩码为 255.255.255.0，缺省网关为 172.10.2.1。

2. 配置路由器 R1 网络接口的 IP 信息及时钟

(1) R1 的配置参数：

Fa0/0 的 IP 为 172.10.1.1；

Se2/0 的 IP 为 172.10.11.1，时钟频率为 2048 kb/s；

Se3/0 的 IP 为 172.10.21.1，时钟频率为 64 kb/s。

(2) R1 的配置命令：

```
R1(config)#interface fa 0/0
R1(config-if)#no shut
R1(config-if)#ip address 172.10.1.1 255.255.255.0
R1(config-if)#exit

R1(config)#interface serial 2/0
R1(config-if)#no shut                    ！开启端口(也可以在设置窗口中开启)
R1(config-if)#ip address 172.10.11.1 255.255.255.0
R1(config-if)#clock rate 2048000         ！串行口必须设置合适的时钟频率
R1(config-if)#exit

R1(config)#interface serial 3/0
R1(config-if)#no shut                    ！开启端口(也可以在设置窗口中开启)
R1(config-if)#ip address 172.10.21.1 255.255.255.0
R1(config-if)#clock rate 64000           ！串行口必须设置合适的时钟频率
R1(config-if)#exit
```

3. 配置路由器 R2、R3 网络接口的 IP 信息及时钟

参考以上步骤配置 R2、R3 的端口信息，参数如下。

路由器 R2：

Se2/0 的 IP 为 172.10.11.2，时钟频率为 2048 kb/s；

Se3/0 的 IP 为 172.10.12.1，时钟频率为 2048 kb/s。

路由器 R3：

Fa0/0 的 IP 为 172.10.2.1；

Se2/0 的 IP 为 172.10.12.2，时钟频率为 2048 kb/s；

Se3/0 的 IP 为 172.10.21.2，时钟频率为 64 kb/s。

配置命令与 R1 的配置命令类似，不再赘述。

4. 连通性检测

此时，设置好了路由器各个端口的 IP 参数，建立了五个网段，因为还没有建立路由表，所以五个网段之间不能通信。

比如在 PC1 上只能 ping 通 R1 的 f0/0 端口(172.10.1.1)，而不能 ping 通其他路由器、计算机或其他端口，在 PC2 上也是一样。

三、路由器的 RIP 设置

1. 在 R1 配置 RIP

在 R1 启用 RIP 协议，并指明应用 RIP 协议的网络号。配置命令如下：

```
R1(config)#route rip
R1(config)#network 172.10.0.0
```

2. 在 R2 配置 RIP

配置命令如下：

```
R2(config)#route rip
R2(config)#network 172.10.0.0
```

3. 在 R3 配置 RIP

配置命令如下：

```
R3(config)#route rip
R3(config)#network 172.10.0.0
```

4. 查看各个路由器的路由表

通过 show ip route 的命令可显示各路由器的路由表，如图 5-16 所示，其中 R 开头的路由表示 RIP 路由，即通过运行 RIP 得来的路由信息。

```
R1(config-if)#sh ip route

Codes: C - connected, S - static, R - RIP
     O - OSPF, IA - OSPF inter area
     N1 - OSPF NSSA external type 1, N2 - OSPF NSSA external type 2
     E1 - OSPF external type 1, E2 - OSPF external type 2
     * - candidate default

Gateway of last resort is no set
C   172.10.1.0/24 is directly connected, FastEthernet 1/0
C   172.10.1.1/32 is local host.
R   172.10.2.0/24 [120/1] via 172.10.21.2, 00:00:26, serial 1/3
R   172.10.12.0/24 [120/1] via 172.10.21.2, 00:00:26, serial 1/3
C   172.10.21.0/24 is directly connected, serial 1/3
C   172.10.21.1/32 is local host.
```

图 5-16　显示路由器的路由表

四、网络测试

确认 PC1 与 PC2 能互相 ping 通，并且各个路由器之间也可以 ping 通，说明配置成功。

与配置静态路由相比，配置 RIP 更为简单。实验人员无需花费心思去思考各个路由器的路由如何配置，不用担心数据分组出去了但回不来的问题。尤其是对于大型的网络或网络拓扑频繁变化的场合，动态路由协议是明智的选择。

实验 5-4　OSPF 的配置

➢ 实验目标

通过实验进一步理解 OSPF 路由协议的运作方式，理解 OSPF 的特性和优点，掌握 OSPF 的配置方法。

(1) 建立网络环境及相应配置。

(2) 路由器配置 OSPF 协议。

(3) 验证两个局域网通过 OSPF 路由器连接的互通性。

➢ 实验要求

三台路由器、两台 PC、交叉线、V35 串口电缆。

➢ 实验步骤

一、建立网络连接

假设现有两个公司，一个在北京，另一个在广州。两个公司分别有一个局域网，分别通过一台路由器接入广域网(因特网)，且两个公司的网络之间可能存在多条可达的路由。现需要在路由器上配置 OSPF 路由协议，实现两个公司网络的互连。

借鉴上一节(RIP 配置)网络连接的过程，完成图的拓扑结构，如图 5-17 所示。

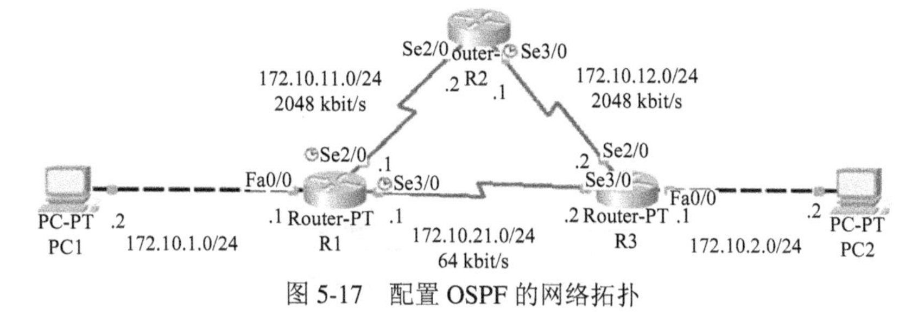

图 5-17　配置 OSPF 的网络拓扑

二、基本参数配置

参照上一节(RIP 配置)基本参数配置的过程。

三、路由器 OSPF 的设置

1. 在 R1 配置 OSPF

配置命令如下：

```
R1(config)#router ospf                    ！设置 OSPF 协议，进程编号缺省
R1(config)#network 172.10.11.0 0.0.0.255 area 0！申请直连网段，注意反掩码、区域号
R1(config)#network 172.10.1.0 0.0.0.255 area 0
R1(config)#network 172.10.21.0 0.0.0.255 area 0
```

2．在 R2 配置 OSPF

配置命令如下：

```
R1(config)#router ospf
R1(config)#network 172.10.11.0 0.0.0.255 area 0
R1(config)#network 172.10.12.0 0.0.0.255 area 0
```

3．在 R3 配置 OSPF

配置命令如下：

```
R1(config)#router ospf
R1(config)#network 172.10.12.0 0.0.0.255 area 0
R1(config)#network 172.10.2.0 0.0.0.255 area 0
R1(config)#network 172.10.21.0 0.0.0.255 area 0
```

4．连通性测试

确认主机 PC1、PC2 能互相 ping 通。

通过以下命令查看各路由器 OSPF 协议产生的路由(注意：O 开头的路由表是通过 OSPF 协议学习得来的)。

```
R1#sh ip route                 ！显示路由器的 IP 路由信息
R1#sh ip ospf neighbor         ！显示路由器的 OSPF 邻居信息
R2#sh ip route
R2#sh ip ospf database         ！显示路由器的 OSPF 数据库
R2#sh ip ospf neighbor
R2#sh ip protocals             ！显示路由器的 IP 协议信息
R3#sh ip route
R3#sh ip ospf database
```

实验 5-5　ACL 的配置

➢ 实验目标

通过实验进一步理解标准 IP 访问控制列表 ACL 的原理及功能，掌握编号标准 IP 访问控制列表的配置过程，掌握通过路由器 ACL 配置加强网络安全的方法。

(1) 构建路由器连接多网段的网络拓扑。

(2) 进行标准 ACL 配置。

(3) 进行扩展 ACL 配置。

➢ 实验要求

一台路由器、一台 PC、一台服务器(配置 Web、FTP 服务)、交叉线连接。

➢ 实验步骤

一、标准 ACL 的配置

1. 硬件连接、配置基本参数

按照图 5-18 设置好接口及 IP 参数后，开启路由器端口，主机 0 和主机 1 之间可以正常通信。可以用 ping 命令进行测试。

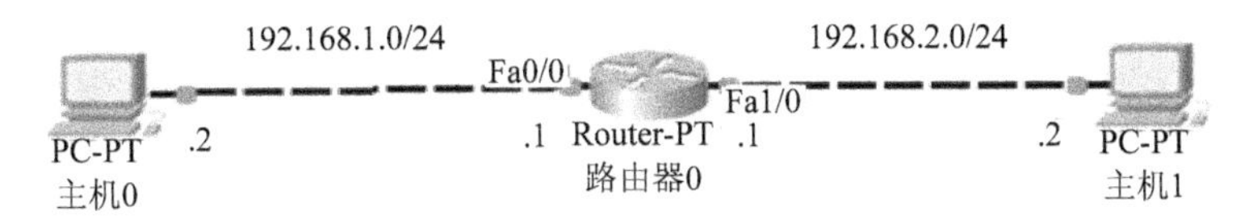

图 5-18　标准 ACL 的配置拓扑图

2. 在路由器上配置编号标准 ACL

配置命令如下：

```
Route(config)#access-list 1 deny 192.168.1.1 0.0.0.255
Route(config)#interface fa 1/0
Route(config-if)#ip access-goup 1 out
```

3. 测试验证

(1) 查看所有访问控制列表的内容，命令为：show access-lists。

(2) 查看 ACL 作用在 IP 接口上的信息，命令为：show ip interface。

(3) 设置 ACL 后，两台主机再互相 ping。此时会发现已经 ping 不通了，可见，路由器上的访问控制列表就是防火墙。

二、扩展 ACL 配置

1. 硬件连接、配置基本参数

网络结构与上一节(OSPF 配置)基本相同，只是为了限制不同的端口服务，将一台主机换成服务器，并在服务器上开启 HTTP 服务和 FTP 服务。

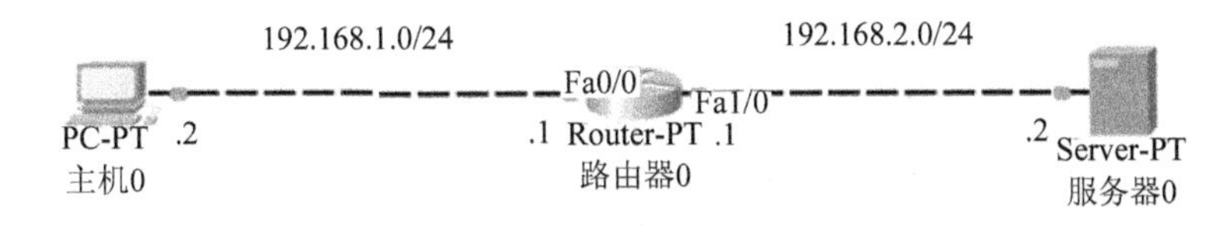

图 5-19　扩展 ACL 配置拓扑图

按照图 5-19 设置好接口及 IP 参数后，开启路由器端口，主机 0 和主机 1 之间可以正常通信。可以用 ping 命令进行测试。并且主机 0 可以正常访问服务器 0 的 Web 服务和 FTP

服务，如图 5-20 所示。可以通过主机 0 的浏览器访问，也可以通过命令行的方式访问 FTP 服务器。

图 5-20　服务器 FTP、Web 的访问

2. 在路由器上配置编号扩展 ACL

配置命令如下：

```
Route(config)#access-list 2 permit tcp 192.168.1.0 0.0.0.255 192.168.2.0 0.0.0.255 eq
80          ! 设置允许访问 WWW 服务的 80 端口
Route(config)#access-list 2 deny tcp 192.168.1.0 0.0.0.255 192.168.2.0 0.0.0.255 eq
20          ! 设置拒绝访问 FTP 的控制端口 20
Route(config)#access-list 2 deny tcp 192.168.1.0 0.0.0.255 192.168.2.0 0.0.0.255 eq
21          ! 设置拒绝访问 FTP 的数据端口 21
Route(config)#interface fa 1/0
Route(config-if)#ip access-goup 2 out
```

3. 测试验证

(1) 查看所有访问控制列表的内容，命令为：show access-lists。

(2) 查看 ACL 作用在 IP 接口上的信息，命令为：show ip interface。

(3) 设置 ACL 后，主机与服务器之间互 ping，此时仍能 ping 通，说明通信正常，但是主机可以访问服务器的 WWW 服务，而不能访问 FTP 服务了，说明配置正常。

实验 5-6　NAT 的配置

➢ 实验目标

通过实验理解路由器网络地址转换的概念、功能及原理，掌握静态网络地址转换、动态网络地址转换、复用网络地址转换的方法及配置过程。

(1) 构建具有路由器连接的内外网络拓扑。

(2) 配置静态 NAT。

(3) 配置动态 NAT。

(4) 网络连通性检验，最后用 NAT 来配置 TCP 负载均衡。

➢ 实验要求

Cisco 2600 系列路由器一台，Cisco Catalyst 1900 交换机一台，PC 若干台，RJ-45 直通型、交叉型双绞线若干根。

➢ 实验步骤

一、NAT 的配置

1．网络连接、设置初始参数

建立如图 5-21 所示的网络结构，服务器 0 模拟企业内部的 WWW 服务，通过 NAT 配置将内网 Web 服务器 IP 地址映射为全局 IP 地址，实现外部网络可以访问企业内部 Web 服务器。

路由器 R1 为企业的出口路由器，其与外部路由器之间通过 V35 串口电缆连接，DCE 端连接在 R1 上，配置其时钟频率为 64 000 b/s。

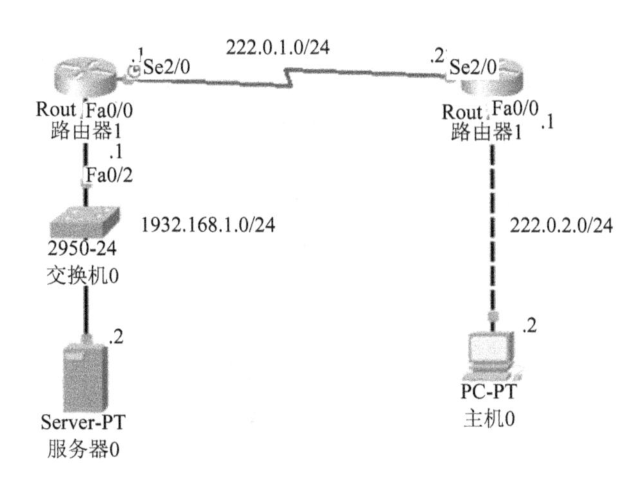

图 5-21 配置 NAT 的网络拓扑图

(1) 服务器 0 的参数：IP 地址为 192.168.1.2，子网掩码为 255.255.255.0，默认网关为 192.168.1.1。

(2) 外网主机 PC0 的参数：IP 地址为 222.0.2.2，子网掩码为 255.255.255.0，默认网关为 222.0.2.1。

(3) 路由器 R0 的端口参数：

Route>en

```
Route#conf t
Route(config)#host R0
R0(config)#int fa 0/0
R0(config-if)#ip address 192.168.1.1 255.255.255.0
R0(config-if)#no shutdown
R0(config-if)#int s 2/0
R0(config-if)#ip address 222.0.1.1 255.255.255.0
R0(config-if)#no shutdown
R0(config-if)#clock rate 64000
```

(4) 路由器的 R1 的端口参数：

```
Route>en
Route#conf t
Route(config)#host R1
R1(config)#int s 2/0
R1(config-if)#ip address 222.0.1.2 255.255.255.0
R1(config-if)#no shut
R1(config-if)#int fa   0/0
R1(config-if)#ip address 222.0.2.1 255.255.255.0
R1(config-if)#no shutdown
```

2. 路由器配置静态路由，让 PC 间能相互 ping 通

(1) 配置 R0 静态路由：

```
R0(config)#ip route 222.0.2.0 255.255.255.0 222.0.1.2
```

(或使用默认路由：R0(config)#ip route 0.0.0.0 0.0.0.0 s2/0)

(2) 配置 R1 静态路由：

```
R1(config)#ip route 192.168.1.0 255.255.255.0 222.0.1.1
```

(或使用默认路由：R0(config)#ip route 0.0.0.0 0.0.0.0 s2/0)

```
R1(config)#end
R1#show ip route         ！显示路由信息
```

(3) 测试连通性。此时外部 PC0 可以连通内部 WWW 服务器，可以用 ping 192.168.1.2 或 Web 浏览器 http://192.168.1.2 访问。如果成功，说明静态路由配置正确。

3. 在 R0 上配置静态 NAT，定义内外网络接口

```
R0(config)#int fa 0/0
R0(config-if)#ip nat inside          ！定义 fa 0/0 端口为内部网络端口
R0(config-if)#int s 2/0
R0(config-if)ip nat outside          ！定义 s 2/0 端口为外部网络端口
R0(config-if)exit
R0(config)#ip nat inside source static 192.168.1.2 222.0.1.3!定义静态 NAT
R0(config)#end
```

```
R0#show ip nat translations        ! 显示 NAT 的信息
```

4．验证主机之间的互通性

外部主机通过 Web 浏览器 http://222.0.1.3 成功访问 WWW 服务器，说明内部地址 192.168.1.2 到外部地址 222.0.1.3 转换成功。

二、NAPT 的配置

1．网络连接、配置初始参数

1) 硬件网络连接

进行如图 5-22 所示的网络硬件连接。设想 R1 为公司出口路由器，其与 ISP 路由器之间通过 V35 串口电缆连接，DCE 端连接在 R1 上，配置其时钟频率 64 000 b/s。

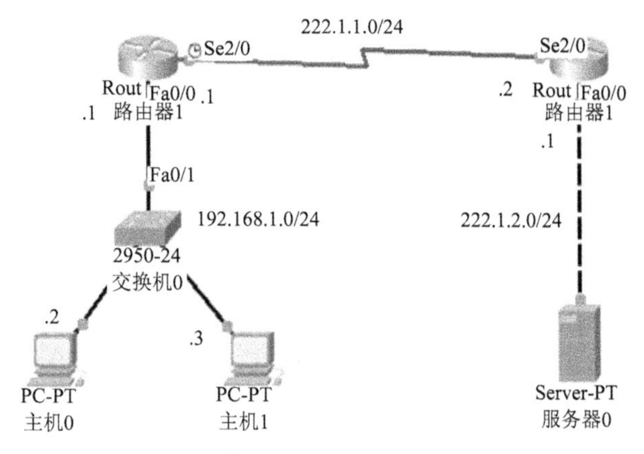

图 5-22 配置 NAPT 的网络拓扑图

2) 配置 PC 机、服务器

主机 0 的参数：IP 地址为 192.168.1.2，子网掩码为 255.255.255.0，默认网关为 192.168.1.1。

主机 1 的参数：IP 地址为 192.168.1.3，子网掩码为 255.255.255.0，默认网关为 192.168.1.1。

服务器 0 的参数：IP 地址为 200.1.2.2，子网掩码为 255.255.255.0，默认网关为 200.1.2.1。

3) 配置路由器接口 IP 地址

路由器 R0 的参数：

```
Route>en
Route#conf t
Route(config)#host R0
R0(config)#int fa 0/0
R0(config-if)#ip address 192.168.1.1 255.255.255.0
R0(config-if)#no shutdown
R0(config-if)#int s 2/0
R0(config-if)#ip address 200.1.1.1 255.255.255.0
R0(config-if)#no shutdown
```

```
R0(config-if)#clock rate 64000
```

路由器 R1 的参数：

```
Route>en
Route#conf t
Route(config)#host R1
R1(config)#int s 2/0
R1(config-if)#ip address 200.1.1.2 255.255.255.0
R1(config-if)#no shutdown
R1(config-if)#int fa 0/0
R1(config-if)#ip address 200.1.2.1 255.255.255.0
R1(config-if)#no shutdown
```

2. 路由器配置静态路由，让 PC 间能相互 ping 通

(1) 路由器 R0 的静态路由(也可使用默认路由)：

```
R0(config)#ip route 200.1.2.0 255.255.255.0 200.1.1.2
```

(2) 路由器 R1 的静态路由(也可使用默认路由)：

```
R1(config)#ip route 192.168.1.0 255.255.255.0 200.1.1.1
R1(config)#end
R1#show ip route
```

(3) 测试连通性。此时三台电脑可以互相通信，可以在主机 0 上 ping 200.1.2.2、通过 Web 浏览器访问 http://200.1.2.2，如果成功，说明静态路由配置成功。

3. 在 R0 上配置 NAPT 及内外网络接口

```
R0(config)#int fa 0/0
R0(config-if)#ip nat inside
R0(config)#int s 2/0
R0(config-if)#ip nat outside
R0(config-if)#exit
R0(config)#access-list 1 permit 192.168.1.0 0.0.0.255
R0(config)#ip nat pool to-internet 200.1.1.3 200.1.1.3 netmask 255.255.255.0
R0(config)#ip nat inside source list 1 pool to-internet overload    !无 overload 表示多对多，有 overload 表示多对一
R0(config)#end
R0#show ip nat translations          ! 显示 NAT 转换信息
```

4. 验证主机之间的互通性

在主机 0 上通过 Web 浏览器访问 http://200.1.2.2，可以正常访问；在路由器 R0 上显示 NAT 信息：R0#show ip nat translations，应该有一个转换结果。

再在主机 1 上通过 Web 浏览器访问 http://200.1.2.2，可以正常访问；在路由器 R0 上显示 NAT 信息：R0#show ip nat translations，应该有两个转换结果。

此时，说明 NAPT 配置成功。

【实验作业】

(1) 在 Packet Tracer 模拟器上建立路由器、计算机，并通过控制端口相连；分别通过 Consoie 端口和 Telnet 方式查看路由器的配置；进行多种配置模式的切换，熟悉常用配置命令的功能和操作方法。

(2) 建立多台路由器与计算机，配置静态路由和默认路由，查看各个路由表并检测不同路由器上计算机的连通性。

(3) 构建路由器连接多网段的网络拓扑，进行标准 ACL、扩展 ACL 配置。实现如何在每周工作时间段内禁止 HTTP 的数据流，设置用户在工作日就不能访问服务器提供的 HTTP 资源。

(4) 建立多网段的网络拓扑环境，配置路由器的 RIP 协议、OSPF 协议，分别进行连通性测试。

【提升与拓展】

一、路由器的 Telnet 配置

如果路由器的以太网口配置了 IP 地址，我们就可以在本地或者远程使用 Telnet 登录到路由器上进行配置，和使用 Console 端口配置的界面完全相同，这样大大地方便了工程维护人员对设备的维护。在此需要注意的是，配置使用的主机是通过以太网口与路由器进行通信的，必须保证该以太网口可用。所以必须先做好准备，即给以太网口配置 IP 地址并正常工作；然后将主机 IP 地址修改成与路由器以太网口的 IP 的网络号相同即可进行 Telnet 配置连接了。

Telnet 是 Windows 附带的应用程序，在开始菜单点击“运行”，然后输入 Telnet 按“确定”键即可启动 Telnet 软件。连接远程系统弹出连接对话框，输入路由器的以太网口 IP 地址即可完成连接。

二、路由器三类口令的设置

设置路由器时通常包括三类口令，分别是：特权口令、命令行口令和加密口令。其设置命令如下：

1. 配置特权口令

```
Router(config)#enable password cuit          ! 设置明文口令
Router(config)#enable secret cuit            ! 设置加密口令
```

2. 配置命令行口令

(1) 控制台口令：

```
Router(config)#line console 0
```

```
Router(config-line)#password cuit
Router(config-line)#login
```

(2) 辅助口令：

```
Router(config)#line aux 0
Router(config-line)#password cuit
Router(config-line)#login
```

(3) Telnet 口令：

```
Router(config)#line vty 0 4
Router(config-line)#password cuit
Router(config-line)#login
```

3. 加密口令

```
Router (config)#service password-encryption
```

三、路由器口令恢复和 IOS 恢复

有两种情况要用到路由器的口令恢复和 IOS 路由器的 IOS 恢复：一种为新任网络管理员无法和上任网络管理员取得联系获得路由器的密码，但现在需要更改路由器的配置；另一种为管理员在对路由器的 IOS 进行升级后发现新的 IOS 有问题，需恢复原来的 IOS。

恢复步骤如下：

(1) 关闭并重新开启路由器电源，等待路由器开始启动时按 Ctrl + Break 快捷键中断正常的启动过程，进入到 ROM 状态。

(2) 修改配置寄存器的值，并重新启动。

(3) 等待路由器启动完毕并进入 setup 模式后，按 Ctrl + C 快捷键退出 setup 模式，修改密码。

(4) 恢复寄存器值，保存配置并重启路由器。

(5) 准备好 TFTP 服务器，检查 IOS 文件 c2600-i-mz.122-8.T1.bin 是否已经在正确目录，并记下服务器的 IP 地址。

(6) 重启路由器，按 Ctrl + Break 快捷键中断启动过程，进入到 ROM 模式。

(7) 设置环境变量。

(8) 下载 IOS，并重启。

四、OSPF 的区域划分

如果网络节点太多，采用单区域管理时，每台路由器都需要维护的路由表越来越大，单区域内路由表分散、无法汇总到一起，同时收到的 LSA(链路状态通告)太多，内部动荡会引起全网路由器的完全 SPF 计算，从而资源消耗过多，性能下降，影响数据转发。这时就需要把大型网络分隔为多个较小的可管理的单元—区域(area)。OSPF 多区域设计规则介绍如下：

(1) 每个区域都有自己独立的链路状态数据库，SPF 路由计算独立进行。

(2) LSA 洪泛和链路状态数据库同步只在区域内进行。

(3) OSPF 骨干区域 area 0，必须是连续的。

(4) 其他区域必须和骨干区域 area 0 直接连接；其他区域之间不能直接交换路由信息。

(5) 形成OSPF邻居关系的接口必须在同一区域，不同OSPF区域的接口不能形成邻居。

(6) 区域边界路由器把区域内的路由转换成区域间路由，传播到其他区域。

五、基于时间的访问控制列表

1. 相关概念

基于时间的访问列表是指在标准或扩展的访问列表的基础上增加时间段的应用规则。基于时间的访问控制列表由两部分组成：第一部分是定义时间段，第二部分是用扩展访问控制列表定义规则。

Time-range 时间段分为两种：绝对性时间段和周期性时间段。定义时间段格式如下：

absolute {start time date [end time date]| end time date }　　！设置绝对时间

periodic day-of-the-week hh:mm to [day-of-the-week] hh:mm　　！设置周期时间

periodic {weekdays | weekend |daily}hh:mm to hh:mm　　！设置周期时间

2. 设置规则

(1) 在定义时间接口前须先校正路由器系统时钟。

(2) Time-range 接口上允许配置多条 periodic 规则(周期时间段)，在 ACL 进行匹配时，只要能匹配任一条 periodic 规则即认为匹配成功，而不是要求必须同时匹配多条 periodic 规则。

(3) 设置 periodic 规则时可以按以下日期段进行设置：day-of-the-week(星期几)、Weekdays(工作日)、Weekdays(周末，即周六和周日)、Daily(每天)。

(4) Time-range 接口上只允许配置一条 absolute 规则(绝对时间段)。

(5) Time-range 允许 absolute 规则与 periodic 规则共存。此时，ACL 必须首先匹配 absolute 规则，然后再匹配 periodic 规则。

通过这个时间段和扩展 ACL 的规则结合，就可以指定出针对时间段开放的基于时间的访问控制列表了。

3. 一般配置步骤

(1) 定义时间段及时间范围。

(2) ACL 自身的配置，即将详细的规则添加到 ACL 中。

(3) 宣告 ACL，将设置好的 ACL 添加到相应的端口中。

六、应用 NAT 的安全策略

当我们改变网络的 IP 地址时，都要仔细考虑这样做会给网络中已有的安全机制带来什么样的影响。例如，防火墙根据 IP 报头中包含的 TCP 端口号、信宿地址、信源地址以及其他一些信息来决定是否让该数据包通过。可以依 NAT 设备所处位置来改变防火墙过滤规则，这是因为 NAT 改变了信源或信宿地址。

在许多网络中，NAT 机制都是在防火墙上实现的，它的目的是使防火墙能够提供对网络访问与地址转换的双重控制功能。除非可以严格地限定哪一种网络连接可以被进行 NAT

转换，否则不要将 NAT 设备置于防火墙之外。

原则上，NAT 设备应该被置于 VPN 受保护的一侧，因为 NAT 需要改动 IP 报头中的地址域，而在 IPSec 报头中该域是无法被改变的，这样可以准确地获知原始报文是发自哪一台工作站的。如果 IP 地址被改变了，那么 IPSec 的安全机制也就失效了，因为既然信源地址都可以被改动，那么报文内容就更不用说了。

在应用 NAT 的系统中应做好以下模块和系统的安全配置工作：

(1) 网络地址转换模块。地址转换模块是 NAT 系统的核心部分，而且只有本模块与网络层有关。

(2) 集中访问控制模块。集中访问控制模块可进一步细分为请求认证子模块和连接中继子模块。

(3) 临时访问端口表。为了区分数据包的服务对象和防止攻击者对内部主机发起的连接进行非授权的利用，网关把内部主机使用的临时端口、协议类型和内部主机地址登记在临时端口使用表中。

(4) 认证与访问控制系统。包括用户鉴别模块和访问控制模块，实现用户的身份鉴别和安全策略的控制。

(5) 监控与入侵检测系统。作为系统端的监控进程，负责接受进入系统的所有信息，并对信息包进行分析和归类，对可能出现的入侵及时发出报警信息；同时如发现有合法用户的非法访问和非法用户的访问，监控系统将及时断开访问连接，并进行追踪检查。

(6) 基于 Web 的防火墙管理系统。多数远程访问和配置采用 Web 的管理模式，由于管理系统所涉及的信息大部分是关于用户账号等敏感数据信息，故应充分重视 WEB 防火墙管理系统的安全设置和应用。

实验6　网络互联与Internet接入

【基础知识介绍】

一、互联网的接入

1. ISP的概念

ISP(Internet Service Provider)就是为用户提供Internet接入和Internet信息服务的公司和机构。由于接入国际互联网需要租用国际信道，因此其成本对于一般用户是无法承担的。Internet接入提供商作为提供接入服务的中介，需投入大量资金建立中转站，租用国际信道和大量的当地电话线，购置一系列计算机设备，通过集中使用、分散压力的方式，向本地用户提供接入服务。从某种意义上讲，ISP是全世界数以亿计的用户通往Internet的必经之路。

2. Internet的常用接入方法

现在各地的电信部门和ISP所提供的入网方式大体可分为以下几种。

(1) PSTN(Published Switched Telephone Network，公用电话交换网)拨号：该入网方式使用调制解调器连接电话线上网。

(2) ISDN(Integrated Service Digital Network，综合业务数字网)：该入网方式通话上网两不误，俗称“一线通”。

(3) DDN(Digital Data Network，数字数据网)专线：该入网方式面向集团企业。

(4) ADSL(Asymmetrical Digital Subscriber Line，非对称数字用户环路)：该入网方式俗称网络快车、个人宽带流行风。

(5) VDSL(Very High Speed Digital Subscriber Line，超高速数字用户线路)：该入网方式就是ADSL的快速版本。

(6) Cable-modem(线缆调制解调器)：该入网方式利用现成的有线电视(CATV)网进行数据传输。

(7) PON(Passive Optical Network，无源光网络)：该入网方式是一种点对多点的光纤传输和接入技术。

(8) LMDS(Local Multipoint Distribution Services，区域多点传输服务)接入：该入网方式通过无线宽带接入，适用于社区局域网接入。

(9) FTTX + LAN(光纤 + 局域网)：该入网方式是将局域网通过光纤接入，技术成熟、成本低。

3. ADSL简介

ADSL是一种能够通过普通电话线提供宽带数据业务的技术，也是目前极具发展前景的一种接入技术。ADSL 素有“网络快车”之美誉，因其下行速率高、频带宽、性能优、安装方便、不需交纳电话费等特点而深受广大用户喜爱，成为继 Modem、ISDN 之后的又一种全新的高效接入方式。

ADSL 方案最大的特点是不需要改造信号传输线路，完全可以利用普通铜质电话线作为传输介质，配上专用的 Modem 即可实现数据高速传输。ADSL 支持上行速率 640 kb/s～1 Mb/s，下行速率 1 Mb/s～8 Mb/s，其有效的传输距离在 3～5 km 范围以内。在 ADSL 接入方案中，每个用户都有单独的一条线路与 ADSL 局端相连，它的结构可以看作是星型结构，数据传输带宽是由每一个用户独享的。

ADSL 系统主要由局端设备和用户端设备(CPE)组成，其连接方式如图 6-1 所示。

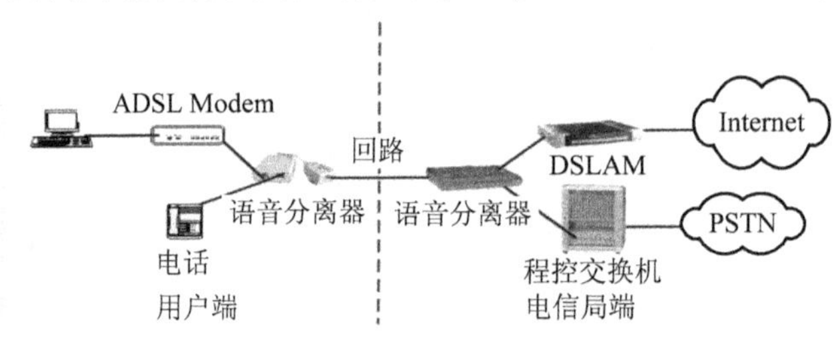

图 6-1　ADSL 系统连接

ADSL 接入类型主要包括：

(1) 专线入网方式。专线入网方式使用户拥有固定的静态 IP 地址，可以 24 小时在线。

(2) 虚拟拨号入网方式。虚拟拨号入网方式并非是真正的电话拨号，而是用户通过输入账号、密码进行身份验证，从而获得一个动态的 IP 地址。这种方式可以掌握上网的主动性。

二、共享 Internet 连接

1. ICS 的概念

Internet 连接共享(Internet Connection Sharing，ICS)只使用一个连接就可以将家庭或局域网络上的计算机连接到 Internet。

Internet 连接共享主要用在 ICS 主机可对计算机和 Internet 之间的通信进行导向的网络中，需要配置 ICS 主机上的 Web 服务器服务。

在运行网络安装向导并启用 Internet 连接共享后，在 ICS 主机和使用共享的计算机上的某些协议、服务、接口和路由都将自动配置。

除 ICS 外，还可以通过网络地址转换(Network Address Translator，NAT)的方法实现共享连接，但两种方法不能同时存在。

2. 代理服务器

代理服务器(Proxy Server)是 Internet 共享解决方案的关键。“Internet 连接共享”曾出现在 Windows 98(SE)/Me/2000 的功能上，而在 Windows XP 中得以完善和增强。它让局域网内的多台 PC 通过其中一台已与 Internet 连接的 PC 连接 Internet(这台已与 Internet 连接的 PC 称为网关计算机，也称为“代理服务器”)，从而达到多台 PC 共享一条 Internet 连接线路上网的目的，并提供防火墙的保护。

代理服务器的主要功能包括：连接 Internet 与 Intranet、充当防火墙、节省 IP 开销和提高访问速度。

其连接方法可以采用具有两块网卡的代理服务器直接连接内网和外网的方法，如图 6-2 所示；也可以采用具有一块网卡的代理服务器通过交换机端口与外网连接的方法，如图 6-3 所示。

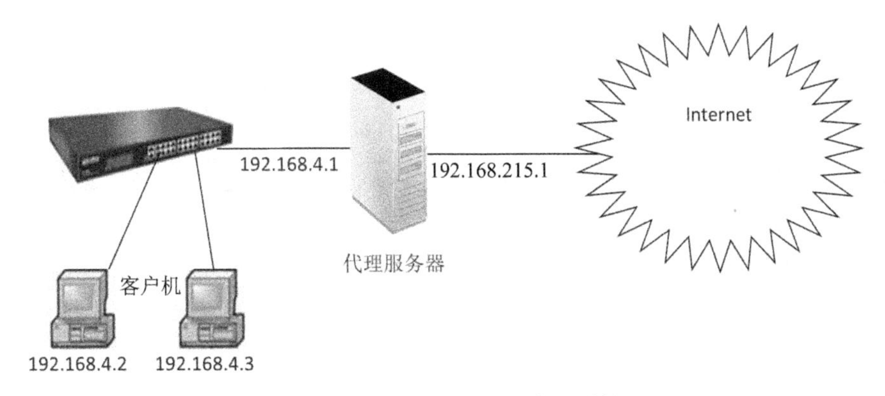

图 6-2　两块网卡的代理服务器连接

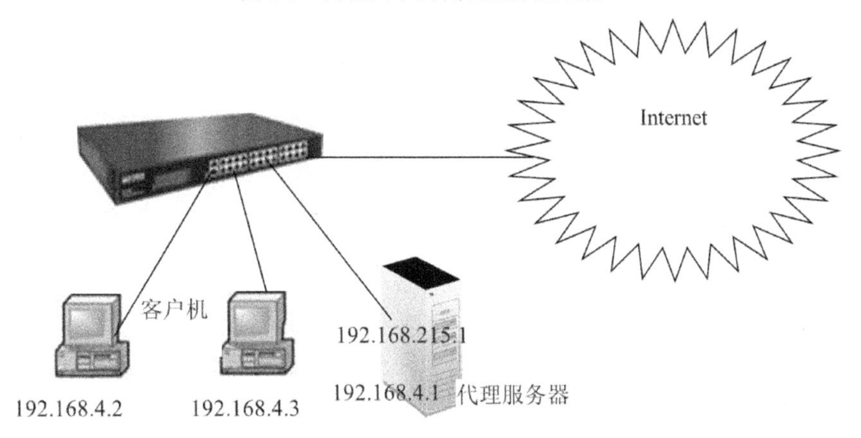

图 6-3　一块网卡的代理服务器连接

三、虚拟专用网 VPN

1．VPN 的概念

VPN(Virtual Private Network，虚拟专用网)是将物理分布在不同地点的网络通过 Internet 连接而成的逻辑上的虚拟子网。为了保障信息的安全，VPN 技术采用了鉴别、访问控制、保密性、完整性等措施，以防止信息被泄露、篡改和复制。

通过 VPN 网络连接，任何一个位于 Internet 网络中的用户，都能像直接位于单位局域网一样，来访问重要服务器或主机中的内容，而且这个访问连接过程比较安全、经济。

应用场合：远程访问；连接两个异地局域网。

2．VPN 实现方法

1) 隧道技术

隧道技术是在公用网建立一条数据通道(隧道)，让数据包通过这条隧道传输，如图 6-4

所示。隧道是由隧道协议形成的，分为第二、三层隧道协议。

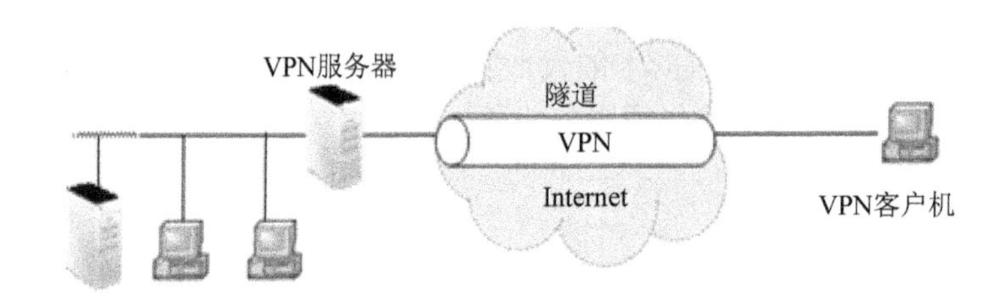

图 6-4　VPN 的隧道技术

(1) 第二层隧道协议是先把各种网络协议封装到 PPP 中，再把整个数据包装入隧道协议中的。第二层隧道协议有 L2F、PPTP、L2TP 等。

(2) 第三层隧道协议是把各种网络协议直接装入隧道协议中，这样形成的数据包便可依靠第三层协议进行传输了。第三层隧道协议有 VTP、IPSec 等。

2) 身份认证

VPN 的客户端连接到远端 VPN 服务器时，必须验证用户身份，身份验证成功后用户可以通过 VPN 服务器来访问有权访问的资源。

Windows Server 2008 R2 支持以下身份验证协议：CHAP、MS-CHAP、MS-CHAP v2、EAP、PEAP。在 Windows 系统中，对于采用智能卡进行身份验证的，将采用 EAP 验证方法；对于通过密码进行身份验证的，将采用 CHAP、MS-CHAP 或 MS-CHAP v2 验证方法。

四、SyGate 简介

SyGate 是业界最为简单易用且功能强大的 Internet 共享软件。它用一条电话线、一个 Modem、一个 Internet 账号，就能将整个局域网中所有的 PC 连接至 Internet 浩瀚的信息海洋中，特别适用于中小型公司、企事业单位的办公室及拥有多台电脑的家庭用户，且能大大节约上网费用。

与其他 Internet 共享软件不同，SyGate 是作为网关与而不是作为代理服务器(Proxy Server)与 Internet 进行连接的。这意味着 SyGate 仅需安装在有 Modem 的那台 PC 上，其他 PC 不用安装任何软件。与同等类型的软件相比，SyGate 具有不可比拟的易用性。

SyGate 内置的防火墙、自动响应拨号、自动断线是其三大特色。在线路连接方面，SyGate 可支持 Analog(普通电话拨号)、ISDN、ADSL 和 Cable Modem、专线等。软件支持环境要求所用操作系统必须安装 TCP/IP 协议。

SyGate 目前有 SyGate Office Network 和 SyGate Home Network 两种版本，前者适合企业用户使用，后者适合家庭用户使用。SyGate 的特点包括：

(1) 安装迅速，使用简单。SyGate 安装于局域网中直接接入 Internet 的那台计算机上，安装过程只需几分钟。

(2) 支持多种连接方式。SyGate 支持 Analog、ISDN、ADSl 及 Cable Modem，甚至有人将 SyGate 用于 DirecPC(卫星直播系统)。

(3) 内置防火墙。SyGate 内置了链路层的防火墙，它对会话层的 TCP 及 UDP 进行监控，可限制通过网关建立的 Internet 连接。

(4) 黑白名单。SyGate 可以控制网络中每台计算机上网的权力及时间，比如屏蔽某些不良网址或应用程序，允许某些计算机只能或不能访问一些特定网址。

(5) 自动响应拨号、自动断线。当客户端有上网请求时，安装 SyGate 的网关计算机便可自动拨号接入 Internet，其他用户甚至感觉不到。也可将 SyGate 设置为一段时间内无人上网而自动断开连接，从而降低风险性、节约费用。

(6) 活动日志。SyGate 可使管理人员跟踪和监控被访问过的 Web 站点。支持任何运行 TCP/IP 网络协议的操作系统。

(7) 支持多种网络协议。SyGate 几乎支持现有的各种应用层协议，如 HTTP、HTTPS、POP3、NTTP、SMTP、Telnet、ICQ、IRC、FTP、DNS、Real Audio、SSL 等，具有良好的兼容性。

【能力培养】

因特网是全球最大的广域网，是信息技术发展、信息共享、信息化开展的基础平台。因特网是由成千上万的局域网、无数的用户计算机连接而成的，掌握网络互联、因特网接入技术和方法是计算机网络最重要的技术之一。

本实验主要介绍 Internet 接入方法(如 ADSL)、共享 Internet 连接、代理服务器软件应用、实现虚拟专用网 VPN 的技术和操作。

实　　验	能力培养目标
6-1　ADSL 接入	了解 Internet 接入方法，掌握 ADSL 的安装与配置
6-2　共享 Internet 连接	了解共享 Internet 连接的功能与方法，掌握 Windows 系统中设置共享 Internet 连接
6-3　VPN 的配置	了解 VPN 的功能，掌握 Windows 系统下 VPN 的安装与操作
6-4　SyGate 代理服务器	了解代理服务器的作用，掌握 SyGate 的操作与功能

【实验内容】

实验 6-1　ADSL 接入

➢ 实验目标

通过实验了解因特网 ISP 服务商及其提供服务的接入方法，掌握 ADSL 技术原理及 ADSL 的安装，掌握 ADSL 拨号接入 Internet 的具体操作方法。

(1) 安装 ADSL 线路并配置计算机及 ADSL 调制解调器。

(2) 创建宽带拨号连接。

(3) 拨号连接的使用及设置。

➢ 实验要求

硬件环境：计算机(带以太网卡)一台、ADSL 调制解调器、分离器、电话线接口、双绞线直通电缆、电话线两根。

软件环境：Windows 操作系统(安装 TCP/IP 协议、IE 浏览器)，已申请的 ADSL 账户。

➢ 实验步骤

一、硬件连接

(1) 入户线路通过 RJ-11 水晶头连接在 ADSL-Modem 的 LINE\DSL 口上，网线通过 RJ-45 水晶头一端连接 ADSL-Modem 的 Ethernet(以太网接口)，另一端连接用户计算机的网卡。

(2) 电话机必须通过分离器(滤波器)或 ADSL-Modem 的电话输出口 PHONE 口连接，如图 6-5 所示。

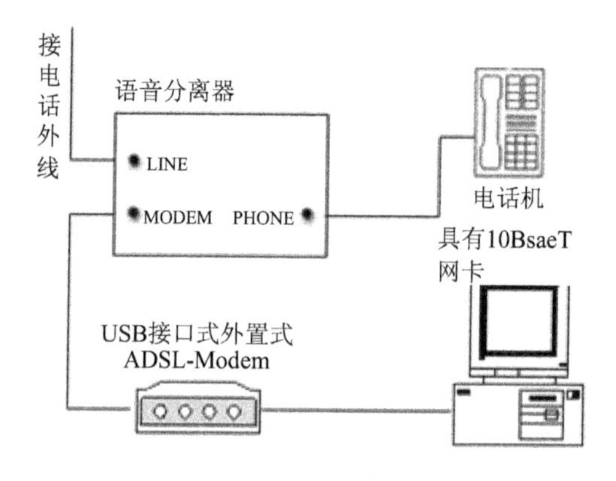

图 6-5　ADSL 连接图

二、软件的安装

如果采用专线接入方式，则按照 ISP 提供的 IP 地址、默认网关、DNS 等参数修改本地网络属性即可，不需要安装其他软件；如果采用虚拟拨号入网方式，则需要安装拨号软件。

1．安装拨号软件(以 Windows XP 为例)

最常用的 ADSL 拨号上网都是使用 PPPoE(Point-to-Point Protocol over Ethernet，以太网上的点对点协议)虚拟拨号软件来实现的，因此建议使用 Windows XP 自带的 PPPoE 拨号软件。经过多遍测试，能使自带的虚拟拨号软件断流现象减少，稳定性也相对提高。

具体步骤如下：

(1) 安装网卡驱动程序；

(2) 打开“新建连接向导”对话框，如图 6-6 所示，选择网络连接类型，如图 6-7 所示；

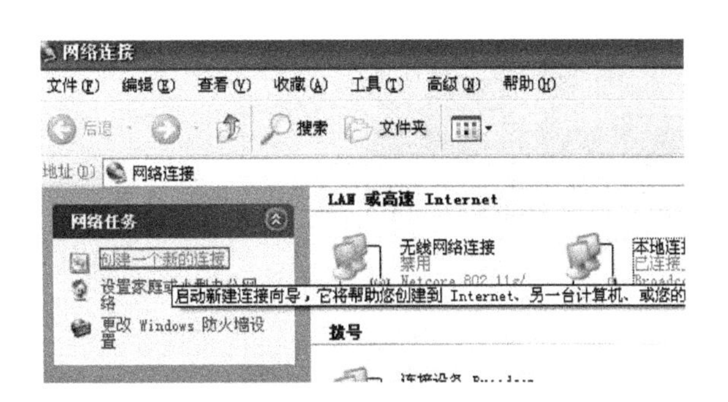

图 6-6 “新建连接向导”对话框

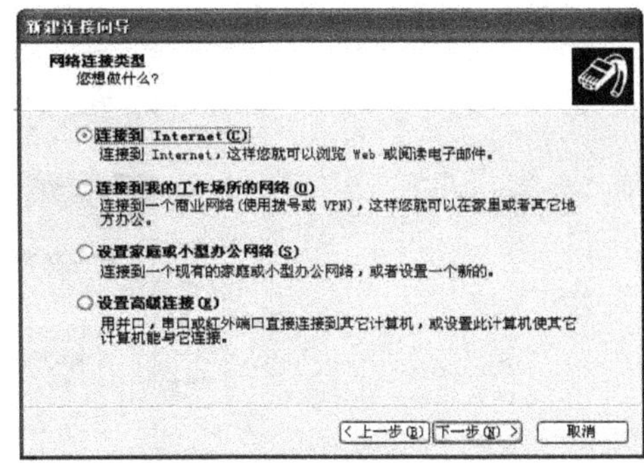

图 6-7 “网络连接类型”对话框

(3) 选择“手动设置我的连接”，如图 6-8 所示；

(4) 选择“用要求用户名和密码的宽带连接来连接”，如图 6-9 所示；

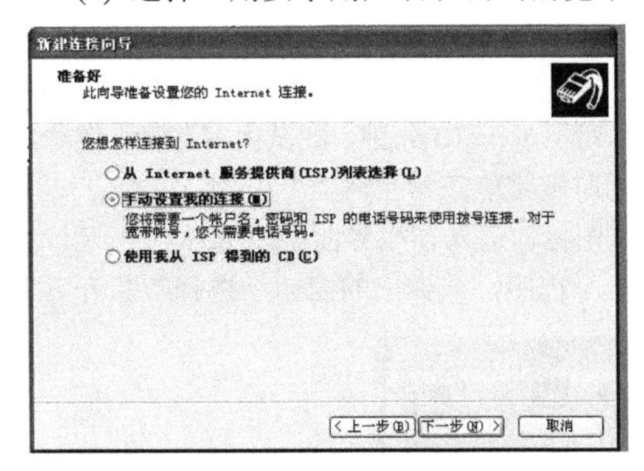

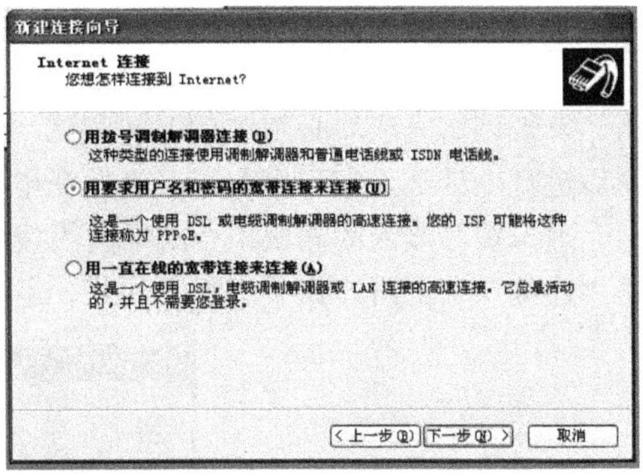

图 6-8 “手动设置我的连接”对话框

图 6-9 选择连接方式对话框

(5) 输入 ISP 名称，如图 6-10 所示；

(6) 输入自己的 ADSL 账号(即用户名)和密码，并根据向导的提示，对这个上网连接进行 Windows XP 其他一些安全方面的设置，单击“完成”按钮，如图 6-11 所示。

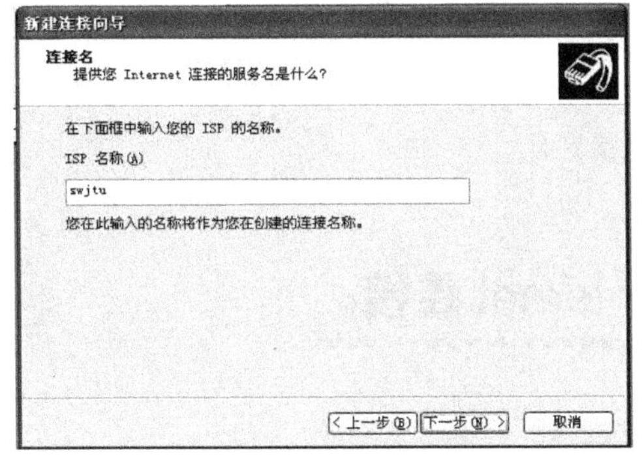

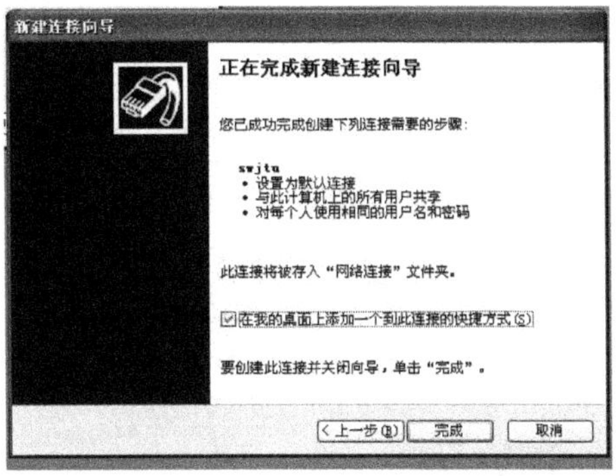

图 6-10 ISP 名称对话框

图 6-11 完成新建连接对话框

双击桌面上的宽带连接，如果成功连接，则屏幕右下角将有两部电脑连接的图标。

网卡设置步骤如下：

(1) 选中 ADSL-Modem 的那块网卡并选择属性项；

(2) 将 IP 地址、DNS 设置为自动获得 IP 地址方式；

(3) 子网掩码、网关一般都不用设置，默认选择即可，如图 6-12 所示。

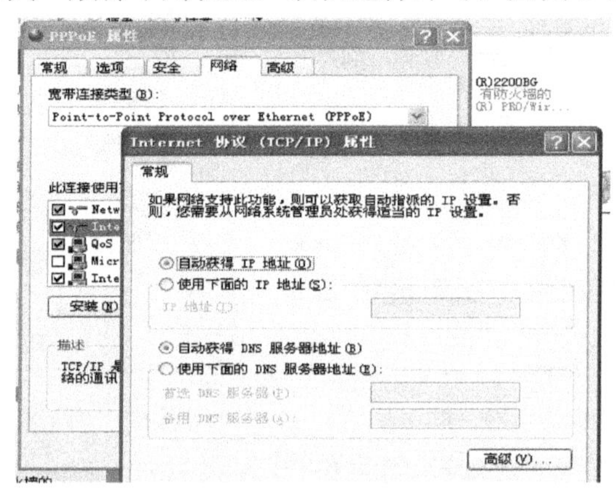

图 6-12　网卡设置对话框

三、ADSL 测试

安装调试完成后必须进行上网测试，测试时间不少于 10 分钟，测试内容包括：拨号上网后进行电话呼入和呼出测试，确保在电话通话时宽带能正常上网。

虚拟拨号接入的测试：点击桌面的拨号连接图标，进入连接界面，如图 6-13 所示，点击“连接”来上网。如果想断开网络，运行同一个程序，从弹出的窗口中选择“断开”。

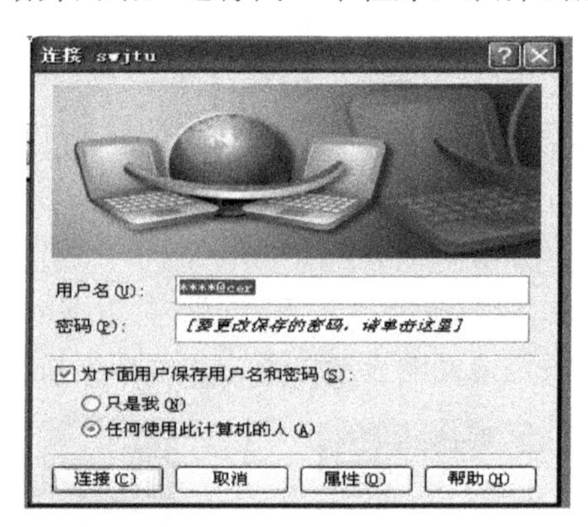

图 6-13　网络连接界面

实验 6-2　共享 Internet 连接

➢ 实验目标

通过实验了解 Internet 共享连接的方法，掌握代理服务器的硬件安装方法，设置代理服务器的共享连接及相关参数，掌握客户端参数的设置及网络连接方法。

(1) ICS 主机(代理服务器)网卡的安装与配置。

(2) 网关主机防火墙的配置。

(3) 客户端的设置与上网测试。

➢ 实验要求

(1) 一台代理服务器：装有 Windows 系列操作系统(安装 TCP/IP 协议)，具有一个能够访问 Internet 的 IP 地址。

(2) 多台客户机：装有 Windows 系列操作系统(安装 TCP/IP 协议)，安装一块网卡。

(3) 交换机及连接线。

➢ 实验步骤

一、ICS 主机的安装与设置

1. ICS 主机安装双网卡

要使用 Internet 连接共享来共享 Internet 连接，ICS 主机(代理服务器)必须具有一个配置为连接到内部网络的网络适配器，以及一个配置为连接到 Internet 的网络适配器或调制解调器。

选择实验室一台能够联网的 Windows XP 计算机(配置网卡、能够联网、具有固定 IP 地址)作为代理服务器，安装第二块网卡并安装相应的驱动程序，作为外部连接网卡。

2. ICS 主机的配置

操作系统是 Windows XP，点击“开始”→“控制面板”→“网络和 Internet 连接”→“网络连接”，就会看到两个网卡的连接图标，如图 6-14 所示。

其中一块网卡与 Internet 连接，称之为“外网卡”，其 TCP/IP 设置应视不同的宽带接入方式而不同，可以是自动获取 IP 地址和 DNS，也可以配置固定 IP 地址和 DNS(由 ISP 提供的)，用户应按 ISP 提供的使用说明来配置。另一块网卡用于与局域网内的计算机进行连接，称为“内网卡”。

1) 外网卡的共享设置

右击“Local Area Connection 1”→“属性”→“高级”，勾选“允许其他网络用户通过此计算机的 Internet 连接来连接”(也可以根据需要勾选“Internet 连接防火墙”和“Internet 连接共享”这两项)，如图 6-15 所示。

图 6-14　两个网络适配器

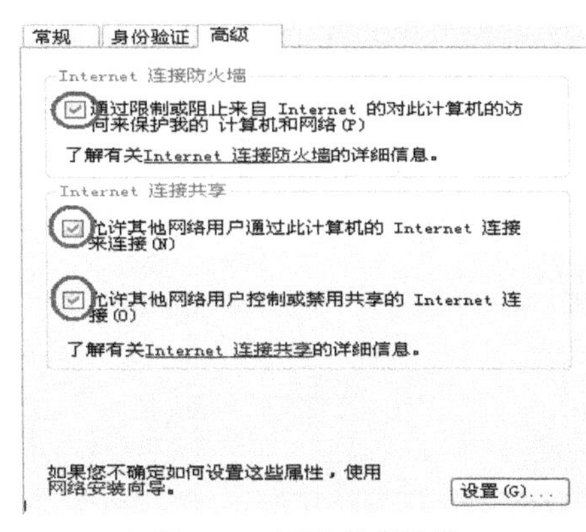

图 6-15　网络共享设置

单击“确定”按钮后，会弹出以下消息，如图 6-16 所示，单击“是”按钮。

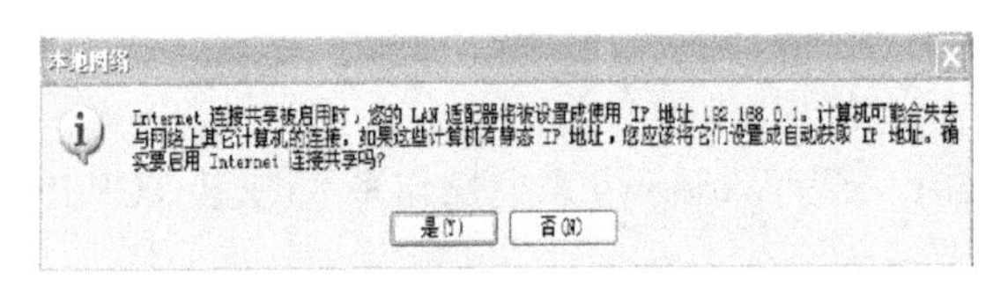

图 6-16　启用 Internet 连接共享

这样共享就启用了，网络连接中外部连接网卡图标变成了共享的状态(手托)，说明连接共享已经设置成功，如图 6-17 所示。

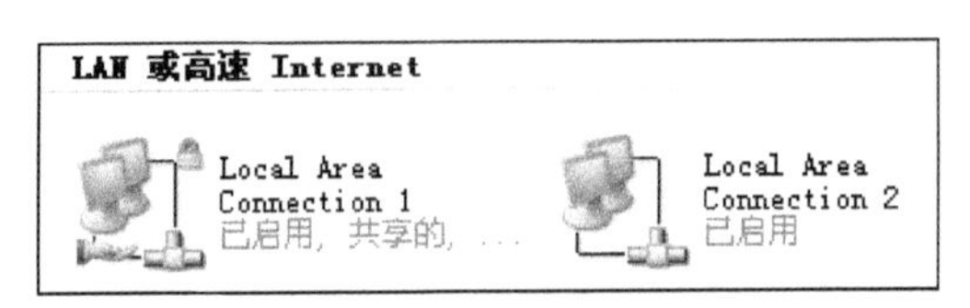

图 6-17　网络外连接已设置共享

2) 查看或修改内网卡的属性

右击“Local Area Connection 2”→“属性”→“Internet Protocol (TCP/IP)”→“属性”，看到 IP 地址被系统设置为 192.168.0.1，子网掩码为 255.255.255.0，其他为空。

这个 IP 地址是可以改变的，根据本局域网使用者的具体要求而定，但在此例中不作修改，按“取消”退出此对话框。网关主机的设置完成，已经共享了 Internet 连接并有防火墙功能，可保护整个局域网内的所有机器不被非法访问。

3. 网关主机内的防火墙设置

假如网关主机开启了远程桌面的功能，同时又开启了防火墙，Internet 上的其他在线用户是不能远程登录你的系统的，可以远程登录到本局域网内的任何一台 PC(包括网关主机，这台 PC 要具备远程桌面的功能)，进行远程配置和操作。操作过程如下：

(1) 右击“Local Area Connection 1”→“属性”→“高级”→“设置”，勾选“远程桌面”，如图 6-18 所示；

(2) 输入要被专家登录的机器的 IP 地址或计算机名(见图 6-19)，按三次“确定”按钮完成后，专家就可透过防火墙登录到本局域网内的任何一台 PC。

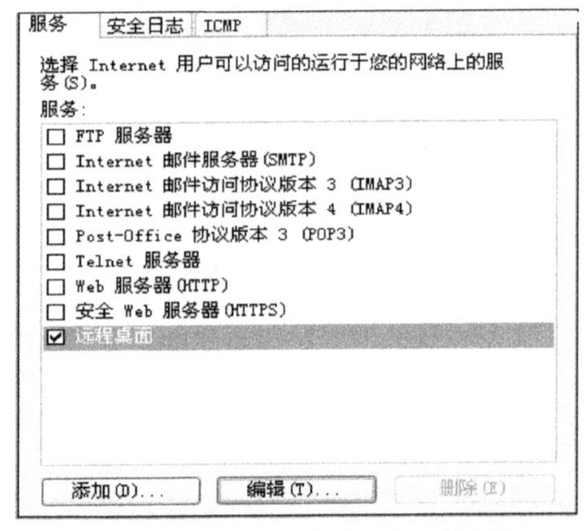

图 6-18　选择“远程桌面”对话框

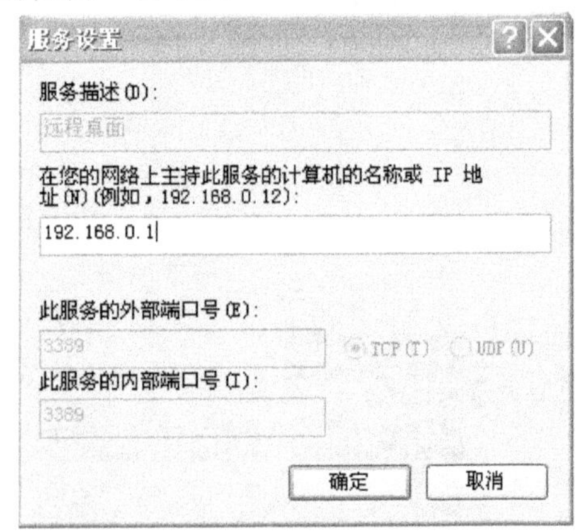

图 6-19　输入服务器的 IP 或计算机名

同样的方法，可以控制局域网的 Web 服务或 FTP 服务等是否可以对外开放，只要像刚才那样勾选不同的服务即可。

二、局域网内 PC 的配置

客户机可以采用任何网络操作系统，除了 Windows 系列，还可以是 Linux 或 Unix。只要设置网卡的 IP 地址、子网掩码、默认网关和 DNS 即可。

IP 地址设为与网关主机内网卡(Local Area Connection 2)处于同一子网的地址，但不能重复，子网掩码与网关主机内网卡的设置一样，默认网关和 DNS 设为网关主机内网卡的 IP 地址。如果是 Windows XP 系统，可按图 6-20 所示进行设置。

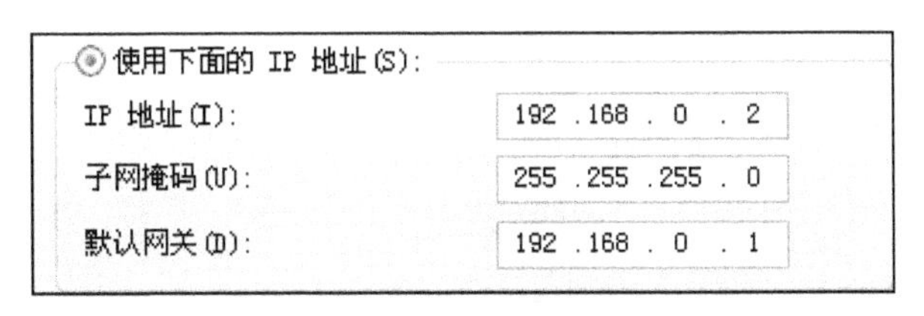

图 6-20 客户机 IP 设置举例

确定后，打开 IE 就可以上网了，当然前提是网关主机已经连接上 Internet。

实验 6-3 VPN 的配置

➢ 实验目标

通过实验理解 VPN 概念、原理及作用，掌握 VPN 服务器的设置方法和客户机的设置方法，实现 Internet 的远程访问。

(1) VPN 服务器的安装与配置。

(2) VPN 客户机的配置。

(3) 实现客户机与 VPN 服务器以及内部局域网之间的通信。

➢ 实验要求

(1) 服务器：装有 Windows Server 2008 系统，具有网络连接。

(2) 客户机：装有 Windows XP 系统，具有网络连接。

(3) Windows Server 2008 光盘。

➢ 实验步骤

一、安装配置 VPN 服务器

1. 安装“路由和远程访问”服务

在 Windows Server 2008 R2 上配置 PPTP VPN Sever 端，必须先通过服务器管理器添加

角色来开启“远程和路由服务”功能(见图 6-21)，在服务器角色中选择“网络策略和访问服务”，点击“下一步”按钮；选择“路由和远程访问服务”(见图 6-22)，点击“下一步”按钮并安装。

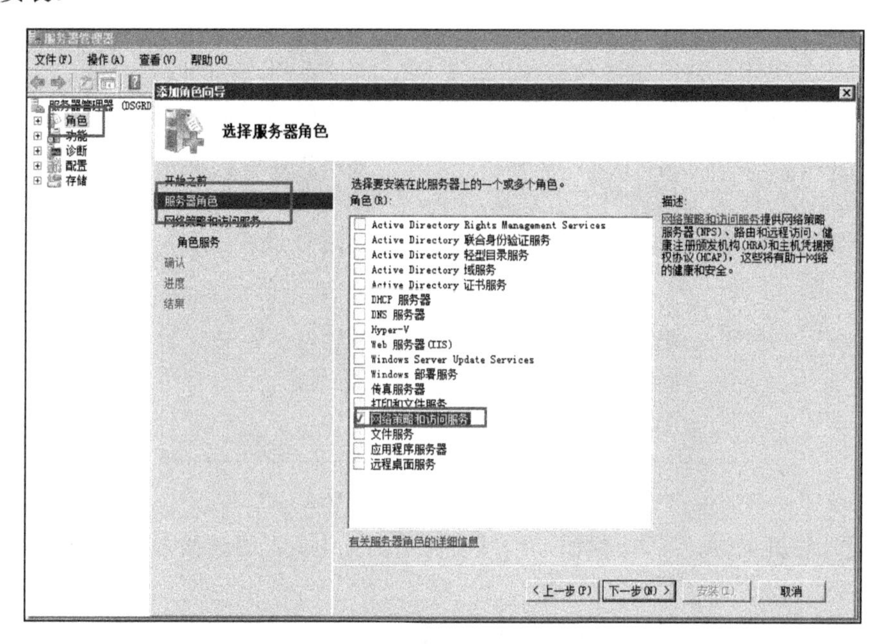

图 6-21 选择服务器角色对话框

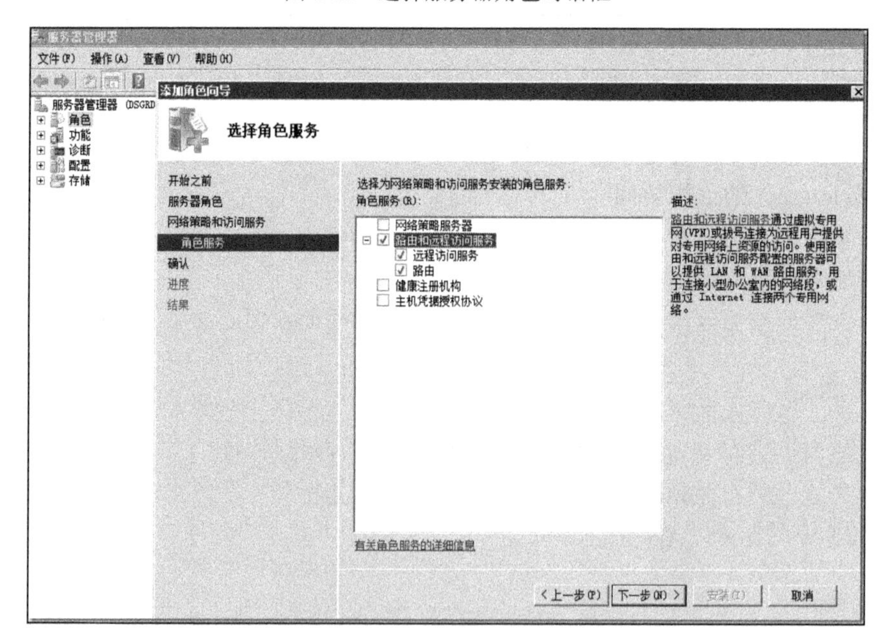

图 6-22 选择角色服务对话框

2．启用“路由与远程访问服务”

在安装完服务后会自动出现“配置并启用路由和远程访问”界面，如图 6-23 所示(或者点击“管理工具”—“路由与远程访问”)，右击“服务器名”，选择“配置并启用路由和远程访问”选项；选择“远程访问(拨号或 VPN)”，点击“下一步”按钮，并选择 VPN，如图 6-24 所示。

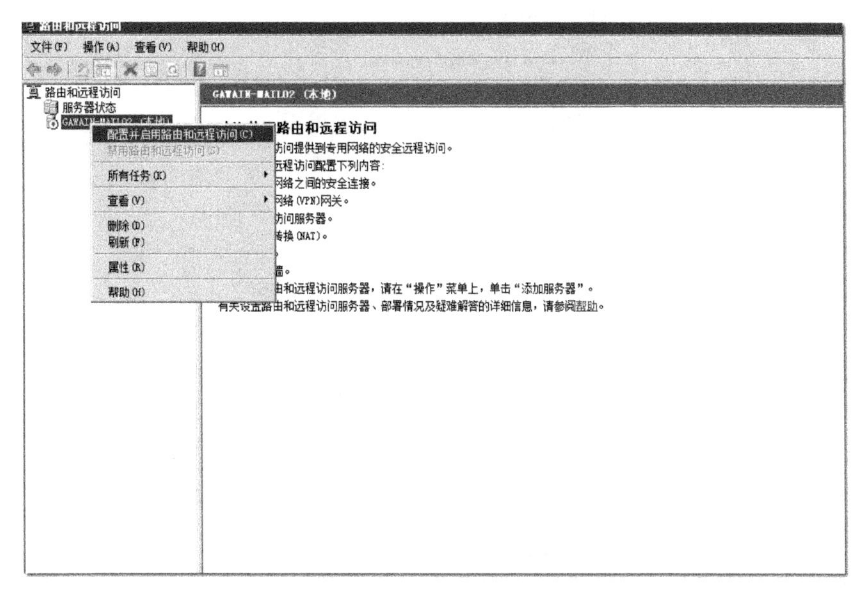

图 6-23 “配置并启用路由和远程访问”界面

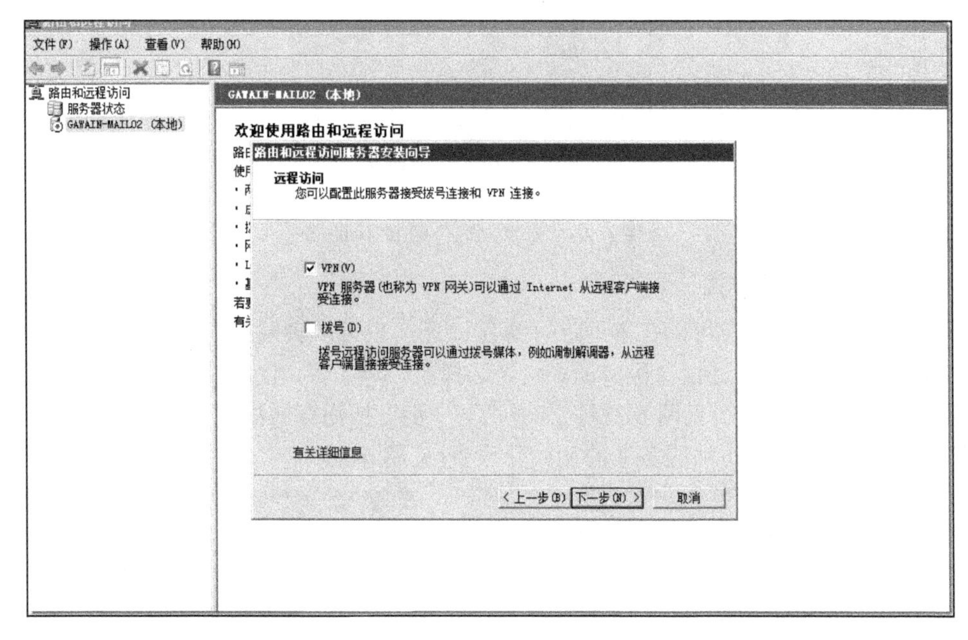

图 6-24 “远程访问”对话框

3. 配置网络连接参数

下一步选择 VPN 连接的网络接口(见图 6-25)、选择为客户端分配 IP 地址的方式“来自一个指定的地址范围”(见图 6-26)、并指定 IP 地址的范围(如 10.10.10.100～10.10.10.150)。

VPN 服务器参数可以利用 VPN 安装向导的提示一步步来完成，也可以在 VPN 服务器的属性选项卡中设置。

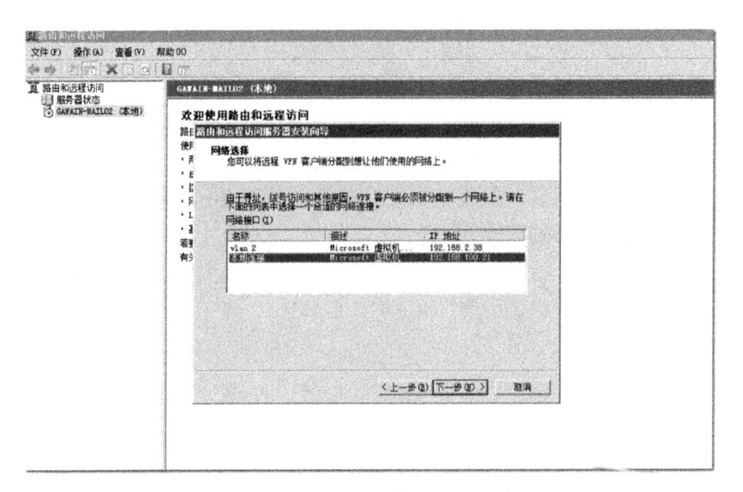

图 6-25　选择 VPN 连接的网络接口

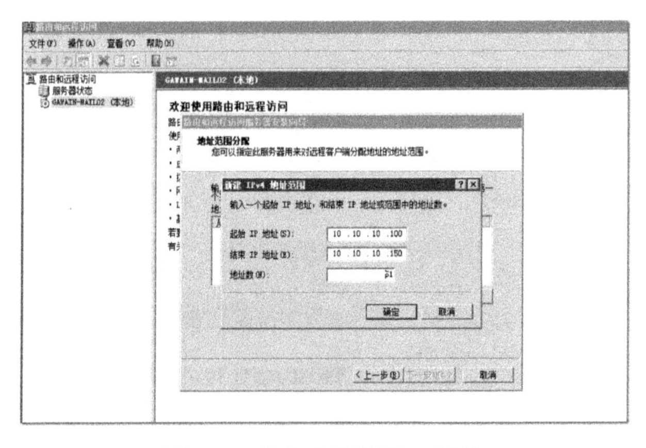

图 6-26　为客户端分配 IP 地址

4．选择身份验证方式

对客户端的身份认证可以在本地进行身份验证，也可以转发到远程身份验证拨入用户服务(RADIUS)的服务器进行身份验证。此处选择第一项“否，使用路由器和远程访问来对连接请求进行身份验证”(见图 6-27)。点击“下一步”按钮查看配置信息，并点击“完成”按钮进行“路由和远程访问服务”的初始化设置(见图 6-28)。

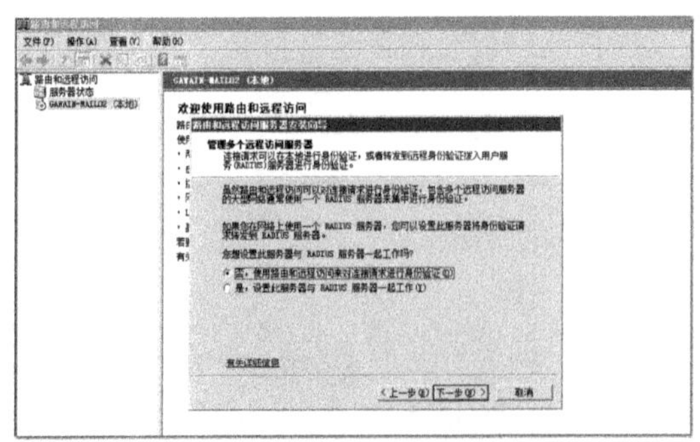

图 6-27　选择身份验证方式

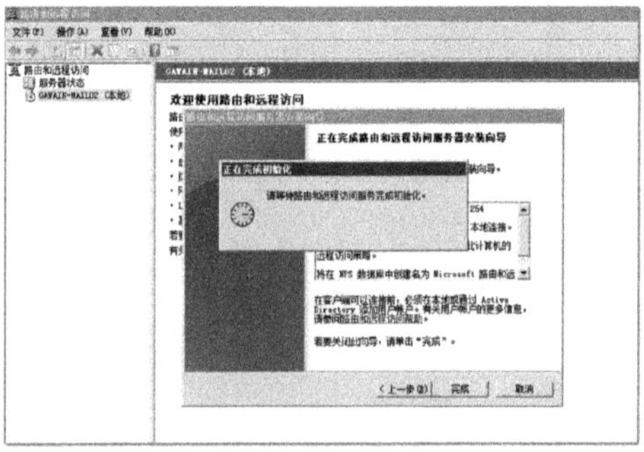

图 6-28　完成初始化设置

在接下来的信息窗口中可以看到“此服务器上配置了路由和远程访问”的信息提示。

5. 添加 VPN 拨入用户

设置 Adminstrator 用户进行远程访问。

在服务器管理器“本地用户和组”的“用户”目录下找到 Administartor 用户，双击，弹出用户属性设置，选择“拨入”选项卡，选中“允许访问”(见图 6-29)完成操作。

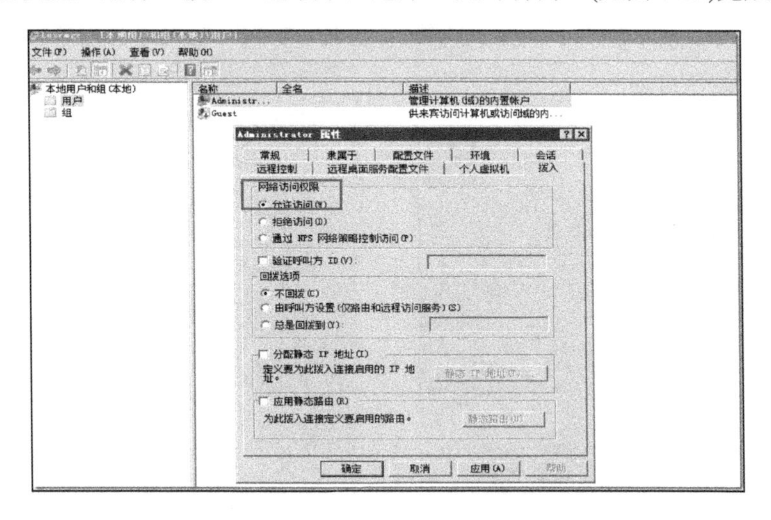

图 6-29　设置 Adminstrator“允许访问”

二、VPN 客户端

完成 VPN 服务器的配置操作，并赋予特定用户远程连接 VPN 服务器的权限以后，还需要在客户端计算机中创建 VPN 连接并拨入 VPN 服务器，才能实现对企业内部网络的访问。

1. 新建网络连接

(1) 在桌面上右键单击“网上邻居”图标，选择“属性”命令，打开“网络连接”窗口。在左窗格中单击“创建一个新的连接”按钮，打开“新建连接向导”;

(2) 打开“网络连接类型”对话框，选中“连接到我的工作场所的网络”单选框，并单击“下一步”按钮(见图 6-30);

(3) 在打开的“网络连接”对话框中，选中“虚拟专用网络连接”单选框并单击“下一步”按钮(见图 6-31)。

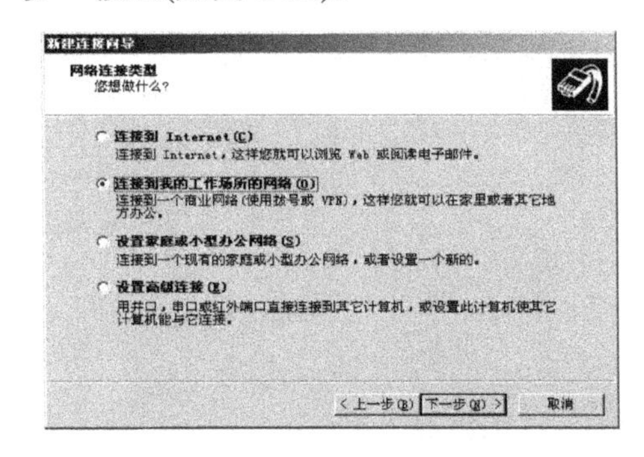

图 6-30　选择连接类型

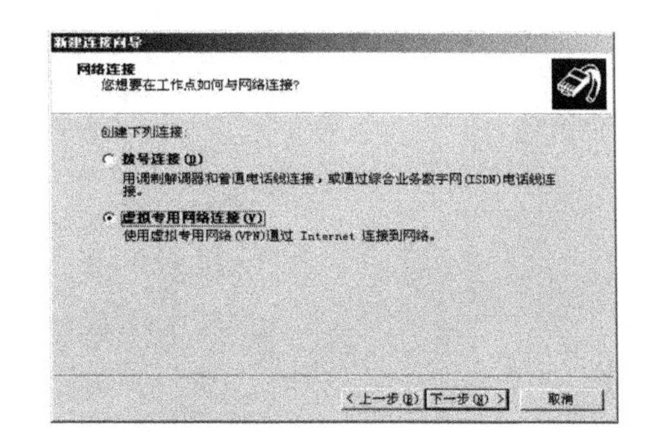

图 6-31　创建 VPN 连接

2. 设置连接参数

(1) 打开“连接名”对话框(见图 6-32)，在“公司名”编辑框中输入一个连接名称(如“企业 VPN 连接”)，单击“下一步”按钮；

(2) 打开“VPN 服务器选择”对话框(见图 6-33)，在“主机名或 IP 地址”编辑框中输入 VPN 服务器端的 IP 地址或域名。这里就要用到用户在配置 VPN 服务器时所提到的固定 IP 地址或动态域名了。

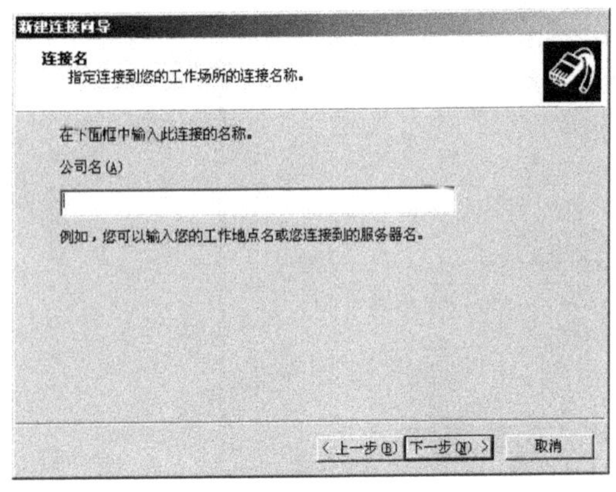

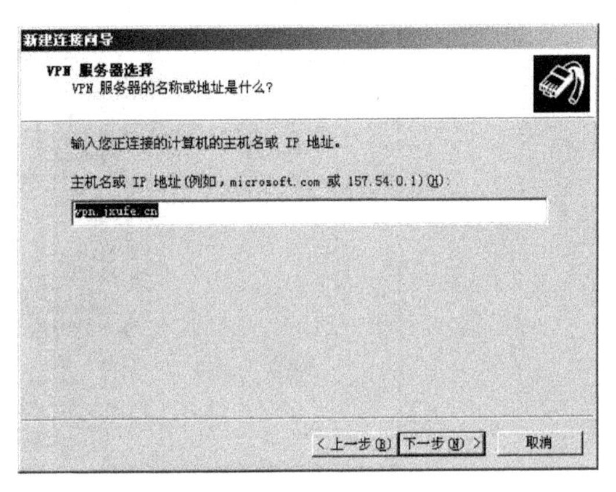

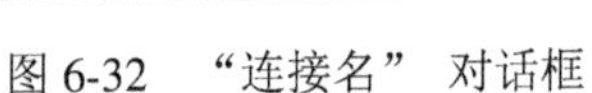
图 6-32 “连接名” 对话框

图 6-33 “VPN 服务器选择”对话框

3. 完成连接向导

在打开的完成创建对话框中选中“在桌面上创建此连接的快捷方式”复选框，并选择“完成”按钮。这时可能会提示用户是否连接到初始连接上，选中“不再显示此提示”复选框，并单击“否”按钮即可。

4. 客户端登录 VPN

双击桌面 VPN 连接图标，出现如图 6-34 所示的对话框，在用户名栏输入已申请的 VPN 账户及密码，同时根据需要选择是否保存用户名和密码。单击“连接”按钮，可实现与 VPN 服务器的连接。

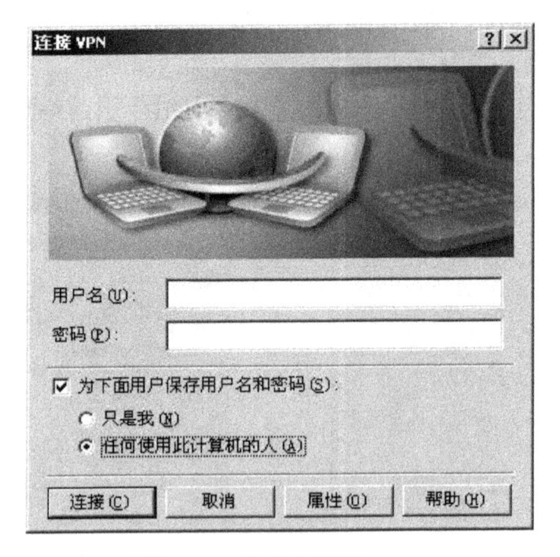

图 6-34 客户端登录 VPN

实验 6-4　SyGate 代理服务器

➢ 实验目标

通过实验了解代理服务器的作用、代理软件的功能、以及常用代理服务器软件 SyGate 的安装与操作方法。

(1) 安装 SyGate 软件、熟悉其操作界面。

(2) 完成 SyGate 的基本配置。

(3) 通过 SyGate 实现相关的控制管理功能。

➢ 实验要求

具有局域网连接的多台计算机、SyGate 安装包。

➢ 实验步骤

一、SyGate 4.5 中文版的安装与启动

1. SyGate 的安装

(1) 登录深圳曼德科技发展有限公司网站(http://www.sygate.com.cn)或其他网站下载 SyGate 4.5 中文版。

(2) 双击 SyGate 4.5 安装文件 sygate45chs.exe 进行软件安装。由于其为标准的 Windows 安装程序，因此只需要单击“下一步”按钮，即可轻松完成软件安装。其中需要选择的是安装目录(见图 6-35)和“服务器模式”(见图 6-36)。

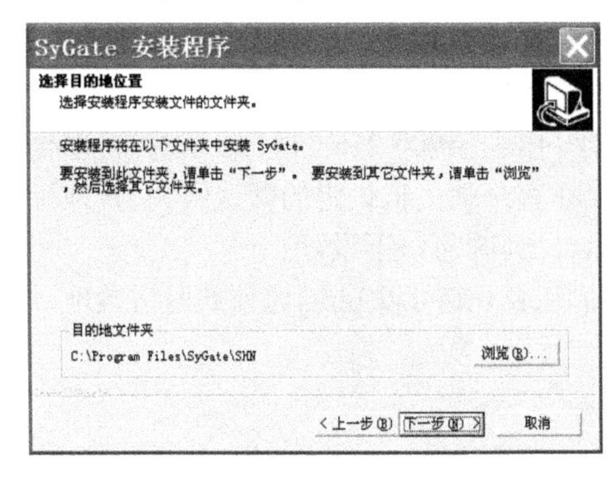

图 6-35　选择安装目录

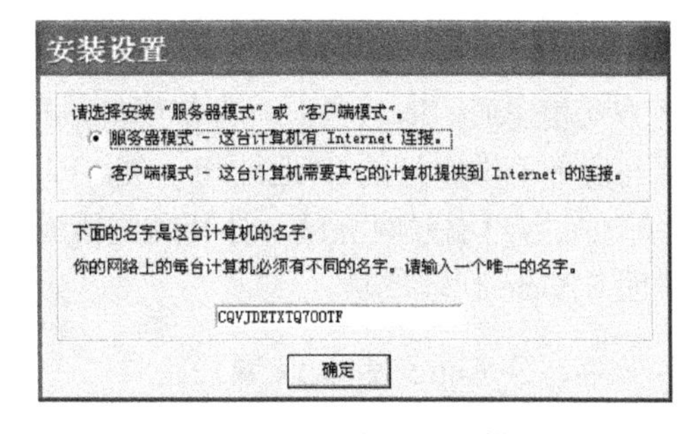

图 6-36　选择安装服务器模式

一般来说，在客户机上不必安装 SyGate。安装客户端程序的目的在于实现一些特殊的功能，比如检查因特网的连接状态、自动拨号上网或挂机。

(3) 安装程序会执行 SyGate 的诊断程序(见图 6-37)，测试系统配置包括：系统设置、网卡、TCP/IP 协议和设置，如果这三项中的任何一项无法通过测试，则安装程序会出现一个信息框，描述可能存在的问题，并提出解决方案。

(4) 指定 NAT 网关 IP(见图 6-38)，一般按照缺省 IP 设置为 192.168.0.1，作为客户端的默认网关地址，客户端的 IP 必须为同类型的地址(192.168.0.X)。

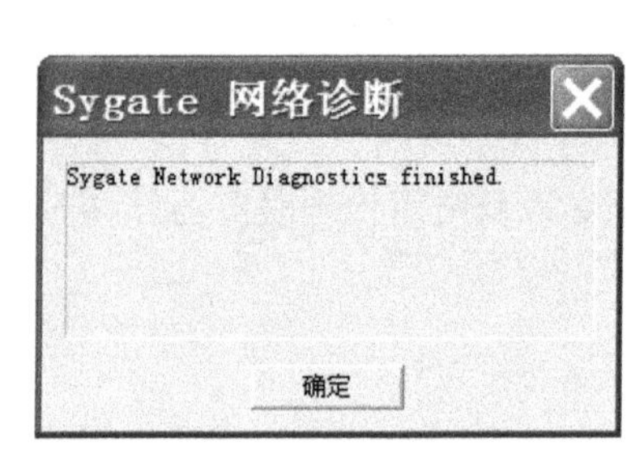

图 6-37　SyGate 网络诊断

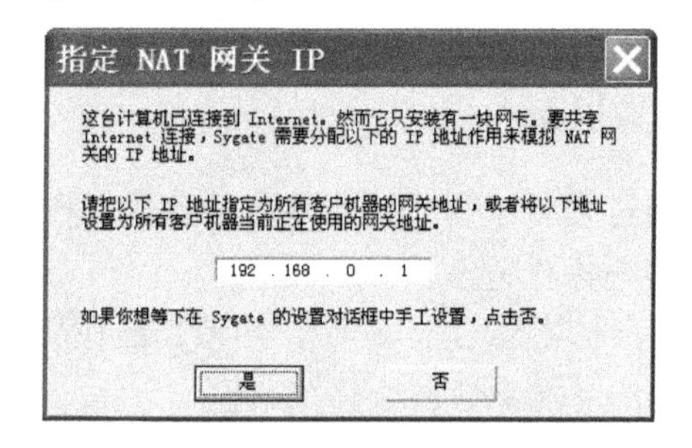

图 6-38　指定 NAT 网关 IP

(5) 根据提示重新启动计算机，以便 SyGate 4.5 的相关服务和管理程序生效并自动运行。

2. SyGate 的启动

(1) 双击任务栏右侧的 SyGate 4.5 图标，打开“SyGate Manager [Server]”窗口。

(2) 默认 SyGate 为启动状态，否则单击工具栏“开始”按钮，或选择菜单“服务—开始”，待“Internet 共享”对应的值变为“Online”，即说明 SyGate 4.5 处于正常的工作状态，也就是说，现在工作站就可以通过此服务器实现共享上网了。

3. 客户端实现有服务器共享连接

所谓“有服务器共享”，是指网络环境中有一台计算机直接通过 ADSL Modem 连接上网，而其他计算机均通过这台计算机实现共享上网。在这种网络环境中，直接与公网(也称外网)相连的计算机被称作“服务器”，其他计算机均被称作“工作站”。在设置共享上网之前，需要为每台计算机设定 TCP/IP 属性值。

(1) 服务器端设置。安装 SyGate 的服务器端必须安装网卡及 TCP/IP 协议，服务器端主机必须有因特网的接入，接入方式可以有多种。本地网络连接(内部网关)的 IP 地址为 192.168.0.1，子网掩码为 255.255.255.0，指定相应的 DNS。

(2) 客户端设置。客户端 IP 地址为 192.168.0.X，子网掩码为 255.255.255.0，并且要使两方互相连通，即从任何一方都要能 ping 通对方。在客户端主机设定的默认网关 IP 地址要与服务器端主机的 IP 地址相一致，即为 192.168.0.1(DNS 可以不设)。

(3) 客户端联网测试。打开浏览器成功访问外部网站，或可以 ping 通外部网络地址，说明 SyGate 代理成功。

二、SyGate 基本设置

1.“配置”选项设置

单击“高级”按钮展开“高级特性”工具栏(见图 6-39 和图 6-40)，单击“配置”按钮打开相应的对话框。

(1) “直接 Internet/ISP 连接”选项设置：根据服务器 ISP 连接方式选择。以太网连接方式下其他方式不能被选择。“永不挂断”选项可根据需要选择，如果不选可以设置自动断开的空闲时间。

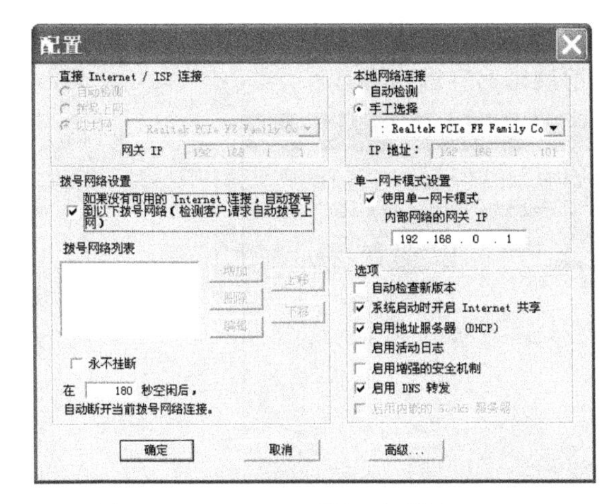

图 6-39　SyGate“配置”对话框

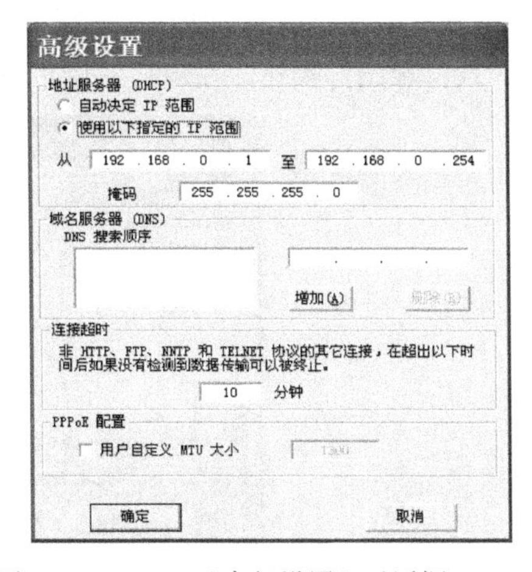

图 6-40　SyGate“高级设置”对话框

(2) “本地网络连接”设置：如果为单一网卡模式，“自动检测”和“手工选择”方式相同，因为只有一个网卡可选。如果有多个网卡，可以手工选择连接本地网络的网卡。

(3) “单一网卡模式”设置：在单一网卡模式下选择此选项，系统则自动分配虚拟网关 192.168.0.1 作为本地网络连接(客户端的默认网关)。

(4) “选项”设置：可根据需要选择，一般启用“系统启动时开启 Internet 共享”、“启用 DNS 转发”，关闭“启用地址服务器 DHCP”。

如果启用 SyGate 内置的 DHCP 动态 IP 地址服务，选中它以后客户端只需要设置 IP 地址为自动就可以自动获得客户端 IP、网关、DNS 等本来需要配置的参数，这样也就可以减少网管的工作量了。选中以后点击“Advanced”按钮还可以对 DHCP 服务的参数进行设置。

“启用活动日志”可以打开 SyGate 的日志记录功能，就可以查看客户端访问互联网的网址、IP 地址、数据类型等详细的记录了，方便管理(这里需要注意的是使用日志功能需要安装微软的 ODBC 数据库动程序)。

用户一旦“启用增强安全机制”，那么用户所在的局域网以外的访问者将不能访问本局域网内的资源了，并且 SyGate 会自动拦截那些端口从 1～1000 和 5000～65536 的外来数据包(需要提醒的是，本选项一旦启用如果你的局域网内建有 Web 服务器的话，将不能通过这台由 SyGate 管理的机器被外界访问)。

(5) “高级”配置：用于设置 DHCP 服务 IP 地址的范围，指定 DNS 服务器的 IP。

2. “访问规则”设置

SyGate 的特性和功能建立在网络地址转译的基础上(NAT)。这种技术的优势包括丰富的因特网共享和个人防火墙保护。SyGate 可满足用户个性化的需求以支持新的因特网应用。访问规则要求为 SyGate Server 指定一套参数，以决定特殊端口的应用。

因特网应用通信中，当客户机发出打开 Server 机上的一个通道(端口)的请求，并且通过同一通道由发出方得到回应时，通信就这样被建成了。对某些因特网应用来说，一台客户机请求打开一个端口，之后发出方通过不同端口(关闭的)来回应。SyGate 即通过禁止信息侵入网络上关闭的端口来保护用户的网络。访问规则允许这种应用适当运行并覆盖整个互联网。

(1) 打开“访问规则”设置窗口(见图 6-41)，可以根据需要完成访问规则的增加、删除、导入、导出等操作，在窗口右侧可以设置当前规则的详细内容。

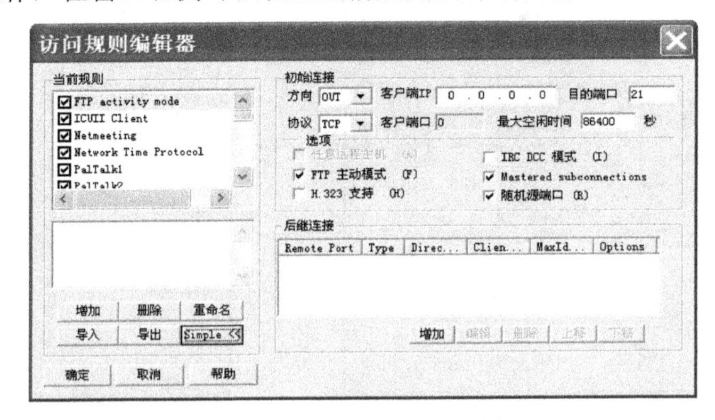

图 6-41　“访问规则”设置窗口

(2) “导入”系统访问规则文件 system.sar，并选择相应的规则、了解其规则细节。用户也可以根据自己的实际需要建立新的访问规则。

3. “权限”设置

1) 进入“权限编辑器”窗口

在工具条上单击“权限”按钮，输入用户的口令，单击“OK”按钮，进入“权限编辑器”窗口(见图 6-42)。BlackList 用于列出禁止访问的网站，White List 用于指定可以通过 SyGate 上网的工作站。

2) 编辑“黑名单”

单击“增加”按钮向黑名单中添加网站的 IP 地址，出现添加记录窗口(见图 6-43)。

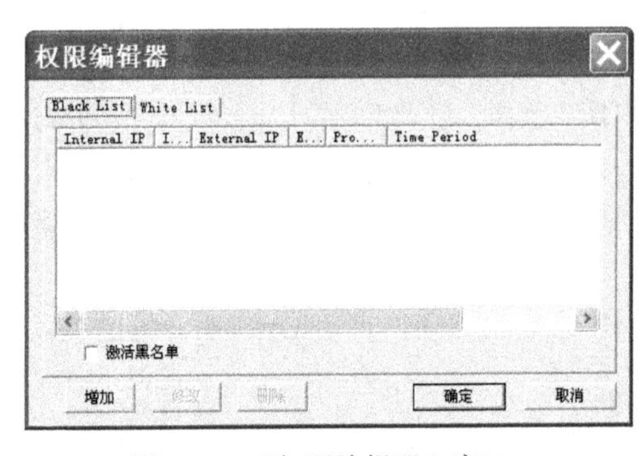

图 6-42　“权限编辑器”窗口

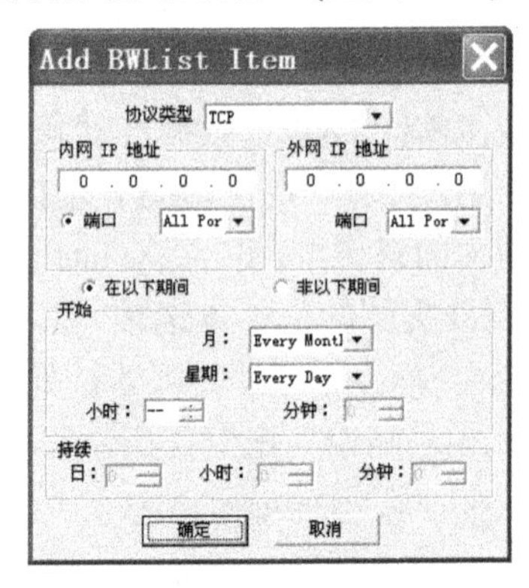

图 6-43　编辑“黑名单”

(1) 选择“协议类型”：可以在下拉列表中选择协议类型(TCP 或 UDP)。

(2) 选择“内网 IP 地址”：空白表示入口可应用于所有的内部 IP 地址，若输入内部工作站的 IP 地址则表示其被禁止访问因特网。

(3) 选择“端口”号：可以通过禁止端口服务的方法，管制如 HTTP、SMTP、POP3、Telnet 等服务，AllPort 是指所有服务禁用。

(4) 选择“开始”：可以设定生效时间，包含“在以下期间”和“非以下期间”两种模式；选择“开始”中的时间设置，包括月、星期和小时等设置，默认设置为每月和每天。

选择“持续”时间设置来指定所需黑名单入口生效的时间段(日、小时、分钟)，之后单击“确定”按钮完成设置。

同样的方式可以设置外部 IP 及端口，用来设置局域网内的用户禁止访问的互联网网站。具体实现如下：

可通过 ping 命令非常容易地得到被禁访网站的 IP 地址。通过选择“开始程序 MS-DOS 方式”打开 MSDOS 的程序窗口，在 DOS 提示符后输入 ping 命令和要禁止的网站的域名(注意：ping 和域名之间有一个空格符)，按回车键后会出现所查域名的 IP 地址。将这个 IP 地址添入到“黑色列表”设置栏的“外网 IP 地址”栏中。在启动“黑色列表”后，局域网内的用户就无法访问该网站了。

3) 编辑“白名单”

“白名单”与“黑色列表”的设置界面是一样的，只不过作用是相反的。“黑色列表”设置栏中的“内网 IP 地址”是用来禁止局域网内的某些计算机的互联网访问权限的。“白名单”是面向内部网的，一旦启用“白名单”，就只有“白名单”上的计算机才具有访问互联网的权限了。

设置方法与“黑名单”相同，值得一提的是：“黑名单”与“白名单”不能同时启用，用户可以根据自己的需要选择。

三、利用 SyGate 的控制功能实现

SyGate 不仅能让网络中所有计算机共享同一个 Internet 连接，还可以利用自身集成的管理功能对整个网络进行基本控制。这里以 SyGate Home Network 4.5 中文版为例，介绍一些常用的管理办法。

1. 仅禁止使用 QQ

(1) 单击“权限”按钮，出现“验证密码”对话框。默认密码为空(可通过该对话框中的“修改密码”按钮设置新的密码)，单击“确定”按钮，即可进入“权限编辑器”对话框。

(2) 在“黑名单”选项卡中单击“增加”按钮打开“Add BWList Item”对话框，在“协议类型”处选择“UDP”选项，在“内网 IP 地址”选项组中的“端口”处输入“4000”，在“外网 IP 地址”选项组中的“端口”处输入“8000”(见图 6-44)，单击“确定”按钮。

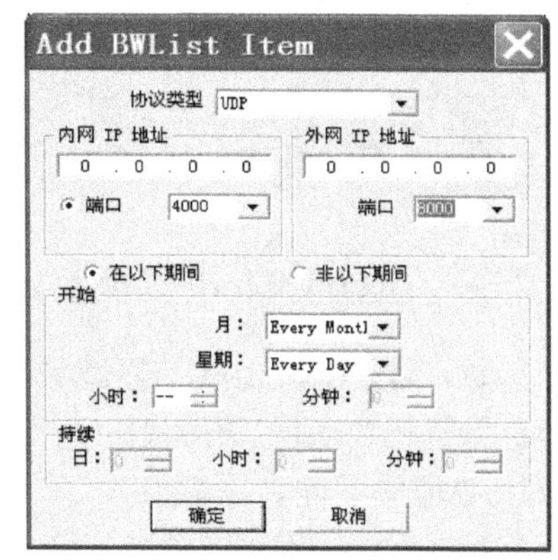

图 6-44 “Add BWList Item”对话框

说明：如果在“内网 IP 地址”选项组中输入某台工作站的 IP 地址，则只会禁止此计算机使用 QQ；如果相应 IP 地址处不做设置，则会禁止所有计算机使用 QQ。

(3) 选中“激活黑名单”选项，单击“确定”按钮保存。此时系统会询问是否需要重新启动 SyGate 4.5 相关服务，单击“是”按钮即可。

2. 仅禁止访问某些网站

(1) 获得欲禁止网站的 IP 地址。此功能在 SyGate 4.5 中是通过在黑名单中添加禁止访

问网站的 IP 地址来实现的。因此设置前首先应该获得欲禁止网站的 IP 地址，可以通过 ping 域名的方法来获得(如：ping www.qq.com，获得 IP 地址为 219.133.40.115)。

(2) 增加“黑名单”列表。打开“增加黑名单列表”对话框，在“协议类型”处选择“TCP”选项，在“外网 IP 地址”选项组中相应位置输入 IP 地址(如 219.133.40.115)，单击“确定”按钮即可。如欲禁止访问的网站有多个，则再参照前面的操作添加。

(3) 选中“激活黑名单”选项，单击“确定”按钮保存即可。

3. 仅允许访问某些网站

仅允许访问某些网站的设置方法和仅禁止访问某些网站的设置方法完全一样，都是先获知相应网站的 IP 地址，再将其加入相应的名单中即可。当然，仅允许访问某些网站应在“权限编辑器”对话框的“White List”(白名单)选项卡中进行设置。

在上面已介绍的单个控制方法中，如果将它们进行部分组合(即同时设置)，则可以达到更高级的效果。此外，还可以设置允许或禁止访问的时段(可具体到某个月、某时期、某小时、某分钟)，根据实现需要设置访问规则，关闭不使用的危险端口等。

【实验作业】

(1) 根据实验室硬件条件选择一种典型的互联网接入方法(如：PSTN、ADSL、ISDN 等)进行连接、配置与测试，或对当前的网络接入方法进行查看、配置和操作。

(2) 就实验室的本地操作系统(如：Windows XP\2000\7 等)，配置“Internet 共享连接”选项，并进行连接测试。

(3) 在 Windows Server 2008 服务器上进行 VPN 服务器配置、客户端进行 VPN 客户机配置，实现客户机与 VPN 服务器以及内部局域网之间的通信。

(4) 选择典型代理服务器软件(如：SyGate、Wingate、Winproxy、Ccproxy 等)进行安装、配置以及其对客户端的监视、控制和管理操作。

【提升与拓展】

一、ADSL Modem 使用注意事项

(1) ADSL Modem 一般最好在温度为 0～40℃、相对湿度为 5%～95% 的工作环境下使用，并且还要保持工作环境的平稳、清洁与通风。一般 ADSL Modem 能适应的电压范围在 200～240 V 之间。

(2) ADSL Modem 应该远离电源线和大功率电子设备，比如功放设备、大功率音箱等。

(3) 要保证 ADSL 电话线路连接可靠，无故障、无干扰，尽量不要将它直接连接在电话分机及其他设备上，比如传真机、防盗电话上，要接分机可以通过分离器的“PHONE”端口来连接。

(4) 遇到雷雨天气，务必将 ADSL Modem 的电源和所有连线拔掉，以避免雷击损坏；最好不要在炎热的天气长时间使用 ADSL Modem，以防止 ADSL Modem 因过热而发生故

障及烧毁。

(5) 如果不上网，最好将 ADSL Modem 的电源切断，避免 ADSL 长时间不中断，影响它的稳定性。

(6) ADSL Modem 上不要放置任何重物，同时最好不要将它放置在计算机的主机箱上。

二、共享 Internet 连接的其他方式

随着宽带网络的普及，家庭内组建小型局域网并共享 Internet 连接资源来上网的模式将会越来越多，Windows XP 为这种模式提供了廉价、安全、简洁和易维护的解决方案。

利用 Windows 自带的共享 Internet 连接，功能比较单一，且不具备对内部网的保护作用，对网络的安全构成很大的威胁，只适用于网络规模较小且安全性要求不高的用户。

1. 代理服务器方式

代理服务器(Proxy Server)，其功能就是代理网络用户去取得网络信息。形象的说，它就是网络信息的中转站。代理服务器是介于浏览器和 Web 服务器之间的一台服务器。

代理服务器方式如果只需两台机器共享上网，则只需另外购置网卡一块，更经济些；但只有当作为服务器的主机开启时，客户机才可上网。

常见代理服务器软件主要有：WinGate、SyGate、Microsoft Proxy Server、WinRoute、AnalogX Proxy 等。

2. NAT 方式

NAT(Network Address Translation，网络地址翻译)，顾名思义，它是一种把内部 IP 地址翻译成合法 IP 地址的技术。当网络内部分配了专用 IP 地址的适配器不能直接访问 Internet 时，NAT 可以把局域网内部的 IP 地址转译成外部的合法 IP 地址(见图 6-45)。

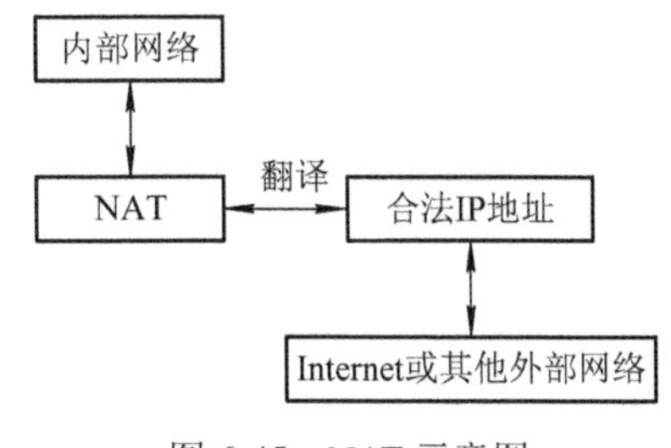

图 6-45　NAT 示意图

NAT 可以使多台计算机共享 Internet 连接，这一功能很好地解决了公共 IP 地址紧缺的问题。通过这种方法，用户可以只申请一个合法的 IP 地址，就可以把整个局域网中的计算机接入 Internet 中。这时，NAT 屏蔽了内部网络，所有内部网计算机对于公共网络来说是不可见的。

需要在 Windows Server 2008 服务器上安装并设置路由和远程访问功能，利用网络地址转换功能(NAT)实现内部网络地址到 Internet 地址的转换，实现软件路由的功能。

3. 路由器方式

路由器(Router)是连接因特网中各局域网、广域网的设备，会根据信道的情况自动选择和设定路由，以最佳路径，按前后顺序发送信号的设备。

直接通过硬件路由器共享，将路由器的 WAN 端连接至 Internet，LAN 端连至局域网。因 ISP 提供的接入方式不同，路由器 WAN 端需进行不同的设置。路由共享方式适合多台机器共享上网。

当无线网络中的计算机数量较多时，可以借助于无线路由器实现 Internet 连接共享。

另外，采用多 LAN 端口无线路由器，还可同时为以太网用户和无线网络用户提供 Internet 连接。只需将 WAN 连接至 ADSL Modem 或 Cable Modem，将 LAN 连接至计算机或集线器设备，并作相关配置，即可实现 Internet 连接共享。

三、VPN 系统设置“在远程网络上使用默认网关”

当通过 VPN 网络连接成功与单位局域网中的目标 VPN 服务器建立连接后，可能会发现本地客户端系统不能访问本地内部网络，或者不能访问 Internet 网络的情况，这主要是因为 Windows Server 2008 系统在 VPN 网络连接成功后，会自动修改本地系统的默认网关 IP 地址，让其自动使用远程网络的默认网关地址，这样一来本地客户端系统就没有指向本地内网的路由记录了，此时自然就会出现无法访问本地内网的故障现象了。

为了让 VPN 网络连接既能访问本地内网的内容，又能访问 VPN 服务器所在工作子网的内容，我们需要对 Windows Server 2008 系统中的 VPN 网络连接进行如下的设置操作：

(1) 打开 VPN 网络连接的属性设置窗口；

(2) 选择并打开 TCP/IPv4 选项的属性设置窗口；

(3) 在高级 TCP/IP 设置中取消“在远程网络上使用默认网关”选项。

完成以上设置，Windows Server 2008 系统通过 VPN 网络连接与目标 VPN 服务器成功建立连接后，仍然能够正常访问本地局域网中的内容。此外，如果本地客户端系统存在 Internet 网络连接，那么 VPN 网络连接成功后，就不会出现无法访问 Internet 网络的故障现象了。

当然，简单地取消“在远程网络上使用默认网关”选项的选中状态后，虽然能够解决无法访问本地内网和 Internet 网络的故障现象，但是它不能跨子网访问目标 VPN 服务器之外的其他虚拟工作子网。要想成功跨子网访问目标 VPN 服务器之外的其他虚拟工作子网，还需要在 Windows Server 2008 系统中使用 route add 命令，来增加指向其他虚拟工作子网的路由记录。

四、共享 Internet 连接与 VPN 共用

正常来说，在相同的一台服务器主机中，尽量不要同时使用 VPN 共享连接和 Internet 共享连接，因为在相同的服务器系统中启用了 VPN 共享连接功能后，服务器系统之前创建的 Internet 共享连接功能就会被自动关闭掉，那样的话内网中的每一台普通计算机自然就无法使用 Internet 共享功能来访问外网了。

如果希望在相同的服务器系统中让外网共享连接和 VPN 共享连接同时生效，可以考虑在 Windows Server 2008 服务器系统中安装专业的代理服务器工具，比如可以安装专业的 Wingate 程序，而不要在服务器系统中直接启用 Internet 共享连接功能。

对服务器系统进行相关设置后，还需要对普通计算机的 IE 进行设置。在设置浏览器参数时，可以先打开 IE 窗口，单击该窗口中的“工具”菜单项，从下拉菜单中选择“Internet 选项”选项，从其后的 Internet 属性界面中单击“连接”选项卡，再单击“连接”选项设置页面中的“局域网设置”按钮，接着在代理服务器设置窗口中正确输入代理服务器的 IP 地址和代理端口号(缺省的代理端口号为“80”)。然后重新登录服务器系统，在其中正确设置好代理服务器的工作参数，以便保证普通计算机可以通过代理服务器顺利访问外网中的内容。这样便可完成对 IE 的设置了。

五、典型代理服务器软件的选择

很多网吧、办公室或个人家中都通过一个 Modem 和一个 ISP 账号来把整个局域网连入 Internet，这种连接方式除了要配备 Modem 和网络设施外，还需要一套代理服务器(Proxy Server)软件，由它来“把守”出口，完成数据转换和中继的任务。此类常用的代理软件主要有 WinGate、SyGate、WinRoute 等。

1. WinGate

目前我们最常用的代理服务器软件除了上述的 SyGate 就当属 WinGate 了，虽然在易用性方面 SyGate 占尽优势，但在功能和性能方面，与大哥大级的 WinGate 相比似乎就略逊一筹了。

WinGate 能使多个用户通过一个网络连接方式(包括 Modem、ISDN、专线等)实现共享访问 Internet，WinGate 在运行 Windows 平台的计算机上，这台计算机不需要为此任务“专用”。WinGate 4.X 支持几乎所有类型的运行 TCP/IP 的客户端计算机以及各种流行的 Internet 应用软件，如 Netscape Navigator、MS Internet Explorer、Eudora、Netscape Mail、Telnet 和 FTP 等。WinGate 同时还充当一个坚固的防火墙，能控制自己内部网络的入出访问。

相对同类软件，WinGate 有很多优点，如可以限制用户对 Internet 访问、有强劲的远程控制和用户认证能力以及记录和审计能力、可以作为 SOCKS5 服务器、拥有 HTTP 缓存功能(节省带宽和加速访问)等。如果用户使用的是一个十多台计算机的局域网环境，以 WinGate 为代理服务器通过一个 Modem 上网，应该说速度还是可以接受的。

2. WinRoute

如果说 SyGate、WinGate 更侧重于实现代理的功能的话，WinRoute 则除了具有代理服务器的功能外，还具有 NAT(Network Address Translation，网络地址转换)、防火墙、邮件服务器、DHCP 服务器、DNS 服务器等功能，能为用户提供一个功能强大的软网关。

安装 WinRoute 的机器应既能连接到 Internet 又能被局域网内的机器访问，连接到 Internet 的方式可以是拨号网络(Modem、ISDN)、路由器(网卡)、专线 Modem(这台机器必须有一个 ISP 提供的合法 IP 地址)。

WinRoute 有很多选项设置，涉及网络配置的方方面面，但是它的帮助系统却不是很完善，为此用户需要访问 http://www.winroute.com 去获取帮助信息。由于 WinRoute 具有 DHCP 服务器的功能，所以局域网内部的机器还可配置成由 WinRoute 动态分配 IP 地址。WinRoute 的 Commands 比较简单，可以进行拨号、断线、收发电子邮件。总体来说，WinRoute 的网络功能相当全面，是一个优秀的软网关。

3. SyGate

与 WinGate 和 WinRoute 相比，SyGate 的优越之处在于：便于安装、易于使用、管理方便、花费最少、有防火墙保护等。对于一款软件而言，每一方面的强项都可能是它之所以成功的关键因素。如果用户对局域网代理服务器的设置、内部运转方式、操控等并不十分精通，建议先使用 SyGate 进行练习，它是用户从入门到精通的捷径；如果用户已经对代理服务器有所了解，且能够熟练使用代理应用的各项服务，那么 WinGate 是最佳选择；倘若用户已经在此方面达到了独上高楼的境界，试试 WinRoute 吧，很有挑战性。

实验 7　网络攻击与安全

【基础知识介绍】

一、Windows 常见的安全问题

操作系统是作为一个支撑软件，为应用程序或其他系统软件提供运行环境的。操作系统具有很多的管理功能，主要是管理系统的软件资源和硬件资源。操作系统软件自身的不安全性、系统开发设计的不周而留下的破绽，都会给网络安全留下隐患。

Windows 作为最常用的操作系统常见的安全问题如下：

1. 资源共享漏洞

通过资源共享，可以轻松地访问远程电脑，如果其“访问类型”是被设置为“完全”的话，可以任意地上传和下载，甚至是删除远程电脑上的文件，此时只需上传一个设置好的木马程序并设法激活它，黑客就可以得到远程电脑的控制权了。所以我们应该合理利用网络资源共享的功能，并设置好共享用户和权限。

2. 账号与密码的安全问题

操作系统有一些默认的账号，如 Windows 的 Administrator、Linux 的 SA 等，如果这些账号密码被黑客破译或猜测，将对系统安全造成很大威胁。

3. IP 漏洞

在网上要隐藏自己的 IP 是很难的，而探到对方的 IP 却又是很容易的。如可以通过运行 ipconfig 知道自己电脑的 IP，也可以利用网络防火墙的 Spynet、Trace IP、Iptools 等工具探查对方的 IP。如果不想被 IP 炸弹袭击的话，建议安装网络防火墙。

4. 木马攻击

木马程序的隐蔽性、伪装性很强，很难防范。它可以通过资源共享漏洞、微软的 IIS 漏洞、电子邮件、文件下载，甚至通过打开网页进行传播。因此要采取安装防火墙等预防和检测措施。

二、IPSec 安全策略

1. IPSec 简介

IPSec(Internet Protocol Security，因特网协议安全)是一种开放标准的框架结构，通过使用加密的安全服务以确保在 Internet 协议网络上进行保密而安全的通信。Windows 2000、Windows XP 和 Windows Server 2008 家族实施 IPSec 是基于“Internet 工程任务组(IETF)”IPSec 工作组开发的标准。

由于在 IP 协议设计之初并没过多考虑安全问题，因此早期的网络中经常发生遭受攻击或机密数据被窃取等问题。为了增强网络的安全性，IP 安全(IPSec)协议应运而生。Windows 2000/XP/2003 操作系统也提供了对 IPSec 协议的支持，这就是我们平常所说的“IPSec 安全策略”，虽然它提供的功能不是很完善，但只要合理定制，一样能很有效地增强网络安全。

IPSec 是安全联网的长期方向，它通过端对端的安全性来提供主动的保护以防止专用网络与 Internet 的攻击。在通信中，只有发送方和接收方才是唯一必须了解 IPSec 保护的计算机。在 Windows 2000、Windows XP 和 Windows Server 2008 家族中，IPSec 提供了一种能力，以保护工作组、局域网计算机、域客户端和服务器、分支机构(物理上为远程机构)、外联网以及漫游客户端之间的通信。

2. IPSec 术语

(1) 身份验证：确认计算机的身份是否合法的过程。Windows 2000 系列 IPSec 支持三种身份验证，即 Kerberos、证书和预共享密钥。

(2) 加密：通过加密算法将明文转换为密文，是使准备在两个终结点之间传输的数据难以辨认的过程。

(3) 筛选器：对 IP 地址和协议的描述，可触发 IPSec 安全关联的建立。

(4) 筛选器操作：针对安全要求，可在通信与筛选器列表中的筛选器相匹配时启用。

(5) 筛选器列表：筛选器的集合。

(6) 安全策略：规则集合，描述计算机之间的通信是如何得到保护的。

(7) 规则：筛选器列表和筛选器操作之间的链接。当通信与筛选器列表匹配时，可触发相应的筛选器操作。IPSec 策略可包含多个规则。

(8) 安全关联：终结点为建立安全会话而协商的身份验证与加密方法的集合。

3. IPSec 的安全特性

(1) 不可否认性：可以证实消息发送方是唯一可能的发送者，发送者不能否认发送过消息。

(2) 反重播性：确保每个 IP 包的唯一性，保证信息万一被截取复制后，不能再被重新利用、重新传输回目的地址。

(3) 数据完整性：防止传输过程中数据被篡改，确保发出数据和接收数据的一致性。

(4) 数据可靠性：在传输前，对数据进行加密，可以保证在传输过程中，即使数据包遭截取，信息也无法被读取。

(5) 消息认证：数据源发送附带认证信息(比如数字签名、信息摘要等)的信息，由接收方验证认证信息的合法性，只有通过认证的系统才可以建立通信连接。

4. Windows 中默认 IP 安全策略

缺省情况下 Windows XP 自建了三个 IP 安全策略，用户可以根据需要进行选择或修改后进行“指派”应用，也可以创建新的 IP 安全策略。

(1) 安全服务器(需要安全)：对所有 IP 通信总是使用 Kerberos 信任请求安全。不允许与不被信任的客户端的不安全通信。

(2) 服务器(请求安全)：对所有 IP 通信总是使用 Kerberos 信任请求安全。允许与不响应请求的客户端的不安全通信。

(3) 客户端(仅相应)：正常通信(不安全的)。使用默认的响应规则与请示安全的服务器协商。只有与服务器的请求协议和端口通信是安全的。

三、认证中心 CA 简介

无论是电子邮件保护或 SSL 网站安全链接，都必须申请证书(certification)，才可以使用公钥与私钥来执行数据加密与身份验证操作。证书就好像是机动车驾驶证一样，必须拥有机动车驾驶证(证书)才能开车(使用密钥)，而负责发放证书的机构就是被称为认证中心 CA(Certification Authority)的证书颁发机构。

在申请证书时，需要输入姓名、地址与电子邮件地址等数据，这些数据会被发送到一个成为 CSP(cryptographic service provider，密码学服务提供者)的程序，此程序已经被安装在申请者的计算机内或此计算机可以访问的设备里。

CSP 会自动创建一对密钥：一个公钥和一个私钥。CSP 会将私钥存储到申请者计算机的注册表(registry)中，然后将证书申请数据与公钥一起发送到 CA。CA 检查这些数据无误后，就会利用自己的私钥将要发放的证书加以签名，然后发放此证书。申请者收到证书后，将证书安装到他的计算机上。

证书内包含了证书的发放对象(用户或计算机)、证书的有效期限、发放此证书 CA 与 CA 的数字签名(类似于机动车驾驶证上的交通管理局盖章)，还有申请者的姓名、地址、电子邮件地址、公钥等数据。

CA 分为两大类，企业 CA 和独立 CA。

企业 CA 的主要特征如下：

(1) 企业 CA 安装时需要 AD(活动目录服务支持)，即计算机在活动目录中才可以。

(2) 当安装企业根时，对于域中的所用计算机，它都将会自动添加到受信任的根证书颁发机构的证书存储区域。

(3) 必须是域管理员或对 AD 有写权限的管理员，才能安装企业根 CA。

独立 CA 的主要特征如下：

(1) CA 安装时不需要 AD(活动目录服务)。

(2) 向独立 CA 提交证书申请时，证书申请者必须在证书申请中明确提供所有关于自己的标识信息以及证书申请所需要的证书类型。

(3) 一般情况下，发送到独立 CA 的所有证书申请都被设置为挂起状态，需要管理员进行颁发处理。

四、Active Directory 证书服务(AD CS)

若通过 Windows Server 2008 R2 的 Active Directory 证书服务(AC CS)来提供 CA 服务的话，则可以选择将 CA 设置为以下角色之一：

(1) 企业根 CA(Enterprise Root CA)。企业根 CA 需要 Active Directory 域，可以将企业根 CA 安装到域控制器或成员服务器。企业根 CA 发放证书的对象仅限域用户，当域用户申请证书时，企业根 CA 可以从 Active Directory 得知该用户的相关信息，并确定该用户是否有权利申请所需证书。大部分情况下，企业根 CA 主要用来发放证书给子级 CA，虽然企业根 CA 还是可以发放保护电子邮件安全、网站 SSL 安全链接等证书，但这些工作应该交给子级 CA 来负责。

(2) 企业子级 CA(Enterprise Subordinate CA)。企业子级 CA 也需要 Active Directory 域，企业子级 CA 适合用来发放保护电子邮件安全、网站 SSL 安全连接等证书，企业子级 CA 必须向其父级 CA(例如企业根 CA)取得证书之后，才能正常运行。企业子级 CA 也可以发放证书给再下一层的子级 CA。

(3) 独立根 CA(Standalone Root CA)。独立根 CA 的角色与功能类似于企业根 CA，但不需要 Active Directory 域，扮演独立根 CA 角色的计算机可以是独立服务器、成员服务器或域控制器。无论是否为域用户，都可以向独立根 CA 申请证书。

(4) 独立子级 CA(Standalone Subordinate CA)。独立子级 CA 的角色与功能类似于企业子级 CA，但不需要 Active Directory 域，扮演独立子级 CA 角色的计算机可以是独立服务器、成员服务器或域控制器。无论是否域用户，都可以向独立子级 CA 申请证书。

【能力培养】

自 20 世纪 90 年代因特网商业化以来，因特网的应用得到了飞速发展，网络用户越来越多，因特网已经深入到人类生活的各个层面。但由于 TCP/IP 协议在安全方面的不足以及网络软硬件系统的缺陷，使得各种网络攻击方法层出不穷，构建科学系统的网络安全体系成为各种网络应用系统极其重要的工作，网络安全成为网络应用系统成败的前提条件。

本实验主要包括：操作系统安全设置、IP 安全策略的配置、数字证书的应用等内容。

实　　验	能力培养目标
7-1　Windows 的本地安全设置	了解 Windows 的安全机制，掌握本地安全中账户策略、用户权利指派、安全选项等设置方法
7-2　“IP 安全策略”的配置	了解网络安全协议，掌握“IP 安全策略”的配置方法，进行网络安全防护
7-3　Active Directory 证书服务的安装与应用	了解数字证书、认证中心等的概念与功能，通过“证书服务”功能实现 SSL 功能

【实验内容】

实验 7-1　Windows 的本地安全设置

➢ 实验目标

通过实验了解操作系统的安全漏洞和安全问题，Windows 的安全策略和技术，Windows 操作系统的缺陷和漏洞。掌握 Windows 操作系统的常用安全设置方法，从而提高本地安全性。掌握本地网络安全与策略的基本配置与操作。

(1) 完成账户策略中密码策略和账户锁定策略的设置。

(2) 完成本地策略中审核策略、用户权利指派和安全选项的设置。

(3) 完成公钥策略和 IP 安全策略的设置。

➢ 实验要求

若干台计算机互连成网，系统安装有 Windows XP(或其他版本)操作系统。

➢ 实验步骤

一、账号安全策略设置

Windows XP 安装后会默认建立一些用户账户如：Administrator、Guest 等，这些账户权限不同，在初装时可能没有设置密码，在使用过程中如果不进行相应的设置，黑客就会利用这些默认账户登录到操作系统，从而达到对系统进行非法访问和攻击的目的。所以应该检查用户账号的状态、停止不需要的账号、建议更改默认的账号名等。

1. 禁用 Guest 账号

在计算机管理(见图 7-1)的用户里面把 Guest 账号禁用。如果一定要用，最好给 Guest 加一个复杂的密码。选择“控制面板—管理工具—计算机管理—本地用户和组”，可以查看默认账户的属性及工作状态(见图 7-2)。

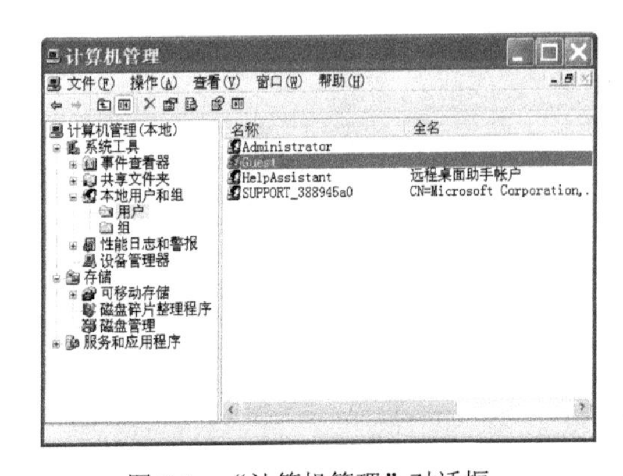

图 7-1 “计算机管理”对话框

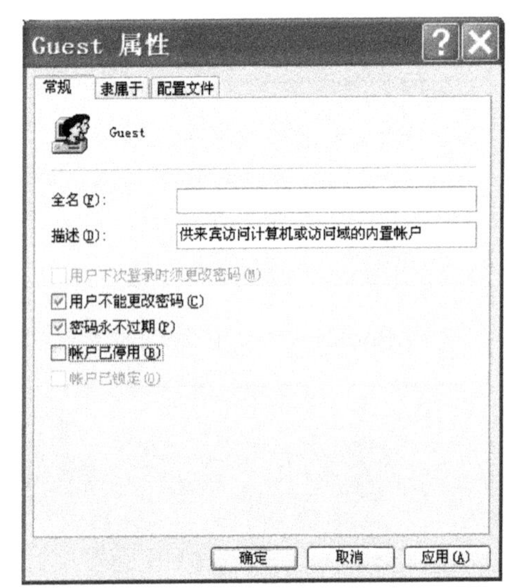

图 7-2 “Guest 属性”对话框

2. 禁用 Administrator 账号

系统管理员 Administrator 用户名是公开的，不能修改。这意味着黑客可以一遍又一遍地尝试这个用户的密码。所以应该禁用 Administrator 用户，为自己新建一个用户如 user1(见图 7-3)，将其加入到管理员组，使其拥有管理员权限，以便管理员使用(见图 7-4)。

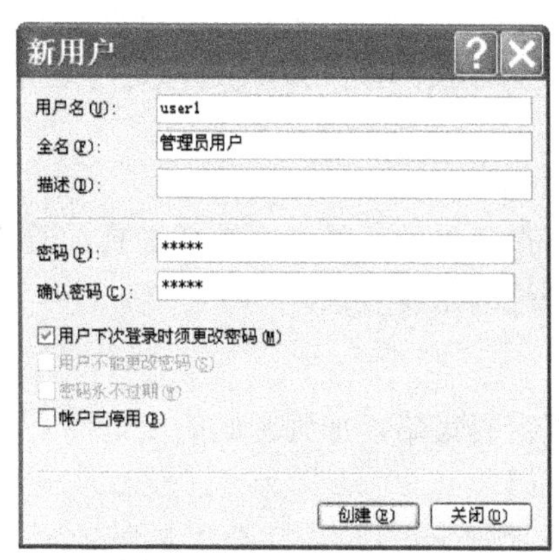

图 7-3 “新用户”对话框

图 7-4 用户属性对话框

3. 禁用默认特殊用户

远程桌面助手账户“HelpAssistant”、帮助和支持服务的提供商账户“SUPPORT_388945a0”等系统默认账户一般很少被使用，为了消除安全隐患，应该禁用。禁用方法与禁用 Guest 用户的方法相同。

4. 其他安全设置

1) 把共享文件的权限从 Everyone 组改成授权用户

在 NTFS 文件系统下，不但可以设置文件夹的共享，也可以设置文件的共享。在设置共享时，最好把共享权限指定到某些用户和组，不要把共享的用户设置成“Everyone”组，包括打印共享，默认的属性就是“Everyone”组的。在 FAT32 文件系统下不能进行这些设置。

2) 不让系统显示上次登录的用户名

打开注册表编辑器(开始—运行—执行“regedit”命令)并找到注册表项 HKLMSoftware microsoftWindowsTCurrentVersionWinlogonDont-DisplayLastUserName，把键值改成 1(见图 7-5 和图 7-6)。

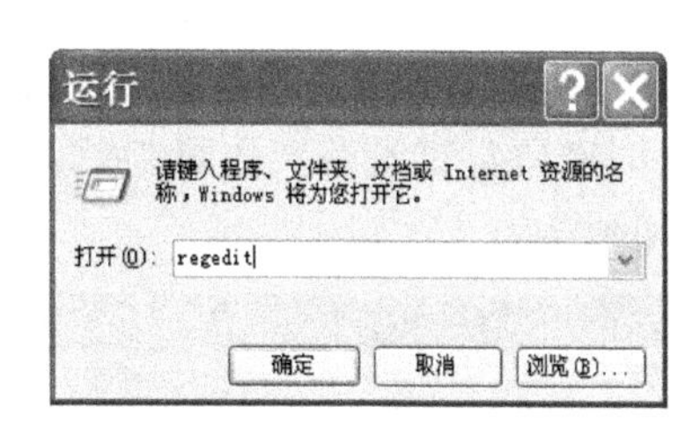

图 7-5 打开注册表对话框

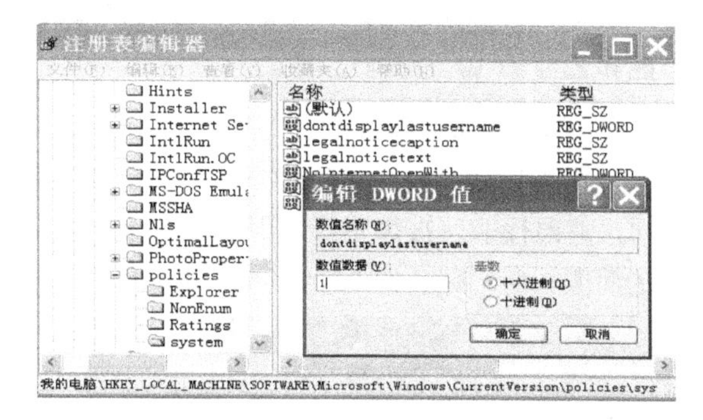

图 7-6 修改注册表对话框

3) 系统账号/共享列表

Windows XP 的默认安装允许任何用户通过空用户得到所有系统账号/共享列表，这个本来是为了方便局域网用户共享文件的，但是一个远程用户也可以得到你的用户列表并使用暴力法破解用户密码。可以通过更改注册表：

Local_MachineSystemCurrentControlSetControlLSA-RestrictAnonymous = 1

来禁止 139 空链接，还可以在 Windows XP 的本地安全策略(如果是域服务器就是在域服务器安全和域安全策略)中的 Restrict Anonymous(匿名连接的额外限制)选项进行设置。

二、本地安全策略设置

Windows XP 系统自带的“本地安全策略”是一个很好的系统安全管理工具，通过对账户、密码、安全选项合理的设置，可以实现高安全性的系统登录。

1．密码策略

为了让账户密码相对安全、不易被破解，可设置密码策略，加强密码的安全性。最有效的方法是增加密码的长度和复杂性，并定期更改密码。

单击：“开始”→“程序”→“管理工具”→“本地安全策略”，打开“本地安全设置”控制台，初始值如图 7-7 所示。

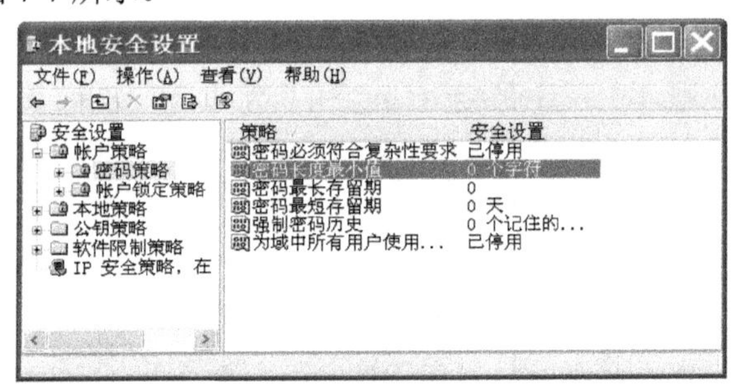

图 7-7 “密码策略”对话框

密码策略中各项的含义及建议设置如下：

(1) 密码必须符合复杂性要求。密码中必须包含大小写字母、数字、特殊符号等。

(2) 密码长度最小值。密码长度越长安全性越好，一般最小值为 10。

(3) 密码最长存留期。设置密码最长能使用的天数，可设置为 40 天。

(4) 密码最短存留期。设置密码最短能使用的天数，可设置为 1 天。

(5) 强制密码历史。系统记忆密码的个数，设置为记忆 10 个密码，这样新设置的密码不能和之前的 10 个密码一样。

2．账户锁定策略

设置账户登录时，密码尝试的次数，类似于银行卡密码每天只能尝试三次，如果超过三次，则银行卡就被锁定，以保护银行卡账户的安全。缺省时密码尝试没有次数限制(账户锁定阈值 = 0)，则其他两个选项也处于无效状态(见图 7-8 和图 7-9)。

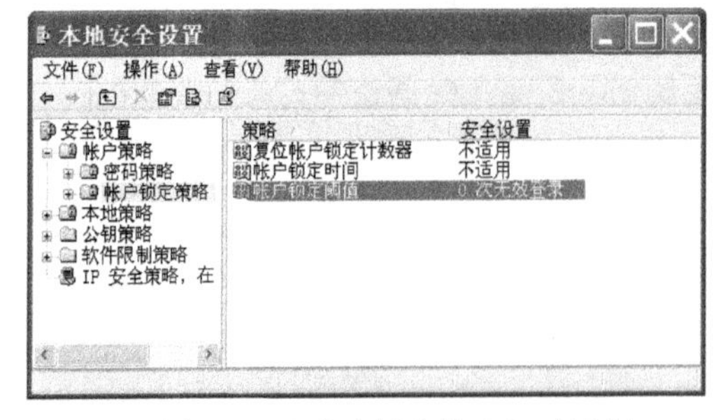

图 7-8 “账户锁定策略”对话框

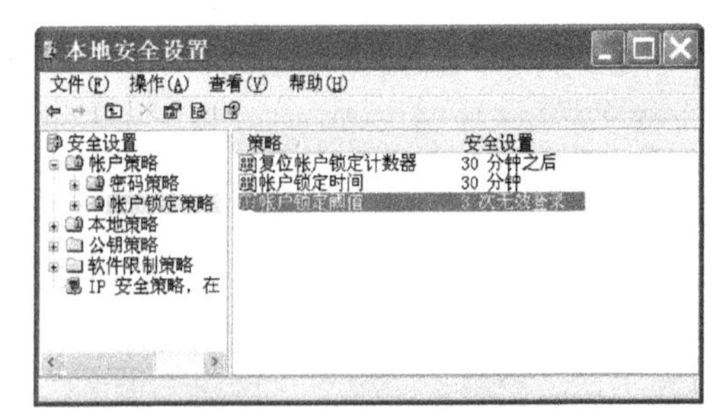

图 7-9 设置账户锁定策略

账户锁定策略中各项的含义及建议设置如下：

(1) 账户锁定阈值。账户锁定阈值用于确定导致用户账户被锁定的登录尝试失败的次数。在使用 Ctrl + Alt + Del 或密码保护的屏幕保护程序锁定的工作站或成员服务器上的密码尝试失败时，将计作登录尝试失败，最少 3 次。

(2) 账户锁定时间。账户锁定时间用于确定锁定账户在自动解锁之前保持锁定的分钟数。可用范围从 0～99 999 分钟。如果将账户锁定时间设置为 0，账户将一直被锁定直到管理员明确解除对它的锁定。如果定义了账户锁定阈值，则账户锁定时间必须大于或等于重置时间。

(3) 复位账户锁定计数器。复位账户锁定计数器用于确定在某次登录尝试失败之后，将登录尝试失败计数器重置为 0 次错误登录尝试之前所需要的时间。可用范围是 1～99 999 分钟。如果定义了账户锁定阈值，此重置时间必须小于或等于账户锁定时间。

3. 本地策略

1) 审核策略

每当用户执行了指定的某些操作，审核日志就会记录一个审核项。用户可以审核操作中的成功尝试和失败尝试。安全审核对于任何企业系统来说都极其重要，因为只能使用审核日志来说明是否发生了违反安全的事件。如果通过其他某种方式检测到入侵，正确的审核设置所生成的审核日志将包含有关此次入侵的重要信息。

每个审核设置的选项为：成功、失败、无审核。可以根据系统安全性的需要设置各个审核项的选项(见图 7-10)。

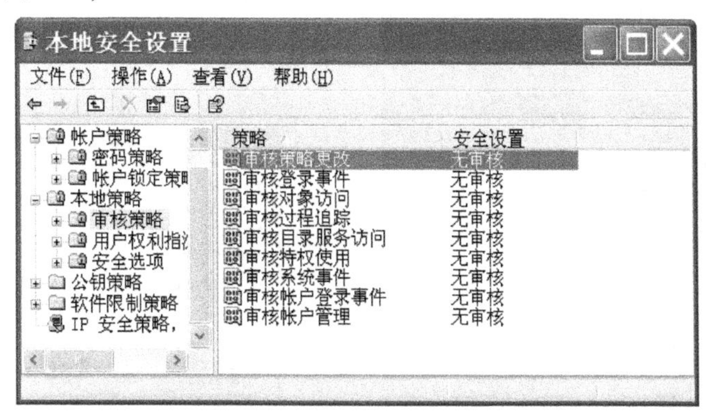

图 7-10 “审核策略”对话框

审核策略中各个审核项的说明如下：

(1) 审核策略更改。审核策略更改用于确定是否对更改用户权限分配策略、审核策略或信任策略的每个事件进行审核。一般设置为“成功”。

(2) 审核登录事件。审核登录事件用于确定是否对用户在记录审核事件的计算机上登录、注销或建立网络连接的每个实例进行审核。一般设置为“无审核”。

(3) 审核对象访问。审核对象访问用于确定是否对用户访问指定了自身系统访问控制列表(SACL)的对象(如文件、文件夹、注册表项和打印机等)这一事件进行审核。它仅在确实要使用记录的信息时才启用。

(4) 审核目录服务访问。审核目录服务访问用于确定是否对用户访问 Microsoft Active

Directory 对象的事件进行审核，该对象指定了自身的 SACL。它仅在确实要使用所创建的信息时才启用。

(5) 审核特权使用。审核特权使用用于确定是否对用户行使用户权限的每个实例进行审核。只有在已经计划好如何使用所生成的信息时才启用，一般设置为“无审核”。

(6) 审核系统事件。审核系统事件用于确定在用户重新启动或关闭其计算机时，或者在影响系统安全或安全日志的事件发生时是否进行审核。一般选择“成功”。

(7) 审核账户登录事件。审核账户登录事件用于确定是否对用户在另一台计算机上登录或注销的每个实例进行审核，该计算机记录了审核事件，并用来验证账户。该审核项对于入侵检测十分有用，但此设置可能会导致拒绝服务(DOS)，一般设置为“无审核”。

(8) 审核账户管理。审核账户管理用于确定是否对计算机上的每个账户管理事件进行审核。账户管理事件的示例包括：创建、修改或删除用户账户或组；重命名、禁用或启用用户账户；设置或修改密码。一般选择“成功”。

2) *用户权利指派*

用户权利指派是指在 Windows 系统中赋予用户使用当前系统的各种权限，例如更改系统时间、关闭系统、从网络访问此计算机等权限。通过设置“用户权利指派”策略，可以帮助解决用户共享计算机无法共享等诸多网络问题。

如果你是系统管理员身份，可以指派特定权利给组账户或单个用户账户。在“安全设置”中，定位于“本地策略→用户权利指派”，而后在其右侧的设置视图中，可针对其下所列的各项策略分别进行安全设置(见图 7-11)。

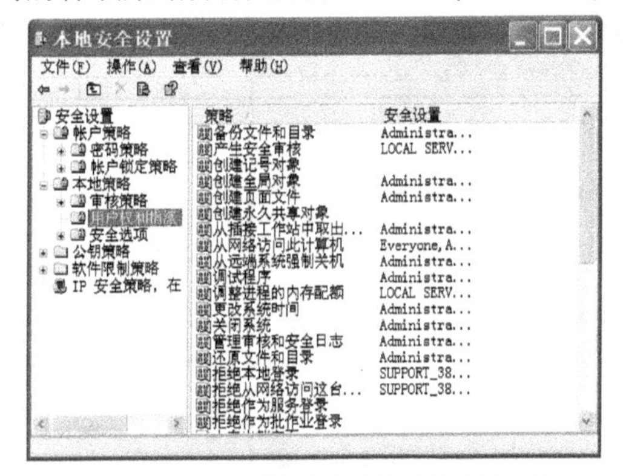

图 7-11 “用户权利指派”对话框

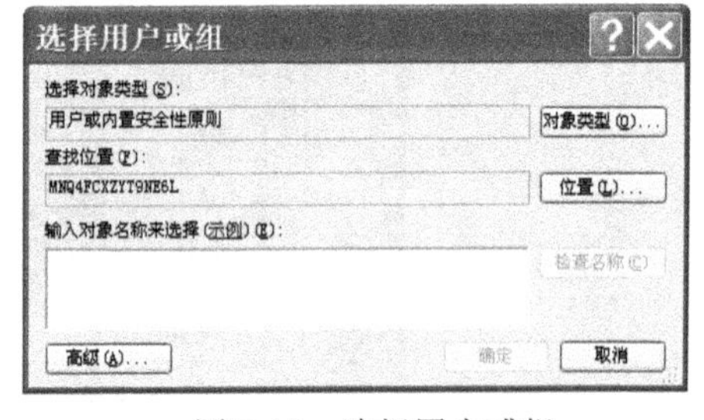

图 7-12 选择用户或组

例如，若是希望允许某用户获得系统中任何可得到的对象的所有权：包括注册表项、进程和线程以及 NTFS 文件和文件夹对象等(该策略的默认设置仅为管理员)。首先应找到列表中“取得文件或其他对象的所有权”策略，用鼠标右键单击，在弹出菜单中选择“属性”，在此点击“添加用户或组”按钮，在弹出对话框中(见图 7-12)输入对象名称并确认操作。

显然，如果此处的策略配置出现失误，将会给系统带来很多麻烦，比方说远程非法登录的非管理员级别的用户，可能就会因此处的配置失误而能够进行各种破坏操作。

如果需要恢复“用户权利指派”策略集的默认设置，可以在“命令提示符”窗口中输入“Secedit/configure/cfg %windir%\repair\secsetup.inf/db secsetup.sdb /areas USER_RIGHTS /verbose”命令并回车，等待出现命令成功完成的提示即可。

对于上述的操作，如果想让命令执行效率更高一些，那么可在命令提示符窗口中输入“gpupdate”命令强制刷新即可。

3) 安全选项

根据用户对安全性不同和个性化的要求，通过修改“安全选项”相应的参数和选项来完成，其中的设置在系统重新启动后生效。

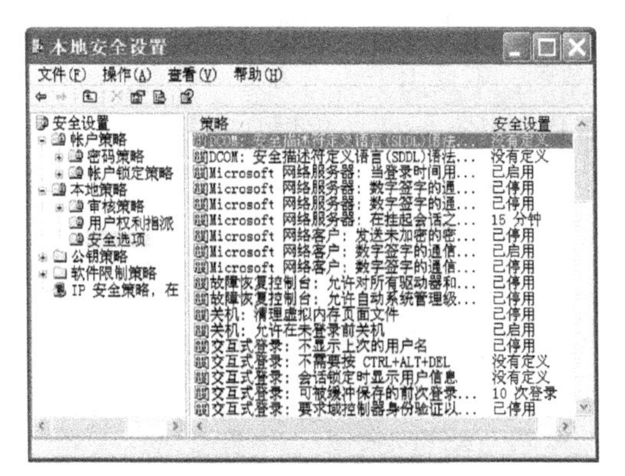

图 7-13 “安全选项”对话框

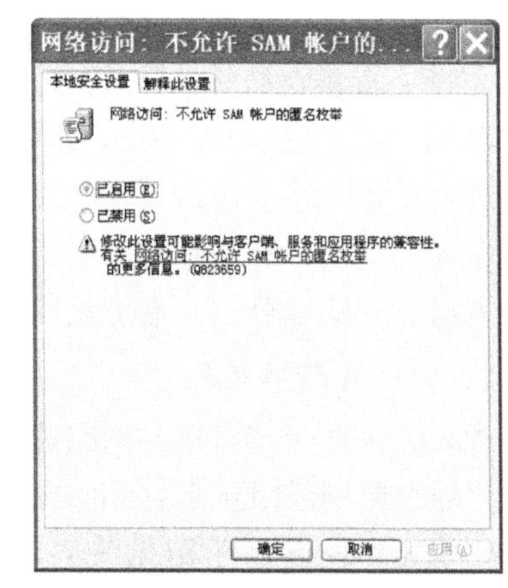

图 7-14 “不允许 SAM 账户的匿名枚举”对话框

常用“安全选项”说明如下：

(1) 不允许 SAM 账户和共享的匿名枚举。不允许 SAM 账户的匿名枚举、禁止账号克隆。有些蠕虫病毒可以通过扫描 Windows 系统的指定端口，然后通过共享会话猜测管理员系统口令。因此，我们需要通过在“本地安全策略”中设置禁止枚举账号，从而抵御此类入侵行为。

操作步骤如下：在“本地安全策略”左侧列表的“安全设置”目录树中，逐层展开“本地策略”、“安全选项”。查看右侧的相关策略列表，在此找到“网络访问：不允许 SAM 账户和共享的匿名枚举”，用鼠标右键单击，在弹出菜单中选择“属性”，而后会弹出一个对话框，在此激活“已启用”选项，最后点击“应用”按钮使设置生效(见图 7-13 和图 7-14)。

(2) 账户管理。为了防止入侵者利用漏洞登录机器，我们要在此设置重命名系统管理员账户名称及禁用来宾账户。设置方法为：在“本地策略”“安全选项”分支中，找到“账户：来宾账户状态”策略，点右键弹出菜单中选择“属性”，而后在弹出的属性对话框中设置其状态为“已停用”，最后“确定”退出。下面再查看“账户：重命名系统管理员账户”这项策略，调出其属性对话框，在其中的文本框中可自定义账户名称。相关的选项介绍如下。

管理员账户状态：可以禁止管理员账户。

来宾账户状态：可以禁止来宾账户。

重命名管理员账户：可以修改管理员账户名，默认为 Administrator。

重命名来宾账户：可以修改来宾账户名，默认为 Guest。

(3) 不显示上次的用户名。防止黑客入侵后查看用户登录账号。在“安全选项”列表中，选择“交互式登录：不显示上次的用户名”；单击右键，选择“属性”；在弹出的“交互式登录：不显示上次的用户名属性”选项框中，选择“已启用”，单击“确定”按钮，完成设置。

三、防火墙 ICF 设置

Windows XP 中自带的防火墙为 Internet 连接防火墙，简称为 ICF。它可保护系统和内部网络不受侵害。

仅就防火墙功能而言，Windows 防火墙只阻截所有传入的未经请求的流量，对主动请求传出的流量不作处理。而第三方病毒防火墙软件一般都会对两个方向的访问进行监控和审核，这一点是它们之间最大的区别。如果入侵已经发生或间谍软件已经安装，并主动连接到外部网络，那么 Windows 防火墙是束手无策的。不过由于攻击多来自外部，而且如果间谍软件偷偷自动开放端口来让外部请求连接，那么 Windows 防火墙会立刻阻断连接并弹出安全警告，所以普通用户不必太过担心这点。这就好像宾馆里的房门一样——外面的人要进入必须用钥匙开门，而屋里的人要出门，只要拉一下门把手就可以了。

1. 打开并启用 ICF

Windows 防火墙可以在网络连接属性、高级选项中打开，选中“Internet 连接防火墙”栏的“通过限制或阻止来自 Internet 的对此计算机的访问来保护我的计算机和网络”选项，点击“确定”使设置有效(见图 7-15)。也可以在控制面板的安全中心中打开。

点击“Windows 防火墙”，打开 Windows 防火墙对话框，选中“启用(推荐)”单选按钮(见图 7-16)，最后单击“确定”按钮，完成 Windows XP 的防火墙设置。

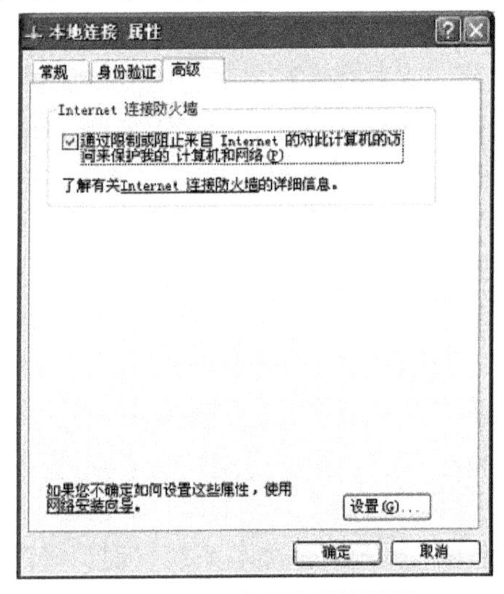

图 7-15　防火墙属性设置

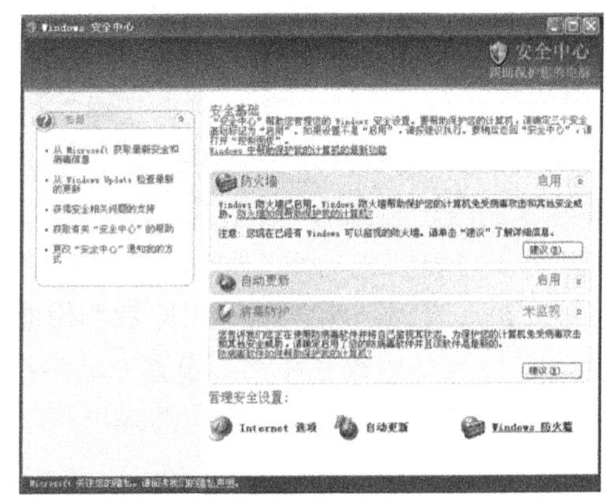

图 7-16　启用防火墙对话框

2. “常规”选项卡设置

在网络连接属性窗口选择“高级”选项卡，单击“设置”按钮，可进入防火墙设置界面。配置常规设置、程序和服务的权限、指定于连接的设置、日志设置和允许的 ICMP 流量。

常规选项卡有三个选项，如图 7-17 所示。在 Windows 防火墙控制台“常规”选项卡中有两个主选项：启用(推荐)和关闭(不推荐)，一个子选项“不允许例外”。如果选择了不允许例外，Windows 防火墙将拦截所有的连接用户计算机的网络请求，包括在例外选项卡列表中的应用程序和系统服务。

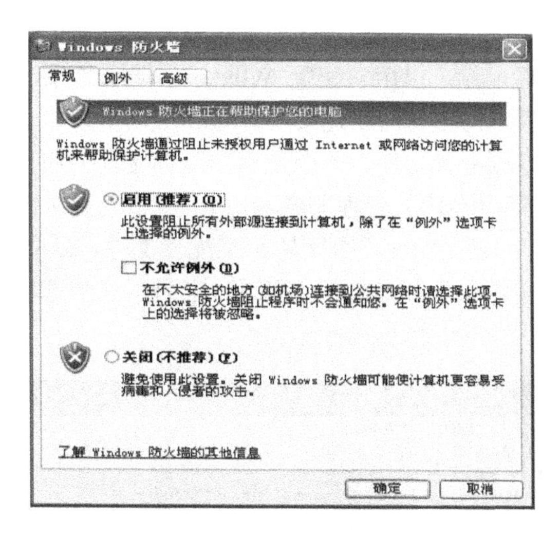

图 7-17　ICF 常规设置

3. 例外选项卡设置

某些程序需要对外通信，就可以把它们添加到“例外”选项卡中，这里的程序将被特许可以提供连接服务，即可以监听和接受来自网络上的连接。

在“例外”选项卡界面下方有两个添加按钮，分别是：添加程序和添加端口，可以根据具体的情况手工添加例外项。如果不清楚某个应用程序是通过哪个端口与外界通信，或者不知道它是基于 UDP 还是 TCP 的，可以通过“添加程序”来添加例外项。

如果对端口号以及 TCP/UDP 比较熟悉，则可以采用后一种方式，即指定端口号的添加方式。对于每一个例外项，可以通过“更改范围”指定其作用域。

4. 高级选项卡设置

在“高级”选项卡中包含了网络连接设置、安全记录、ICMP 设置和还原默认设置四组选项，可以根据实际情况进行配置。

(1) 网络连接设置：这里可以选择 Windows 防火墙应用到哪些连接上，当然也可以对某个连接进行单独的配置，这样可以使防火墙应用更灵活。

(2) 安全日志：日志选项里面的设置可以记录防火墙的跟踪记录，包括丢弃和成功的所有事项。在日志文件选项里，可以更改记录文件存放的位置，还可以手工指定日志文件的大小。系统默认的选项是不记录任何拦截或成功的事项，而记录文件的大小默认为 4 MB。

(3) ICMP 设置：Internet 控制消息协议(ICMP)允许网络上的计算机共享错误和状态信息。在缺省状态下，所有的 ICMP 都没有打开。

(4) 默认设置：如果要将所有 Windows 防火墙设置恢复为默认状态，可以单击右侧的“还原为默认值”按钮。

5. 组策略部署

在 ICF 中，只能通过网络连接、网络创建向导和 Internet 连接向导执行启用或关闭 ICF，而从 XP 后新版的 Windows 防火墙则可以通过组策略来控制防火墙状态、允许的例外等设置。组策略的设置具有很高的优先级。

依次单击“开始→运行”，在“运行”对话框中输入“gpedit.msc”，然后点击“确定”按钮即可打开 WinXP 组策略编辑器。

进入组策略编辑器后，就可以用它配置 Windows 防火墙了。从左侧窗格中依次展开“计算机配置→管理模板→网络→网络连接→Windows 防火墙”。在 Windows 防火墙下可以看到两个分支，一个是域配置文件，一个是标准配置文件。简单的说，当计算机连接到有域控制器的网络中时(即有专门的管理服务器时)，是域配置文件起作用，相反，则是标准配置文件起作用(见图 7-18)。即使没有配置标准配置文件，缺省的值也会生效。

配置文件中的每个项目均有未配置、已启用、未启用三个选项，根据实际需要进行选择和设置。

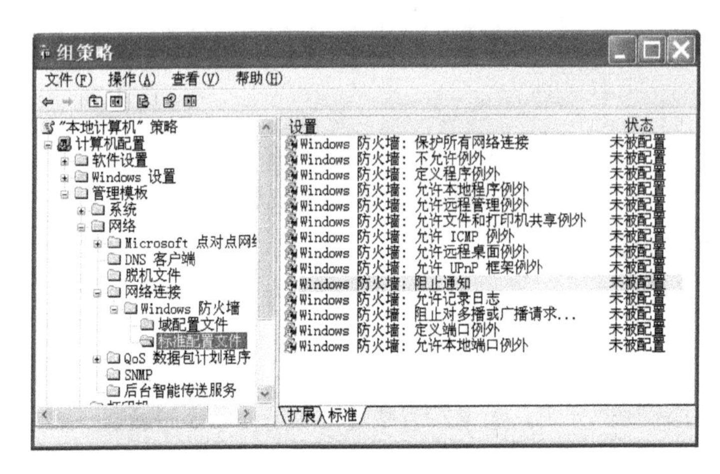

图 7-18　“标准配置文件”对话框

四、注册表设置

单击“开始”菜单，选择“运行”，在“运行”对话框中打开注册表编辑器，选择“打开”下拉框，输入“regedit”，最后点击“确定”按钮(见图 7-19)。

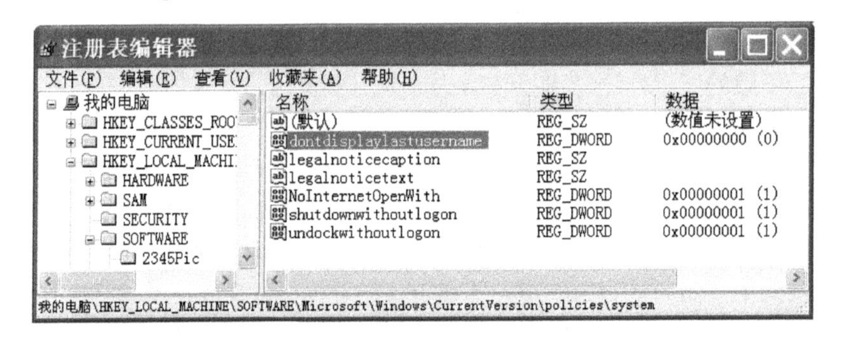

图 7-19　注册表编辑器

这里举几个典型例子说明注册表的设置方法：

1．隐藏上次登录用户名

依次进入“HKEY_LOCAL_MACHINE \SOFTWARE \Microsoft \Windows\CurrentVersion\Policies\System”，也可以利用菜单“编辑—查找”输入关键词快速找到相关的选项；在右侧框中双击“DontdisplayLastusername”名称，将其值设为 1。

2. 禁止按 Shift 键自动登录

进入"HKEY_LOCAL_MACHINE\SOFTWARE\Microsoft \Windows NT\Current-Version\Winlogon"，新建"DWORD 值"，名称为"IgnorShiftOverride"，将其值设置为 1。

3. 禁止用户更改密码

进入"HKEY_CURRENT_USER \SOFTWARE \Microsoft \Windows \Current Version\Policies\System"，新建"DWORD 值"，名称为"DisableChangePassword"，将其值设置为 1。

4. 禁止用户使用注册表编辑器

进入"HKEY_CURRENT_USER\SOFTWARE\Microsoft\Windows\CurrentVersion\Policies\System"，新建"DWORD 值"，名称为"DisableRegistryTools"，将其值设置为 1。

5. 限制普通用户使用"控制面板"

进入"HKEY_CURRENT_USER\Sotfware\Microsoft\Windows\CurrentVersion\Explorer"，新建"DWORD 值"，名称为"NoSetFolders"，将其值设置为 1。

6. 禁止空连接

进入"HKEY_LOCAL_MACHINE\System\CurrentControl Set\Control\LSA"，选中"Restrict Anonymous"，将其值更改为 1。

7. 禁止用户使用"任务管理器"

进入" HKEY_CURRENT_USER\Sotfware\Microsoft\Windows\CurrentVersion\Policies\Explorer"，新建"DWORD 值"，名称为"DisableTaskMgr"，将其值设置为 1。

这仅是在原有 Windows XP 操作系统下的一些设置，倘若需要更安全，还需采用一定的软件和硬件措施。

实验 7-2 "IP 安全策略"的配置

➢ 实验目标

理解网络安全协议的概念和作用，了解 IPSec 的功能和工作原理。掌握 Windows 中 IP 安全策略的配置方法，针对不同的安全性需求，设置不同的安全策略。

(1) 阻止固定 IP 地址访问服务器。

(2) 封堵危险端口。

(3) 禁止访问指定域名。

➢ 实验要求

(1) 网络服务器：装有 Windows 2008 Server 操作系统、具有固定 IP 地址、开通终端服务。

(2) 客户机：装有 Windows XP 操作系统，具有固定 IP 地址。

(3) 网络连接(服务器、客户机可相互访问)。

➢ 实验步骤

一、阻止固定 IP 地址访问

很多服务器都开通了终端服务，除了使用用户权限控制访问外，还可以创建 IPSec 安全策略进行限制。本节阻止局域网中 IP 为“192.168.0.2”的机器访问 Windows 终端服务器。

1．创建 IP 安全策略

在“本地安全设置”主窗口中，右键点击“IP 安全策略”，选择“创建 IP 安全策略”选项(见图 7-20)，进入“IP 安全策略向导”，点击“下一步”按钮，在“IP 安全策略”名称对话框中输入该策略的名字(见图 7-21)，如“终端服务过滤”，点击“下一步”按钮，下面弹出的对话框都选择默认值，最后点击“完成”按钮。

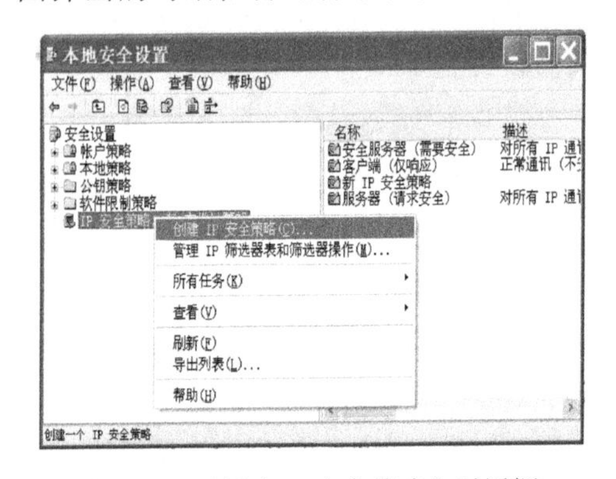

图 7-20　“创建 IP 安全策略”对话框

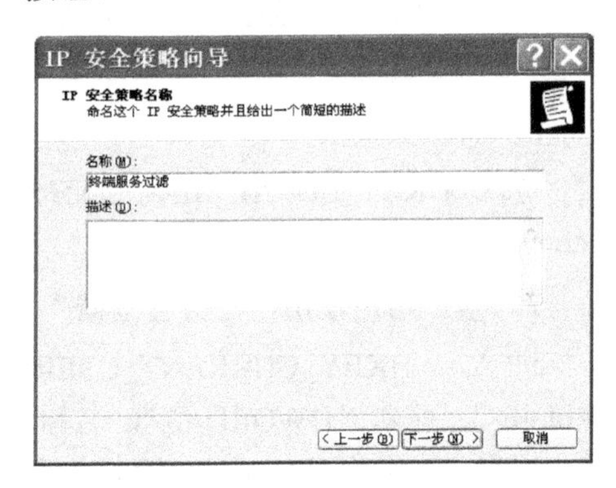

图 7-21　“IP 安全策略”名称

2．创新筛选器

为该策略创建一个筛选器。右键点击“IP 安全策略，在本地计算机”安全策略，在菜单中选择“管理 IP 筛选器表和筛选器操作”，切换到“管理 IP 筛选器列表”标签页(见图 7-22)，点击下方的“添加”按钮，弹出“IP 筛选器列表”对话框，在“名称”输入框中输入“终端服务”(见图 7-23)，点击“添加”，进入“IP 筛选器向导”窗口。

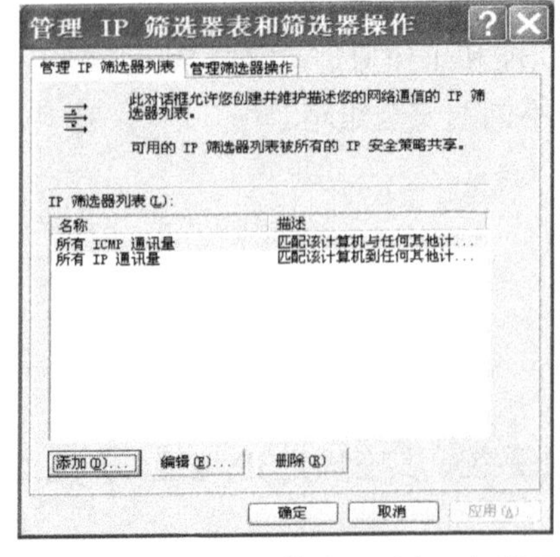

图 7-22　“管理 IP 筛选器列表”标签页

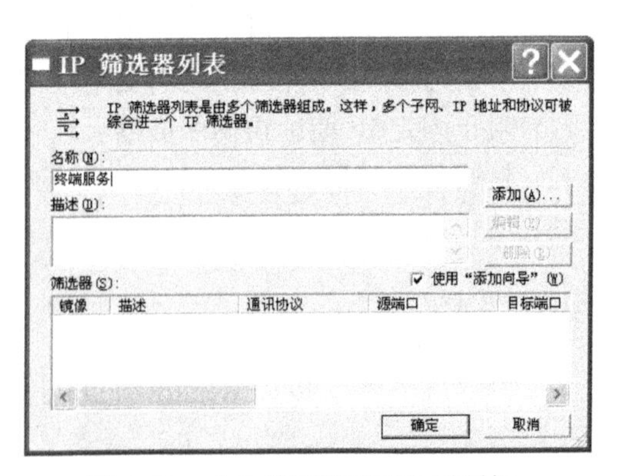

图 7-23　“IP 筛选器列表”对话框

点击“下一步”按钮，在“源地址”下拉列表框中选择“一个特定 IP 地址”，然后输入该客户机的 IP 地址和子网掩码，如“192.168.0.2”(见图 7-24)。点击“下一步”按钮后，在“目标地址”下拉列表框中选择“我的 IP 地址”，点击“下一步”按钮，接着在“选择协议类型”中选择“TCP”协议，点击“下一步”按钮，接着在协议端口中选择“从任意端口，到此端口”，在输入框中填入“3389”(远程桌面的服务端口)，点击“下一步”按钮后完成筛选器的创建(见图 7-25)。

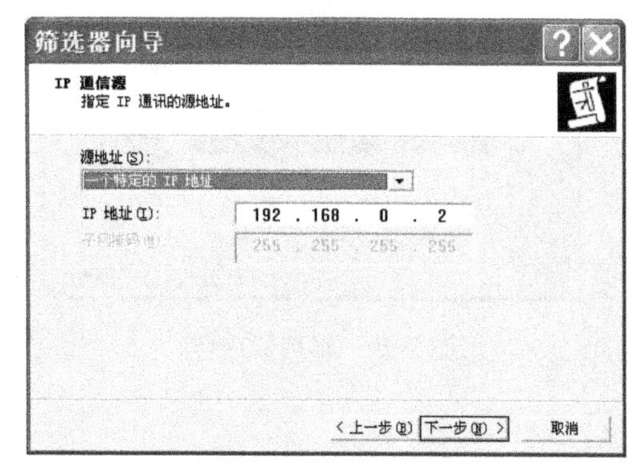

图 7-24　筛选器向导

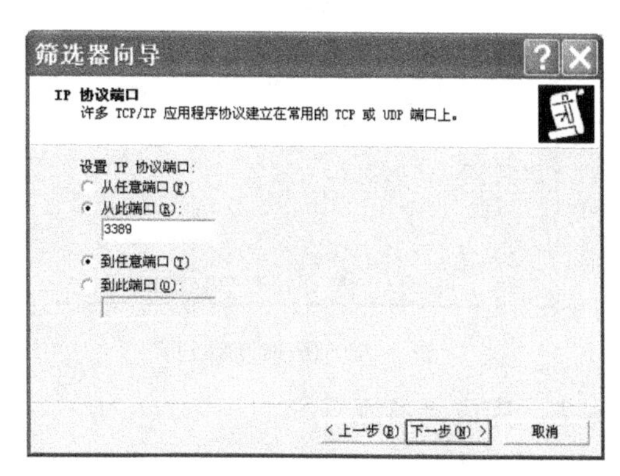

图 7-25　IP 协议端口对话框

3．新建一个阻止操作

切换到“筛选器操作”标签页(见图 7-26)，点击“添加”按钮，进入到“IP 安全筛选器操作向导”，点击“下一步”按钮，给这个操作起一个名字，如“阻止”，点击“下一步”按钮，接着设置“筛选器操作的行为”，选择“阻止”单选项(见图 7-27)，点击“下一步”按钮，就完成了“IP 安全筛选器操作”的添加工作。

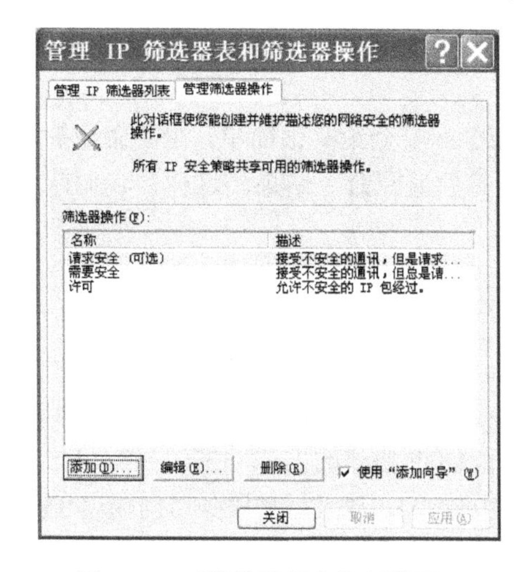

图 7-26　“筛选器操作”标签页

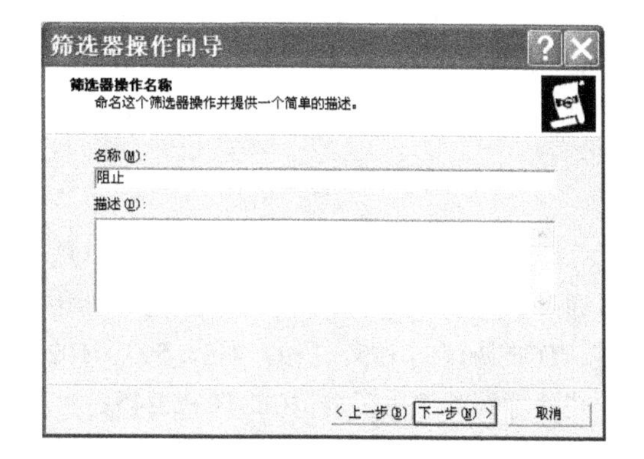

图 7-27　IP 安全筛选器操作向导

4．绑定过滤器和操作

在 IP 安全策略主窗口中，双击第一步建立的“终端服务过滤”安全策略，点击“添加”按钮，进入“创建 IP 安全规则向导”，点击“下一步”按钮，选择“此规则不指定隧道”，点击“下一步”按钮，在网络类型对话框中选择“局域网”，点击“下一步”按钮，在接下来对话框中选择默认值，点击“下一步”按钮，在 IP 筛选器列表中选择“终端服务”选项(见图 7-28)，点击“下一步”按钮，接着在筛选器操作列表中选择“阻止”(见图 7-29)，最后点击“完成”按钮。

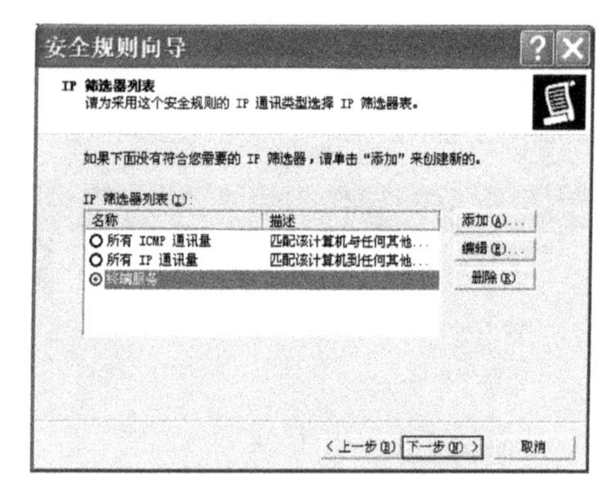

图 7-28　IP 筛选器列表

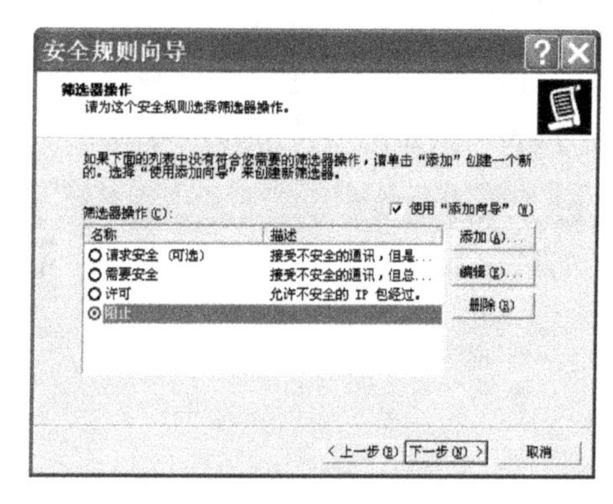

图 7-29　筛选器操作

5. 完成“指派”

完成了创建 IPSec 安全策略后，还要进行指派。右键单击“终端服务过滤”，在弹出的菜单中选择“指派”，这样就启用了该 IPSec 安全策略。局域网中 IP 为“192.168.0.2”的机器就不能访问 Windows 2008 终端服务器了。

注意：Windows 系统的 IPSec 安全策略，一台机器同时只能有一个策略被指派。

6. IPSec 安全策略验证

通过 ping 命令来测试 192.168.0.2 的连通性，在配置和指派“终端服务过滤”策略前，可以连通，在配置并指派后则不能连通。

如果不放心的话，也可以在“命令提示符”下使用“gpupdate/force”命令强行刷新 IPSec 安全策略。

在使用 Windows 2008 系统中，验证指派的 IPSec 安全策略很简单，在“命令提示符”下输入“netsh ipsec dynamic show ALL”命令，然后返回命令结果。这样，我们就能很清楚地看到该 IP 安全策略是否生效了。

二、封堵危险端口

默认情况下，Windows 有很多端口是开放的，在用户上网的时候，网络病毒和黑客可以通过这些端口连上用户的电脑。为了让用户的系统变为铜墙铁壁，应该封闭这些端口，主要有：TCP 协议的 135、139、445、593、1025 端口和 UDP 协议的 135、137、138、445 端口，一些流行病毒的后门端口(如 TCP 2745、3127、6129 端口)，以及远程服务访问端口 3389。

ping 命令是利用 TCP 的 135 端口传递数据的，所以我们只要在 IP 安全策略中封堵禁止 TCP 的 135 端口，就可以禁止其他计算机 ping 自己了(当然防火墙也可以实现此功能)。

下面介绍如何在 Windows XP/2000/2008 下关闭 TCP 的 135 端口，禁止其他计算机 ping 本机：

1. 创建 IP 筛选器

(1) 在“IP 筛选器列表”窗口中单击“添加”按钮，此时将会弹出“IP 筛选器向导”

窗口，输入 IP 筛选器名称“封堵 TCP135”(见图 7-30)，下一步将会弹出“IP 通信源”页面，在该页面中设置“源地址”为“我的 IP 地址”(见图 7-31)，“目标地址”为“任何 IP 地址”，使得任何 IP 地址的计算机都不能 ping 你的机器。

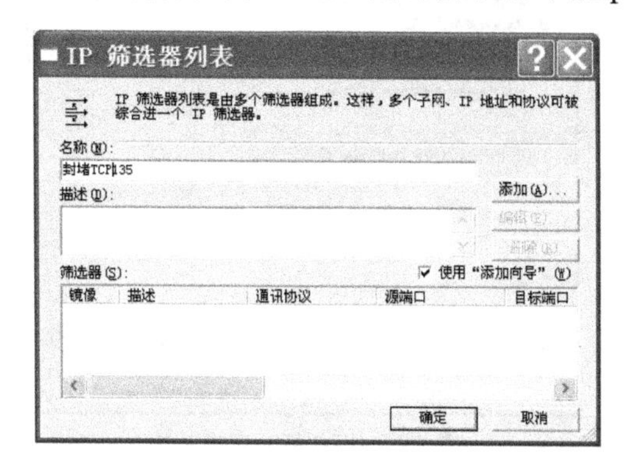

图 7-30　创建 IP 筛选器

图 7-31　指定源地址、目标地址

(2) 在“筛选器属性”中封闭端口，比如封闭 TCP 协议的 135 端口：在“选择协议类型”的下拉列表中选择“TCP”(见图 7-32)，然后在“到此端口”下的文本框中输入“135”(见图 7-33)，点击“确定”按钮，这样就添加了一个屏蔽 TCP 135(RPC)端口的筛选器，它可以防止外界通过 135 端口连上你的电脑。

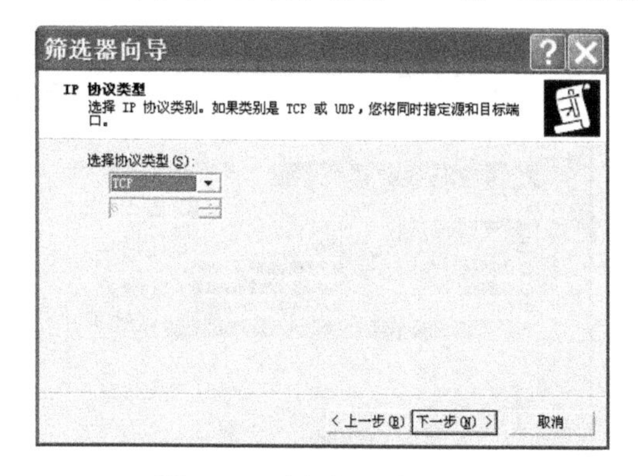

图 7-32　选择协议类型

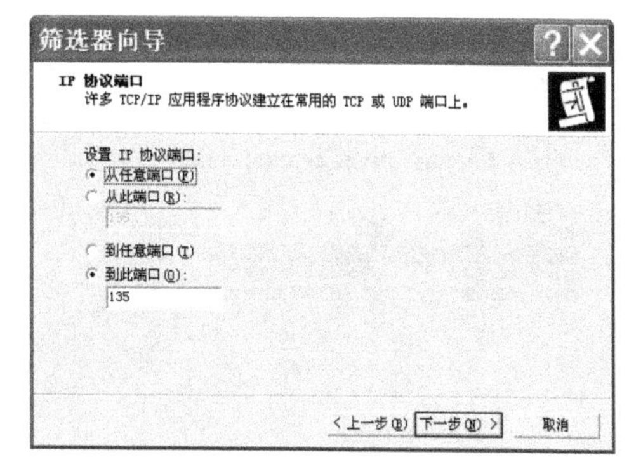

图 7-33　设置 IP 协议端口

根据需要重复以上步骤可继续添加 TCP 137、139、445、593 等端口和 UDP 135、139、445 等端口，为它们建立相应的筛选器。

(3) 依次单击“下一步”→“完成”按钮，此时，将会在“IP 筛选器列表”看到刚刚创建的筛选器，将其选中后单击“下一步”，在出现的“筛选器操作”页面中设置筛选器操作为“需要安全”选项。

2. 创建 IP 安全策略

(1) 依次单击“开始→控制面板→管理工具→本地安全策略”，打开“本地安全设置”，右击该对话框左侧的“IP 安全策略，在本地计算机”选项，执行“创建 IP 安全策略”命令。输入 IP 安全策略名称(如：封堵 TCP135)等参数(见图 7-34)。

(2) 下一步取消选择“激活默认响应规则”，再下一步，在出现的“默认响应规则身份验证方法”对话框中选中“此字符串用来保护密钥交换(预共享密钥)”选项，然后在下面的文字框中输入一段字符串(如 123456)作为保护密钥交换的密码(见图 7-35)。点击“下一步”按钮完成了 IP 安全策略的创建工作。

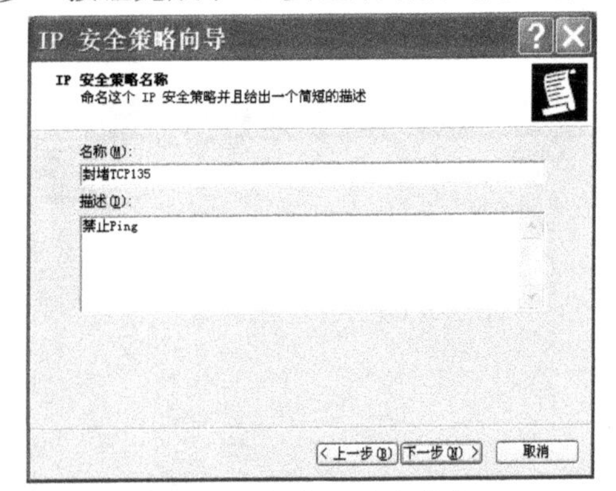

图 7-34　创建 IP 安全策略

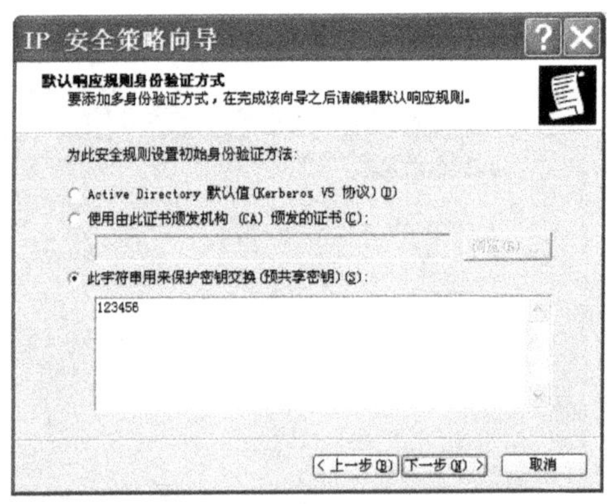

图 7-35　保护密钥交换的密码

(3) 完成创建 IP 安全策略后，要为其指定 IP 筛选器和访问规则。右击“封堵 TCP135”“属性”弹出“封堵 TCP135 属性”对话框，点击“添加”按钮(见图 7-36)，弹出“安全规则向导”对话框，选择“此规则不指定隧道”，选择网络类型“所有网络连接”，在 IP 筛选器列表中选择“封堵 TCP135”，在筛选器操作中选择“阻止”(见图 7-37)，完成 IP 安全策略设置。

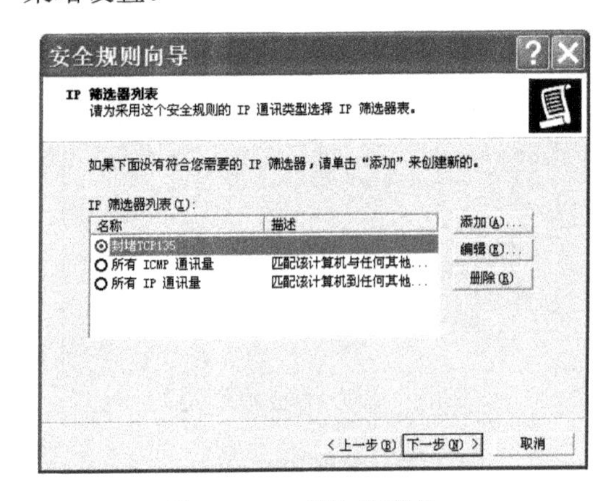

图 7-36　IP 筛选器列表

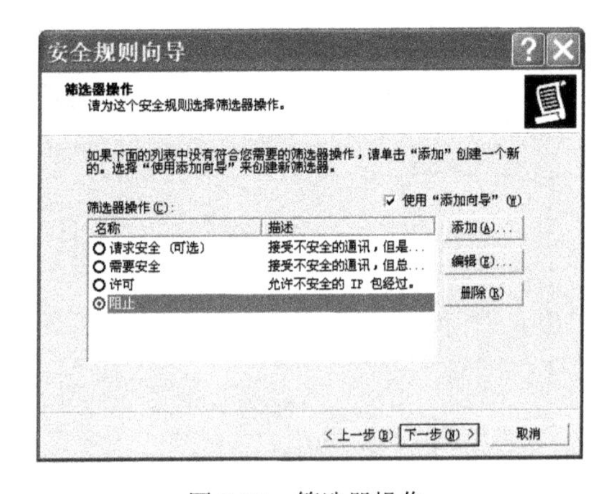

图 7-37　筛选器操作

3. 指派 IP 安全策略

安全策略创建完毕后并不能马上生效，还需通过“指派”功能令其发挥作用。方法是：在“控制台根节点”中右击“新的 IP 安全策略”选项，然后在弹出的右键菜单中执行“指派”命令，即可启用该策略。

4. 结果验证

在“指派”策略前，从其他计算机可以 ping 通本机，“指派”后则不能 ping 通(不过在本地仍然能够 ping 通自己)。

经过这样的设置之后，所有用户(包括管理员)都不能在其他机器上对被设置的服务器进行 ping 操作。从此再也不用担心被 ping 威胁。如果再把一些黑客工具、木马常探寻的端口封闭，系统就更加固若金汤了。

三、禁止访问指定域名

Windows XP 专业版自带的 IP 安全策略，其功能并不比一些免费的防火墙差，可以关闭或开启端口，可以封掉指定的 IP 地址，还可以封掉指定的域名。只是设置起来有点麻烦，以下以封掉指定域名(www.abc.com)为例，讲述设置过程。

1. 创建 IP 安全策略

(1) 点击“计算机配置→windows 设置→安全设置”，用鼠标右键点击“IP 安全策略”，在弹出菜单中点击“创建 IP 安全策略”，点击“下一步”按钮。

(2) 出现“IP 安全策略名称”输入界面，可以使用默认名称“新 IP 安全策略”或者随便输入一个名称，如：“封堵 ABC”(图 7-38)。点击“下一步”按钮，出现“安全通讯请求”设置窗口，使用默认设置“激活默认响应规则”，点击“下一步”按钮。

(3) 出现“默认响应规则身份验证方式”设置窗口，选择“此字符串用来保护密钥交换”，并随便输入一串字符，比如：123456abcd 等(图 7-39)，点击“下一步”按钮。

(4) 出现完成“新 IP 安全策略属性设置”的界面，选中“编辑属性”，点击“完成”按钮。

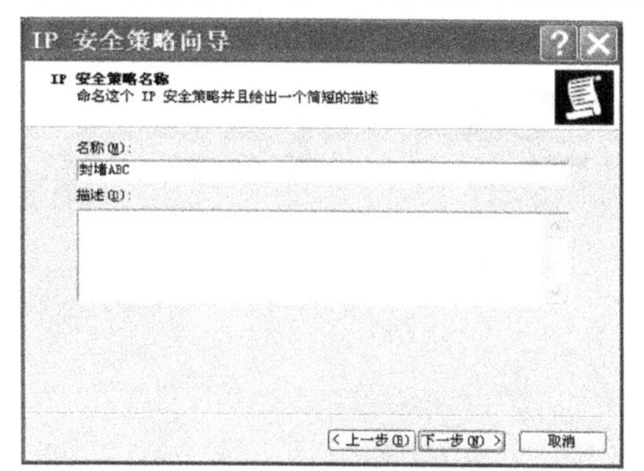

图 7-38　新 IP 安全策略

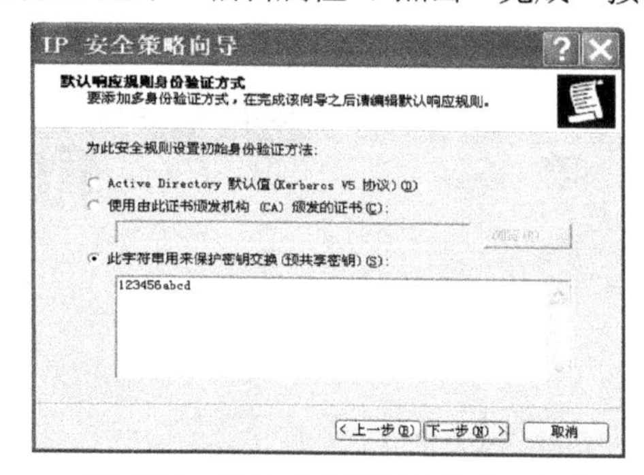

图 7-39　默认响应规则身份验证方式

2. 设置 IP 安全策略属性

(1) 进入“封堵 ABC 属性设置”界面(见图 7-40)，选择“使用添加向导”，点击“添加”按钮。

(2) 出现“安全规则向导”，点击“下一步”按钮，进入“隧道终结点”设置界面，选择“此规则不指定隧道”(见图 7-41)，点击“下一步”按钮。

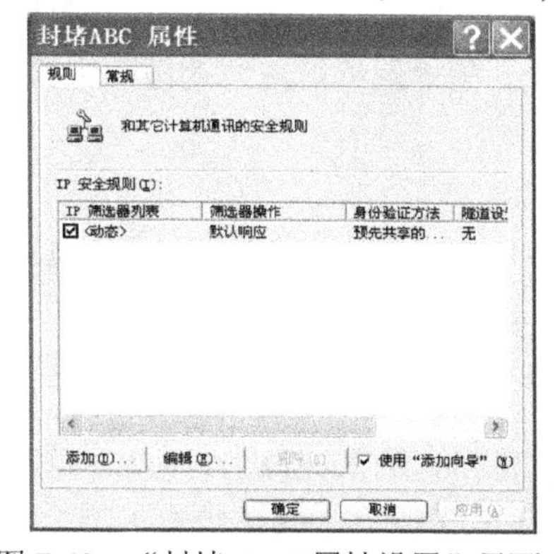

图 7-40　“封堵 ABC 属性设置”界面

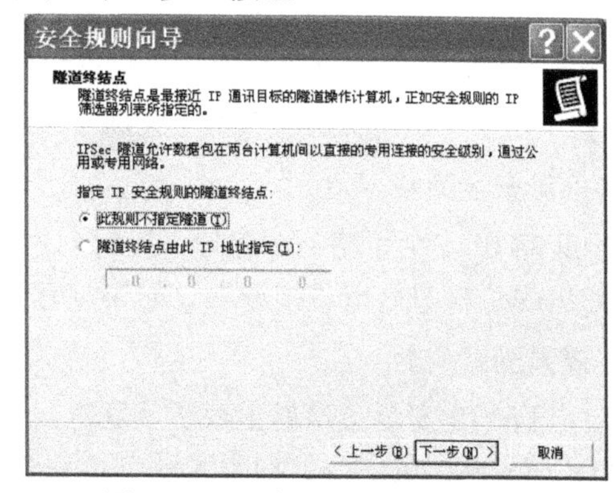

图 7-41　“隧道终结点”设置界面

(3) 出现网络类型设置界面，选择“所有网络连接”，点击“下一步”按钮，再次出现“默认响应规则身份验证方式”设置窗口，选择“此字符串用来保护密钥交换”，再次随便输入一串字符，比如：123456abcd 等，点击“下一步”按钮。

3. 创建 IP 筛选器

出现“IP 筛选器列表”界面，点击“添加”按钮，按照步骤创建 IP 筛选器(如果已经编辑好 IP 筛选器，则直接在列表框中选中 IP 筛选器，如 abc，在该项前面的圆圈中打上圆点标记，再点击“下一步”按钮，在“筛选器操作”中，选择“拒绝”，在“拒绝”左边的圆圈中打上圆点标记，点击“下一步”按钮，点击“完成”按钮)。

(1) 启动 IP 筛选器向导：名称可以使用默认“新 IP 筛选器列表”或者另取名字，如：abc。选中“使用添加向导”，点击“添加”按钮，启动 IP 筛选器向导，点击“下一步”按钮。

(2) 指定 IP 通信源为：源地址选择“一个特定的 DNS 名称”，输入主机名，在这里填入想要屏蔽的网络域名，如 www.abc.com(见图 7-42)，点击“下一步”按钮，这里可能会出现一个“安全警告”提示框，点击“确定”按钮。

(3) 设置 IP 通信目标为：我的 IP 地址(见图 7-43)；设置“IP 协议类型”为“任意”，点击“下一步”按钮，点击“完成”按钮。

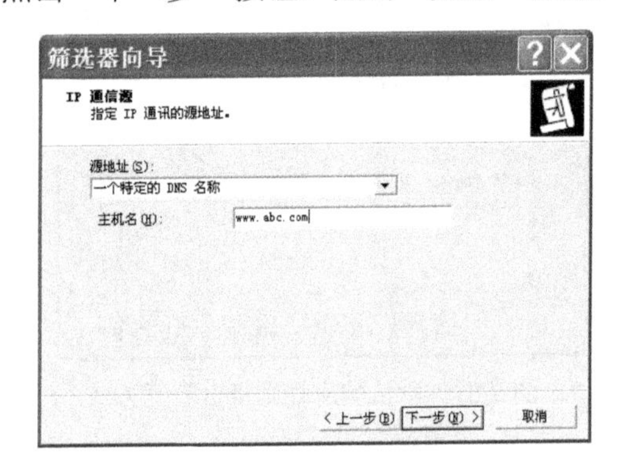

图 7-42　指定 IP 通信源

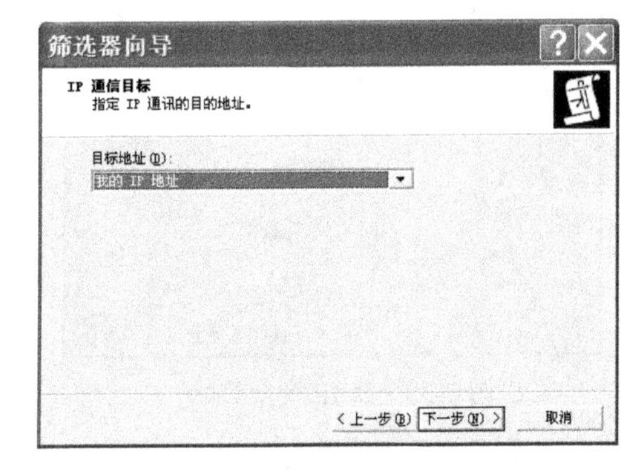

图 7-43　设置 IP 通信目标

(4) 回到“IP 筛选器列表”界面，可以点击“确定”退出此界面，或者点击“添加”按钮，继续添加其他筛选器。

(5) 在列表框中选中刚才建立的 IP 筛选器，如 abc，在该项前面的圆圈中打上圆点标记，再点击“下一步”按钮，在“筛选器操作”中，选择“拒绝”(如果筛选器操作中找不到“拒绝”选项，那么需要进行添加“筛选器操作”)，在“拒绝”左边的圆圈中打上圆点标记，点击“下一步”按钮，点击“完成”按钮。

4. 指派安全策略

在组策略 IP 安全策略右边窗口，找到刚才建立的 IP 安全策略，如 abc，用鼠标右键点击，在弹出的菜单中点击“指派”。如果没有进行此项操作，IP 策略不会生效。

5. 效果测试

重启电脑，IP 安全策略就生效了。这时，打开浏览器，输入在以上过程中屏蔽掉的网址(域名)，如 www.abc.com，如果无法浏览那个网站了，说明以上操作步骤正确。

否则，按照以上步骤重新检查。一般来说，容易忽视的地方是最后的“指派”操作，还有筛选器操作设置不当，如“阻止”设置成了“许可”。

网上有 IP 安全规则可供下载，主要用于防范木马病毒，但是不一定适合自己使用，需要适当修改一下，然后导入组策略，指派后就可生效，比 Windows 自带的防火墙好用得多。

实验 7-3　Active Directory 证书服务的安装与应用

➢ 实验目标

通过实验加深对数字证书原理和 CA 的理解，熟悉数字证书的作用及数字证书的申请、下载及安装过程，掌握服务器数字证书的使用。

(1) 证书服务器的安装与配置。

(2) 数字证书的申请与颁发。

(3) 配置 SSL 协议。

(4) 实现 Web 的安全访问。

➢ 实验要求

(1) 默认 Web 服务器(基于 IIS)。

(2) 证书服务器(基于 Windows Server 2008)。

(3) 客户端浏览器(基于 Windows XP IE)。

➢ 实验步骤

一、证书服务器的安装与配置

在基于 Windows Server 2008 的服务器上安装证书服务，操作过程如下：

1. 启动添加“Active Directory 证书服务”角色向导

点击“开始菜单→管理工具→服务器管理器”，选择左侧树形菜单“角色”节点，右键“添加角色”勾选(见图 7-44)，点击“下一步”按钮，出现证书服务简介窗口(见图 7-45)，点击“下一步”按钮，弹出“添加角色向导”界面(见图 7-46)。

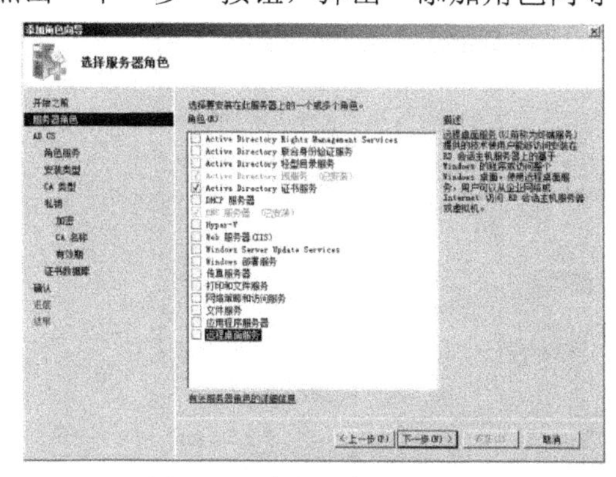

图 7-44　选择服务器角色

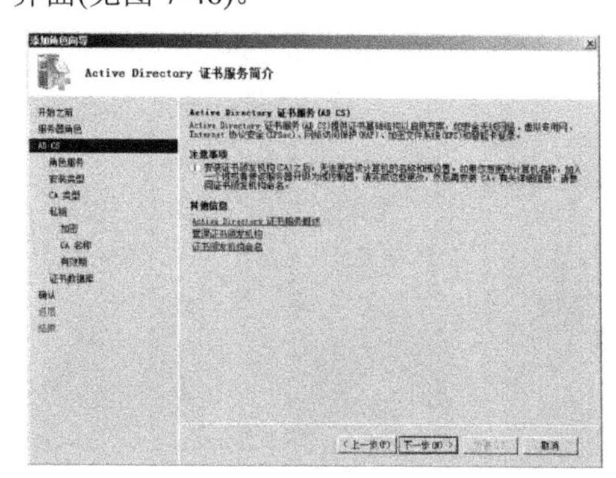

图 7-45　证书服务简介窗口

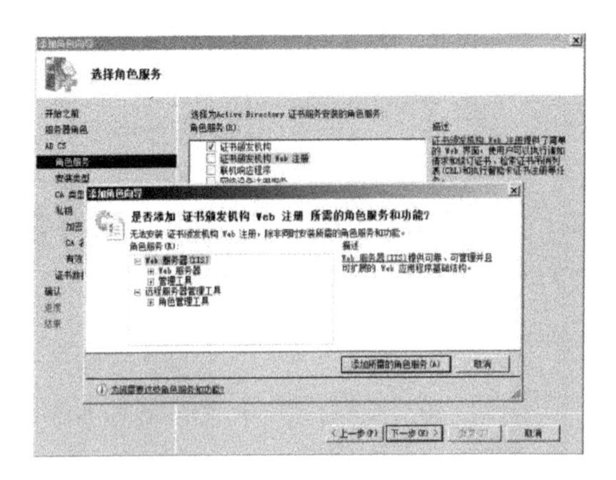

图 7-46 “添加角色向导”界面

2. 添加所需角色服务

点击“添加所需的角色服务”按钮，选择“证书颁发机构”、“证书颁发机构 Web 注册”和“联机响应程序”选项，点击“下一步”按钮(见图 7-47)。

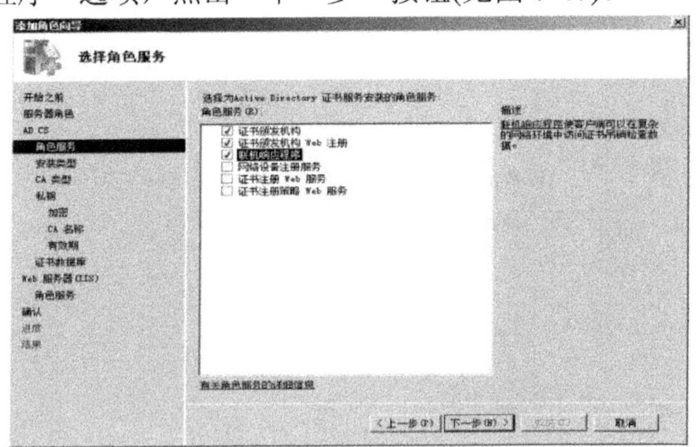

图 7-47 添加所需的角色服务

3. 指定安装类型

在指定安装类型窗口中，选择“企业”(“企业”需要域环境，“独立”不需要域环境)(图 7-48)，点击“下一步”按钮。

在指定 CA 类型窗口中，选择“根”(见图 7-49)，点击“下一步”按钮。

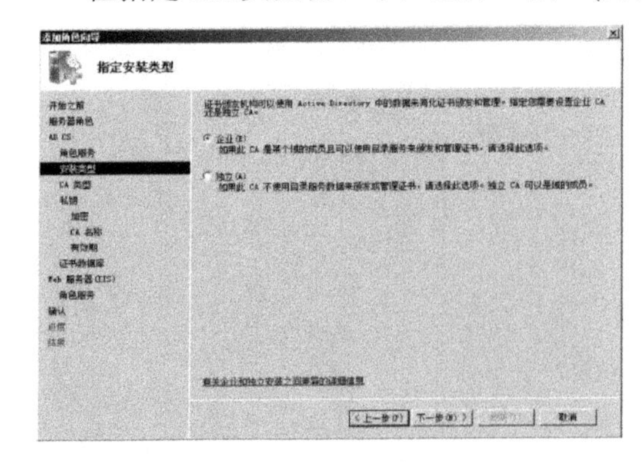

图 7-48 指定安装类型窗口

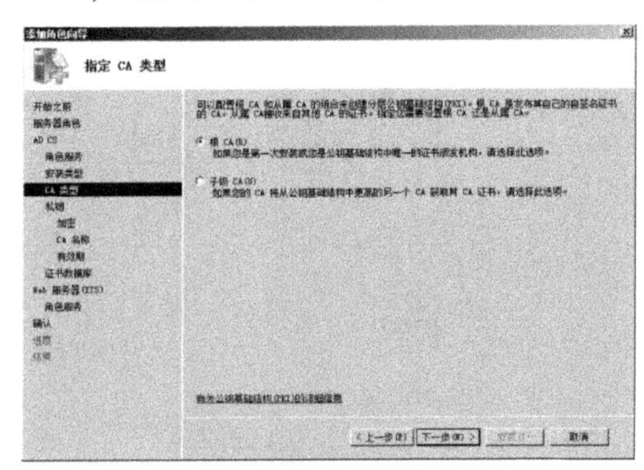

图 7-49 指定 CA 类型窗口

4．设置私钥和加密

为了 CA 的安全必须为 CA 服务器建立一个私钥，选择“新建私钥”(见图 7-50)，点击“下一步”按钮。如果是重新安装 CA 也可以选择“使用现有私钥”，以保证与先前证书的连续性。

在设置私钥窗口中，选择加密服务提供程序：RSA#Microsoft Software Key Storage Privider，密钥字符长度：2048(见图 7-51)，选择此 CA 颁发的签名证书的哈希算法：SHA1，然后点击“下一步”按钮。

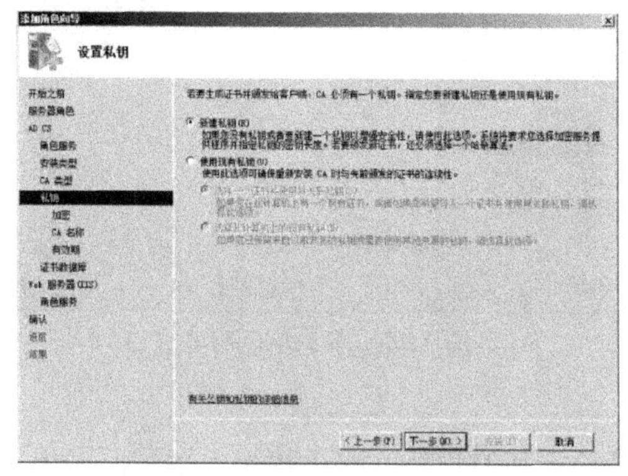

图 7-50　新建私钥对话框

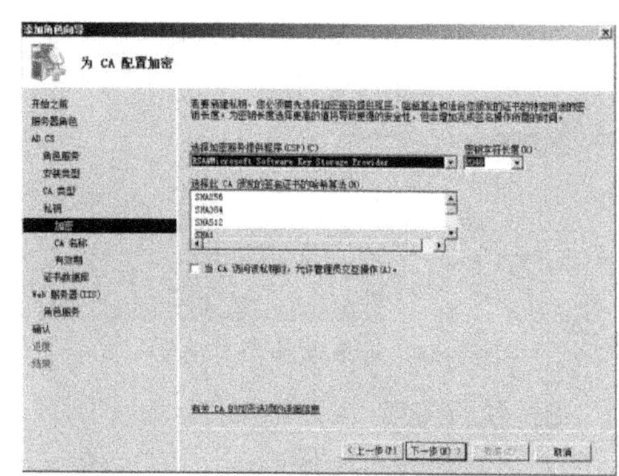

图 7-51　选择加密服务提供程序

5．设置 CA 公钥的名称与有效期

CA 公钥的名称相当于颁发机构的名称，类似于我们身份证的颁发机关是某某公安局。这里我们可以自行定义，也可以按缺省的名字，可辨名称后缀一般不用修改(见图 7-52)，直接点击“下一步”按钮。根据系统要求设置生成证书的有效期，这里选择 5 年(见图 7-53)，直接点击“下一步”按钮。

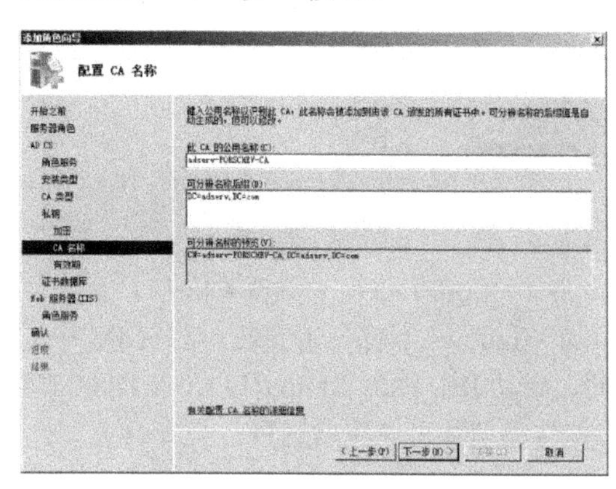

图 7-52　CA 公钥的名称

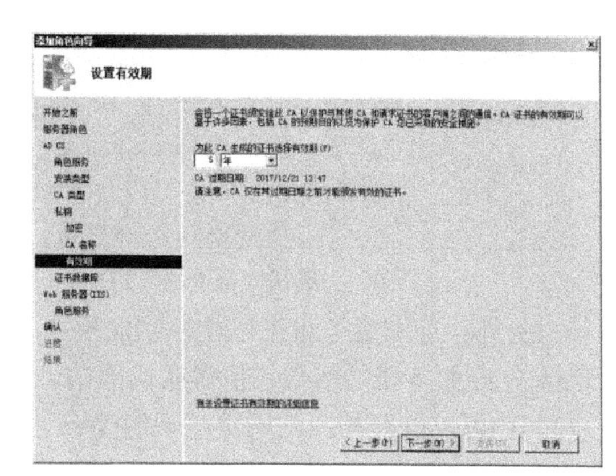

图 7-53　设置生成证书的有效期

6．设置证书数据库及日志的存储位置

接下来是指定证书数据库和日志的存储地址，按默认路径就可以(也可以“浏览”修改)，然后点击“下一步”按钮。

7．添加 Web 服务器角色

本次实验要求申请、颁发证书时通过 Web 界面进行，所以 CA 服务器必须添加 Web

服务器角色。

在添加角色窗口中(见图 7-54)，选择添加 Web 服务器(IIS)选项，在选择角色服务窗口中，可以根据需要的功能选择，勾选运行 Asp.Net 网站必需的项(也可以进行简单的全选)如图 7-55 所示，点击“下一步”按钮。

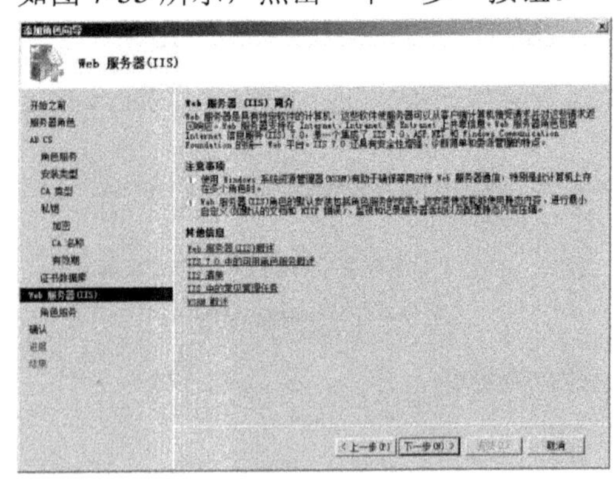

图 7-54　Web 服务器对话框

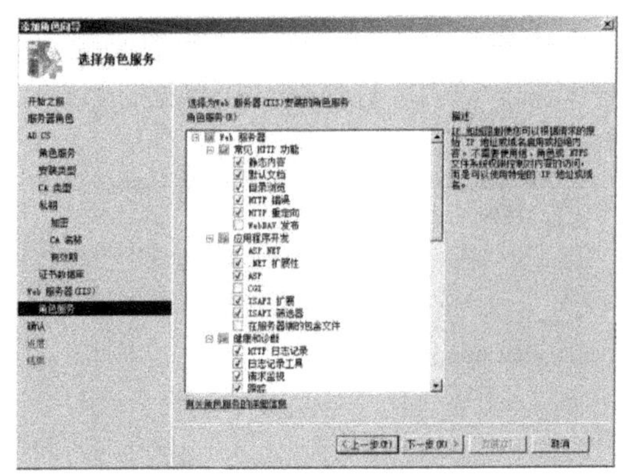

图 7-55　添加角色服务窗口

8．执行安装

在“确认安全选择”窗口中(见图 7-56)，检查安装的角色、服务等相关参数，如果有问题可以选择点击“上一步”按钮进行修改，确认后点击“安装”按钮，进入安全进度界面，提示各项都安装成功后，点击“关闭”按钮(见图 7-57)。

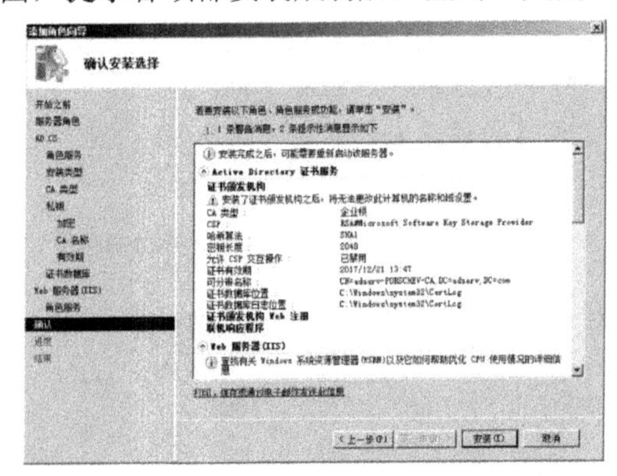

图 7-56　“确认安全选择”窗口

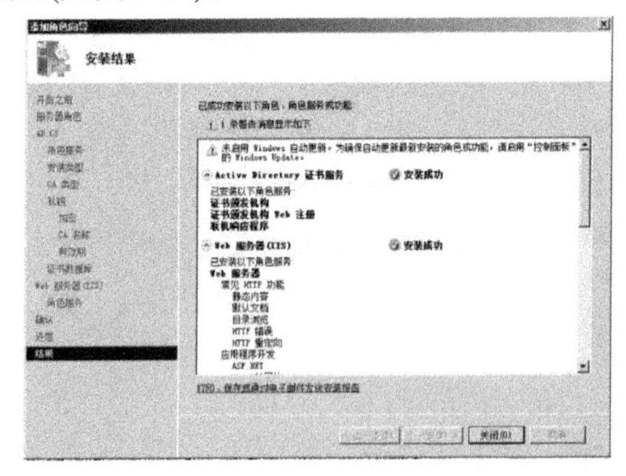

图 7-57　安装结果窗口

另外，证书服务也可以在控制面板中的“添加 Windows 组件”来安装。配置 IIS 中的默认 Web 服务器的参数，使得默认网站可以访问，启动 IE，输入“http://192.168.1.11”(客户端 IP)可以打开相应的网页，说明 Web 服务器安装成功并可以正常运行。

二、Web 服务器的数字证书的申请

因为 CA 被写入了默认网站的虚拟目录里，所以我们申请证书时要注意，将 Web 先暂停一下(见图 7-58)，启用默认网站的配置。在 Web 属性窗口中，为 Web 服务器上填写一个证书申请表。

1．启动“IIS 证书向导”

右击“Web”，选择“属性”，选择“目录安全性”，单击“服务器证书”(见图 7-59)。

接下来，系统会要求用户选择指定服务器证书的来源方式，如果尚未安装过服务器证书，这时候用户必须选择“创建一个新证书”选项。若之前已获取过 Web 服务器证书，而且想要重新利用这些已有的证书，选择“分配一个已存在的证书”或者“从密钥管理器备份文件导入一个证书”选项，将原有的 Web 服务器证书安装到 IIS 系统上。

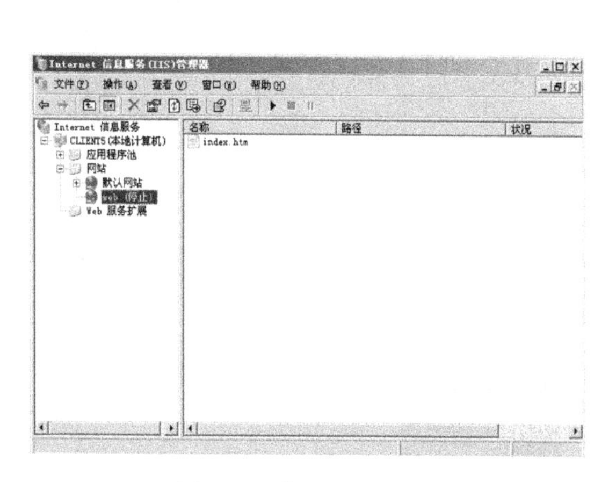

图 7-58　停止 Web 服务

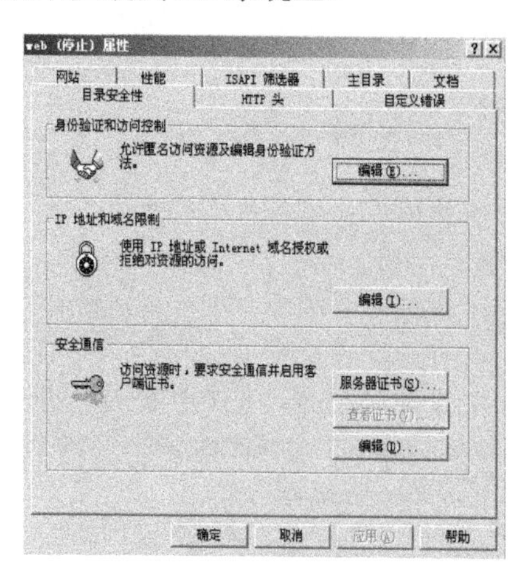

图 7-59　Web 属性窗口

这里选择“新建证书”单击“下一步”按钮(见图 7-60)，此时系统要求用户选择证书要求的时机，用户可以按照需要来选择是否要先准备好证书要求，稍后再将此证书要求发送到证书颁发机构上，以获取适当的证书信息；或者立即将证书要求传递到用户在稍后指定的证书颁发机构上，立即向证书颁发机构要求获取证书信息。选择“现在准备证书请求，但稍后发送”(见图 7-61)。

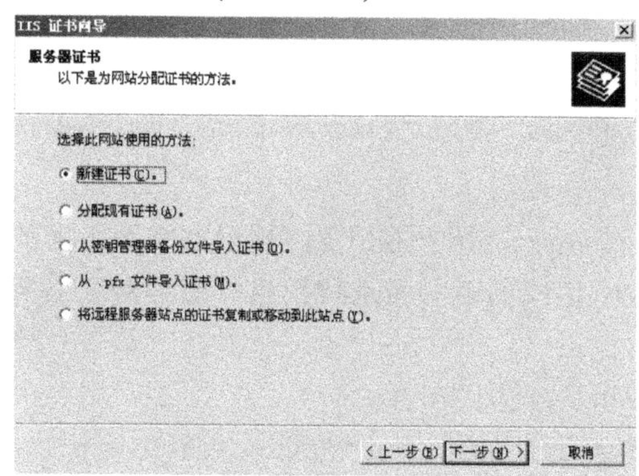

图 7-60　新建证书对话框

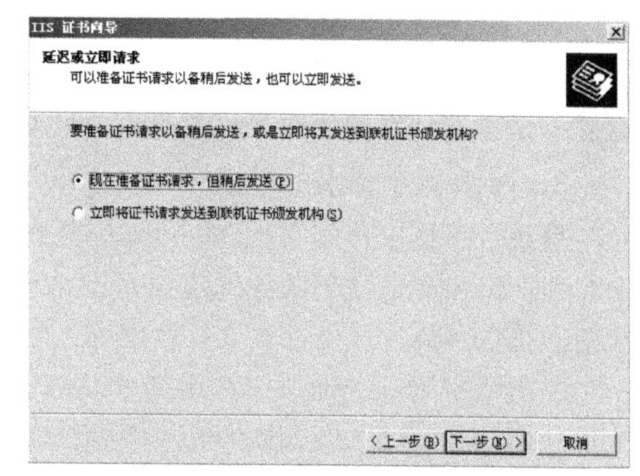

图 7-61　选择证书要求的时机

2. 填写证书申请信息

按照向导提示，分别输入：证书名称、密钥长度、单位、部门、公钥名称、地理信息等申请表信息。在名称对应的文本框中输入一个易于标识的证书名称，在位长对应的下拉菜单处设置此证书要使用的密钥长度。根据应用的需要，设置适当的密钥长度。一般来说大约 1024、2048 B 会是比较好的选择见(见图 7-62 和图 7-63)。

在“证书请求的文件名”中要定义一个文本文件如 certreg.txt，并指定保存位置，以便提交证书申请时使用(见图 7-64)。

当设置完成后，系统会显示刚刚所设置的证书申请条件，用户可以检查是否有错误，若无错误，可以继续按“下一步”按钮，进行下一个步骤的服务器证书安装设置过程。

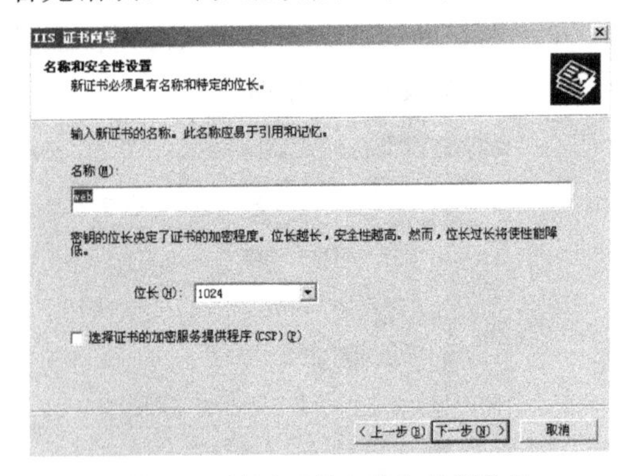

图 7-62　填写证书名称与密钥位长

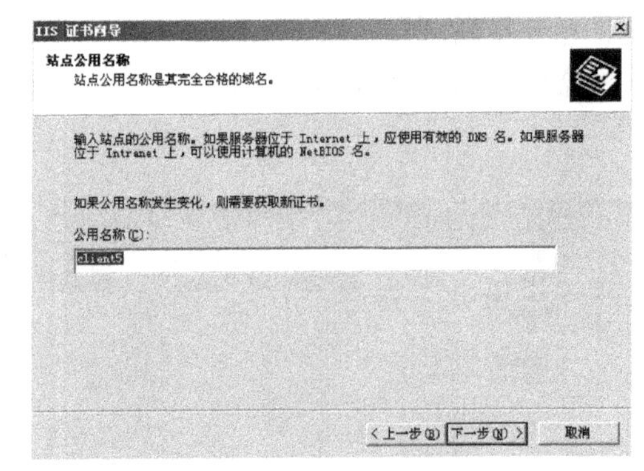

图 7-63　填写站点公用名称

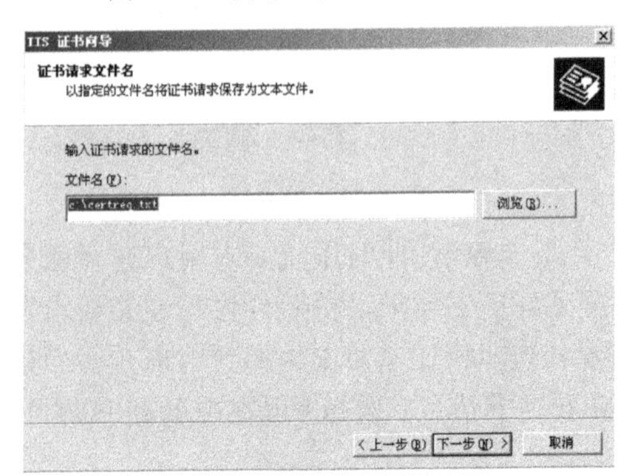

图 7-64　证书请求的文件名

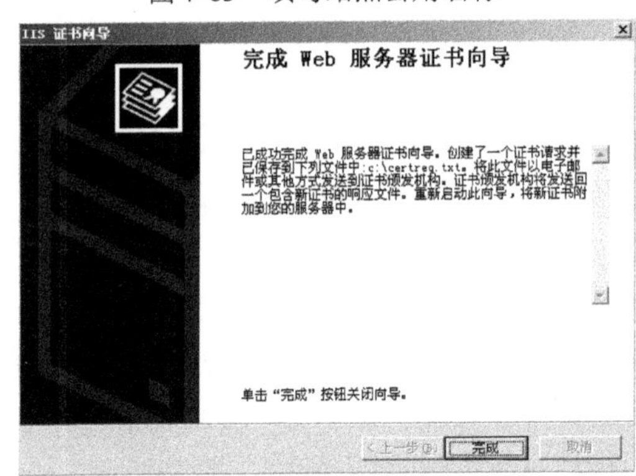

图 7-65　完成 Web 服务器证书向导

单击“完成”(见图 7-65)，这时证书申请表已经成功地完成填写了。这时计算机已经把证书请求文件存储下来了，现在，就可以去证书颁发机构去获取证书了。

3. Web 数字证书的申请

登录数字证书申请页面(如 http://192.168.1.11/certsrv，192.168.1.11 是 AD CS 服务器的 IP 地址，certsrv 是证书服务的虚拟目录)，利用刚刚生成的证书请求代码进行服务器证书的申请(见图 7-66)。

单击“申请一个证书”并选择“高级证书申请”(见图 7-67)。

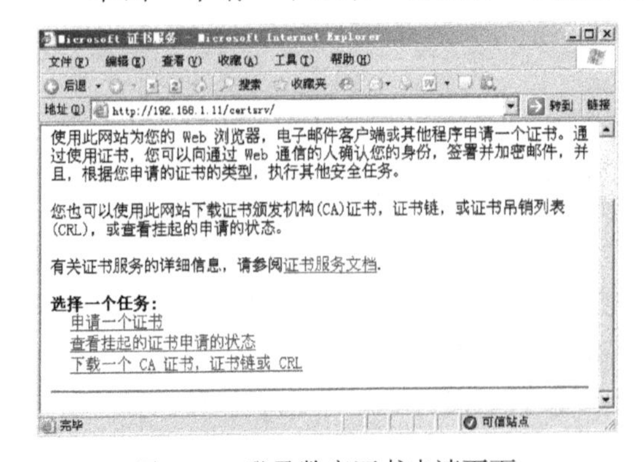

图 7-66　登录数字证书申请页面

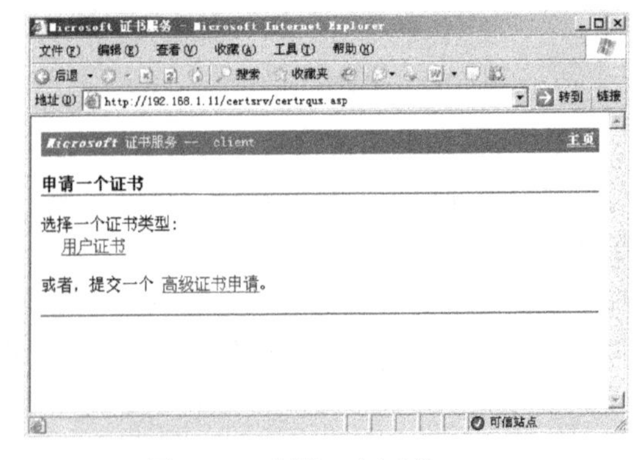

图 7-67　申请一个证书

因为已经创建了证书申请表，所以选择第二项(见图 7-68)，并打开刚才的证书申请表文件 certreg.txt，将其内容复制粘贴到“保存的申请”下的文本编辑框中(见图 7-69)(注意：粘贴后，要检查最前面是否有空格，如果有要删除最前面的空格)，并选择正确的证书模版，单击“提交”按钮。

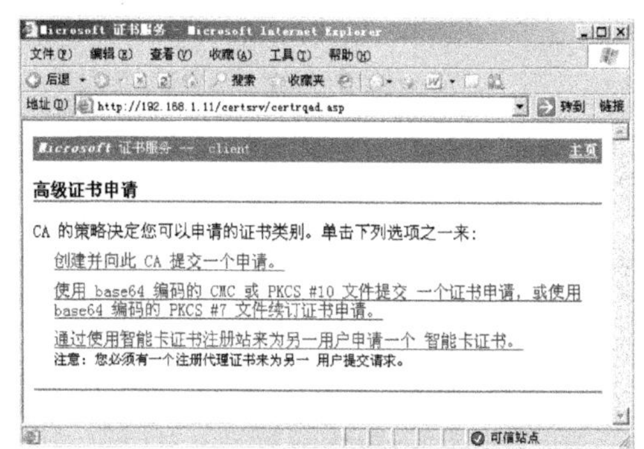

图 7-68　高级证书申请　　　　图 7-69　提交一个证书申请

提示“向可信站点发送信息时，其他人可能会看到您所发送的信息。是否继续发送？”，单击“是”按钮，即可完成数字证书的申请。

4. 数字证书的颁发

完成数字证书申请后，数字证书的颁发应在 CA 服务器上完成。点击“提交”之后，这张证书仍旧是“挂起”的证书申请状态，所以我们需要手工去批准颁发。

在 CA 服务器上，选择“管理服务器→角色→Active Directory 证书服务”再选择“证书颁发机构”。进入“挂起的申请”，右键点击刚才申请的那张证书点击“颁发”来颁发这张证书。

5. 下载和安装证书

在 Web 服务器(本例中也是 CA 服务器)上启动 IE，再次打开 CA 服务器网站，选择“下载一个证书，证书链或 CRL”，选择“下载证书”(见图 7-70)，单击“保存”按钮，将证书保存到桌面或硬盘(见图 7-71)。

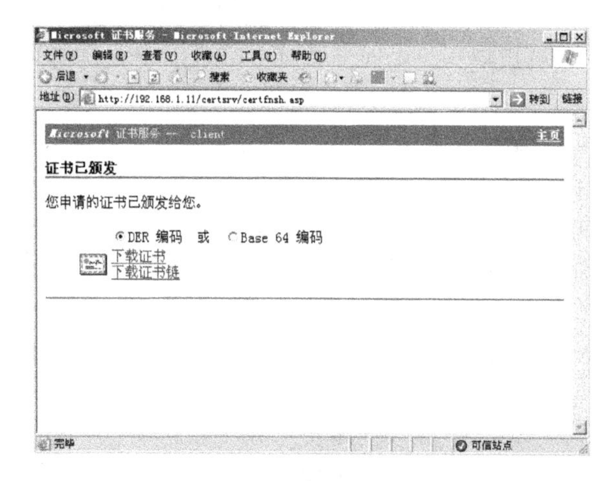

图 7-70　下载证书界面

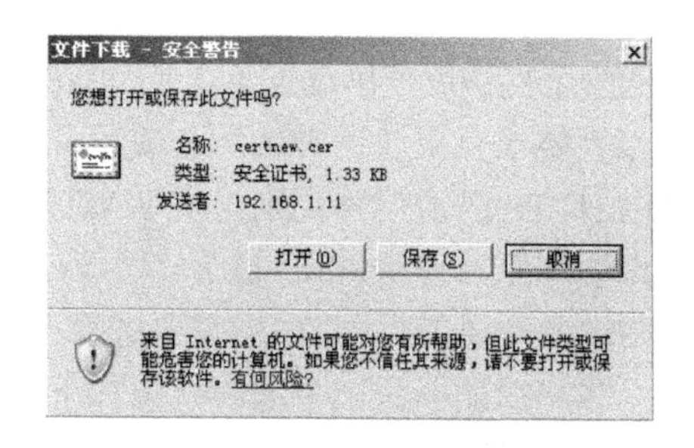

图 7-71　保存证书文件

6. 安装 Web 证书

右击“Web”，选择“属性”，选择安全性选项卡，单击“服务器证书”(见图 7-72)，选择“处理挂起的请求”单击“下一步”按钮，选择刚才下载保存的证书文件 certnew.cer(见图 7-73)，设置使用的 SSL 端口为 443，单击“下一步”按钮，完成证书的安装。

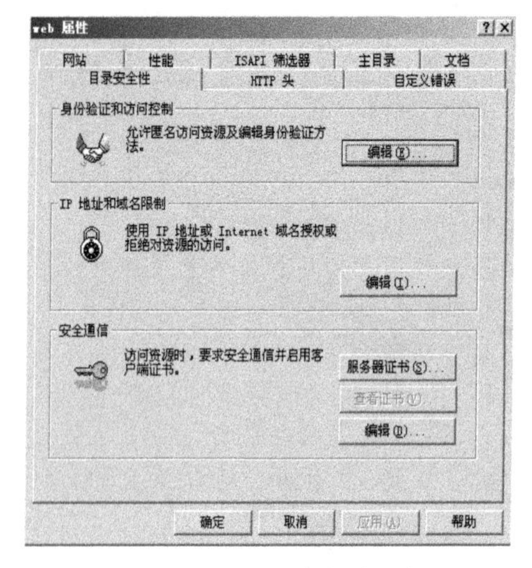

图 7-72　Web 安全性选项卡

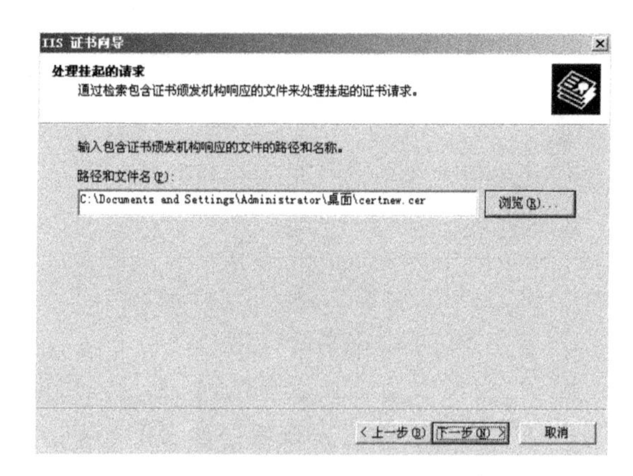

图 7-73　指定下载证书文件的路径

此时 Web 服务器证书的申请安装已经完成，但因为还没有启用 SSL 服务，所以启动 IE 浏览器，输入 http://192.168.1.11，仍然可以正常访问 Web 网站。

三、浏览器证书的申请

在基于 Windows XP 的客户端上申请和安装数字证书。客户端证书的申请与安装基本与 Web 证书相同，只是选择“用户证书”不需要进一步识别信息，直接提交即可。在证书颁发后，直接安装此证书就可以了，此处不再赘述。

四、设置 SSL 协议

在安装了服务器的证书后，用户打开 Web 站点的属性设置窗口(见图 7-74)，这时 SSL Port 变为可填写状态。这里用户要为该 Web 站点填写一个安全通道端口(SSL Port)，推荐填写默认值 443。

现在展开“目录安全性”页面，用户可以看到在“安全通信”部分里的“查看证书”以及“编辑”按钮已经呈现启用状态了(见图 7-75)，表示这时候就可以开始设置 Web 服务器的安全性协议使用设置了。进入 Web 的属性窗口的目录安全性选项卡，单击“编辑”按钮。

“要求安全通道 SSL”选项：一般来说，若没有启动此选项的话，Web 服务器默认都会以 HTTP 的通信协议来提供 WWW 服务。但若启动了此选项后，IIS 系统就会强迫 WWW 客户端浏览器使用 SSL 的通信协议(采用 SSL 安全协议)来使用 WWW 的服务。此处选择“要求安全通道”，并根据需要选择“客户端证书”选项。

客户端证书的三个选项介绍如下：

(1) 忽略客户端证书。用户可以不提供证书，只使用服务器证书进行 SSL 通信，就是说服务器不验证客户身份是否合法。配置此项后，访问这个站点时必须使用 HTTPS 协议。

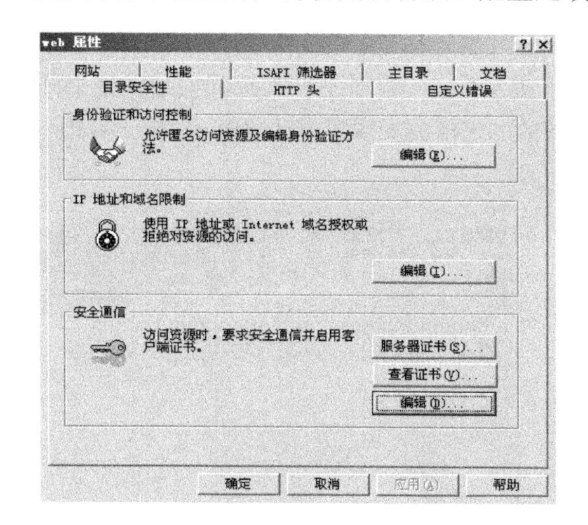

图 7-74　Web 目录安全性对话框

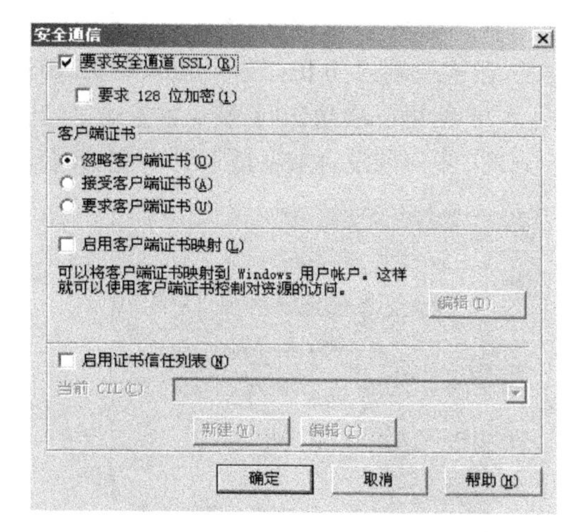

图 7-75　“安全通信”对话框

(2) 接受客户端证书。客户可以提供也可以不提供证书，服务器都允许客户对服务器访问，并且客户提供证书时，服务器将对客户身份的合法性进行验证。

(3) 要求客户端证书。用户必须提供一个证书才能够获得访问权限，拒绝没有有效客户端证书的用户的访问。这种方式具有较高的安全性。

当设置完成后，单击“OK”按钮。这时，已经完成了安全 Web 站点的设置工作，并已经启用了安全通道，如果再通过“http:”连接来连接该 Web 站点，系统会提示必须要通过“https:”连接来连接上要访问的站点。

完成配置后，单击“完成”确认配置，结束 SSL 安全网站的配置。

五、客户端的验证

1. 选择“忽略客户端证书”选项

在“安全通信”窗口中选择“忽略客户端证书”选项。在客户端启动 IE，输入 http://192.168.1.11 则不能访问 Web 页面，需要键入 https://192.168.1.11，首先出现安全警报(见图 7-76)，选择继续访问，则可以成功打开网页(见图 7-77)。

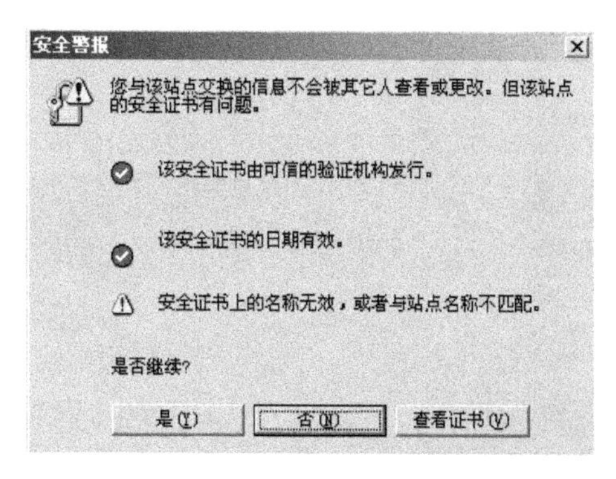

图 7-76　SSL 安全警报

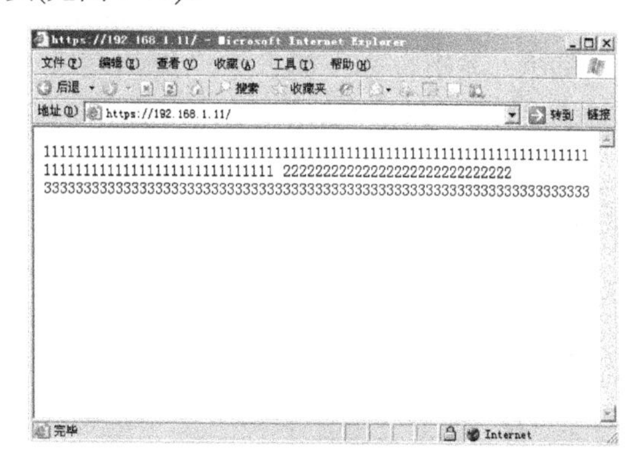

图 7-77　通过 HTTPS 访问 Web 服务器

因为客户采用的是忽略客户端证书，所以客户端在访问 Web 服务器时不提示下载证书。

2. 选择“要求客户端证书”选项

在客户端启动 IE，输入 https://192.168.1.11。提示“选择数字证书”，选择安装的证书(见图 7-78)就可以成功访问 Web 服务器了(见图 7-79)，这样就实现了基于 SSL 的安全 Web 访问(如果客户端没有数字证书则不能访问)。

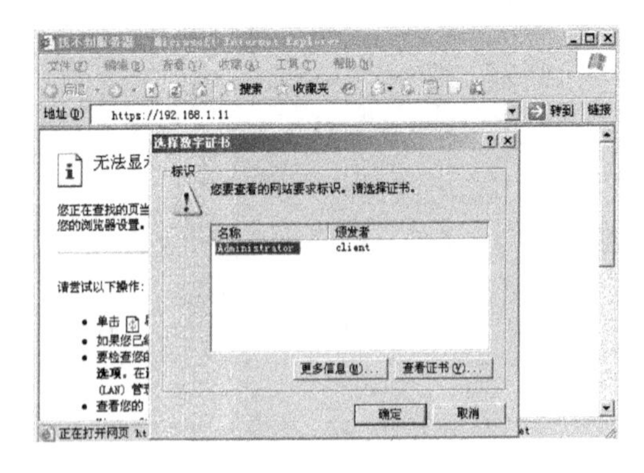

图 7-78　提示“选择数字证书”

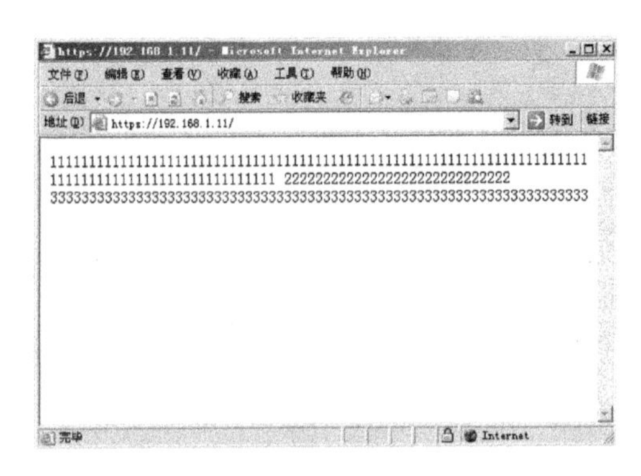

图 7-79　成功访问 Web 服务

【实验作业】

(1) 根据实际需要，设计 Windows 安全策略，如禁止 Administrator、Guest 账户；设置密码复杂性；建立新的系统管理员账户并指派权限等。对 Windows 中“本地安全设置”相关选项进行设置，主要包括：账户策略、用户安全选项指派、安全选项设置等。

(2) 熟悉 IP 安全策略中的三个默认安全策略(安全服务器、客户端、服务器)，并分别进行指派，以测试其安全性功能。

(3) 在 Windows Server 2008 服务器上新建 IP 安全策略，分别实现：阻止固定 IP 地址访问(如：192.168.1.2)、封堵危险端口(如：TCP 协议 135 端口)、禁止访问指定域名(如：www.abc.com)。

(4) 在 Windows Server 2008 服务器上安装配置 Web 服务(建立简单的网站)、安装配置证书服务并进行简单设置；在 Windows XP(IE 客户端)环境下，申请并安装数字证书、设置 SSL 选项；分别为 Web 服务器和 IE 客户端申请、安装数字证书；实现客户机对 Web 服务器的安全访问(HTTPS)。

【提升与拓展】

一、Windows XP 安全建议

1. 及时安装系统补丁

到微软网站下载最新的补丁程序，经常访问微软和一些安全站点，下载最新的 Service

Pack 和漏洞补丁是保障服务器长久安全的唯一方法。

2．安装更新杀毒软件

杀毒软件不仅能杀掉一些著名的病毒，还能查杀大量木马和后门程序，因此要注意经常运行程序并升级病毒库。360 安全中心、瑞星、赛门铁克、江民等都是不错的选择。

3．关闭不必要的服务

服务组件安装得越多，用户可以享受的服务功能也就越多，但是用户平时使用到的服务组件毕竟有限，而那些很少用到的组件除占用了不少系统资源，会引起系统不稳定外，还为黑客的远程入侵提供了多种途径。

在控制面板中“管理工具”→“服务”对话窗口中，对相应的服务进行启动和停止。

4．禁止远程协助和远程登录

“远程协助”允许用户在使用计算机发生困难时，向 MSN 上的好友发出远程协助邀请，来帮助自己解决问题。这一功能正是“冲击波”病毒所要攻击的 RPC(Remote Procedure Call)服务在 Windows XP 上的表现形式。

“终端服务”是用户利用终端实现远程控制的。“终端服务”和“远程协助”有一定的区别，虽然都实现的是远程控制，终端服务更注重用户的登录管理权限，它的每次连接都需要当前系统的一个具体登录 ID，且相互隔离。“终端服务”独立于当前计算机用户的邀请，可以独立、自由登录远程计算机。

在“我的电脑”→“属性”中可以设置相关选项。

5．设置较高的安全级别

打开“控制面板”，双击“Internet 选项”，在“安全”选项卡中选择“Internet”区域，将“该区域的安全级别”中的滑块设置为“高”，或通过“自定义级别”设置该区域的安全级别为“高”，点击“确定”按钮完成设置。

6．防范 IPC 默认共享

Windows XP 在默认安装后允许任何用户通过空用户链接(IPC$)得到系统所有账号和共享列表，这本来是为了方便局域网用户共享资源和文件的，但是任何一个远程用户都可以利用这个空的链接得到你的用户列表。黑客就是利用这项功能，查找系统的用户列表，并使用一些字典工具，对系统进行攻击的。这就是网上比较流行的 IPC 攻击。

二、Windows Server 2008 组策略的安全设置

尽管 Windows Server 2008 系统的安全性要领先其他操作系统一大步，不过默认状态下过高的安全级别常常使不少人无法顺利地在 Windows Server 2008 系统环境下进行各种操作，为此许多用户往往会采用手工方法来降低 Windows Server 2008 系统的安全访问级别。可是，一旦降低了安全访问级别，Windows Server 2008 系统遭遇安全攻击的可能性就非常大了。

那么如何在安全访问级别不高的情况下，仍然能够让 Windows Server 2008 系统安全地运行？要做到这一点，可以利用 Windows Server 2008 系统强大的组策略功能，来对相关选项参数进行有效设置。

1．禁止恶意程序不请自来

在 Windows Server 2008 系统环境中使用 IE 浏览器上网浏览网页内容时，时常会有一些恶意程序不请自来，偷偷下载保存到本地计算机硬盘中，这样不但会白白浪费宝贵的硬盘空间资源，而且也会给本地计算机系统的安全带来不少麻烦。

选项：Windows 组件/Internet Explorer/安全功能/限制文件下载，选中已启用选项。

2．对重要文件夹进行安全审核

Windows Server 2008 系统可以使用安全审核的方法来跟踪访问重要文件夹或其他对象的登录尝试、用户账号、系统关闭、重启系统以及其他一些事件。要是我们能够充分利用 Windows Server 2008 系统文件夹的审核功能，就能有效保证重要文件夹的访问安全性。

选项：Windows 设置/安全设置/本地策略/审核策略，选中成功和失败复选项。

3．禁止改变本地安全访问级别

为了防止其他人随意更改本地计算机的安全访问级别，Windows Server 2008 系统允许通过如下设置来保护本地系统的安全。

选项：Windows 组件/Internet Explorer/Internet 控制模板，启用禁用选项。

也可以通过隐藏 Internet Explorer 窗口中的 Internet 选项，阻止其他人随意进入 IE 浏览器的选项设置界面，以此来调整本地系统的安全访问级别以及其他上网访问参数。

选项：Windows 组件/Internet Explorer/浏览器菜单分支，启用禁用选项。

4．禁止超级账号名称被偷窃

许多黑客或恶意攻击者常常会通过登录 Windows Server 2008 系统的 SID 标识，来窃取系统超级账号的名称信息，之后再利用目标账号名称尝试去暴力破解登录 Windows Server 2008 系统的密码，所以应该尽量禁止超级账号名称被偷窃。

选项：Windows 设置/安全设置/本地策略/安全选项项目/网络访问/允许匿名 SID/名称转换目标组策略，选中已禁用选项。

5．禁止 U 盘病毒乘虚而入

很多时候，我们都是通过 U 盘与其他计算机系统相互交换信息的，但遗憾的是现在 Internet 网络中的 U 盘病毒疯狂肆虐，可以通过设置 Windows Server 2008 系统的组策略参数，来禁止本地计算机系统读取 U 盘，那样 U 盘中的病毒文件就无法传播出来了。

选项：管理模板/系统/可移动存储/可移动磁盘/拒绝读取权限目标组策略，选中已启用选项，拒绝写入权限。

6．禁止来自程序的漏洞攻击

为 Windows Server 2008 服务器系统更新补丁程序只能堵住系统自身存在的一些安全漏洞，如果安装在 Windows Server 2008 系统中的应用程序有明显漏洞时，那么网络中各种木马程序或恶意病毒仍然能够利用应用程序存在的安全漏洞来对 Windows Server 2008 系统进行非法攻击。

选项：Windows 设置/安全设置/高级安全 Windows 防火墙/高级安全 Windows 防火墙/本地组策略对象/入站规则，将存在明显漏洞的目标应用程序选中，选中阻止连接项目。

三、Windows 的安全模式

安全模式是 Windows 操作系统中的一种特殊模式，在安全模式下用户可以轻松地修复系统的一些错误，起到事半功倍的效果。安全模式的工作原理是在不加载第三方设备驱动程序的情况下启动电脑，使电脑运行在系统最小模式，这样用户就可以方便地检测与修复计算机系统的错误了。

只要在启动计算机时，在系统进入 Windows 启动画面前，按下 F8 键(或者在启动计算机时按住 Ctrl 键)，就会出现操作系统多模式启动菜单，只需要选择“安全模式”，就可以将计算机启动到安全模式了。

用户在安全模式下，可以完成以下功能。

(1) 恢复系统设置：如果用户是在安装了新的软件或者更改了某些设置后，导致系统无法正常启动，在安全模式中可以卸载该软件；如果是更改了某些设置，比如显示分辨率设置超出屏幕显示范围，导致了黑屏，那么进入安全模式后就可以改变回来。还有把带有密码的屏幕保护程序放在“启动”菜单中，忘记密码后，导致无法正常操作该计算机，也可以进入安全模式进行更改。

(2) 磁盘碎片整理：在碎片整理的过程中，是不能运行其他程序的，因为每当其他程序进行磁盘读写操作时，碎片整理程序就会自动重新开始，而一般在正常启动 Windows 时，系统会加载一些自动启动的程序，有时这些程序又不易手动关闭，常常会对碎片整理程序造成干扰。

(3) 删除顽固文件：这种情况一般是由于 Windows 文件保护机制引起的。我们在 Windows 正常模式下删除一些文件时，系统有时候会提示“文件正在被使用，无法删除”的字样，而通常情况下这些文件并没有在被使用，这时候就需要用安全模式来帮助恢复被霸占的硬盘空间了。

(4) 彻底清除病毒：虽然目前杀毒软件的更新速度很快，但是对于一些借助于系统服务的病毒，杀毒软件是基本清除不了的，而在 Windows 安全模式下却能干净彻底地清除病毒。

(5) 修复系统故障：如果 Windows 系统运行不稳定或者无法启动，就可以先试着重新启动计算机并切换到安全模式启动，在安全模式下使用操作系统提供的系统设置之后重新启动计算机，系统一般可以恢复正常。

四、通过 MMC 进行证书管理

MMC(Microsoft 管理控制台)是 Windows 系统的“司令部”，系统权限分配、软硬件管理、服务程序管理、IP 安全管理、组策略、安全证书等都可以在这里获准修改和实施。当系统管理出现麻烦时，可以从这里一步步地恢复原状。比如，因误操作、使用了错误的软件策略，导致几乎全部程序不能使用，就可以从这里入手进行恢复。

电脑上安装多个证书后，需要对证书进行管理。可以利用 Windows 控制台对证书进行查看和管理。

启动方法：“开始”→“运行”→输入“mmc”并确定，就打开了控制台管理界面。如果不能打开，可以直接找到 system32 目录下的 mmc.exe 运行这个程序。还是不能运行的话，把 mmc.exe 改名，如 wwc.com 等，运行改名后的程序。

启动控制台后，界面是空白的，需要添加管理单元。

点击“文件”菜单下拉菜单中“添加、删除管理单元”，继续点击“添加”按钮，出现“添加独立管理单元”界面，可以在这里添加“计算机管理”、“组策略对象编辑器”、“安全模板”、“IP 安全策略”等。其中，安全模板里面包含了大量的安全设置工具，包括注册表权限设置工具等十分有用的工具。这里添加“证书管理”，选择证书，点击“添加”按钮，确定之后，就可以对证书进行导入、导出等操作了(见图 7-80)。

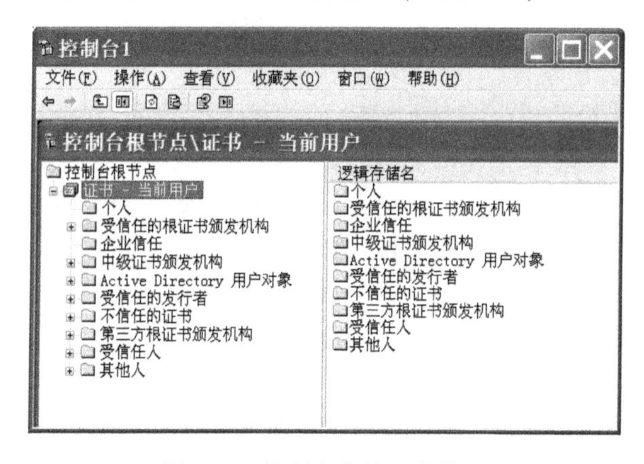

图 7-80　控制台中的证书管理

另外，也可以通过 IE 浏览器的“Internet 选项”管理证书。在“工具”菜单中选择“Internet 选项”，选择“内容”选项卡，选择“证书”按钮，可以对各种证书进行查看、导入、导出、删除、高级等操作。

五、我国主要的 CA 机构

电子商务、电子政务对网络安全的要求，不仅推动着互联网交易秩序和交易环境的建设，同时也带来了巨大的商业利润。从 1999 年 8 月 3 日成立的我国第一家 CA 认证中心——中国电信 CA 安全认证系统起，目前我国已有 140 多家 CA 认证机构，但大都不具备合法身份。从 2004 年 8 月 8 日《中华人民共和国电子签名法》颁布以后，已被信息产业部审批的合法 CA 机构已有 22 家。其中一些行业建立了一套自己的 CA 体系，如中国金融认证中心(CFCA)、中国电信 CA 安全认证系统(CTCA)等；还有一些地区建立了区域性的 CA 体系，如北京数字证书认证中心(BJCA)、上海电子商务 CA 认证中心(SHECA)、广东省电子商务认证中心(CNCA)、云南省电子商务认证中心(YNCA)等。

我国常用的 CA 网站如下：

中国数字认证网　http://www.ca365.com

中国金融认证中心　http://www.cfca.com.cn/

上海电子商务认证中心　http://www.sheca.com

广东省电子商务认证中心　http://www.cnca.net

六、PGP 简介

PGP(Pretty Good Privacy)是一个基于 RSA 公钥密码体系的邮件加密软件。可以用它对邮件保密以防止非授权者阅读，它还能对邮件加上数字签名从而使收信人可以确认邮件的发送者，并能确信邮件没有被篡改。它可以提供一种安全的通信方式，而事先并不需要任何保密的渠道用来传递密钥。它采用了一种RSA和传统加密的杂合算法，用于数字签名的邮件文摘算法、加密前压缩等，还有一个良好的人机工程设计。它的功能强大、有很快的速度，而且它的源代码是免费的。

PGP使用加密以及校验的方式，提供了多种的功能和工具，帮助并保证用户电子邮件、文件、磁盘、以及网络通信的安全。PGP的主要功能包括：

(1) 邮件的加密/签名以及解密/校验。

(2) 创建以及管理密钥。

(3) 创建自解密压缩文档。

(4) 创建PGPdisk加密文件。

(5) 永久地粉碎销毁文件、文件夹，并释放出磁盘空间。

(6) 完整磁盘加密。

(7) 即时消息工具加密。

(8) 压缩包加密。

(9) 安全的网络共享。

(10) 创建可移动加密介质(USB/CD/DVD)。

实验 8　网络管理与维护

【基础知识介绍】

一、SNMP 简介

1. SNMP 的定义

SNMP(Simple Network Management Protocol，简单网络管理协议)是专门设计用于在 IP 网络管理网络节点(服务器、工作站、路由器、交换机及 HUBS 等)的一种标准协议，是一种应用层协议。SNMP 使网络管理员能够管理网络效能，发现并解决网络问题以及规划网络增长。通过 SNMP 接收随机消息(及事件报告)网络管理系统获知网络是否出现问题。

SNMP 的前身是简单网关监控协议(SGMP)，用来对通信线路进行管理。随后，人们对 SGMP 进行了很大的修改，特别是加入了符合 Internet 定义的 SMI(管理信息结构)和 MIB(管理信息库)，改进后的协议就是著名的 SNMP。SNMP 的目标是管理互联网 Internet 上众多厂家生产的软硬件平台，因此 SNMP 受 Internet 标准网络管理框架的影响也很大。

2. SNMP 的功能

SNMP 提供了网管服务器管理网络节点和设备(工作站、服务器、路由器、网桥、集线器等)的一种方法。网络管理对于审核和资源管理均非常重要，使用 SNMP 可完成下列任务：

(1) 配置远程设备：可以从管理系统将配置信息发送到每台联网主机上。

(2) 监视网络性能：可以跟踪处理速度和网络吞吐量，并收集有关数据传输的信息。

(3) 检测网络故障或不适合的访问：可以在网络设备上配置触发器警报，在发生某些事件时触发。

(4) 审核网络使用情况：可以监视总体网络使用情况以确定用户或组的访问权限，也可以监视网络设备和服务的使用类型。

3. SNMP 协议的版本

目前，SNMP 有三个版本：SNMP V1、SNMP V2、SNMP V3。SNMP V1 和 SNMP V2 没有太大差距，但 SNMP V2 是增强版本，包含了其他协议操作。与前两种相比，SNMP V3 则包含更多的安全和远程配置。为了解决不同 SNMP 版本间的不兼容问题，RFC3584 中定义了三者共存策略。

二、MBSA 简介

1. MBSA 的概念

MBSA(Microsoft Baseline Security Analyzer，微软基准安全分析器)是专为 IT 专业人员设计的一个简单易用的工具，可帮助中小型企业根据 Microsoft 安全建议确定其安全状态，并根据结果提供具体的修正指南。使用 MBSA 可检测常见的安全性错误配置和计算机系统遗漏的安全性更新，改善用户的安全性管理流程。

MBSA 可以检查操作系统和 SQL Server 更新，可以扫描计算机上的不安全配置。检查 Windows 服务包和修补程序时，它将 Windows 组件(如 Internet 信息服务(IIS)和 COM+)也包括在内。MBSA 使用一个 XML 文件作为现有更新的清单。该 XML 文件包含在存档 Mssecure.cab 中，由 MBSA 在运行扫描时下载，也可以下载到本地计算机上，或通过网络服务器使用。

有了这样一个工具，作为网络管理者，可以大大减轻工作负担。如果管理员能够对照 MBSA 给出的解决方案不时地为用户提醒，那么基于 Windows 的网络的安全性一定会大大增强的。

2. MBSA 主要扫描的项目

MBSA 可以以图形用户界面(GUI)或命令行的方式使用 MBSA。GUI 可执行程序为 Mbsa.exe，命令行可执行程序为 Mbsacli.exe。

MBSA 需要对扫描的计算机具有管理员特权。选项/u(用户名)和/p(密码)可用于指定运行扫描的用户名。注意不要将用户名和密码存储到命令文件或脚本这样的文本文件中。

MBSA 主要扫描的项目如下：

(1) Windows 系统漏洞检测：检测内容主要包括 Guset 账号的状态、文件系统格式、可用共享、管理员组成员等。

(2) IIS 检测：扫描 IIS 漏洞，给出检测报告和修补说明；检测是否安装 IIS Lockdown Tools 等。

(3) SQL 检测：即 SQL-Server 漏洞检测，主要检测工作模式、密码状态、账号的成员人数等。

(4) 安全更新检测：利用 HFNetChk tool 对照微软数据库，完整地检测系统缺少哪些安全补丁，并给出详细报告。

(5) 密码检测：检测系统账户是否存在弱密码，主要测试密码强度，时间长短视用户多少而定。

三、备份与恢复简介

1. 数据备份/恢复的概念

许多计算机用户都会有这样的经历，在使用电脑过程中不小心敲错了一个键，几个小时，甚至是几天的工作成果便会付之东流。就是不出现操作错误，也会因为病毒、木马等软件的攻击，使电脑出现无缘无故的死机、运行缓慢等症状。随着计算机和网络的不断普及，确保系统数据信息安全就显得尤为重要。在这种情况下，系统软件数据备份和恢复就成为我们平时日常操作中一个非常重要的措施。

数据备份/恢复，顾名思义，就是将数据以某种方式加以保留，以便在系统遭受破坏或其他特定情况下，重新加以利用的一个过程。一个完整的系统备份方案应由备份硬件、备份软件、日常备份制度和灾难恢复措施四个部分组成。

2. 几种常用的备份技术

(1) 双机热备份。双机热备份实现技术是在中心站点用两台相同配置和性能的计算机同时运行同一套系统，其中一台作为主机，另一台作为备用主机，当主机故障时，系统能自动切换到备用主机上运行。保证了系统运行的稳定性、可靠性和连续性。

(2) 磁盘阵列。该技术支持在一台计算机上同时使用两块硬盘(一块主硬盘，一块备用硬盘)，系统运行时，两块硬盘进行同步的实时热备份，当主硬盘故障时，系统能自动切换到备用硬盘上工作，保证了系统运行的稳定性和连续性。

(3) 磁盘镜像。将重要的系统及数据备份到本地和异地的多台计算机中，其他用户要访问这些数据时，首先到最近的镜像站点去查找，若该站点上无所需数据时，再到中心站点主机上查找。

(4) 光盘塔。一般的计算机支持的存储设备是有限的，硬盘和光驱的个数不能超过 4 个，而光盘塔则支持多张光盘，即可同时往多张光盘上存储数据。

3. 备份类型

按照备份方式和备份对象的不同，数据备份可以分为以下几种类型：

(1) 完全备份。将选定的数据源完全备份到指定目的地的备份档案中。每次执行时，它不会根据最新的变动比较后进行备份，而是直接将所有的数据备份到备份档案中。

(2) 增量备份。第一次执行备份时等同于完全备份，把数据源完全备份到指定目的地的备份档案中，此后，每次只备份文件内容有变动以及新增的文件，从而避免完全相同的文件重复的备份，并为每次备份建立一个备份编录，以便恢复使用。

(3) 差分备份。差分备份就是每次备份的数据是相对于上一次全备份之后新增加的和修改过的数据。介于完全备份和增量备份之间的一种方式，恢复时，先恢复完全备份再恢复差分备份就可以完全恢复所有系统信息了。

四、网管软件简介

网络管理的需求决定网管系统的组成和规模，任何网管系统无论其规模大小，基本上都是由支持网管协议的网管软件平台、网管支撑软件、网管工作平台和支撑网管协议的网络设备组成的。其中网管软件平台提供网络系统的配置、故障、性能及网络用户分布方面的基本管理，也就是说，网络管理的各种功能最终会体现在网管软件的各种功能的实现上，网管软件是网管系统的“灵魂”，是网管系统的核心。

网管软件的功能可以归纳为三个部分：体系结构、核心服务和应用程序。

1. 体系结构

首先，从基本的框架体系方面，网管软件需要提供一种通用的、开放的、可扩展的框架体系。为了向用户提供最大的选择范围，网管软件应该支持通用平台，如既支持 Unix

操作系统，又支持 Windows NT 操作系统。

网管软件既可以是分布式的体系结构，也可以是集中式的体系结构，实际应用中一般采用集中管理子网和分布式管理主网相结合的方式。同时，网管软件是在基于开放标准的框架的基础上设计的，它应该支持现有的协议和技术的升级。开放的网络管理软件可以支持基于标准的网络管理协议，如 SNMP 和 ICMP 须能支持 TCP/IP 协议族及其他的一些专用网络协议。

2. 核心服务

网管软件应该能够提供一些核心的服务来满足网络管理的部分要求。核心服务是一个网络管理软件应具备的基本功能，大多数的企业网络管理系统都要用到这些服务。各厂商往往通过提供重要的核心服务来增加自己的竞争力，他们通过改进底层系统来补充核心服务，也可以通过增加可选组件对网管软件的功能进行扩充。

核心服务的内容很多，包括网络搜索、查错和纠错、支持大量设备、友好操作界面、报告工具、警报通知和处理、配置管理等。

3. 应用程序

为了实现特定的事务处理和结构支持，网管软件中有必要加入一些有价值的应用程序，以扩展网管软件的基本功能。这些应用程序可由第三方供应商提供，网管软件集成水平的高低取决于网络管理系统的核心服务和厂商产品的功能。

常见网管软件中的应用程序主要有：高级警报处理、网络仿真、策略管理和故障标记等。

五、CiscoWorks 简介

CiscoWorks 是一个 Cisco 产品，帮助用户管理基于 Cisco 的网络。CiscoWorks 是一个基于网络大量发展在 Java 上的工具组。旧的版本较多地使用客户端 Java，最近的版本使用更多 HTML 和改进的工具间的数据共享。CiscoWorks 组由下列各种部件组成：CiscoWorks 资源管理要点、CiscoWorks 公共服务、CiscoWorks 园区管理器、CiscoWorks 设备故障管理器、CiscoWorks Internet 网络性能监控器、CiscoWorks IP 电话管理器。

CiscoWorks for Windows 网络管理软件主要应用在中小型企业的网络环境。它是一个综合的、经济有效的、功能强大的网络管理工具，能够对交换机、路由器、服务器、集线器等网络设备进行有效的管理。

CiscoWorks Windows 可以和某个全面的 NMS 平台捆绑在一起为设备统计数据绘制图形并处理客户网络中的警报和问题。作为一种选择，用户可以将 CiscoWorks Windows 与 HP Open View for Windows 集成在一起以便充分利用与其他 HP Open View 第三方应用程序集成所带来的好处。

1. CiscoWorks Windows 主要功能

CiscoWorks Windows 基于 Windows 操作系统、界面友好、易于掌握，能够满足企业网对网管的功能全面而又要方便操作的要求。主要功能包括：

(1) 自动发现和显示网络的拓扑结构和设备；

(2) 生成和修改网络设备配置参数；

(3) 网络状态监控；

(4) 设备视图管理。

2. CiscoWorks Windows 的组件

CiscoWorks Windows 包括 Configuration Builder、Show Commands、Health Monitor 和 CiscoView 应用程序。

(1) Configuration Builder。用户无需牢记复杂的命令行语言或设备的语法就能为多种 Cisco 路由器、访问服务器和集线器生成配置文件。Configuration Builder 可提供以下功能：多个设备配置窗口、配置“快餐”、重复的地址和配置检测、指导性配置、了解硬件功能、远程配置功能、支持访问服务器和集线器。

(2) Show Commands。用户无需牢记复杂的命令行语言或语法就能够快速显示有关 Cisco 路由选择设备的系统和协议的详细信息。

(3) Health Monitor。它是一个动态的错误和性能管理工具，可提供设备特性、接口状态、错误和协议使用率的实时统计数据。它还提供 CPU 和环境卡状态并通过颜色变化显示条件的改变。此应用程序使用 SNMP 监视和控制 Cisco 设备。

(4) CiscoView。CiscoView 是一个基于 GUI 的设备管理软件应用程序，可为 Cisco 系统公司的网络互连设备(交换机、路由器、集中器和适配器)提供动态状态信息，统计数据和全面的配置信息。CiscoView 可以图形的方式显示 Cisco 的物理视图。另外，此网络管理工具还提供配置和监视功能以及基本的故障排除功能。

3. CiscoWorks 2000 简介

CiscoWorks 2000 是 Cisco 公司推出的基于 B/S 模式、使用 SNMP 作为核心协议的网络管理系统。它使网络管理人员可以通过 Web 页面的方式直观、方便、快捷地完成设备的配置、管理、监控和故障分析等任务。

CiscoWorks 2000 家族包括“CiscoWorks 2000 局域网管理解决方案”、“CiscoWorks 2000 广域网管理解决方案”、“CiscoWorks 2000 服务管理解决方案”等。

“CiscoWorks 2000 局域网管理解决方案(LAN Management Solutions，LMS)”套装软件是 CiscoWorks 的局域网管理解决方案套件，其中主要包括如下组成部分：

(1) CiscoWorks 2000 管理服务器(Common Services)：含 CiscoWorks 2000 服务器、CiscoView 及与第三方网管软件的接口模块等；可以提供网管系统基本的管理构件、服务和安全性。

(2) 资源管理器要素(Resource Manager Essentials)：用于简化 Cisco 设备的软件及配置管理的基于 Web 的管理工具；具有网络库存和设备更换管理能力、网络配置与软件映像管理能力、网络可用性和系统记录分析能力。

(3) 园区管理器(Campus Manager)：主要工具包括第二层设备和连接探测、工作流应用服务器探测和管理、详细的拓扑检查、虚拟局域网和异步传输模式配置、终端站追踪、第二层/第三层路径分析工具、IP 电话用户与路径信息等。

(4) 设备故障管理器(Device Fault Manager)：用于收集和分析 Cisco 网络设备的详细故障信息。

(5) 网络性能监视器(Internetwork Performance Monitor)：用于监控网络中的信息包和协议。

【能力培养】

计算机网络的维护与管理是为了提高网络的稳定性、安全性。网络管理员的任务是监测和控制组成整个网络的硬件和软件系统，监测并纠正导致网络通信低效甚至不能进行通信的问题，并且尽量降低这些问题再度发生的可能性。在因特网广泛应用和企业信息化、电子商务飞速发展的今天，企业做好网络的管理和维护工作成为企业发展的重要任务。

本实验针对网络管理协议、系统检测工具、备份与恢复、管理工具等内容展开，主要包括简单网络协议(SNMP)验证与分析、MBSA 检测工具、Windows 的备份与恢复、Cisco Works 管理工具等内容。

实　验	能力培养目标
8-1　SNMP 验证与分析	了解 Windows 的安全机制，掌握本地安全中账户策略、用户权利指派、安全选项等设置方法
8-2　MBSA 的安装与操作	了解网络安全协议，掌握“IP 安全策略”的配置方法，进行网络安全防护
8-3　备份与恢复	了解数字证书、认证中心等的概念与功能，通过“证书服务”功能实现 SSL 功能
8-4　网络管理工具 Cisco Works	了解网络管理系统的基本功能，掌握 CiscoWorks 2000 的安装、配置以及使用

【实验内容】

实验 8-1　SNMP 验证与分析

➢ 实验目标

通过实验理解 SNMP 的概念、功能和工作原理，掌握 Windows SNMP Agent 的安装和配置方法，掌握 Windows XP SNMP 服务功能配置方法，能使用 Windows XP SNMP 服务实现简单的 SNMP 服务功能。

(1) Windows SNMP Agent 的安装与设置，阅读 Windows XP 提供的帮助文档，了解 Windows XP 提供的 SNMP 服务功能及其配置方法。

(2) MIB 浏览器的安装与使用，了解 MIB 的结构和内容。

(3) SNMP 管理站的安装与使用，配置 Windows XP SNMP 服务管理站和代理。

➢ 实验要求

(1) 基于 Windows 2008 Server 的服务器。

(2) 基于 Windows XP 的 PC(与服务器具有网络连接)。

(3) Windows XP 安装光盘，或者光盘中的 I386 文件包。

➢ 实验步骤

一、SNMP 服务的安装

Windows SNMP Agent 能对 SNMP 的请求进行应答并能够主动发送 Traps(陷阱)，Traps 按照支持的 MIB 由 SNMP 事件 Agent 来产生。Windows SNMP Agent 在 Windows XP 默认安装的时候是没有装上的。在 Windows XP 中安装 SNMP 服务的过程如下：

(1) 打开“控制面板”，双击“添加或删除程序”图标，然后在打开的窗口中单击“添加/删除 Windows 组件”按钮，弹出“Windows 组件向导”对话框(见图 8-1)。

(2) 选中“管理和监视工具”复选框，然后双击该选项，弹出如图 8-2 所示的对话框。选中“简单网络管理协议(SNMP)”复选框，单击“确定”按钮。

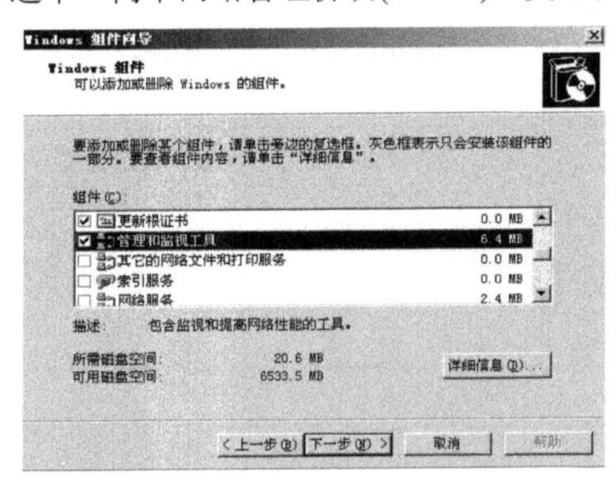

图 8-1 “Windows 组件向导”对话框

图 8-2 “管理和监视工具”对话框

(3) 系统开始复制文件，在复制文件过程中，会提示插入系统安装光盘。将光盘插入(或指定 I386 文件夹位置)，并指定相应的文件位置，等待文件复制完成，SNMP 即可安装成功。

二、SNMP 网管代理的设置

(1) 在“控制面板”中打开“管理工具”窗口，双击“服务”图标，可以看到本机已启动的各种服务程序。找到 SNMP Service 项(见图 8-3)，它就是网管代理服务程序。查看此服务是否已启动，如果 SNMP Service 未启动，则双击此项，即可启动该服务。

(2) 设置启动方式。在打开的“SNMP Service 的属性(本地计算机)”对话框中进行配置，在该对话框中可以设置启动类型、登录用户名与密码、共同体 Community 名称(团体名缺省为 public)，如图 8-4 所示。

(3) 设置管理站主机。在“SNMP Service 的属性(本地计算机)”对话框“安全”选项卡中配置可以控制访问本机的 SNMP 代理的主机 IP 地址或主机名，加入一些允许访问本机代理的网络服务站(见图 8-5)，这使得除此之外的其他服务器无法获取用户的服务器监控信息。

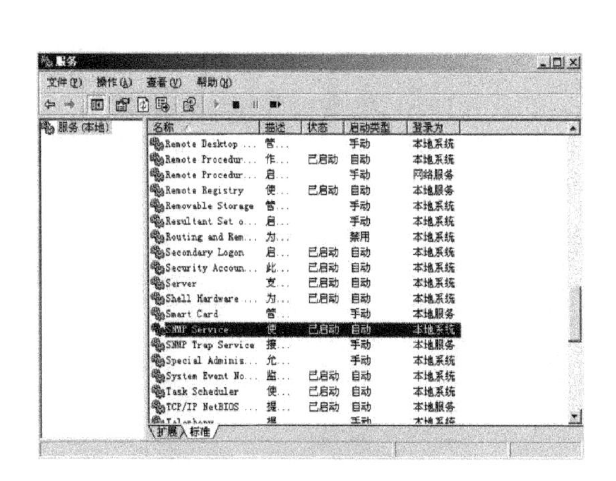

图 8-3 “服务”对话框

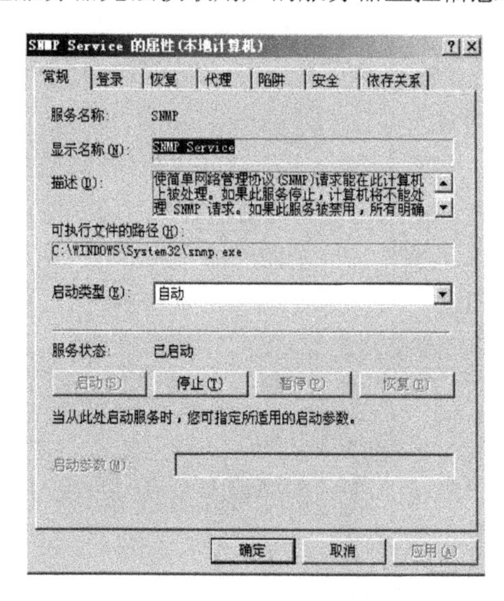

图 8-4 “SNMP Service 的属性”对话框

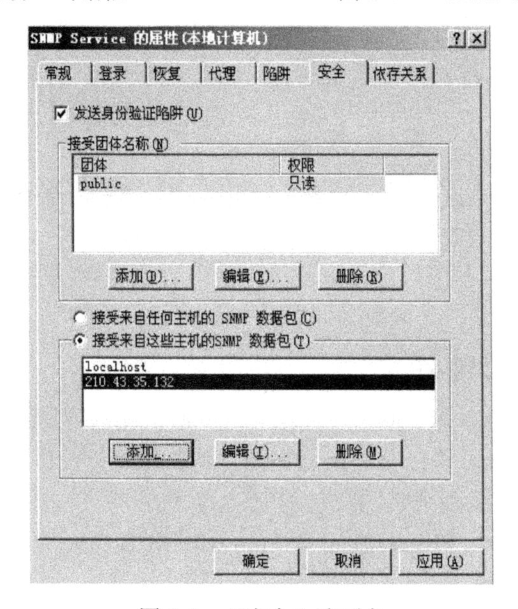

图 8-5 “安全”选项卡

三、SNMP Trap Service 服务设置

SNMP Trap Service 有时称为 SNMP 事件陷阱，通过设置 Trap，进行陷阱时间捕捉。当网管代理发现设置的值超出设定范围后，就立即启动自动 Trap 命令，向网络管理员报告。Trap 不必等到网络管理员发出查询命令，因此它往往用于一些紧急事件。

(1) 打开 SNMP Trap Service 项目。首先打开“控制面板”中“管理工具”的“服务”窗口，查看有无 SNMP Trap Service 项目，如果没有，则需要安装相关的协议与服务软件。

(2) 设置相关参数。设置的参数主要有启动类型(见图 8-6)、登录用户名与密码、故障恢复参数、Trap 的依存关系等。

(3) 开启 UDP 端口。一旦安装并启动了简单网络管理协议 SNMP，系统就打开 UDP 161 snmp 和 UDP 162 snmp trap 两个端口。需要注意的是，这里使用的是 UDP 端口，而不是 TCP 端口。

这样就授权了指定的主机(如 MRTG 服务器)来读取这台服务器的流量和 CPU 等关键信息了，注意这台服务器不要开启防火墙，并保持 UDP161 端口畅通。如果启用了系统防火墙，那么需要添加一个例外端口，打开“本地连接→属性→高级→防火墙→例外”，添加端口(见图 8-7)。

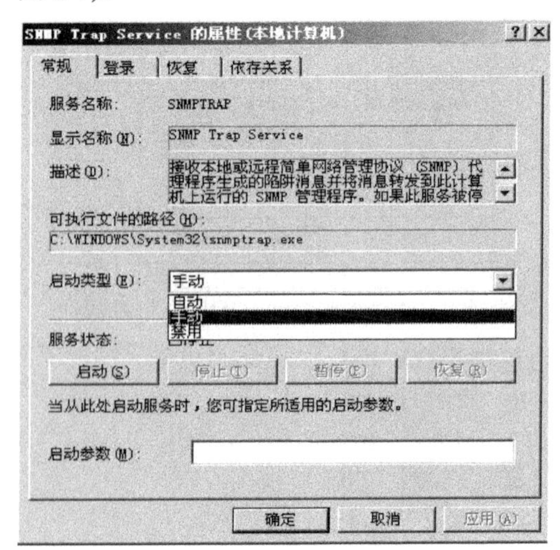

图 8-6　启动类型设置

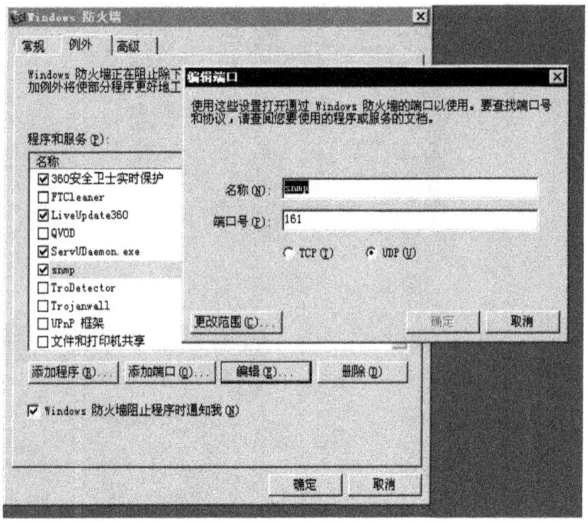

图 8-7　防火墙“例外”设置

四、MIB 浏览器的使用

1. 下载并安装 MIB 浏览器

MG-SOFT 公司成立于 1990 年 3 月，是世界领先软件供应商，产品包括网络管理软件、工具包、Windows 和 Linux 平台的解决方案等。MG-SOFT 提供全球主要的资讯科技与网络管理应用，以及与执行核心网络工具包的管理技术。

MG-SOFT MIB Browser Professional Edition with MIB Compiler 是专业、灵活和强大的管理信息库浏览和管理软件。

解压 MG-SOFT MibBrowser.rar，双击 setup.exe，安装 MIB Browser(在 Windows 系列操作系统机器上均可安装)。

2. 打开 MIB 浏览器

在 Windows 操作系统中，选择开始/程序/MG-SOFT 的 MIB 浏览器/从 Windows 任务栏进入 MIB 浏览器。当程序启动，MIB 的浏览器专业版初始屏幕出现之后，弹出欢迎使用 MG-SOFT 的 MIB 的浏览器对话框(见图 8-8)。它显示的信息包括 MG-SOFT 的 MIB 浏览器，MG-SOFT 公司和相关软产品。

要使用该软件，点击继续按钮，则 MIB 台式机浏览器出现(见图 8-9)，MIB 的浏览器的外观设计和功能遵循一般的 Windows 界面风格。MIB 桌面上有一个浏览器标题栏、菜单栏、工具栏、状态栏、最小化、最大化和关闭按钮。

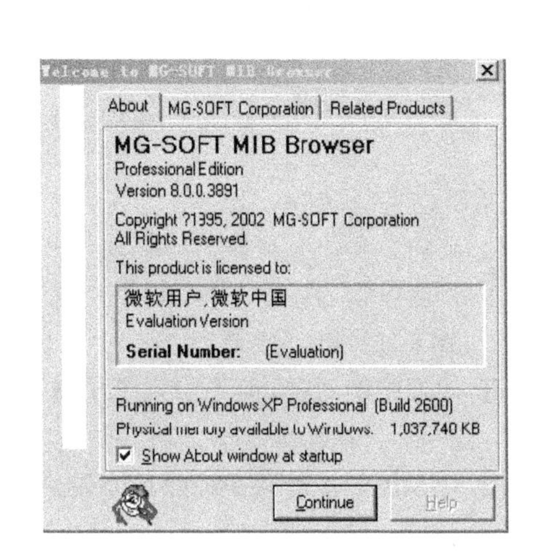

图 8-8 MG-SOFT 的 MIB 浏览器欢迎界面

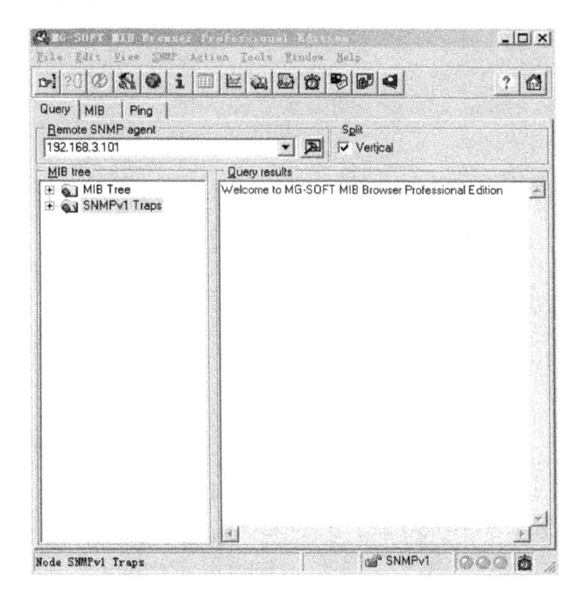

图 8-9 MIB 操作界面

3. 联系远程 SNMP 代理和查询各对象实例

为了监视或管理网络上的一个 SNMP 设备，用户必须联络其 SNMP 代理。当用户连接 SNMP 代理后，可以执行检索所有对象实例的值与 SNMP 管理的设备状态同步运作。

1) 联系远程 SNMP 代理

(1) 在主窗口中，切换到查询标签；

(2) 到远程 SNMP 代理下拉列表中，键入用户将管理远程 SNMP 代理的 IP 地址；

(3) 点击与远程 SNMP 代理工具栏按钮或选择 SNMP/联系人条目。

2) MIB 树节点选择

可以通过两种不同的方式选择 MIB 树节点。

第一种方法：在 MIB 树框架中展开选择 MIB 树，再展开弹出式菜单项；点击节点上用户希望执行的一个 SNMP 选项。

另一种方法：直接选择该 MIB 树，右键单击 MIB 树，并选择查找弹出式菜单项；在查找内容输入行中，键入节点的名称；单击“查找下一个”按钮；所需的节点就会突出显示在 MIB 树中。

3) 检索所有对象实例的值

通过使用 SNMP 的支持行操作，可以检索当前值的所有对象实例管理的设备。要执行 SNMP 操作，用户可以选择从 MIB 树的任何节点，发送一个 GetNext 请求到一个 OID 值 SNMP 代理。

如果在执行 SNMP 步行时，MIB 的浏览器来至一个没有加载的 MIB 模块，将出现搜索编译 MIB 模块对话框(见图 8-10)。

如果希望程序执行操作的 SNMP 涵盖整个所选对象的 MIB 树对象，需要选择检索结果设置中的所有复选框(见图 8-11)。

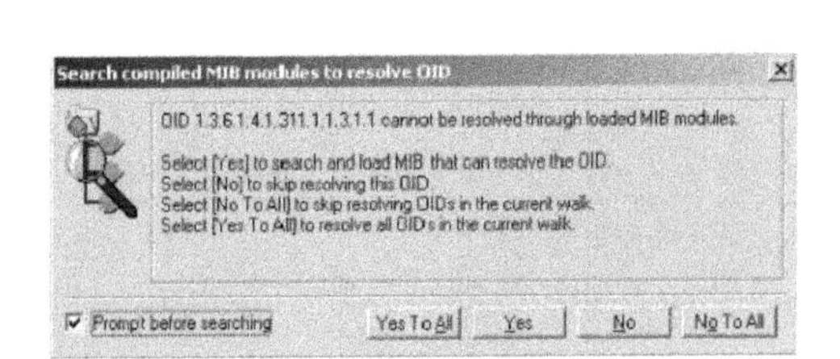

图 8-10　搜索编译 MIB 模块对话框

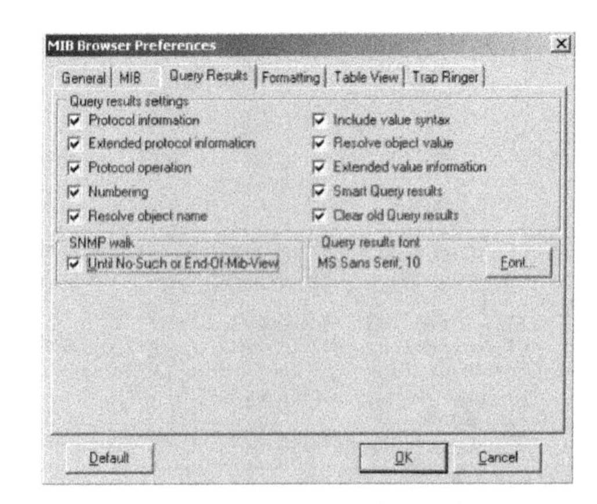

图 8-11　搜索结果选项

例如：如何使用 SNMP 代理单步运行查询所有 SNMP 代理中的对象，而不用系统子树，联系 SNMP 代理通过使用 SNMP/联系命令。

在 MIB 树中，单击该“系统”根节点的子树。使用 SNMP 的步行菜单命令或右键点击“系统”节点，选择步行弹出式菜单项。

在 SNMP 的 MIB 浏览器执行“系统”搜索操作。远程 SNMP 代理返回所有的系统子树和 MIB 对象实例信息将在查询结果框中显示(见图 8-12)。

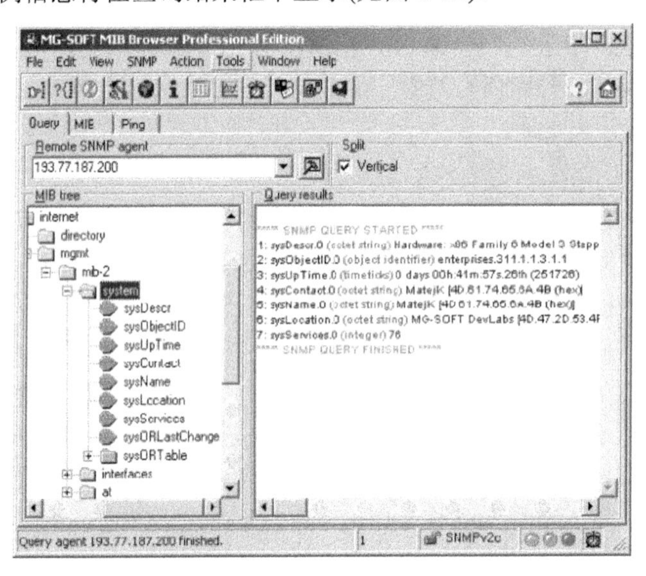

图 8-12　搜索结果显示窗口

五、使用一个 SNMP 管理站

为了降低 SNMP 的学习门槛，此处选择了 snmptuil.exe 软件来介绍一个完整的网络管理工作站是如何工作的。

Snmputil 是一个命令行下的软件，使用语法如下：

Snmputil [get|getnext|walk] agent community oid [oid ...]

其中，agent 表示代理进程的 IP 地址，community 表示团体名，oid 表示 MIB 对象 ID。

下面举例说明。

1. 查看本地计算机(IP 地址为 192.168.0.3)的系统信息

通过对系统组的 MIB 对象的查阅，我们知道系统信息所对应的 MIB 对象为.1.3.6.1.2.1.1.1(参看系统组对象)，我们使用 get 参数来查询：

```
C:\> snmputil get 192.168.0.3 public .1.3.6.1.2.1.1.1.0
Variable = system.sysDescr.0
Value = String Hardware: x86 Family 15 Model 2 Stepping 7 AT/AT COMPATIBLE
Software: Windows 2000 Version 5.1 (Build 2600 Uniprocessor Free)
```

其中，public 是 192.168.0.3 计算机上的团体名，.1.3.6.1.2.1.1.1.0 是对象实例(注意对象 ID 前面要加一个点“.”)，后面还要加一个“0”。如果不在对象 ID 末尾加上一个 0，那么用 get 参数查询就会出错。从查询结果中能够看出操作系统的版本和 CPU 类型。

2. 查询计算机连续开机多长时间

```
C:\> snmputil get 192.168.0.3 public .1.3.6.1.2.1.1.3.0
Variable = system.sysUpTime.0
Value = TimeTicks 447614
```

在对象 ID 后面不加 0，使用 getnext 参数能得到同样的效果：

```
C:\> snmputil getnext 192.168.0.3 public .1.3.6.1.2.1.1.3
Variable = system.sysUpTime.0
Value = TimeTicks 476123
```

3. 查询计算机的联系人

```
C:\> snmputil get 192.168.0.3 public .1.3.6.1.2.1.1.4.0
Variable = system.sysContact.0
Value = String administrator
```

以上简单介绍了用 Snmputil 查询代理进程的方法，由于在命令行下使用，可能会感到颇不方便，但命令行的一个好处就是可以促进大家主动查阅 MIB 对象，加深对 SNMP 网络管理的认识。

4. 使用 walk 查询设备上所有正在运行的进程

```
C:\> snmputil walk 192.168.0.3 public .1.3.6.1.2.1.25.4.2.1.2
Variable = host.hrSWRun.hrSWRunTable.hrSWRunEntry. hrSWRunName.1
Value = String System Idle Process
Variable = host.hrSWRun.hrSWRunTable.hrSWRunEntry. hrSWRunName.4
Value = String System
Variable = host.hrSWRun.hrSWRunTable.hrSWRunEntry. hrSWRunName.292
Value = String snmputil.exe
Variable = host.hrSWRun.hrSWRunTable.hrSWRunEntry. hrSWRunName.308
Value = String RavTimer.exe
Variable = host.hrSWRun.hrSWRunTable.hrSWRunEntry. hrSWRunName.336
Value = String RavMon.exe
```

5．查询计算机上面的用户列表

C:\〉 snmputil walk 192.168.0.3 public .1.3.6.1.4.1.77.1.2.25.1.1

Variable = .iso.org.dod.internet.private.enterprises. lanmanager.lanmgr-2.server.

svUserTable.svUserEntry.svUserName.4.117.115.101.114

Value = String User

Variable = .iso.org.dod.internet.private.enterprises. lanmanager.lanmgr-2.server.

svUserTable.svUserEntry.svUse

rName.5.71.117.101.115.116

Value = String Guest

Variable = .iso.org.dod.internet.private.enterprises. lanmanager.lanmgr-2.server. svUserTable. svUserEntry. svUserName.13.65.100.109.105.110. 105.115.116.114.97.116.111.114

Value = String Administrator

从中我们可以得知该计算机共有三个用户，它们分别为 User、Guest 和 Administrator。限于篇幅，此处就不把所有进程列出来，大家可以在自己的计算机上面实验，以加强感性认识。

Snmputil 还有一个 trap 的参数，主要用来陷阱捕捉，它可以接受代理进程上主动发来的信息。如果在命令行下面输入“snmputil trap”后回车，然后用错误的团体名来访问代理进程，这时候就能收到代理进程主动发回的报告。

在 MIBII 中总共有 175 个对象，每个对象均有其不同的含义，只有通过查阅 MIB 才能知道它们各自的作用。MIB 对象是 SNMP 网络管理中的核心内容，只有深入了解 MIB 对象的含义才有可能知道如何去驾驭 SNMP 网络管理。

实验 8-2　MBSA 的安装与操作

➢ 实验目标

通过实验了解 Windows 系统常见的安全漏洞和威胁，了解常用的系统安全检测工具，了解 MBSA 的作用，掌握 MBSA 的安装和检测方法，并可以对检测的漏洞和故障进行处理，以达到保障系统安全的目标。

(1) MBSA 的安装与运行。

(2) 设置扫描选项、进行系统扫描。

(3) 分析检测结果并进行修复。

➢ 实验要求

本次实验环境为 Windows XP 系统，安装了一些普通的应用工具，并做过一些简单的加固，使用第三方工具 360 等修补了系统中的安全漏洞。

➢ 实验步骤

一、MBSA 的安装与运行

1．MBSA 的安装

MBSA 可以在微软官方网站免费下载，也可以在其他网站下载 MBSA2.2。MBSA 的安装很简单，与正常软件的安装一样，按照提示进行即可。

2．运行 MBSA

单击“开始”－“程序”－“Microsoft Baseline Security Analyzer 2.2”，打开 Microsoft Baseline Security Analyzer 2.2 程序主界面，如图 8-13 所示。

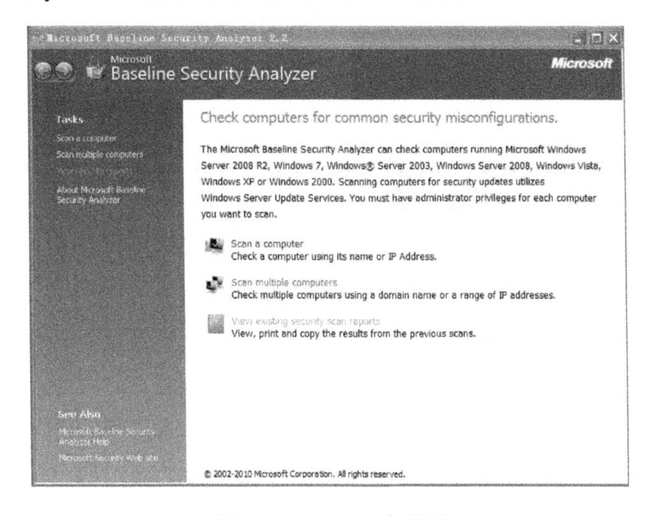

图 8-13　MBSA 主界面

MBSA 主程序有三大主要功能。

(1) Scan a computer：使用计算机名称或者 IP 地址来检测单台计算机，适用于检测本机或者网络中的单台计算机。

(2) Scan multiple computers：使用域名或者 IP 地址范围来检测多台计算机。

(3) View existing security scan reports：查看已经检测过的安全报告。

二、参数设置与扫描

1．扫描参数设置

1) 扫描单台计算机

单击“Scan a computer”，接着会出现一个扫描设置的窗口(见图 8-14)。

如果只是扫描本地的计算机/自己的计算机，可在“Computer name ”的下拉列表框中选择自己的本地计算机名，然后点击“Start scan”即可开始扫描。

如果是要扫描其他 PC(主机)，则可在“IP address ”文本框中输入对应的 PC(主机)的 IP 地址，然后点击“Start scan”即可开始扫描。

在 MBSA 扫描选项中，默认会自动命名一个安全扫描报告名称(%D% - %C% (%T%))，即“Security report name”，该名称按照“域名-计算机名称(扫描时间)”进行命名，用户也可以输入一个自定义的名称来保存扫描的安全报告。然后选择“Options”中的前四个安全检测选项。

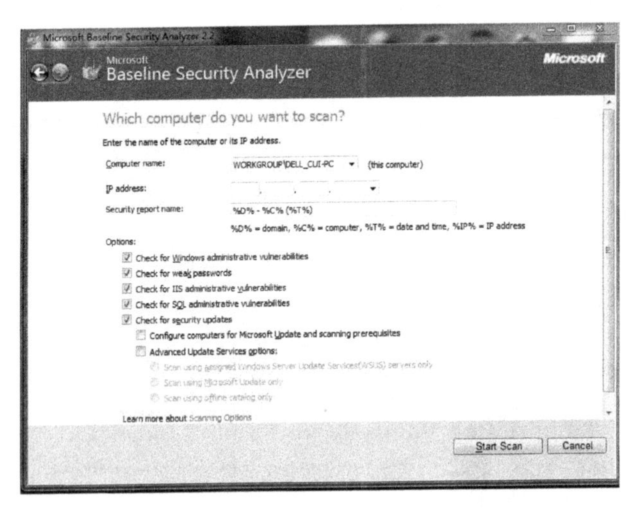

图 8-14　扫描单台计算机

(2) 扫描选项的设置

在“Options”中有五个选项。

Check for Windows administrative vulnerabilities：检测 Windows 管理方面的漏洞。

Check for weak passwords：检测弱口令。

Check for IIS administrative vulnerabilities：检测 IIS 管理方面的漏洞。

Check for SQL administrative vulnerabilities：检测 SQL 程序设置等方面的漏洞。

Check for security updates：检测安全更新，主要用于检测系统是否安装了微软的补丁，不需要通过微软的正版认证。

前四项是安全检测选项，可根据实际情况选择，最后一项是到微软站点更新安全策略、安全补丁等最新信息的，如果不具备联网环境可以不选择。

3) 扫描多台计算机

如果需要对某一范围内的多台计算机进行扫描，可在运行程序后，选择点击“Scan multiple Computer”，在打开的界面中，在“IP address range”文本框里面设置要扫描的 IP 地址段范围。

2．开始扫描

点击“Start scan”后出现扫描画面，需要等几分钟，因为 MBSA 每次运行时都会尝试从微软网站下载一个 mssecure.cab 文件，这是一个压缩的 XML 文件，它列出了所有最近的更新。如果本地网络上有 SUS 服务器，MBSA 可以配制成从 SUS 下载 mssecure.cab 文件(而不是从微软下载)，下载后会自动检查本地计算机的系统。

三、结果分析与处理

等待扫描完成后会打开界面显示所有的扫描结果(见图 8-15)，用户可以在该界面进行相关的查看，也可以把扫描结果保存为文件形式，随时打开查阅。

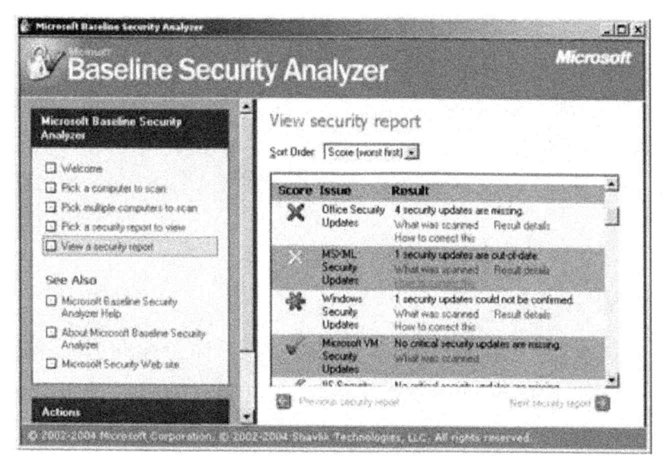

图 8-15　扫描结果界面

这里清楚地列出了各测试项目在本系统内的状态，需注意各项目前面的“Score”一栏中符号的区别及颜色。

(1) 红色或黄色的叉号：表示该项目未能通过测试。

(2) 雪花图标：表示该项目还可以进行优化，也可能是程序跳过了其中的某项测试。

(3) 感叹号：表示尚有更详细的信息。

(4) 绿色的对钩：这当然是最理想的，表示该项目已通过测试。

在那些未能通过测试的项目下面，一般都会提供“What was scanned”、“Result details”和“How to correct this”等选项，其中第一个将告诉我们分析器在该项目上主要进行了什么测试，而后两项告诉我们详细的结果，以及如何做才能够通过这项测试。用户只需选择“How to correct this”选项，就可以按照系统提示去下载补丁程序以修补漏洞了。当然，也可以通过其他工具或手工升级等方法，处理系统的漏洞和错误。

实验 8-3　备 份 与 恢 复

➢ 实验目标

通过实验了解数据备份与恢复的重要性，了解数据备份的常用方法以及工具软件，掌握 Windows XP 自带的备份与恢复工具的功能和操作过程，并在系统故障时能够及时进行数据恢复，从而保障系统信息的安全。具体要求包括：

(1) 系统文件的备份与恢复。

(2) 硬件配置文件的备份与恢复。

(3) 注册表文件的备份与恢复。

(4) 系统启动盘的制作与使用。

(5) 创建还原点，进行数据恢复。

(6) 安全模式的使用。

➢ 实验要求

(1) 基于 Windows XP 的计算机。

(2) 软盘、优盘等外部存储设备。

(3) Windows XP 安装光盘。

➢ 实验步骤

一、Windows XP 备份

无论采用什么操作系统，或哪些安全技术和设备，都无法绝对保证系统永远不会出现问题甚至崩溃，因此很有必要在系统出现故障之前，先采取一些安全和备份措施，做到防患于未然。

1．备份系统文件

这里说的备份系统文件是通过创建紧急恢复盘来完成的，在计算机系统工作正常时，可以制作系统紧急恢复盘，以便在系统出现问题时，使用它来恢复系统文件，采用这种方法可以修复基本系统，包括系统文件、引导扇区和启动环境等。

步骤如下：

(1) 打开“开始”菜单，选择“程序→附件→系统工具→备份”命令，打开“备份工具向导”窗口，可直接单击“高级模式”，打开“备份工具”窗口(见图 8-16)。

(2) 在“欢迎”选项卡中，单击“自动系统恢复向导”按钮，将打开“自动系统故障恢复准备向导”对话框(见图 8-17)。

(3) 单击“下一步”按钮，进入“备份目的地”对话框，选择备份媒体(或在软驱中插入一张空白的软盘或 U 盘)，然后单击“下一步”按钮，即可完成备份工作。

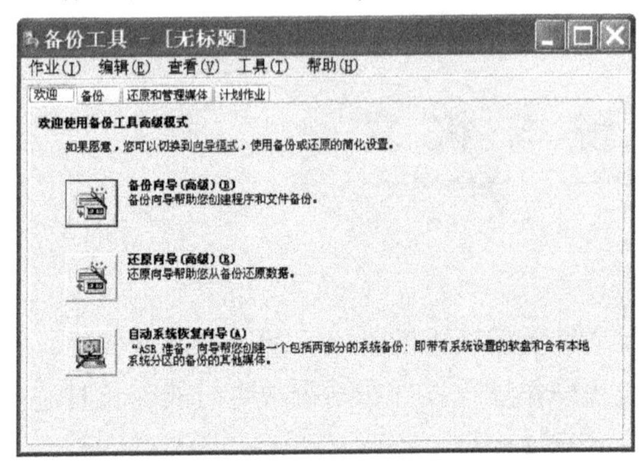

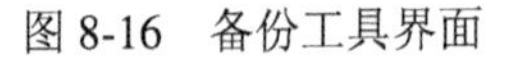
图 8-16　备份工具界面

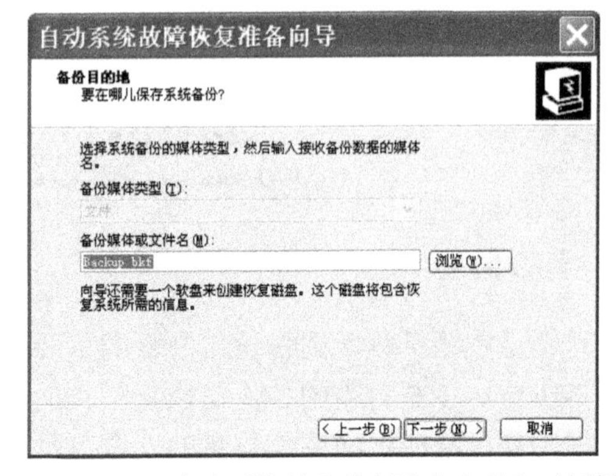

图 8-17　“自动系统故障恢复准备向导”对话框

2．备份硬件配置文件

硬件配置文件可在硬件改变时，指导 Windows XP 加载正确的驱动程序，如果用户进行了一些硬件的安装或修改，就很有可能导致系统无法正常启动或运行，这时就可以使用硬件配置文件来恢复以前的硬件配置。建议用户在每次安装或修改硬件时都对硬件配置文件进行备份，这样可以非常方便地解决许多因硬件配置而引起的系统问题。

步骤如下：

(1) 鼠标右键单击“我的电脑”，在弹出的快捷菜单中选择“属性”命令，打开“系统属性”对话框，单击“硬件”标签，在出现的窗口中单击“硬件配置文件”按钮，打开“硬件配置文件”对话框(见图 8-18)。

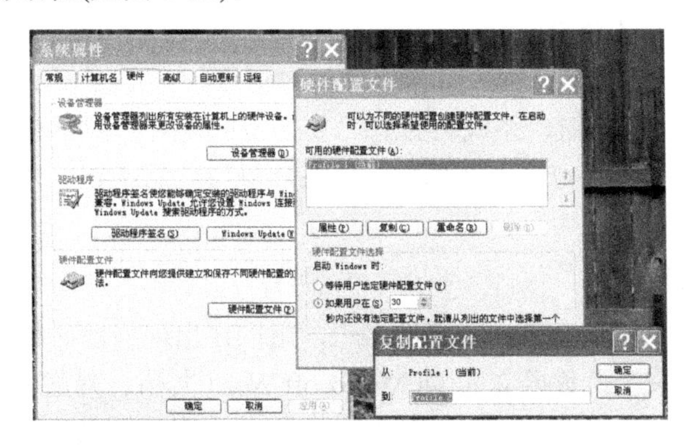

图 8-18 “硬件配置文件”对话框

(2) 在“可用的硬件配置文件”列表中显示了本地计算机中可用的硬件配置文件清单，在“硬件配置文件选择”区域中，用户可以选择在启动 Windows XP 时(如有多个硬件配置文件)调用哪一个硬件配置文件。

(3) 要备份硬件配置文件，单击“复制”按钮，在打开的“复制配置文件”对话框中的“到”文本框中输入新的文件名，然后单击“确定”按钮即可。

3. 备份注册表文件

注册表是 Windows XP 系统的核心文件，它包含了计算机中所有的硬件、软件和系统配置信息等重要内容，因此，很有必要做好注册表的备份，以防不测。

步骤如下：

(1) 首先在“运行”命令框中输入“Regedit.exe”，打开注册表编辑器。

(2) 如果要备份整个注册表，需选择好根目录(我的电脑节点)，然后在菜单中选择“导出”命令，打开“导出注册表文件”对话框，在“文件名”文本框中输入新的名称，选择好具体路径，点击“保存”按钮即可(见图 8-19)。

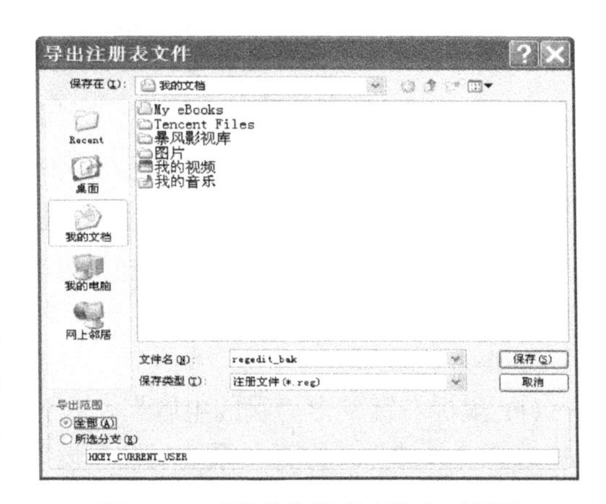

图 8-19 “导出注册表文件”对话框

(3) 在默认情况下，注册表编辑器会将用户选择的注册表子树或整个树作为保存对象，如果要备份整个注册表，在“导出范围”中选择“全部”单选按钮；如果只备份注册表中的某一分支，选择“所选分支”单选按钮，然后输入要导出的分支名称即可。

4. 备份整个系统

在计算机系统中，往往存放着一些非常重要的常规数据，它们有的甚至比系统数据都重要，比如公司的财务数据和业务数据等。因此在备份系统数据的同时，还应该注意备份一些常规的重要数据。

要备份整个系统数据按如下步骤进行：

(1) 打开“开始”菜单，选择“程序→附件→系统工具→备份”命令，打开“备份工具”窗口中的“欢迎”选项卡。

(2) 单击“备份”按钮，打开“备份向导”对话框。

(3) 单击“下一步”按钮，系统将打开“要备份的内容”对话框，在“选择要备份的资料”选项区域中选择“备份这台计算机的所有项目”单选按钮，然后单击“下一步”按钮继续向导即可。

5．创建系统还原点

“系统还原”是 Windows XP 的组件之一，用以在出现问题时将计算机还原到过去的状态，但同时并不丢失个人数据文件(如 Microsoft Word 文档、浏览历史记录、图画、收藏夹或电子邮件)。“系统还原”可以监视对系统和一些应用程序文件的更改，并自动创建容易识别的还原点。这些还原点允许用户将系统还原到过去某一时间的状态。

方法如下：

(1) 打开“开始”菜单，选择“程序→附件→系统工具→系统还原”命令，打开系统还原向导。

(2) 选择“创建一个还原点”，点击“下一步”按钮，为还原点命名后(见图 8-20)，单击“创建”按钮即可创建还原点。

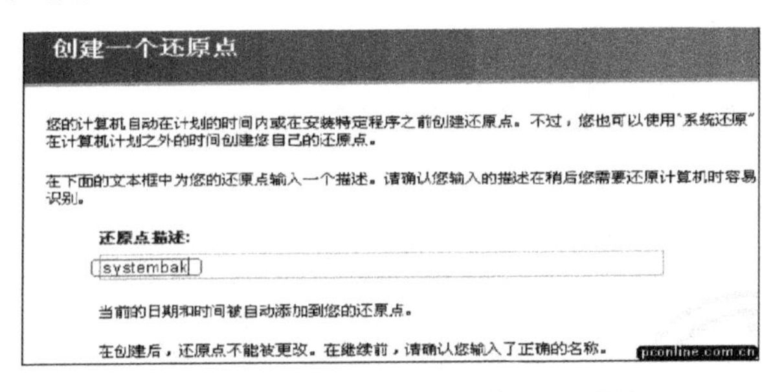

图 8-20 “创建一个还原点”对话框

6．设定系统异常停止时 Windows XP 的对应策略

我们还可以在系统正常时，设定当系统出现异常停止时，Windows XP 的反应措施，比如可以指定计算机自动地重新启动。

步骤如下：

(1) 鼠标右键单击“我的电脑”，在弹出的快捷菜单中选择“属性”，打开“系统属性”设置窗口。

(2) 选择“高级”标签，打开“高级”选项卡，在“启动和故障恢复”选项区域中单击“设置”按钮，打开“启动和故障恢复”对话框(见图 8-21)。

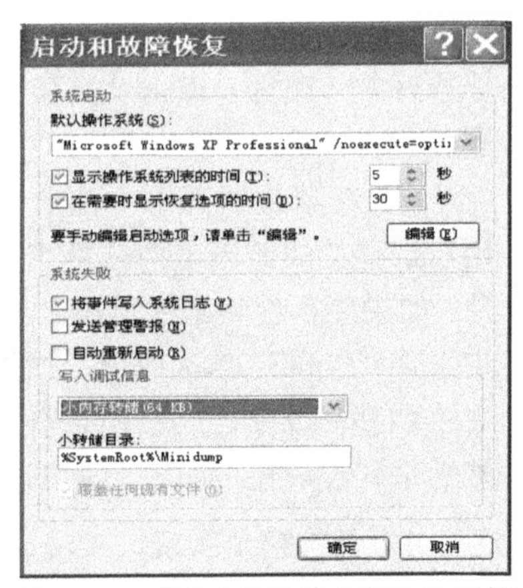

图 8-21 “启动和故障恢复”对话框

(3) 在“系统失败”选项区域中，通过启用复选框

可以选择系统失败后的应对策略，在“写入调试信息”选项区域中可以设置写入系统调试信息时的处理方法。

(4) 单击“确定”按钮返回“系统属性”对话框，再单击“确定”按钮。

二、Windows XP 还原

Windows XP 提供了许多恢复系统的方法，包括之前提到的“系统还原”、使用紧急恢复盘及备份功能等，当然还有我们熟悉的“安全模式”等方法。

1. 系统还原法

上面提到了系统还原的作用和创建系统还原点的方法，当系统出现问题时可以使用系统还原将系统还原到以前没有问题时的状态，方法是：

打开“开始”菜单，选择“程序”→“附件”→“系统工具”→“系统还原”命令，打开系统还原向导(见图 8-22)，然后选择“恢复我的计算机到一个较早的时间”，单击“下一步”按钮，选择好系统还原点，单击“下一步”即可进行系统还原。

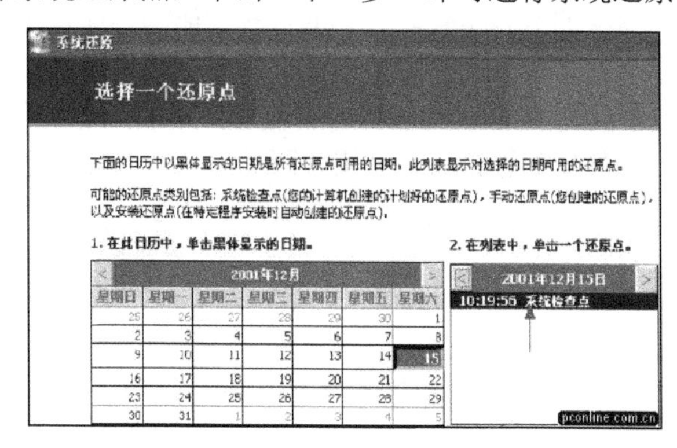

图 8-22 “系统还原”对话框

注意：虽然系统还原支持在“安全模式”下使用，但是计算机运行在安全模式下，“系统还原”不创建任何还原点。因此，当计算机运行在安全模式下时，无法撤销所执行的还原操作。

2. 还原驱动程序

如果在安装或者更新驱动程序后，发现硬件不能正常工作了，可以使用驱动程序的还原功能。

方法是：在设备管理器中，选择要恢复驱动程序的硬件，双击它打开“属性”窗口(见图 8-23)，选择“驱动程序”标签，然后选择“返回驱动程序”按钮。

图 8-23 还原驱动程序对话框

3. 使用“安全模式”

如果计算机不能正常启动，可以使用“安全模式”或者其他启动选项来启动计算机，成功后就可以更改一些配置来排除系统故障了，比如可以使用上面所说的“系统还原”、“返回驱动程序”及使用备份文件来恢复系统。

用户要使用“安全模式”或者其他启动选项启动计算机，在启动菜单出现时按下 F8 键，然后使用方向键选择要使用的启动选项后按回车键即可。

下面列出了 Windows XP 的高级启动选项的说明。

(1) 基本安全模式：仅使用最基本的系统模块和驱动程序启动 Windows XP，不加载网络支持，加载的驱动程序和模块用于鼠标、监视器、键盘、存储器、基本的视频和默认的系统服务，在安全模式下也可以启用启动日志。

(2) 带网络连接的安全模式：仅使用基本的系统模块和驱动程序启动 Windows XP，并且加载了网络支持，但不支持 PCMCIA 网络，带网络连接的安全模式也可以启用启动日志。

(3) 启用启动日志模式：生成正在加载的驱动程序和服务的启动日志文件，该日志文件命名为 Ntbtlog.txt，被保存在系统的根目录下。

(4) 启用 VGA 模式：使用基本的 VGA(视频)驱动程序启动 Windows XP，如果导致 Windows XP 不能正常启动的原因是安装了新的视频卡驱动程序，那么使用该模式非常有用，其他的安全模式也只使用这个基本的视频驱动程序。

(5) 最后一次正确的配置：使用 Windows XP 在最后一次关机时保存的设置(注册信息)来启动 Windows XP。其仅在配置错误时使用，不能解决由于驱动程序或文件破坏或丢失而引起的问题。当用户选择“最后一次正确的配置”选项后，则在最后一次正确的配置之后所做的修改和系统配置将丢失。

(6) 目录服务恢复模式：恢复域控制器的活动目录信息。该选项只用于 Windows XP 域控制器，不能用于 Windows XP Professional 或者成员服务器。

(7) 调试模式：启动 Windows XP 时，通过串行电缆将调试信息发送到另一台计算机上，以便用户解决问题。

4. 使用紧急恢复盘修复系统

如果“安全模式”和其他启动选项都不能成功启动 Windows XP，可以考虑使用故障恢复控制台。要使用恢复控制台，需要使用 CD 驱动程序中操作系统的安装 CD 重新启动计算机。当在文本模式设置过程中出现提示时，按 R 键启动恢复控制台，按 C 键选择“恢复控制台”选项，如果系统安装了多操作系统，选择要恢复的那个系统，然后根据提示，输入管理员密码，并在系统提示符后输入系统所支持的操作命令。

从恢复控制台中，可以访问计算机上的驱动程序，然后可以进行以下更改，以便启动计算机：启用或禁用设备驱动程序或服务；从操作系统的安装 CD 中复制文件，或从其他可移动媒体中复制文件，例如可以复制已经删除的重要文件；创建新的引导扇区和新的主引导记录(MBR)，如果从现有扇区启动存在问题，则可能需要执行此操作。故障恢复控制台可用于 Windows XP 的所有版本。

5. 自动系统故障恢复

常规情况下应该创建自动系统恢复(ASR)集(就是通过创建紧急恢复盘来备份的系统文件)，作为系统出现故障时整个系统恢复方案的一部分。

ASR 应该是系统恢复的最后手段，只在用户已经用尽其他选项(如安全模式启动和最后一次正确的配置)之后才使用，当在设置文本模式部分中出现提示时，可以通过按 F2 访问还原部分。ASR 将读取其创建的文件中的磁盘配置，并将还原启动计算机所需的全部磁盘签名、卷和最少量的磁盘分区(ASR 将试图还原全部磁盘配置，但在某些情况下，ASR 不可能还原全部磁盘配置)，然后，ASR 安装 Windows 简装版，并使用 ASR 向导创建的备份自动启动还原。

6. 还原常规数据

Windows XP 出现数据破坏时，用户可以使用“备份”工具的还原向导，还原整个系统或还原被破坏的数据。

还原常规数据步骤：

(1) 打开“备份”工具窗口的“欢迎”标签,然后单击“还原”按钮,进入“还原向导”对话框(见图 8-24)。

(2) 单击“下一步”按钮，打开“还原项目”对话框，选择还原文件或还原设备。

(3) 单击“下一步”按钮继续向导。

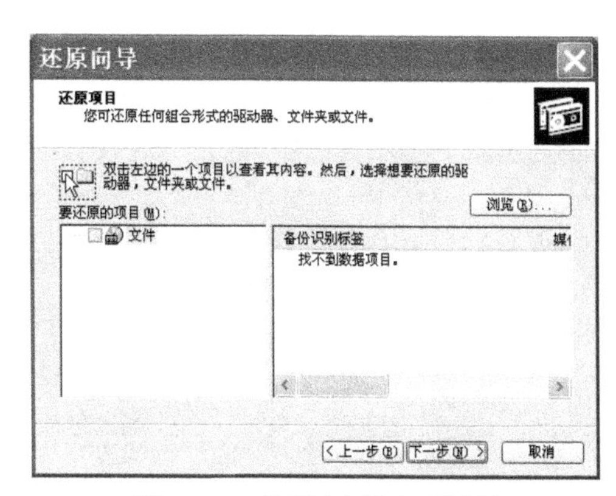

图 8-24 “还原向导”对话框

7. 命令行模式还原

如果系统故障非常严重，无法进入正常模式或安全模式，可以按照上面介绍的方法进入启动模式菜单，选择“带命令行提示的安全模式”，用管理员身份登录，进入“%systemroot%\windows\system32\restore”目录，直接运行其中的 rstrui.exe 文件按照提示进行还原。

如果用完了上述的方法后，系统还是不能恢复正常，微软还提供了另一种非常简单有效方法——重装系统。

实验 8-4 网络管理工具 Cisco Works

➢ 实验目标

通过实验了解网络管理软件的基本功能和组成，了解常用的网络管理软件，掌握 CiscoWorks 2000 网络管理软件的安装和使用方法。

(1) CiscoWorks 2000 的安装；

(2) CiscoWorks 2000 的使用。

➢ 实验要求

(1) 网络管理服务器：基于 Windows 2008 Server、网络连接、固定 IP。

(2) IE6.0 以上、启用 Java 控制台(Internet“选项”→“高级”选项卡中)。

(3) CiscoWorks 2000 安装光盘。

➢ 实验步骤

一、CiscoWorks 2000 系统的安装

1. CiscoWorks 2000 LMS－CD One 的安装

(1) 插入 CD ONE 光盘，安装界面中按下“Install”按钮开始安装，自动弹出欢迎画面(见图 8-25)，按照引导“Next”，选择“典型安装”(见图 8-26)；

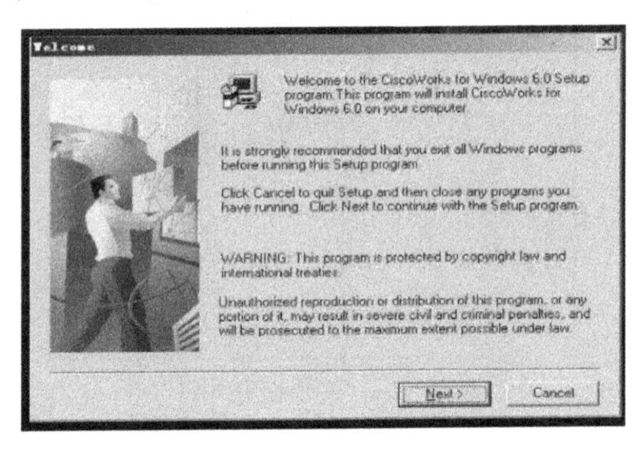

图 8-25　安装欢迎界面

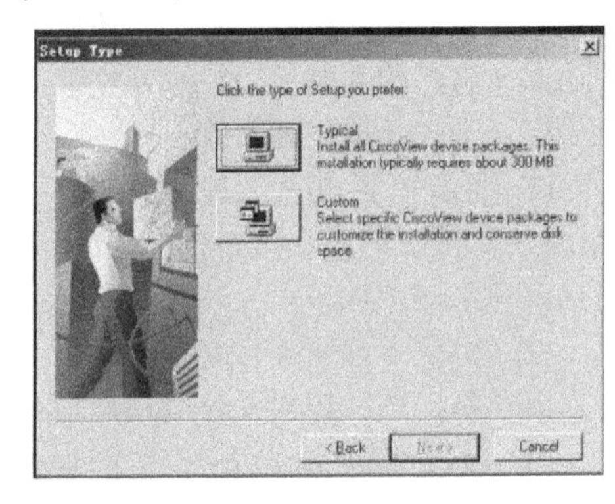

图 8-26　选择典型安装

(2) 选择要安装的组件(这里选择全部)。安装过程中选择点击“Next”或“Ok”按钮，如果系统提示是“DNS”太慢的警告，忽略。选择“Later”再安装第三方集成软件，最后重新启动系统完成安装；

(3) 安装 Java Runtime Environment(Java 运行环境)。在后续的操作中如果系统提示需安装 JRE2 运行环境，选择同意进行安装；

(4) 安装完成、重新启动系统。

在系统使用过程中可能会碰到“Java 插件安全警告：证书已经过期”，对系统运行无不良影响，因此可选择忽略警告继续进行。

2. CiscoWorks 2000 LMS－RME 4.0 的安装

插入 Resource Manager Essential(RME)光盘，自动弹出安装画面，按下“Install”按钮开始安装，按照引导点击“Next”按钮，选择使用“典型安装”，按向导提示完成安装。

3. CiscoWorks 2000 LMS－CM 4.0 的安装

插入 Campus Manager(CM)光盘，自动弹出安装画面，按下“Install”按钮开始安装，按照引导“Next”，选择“典型安装”，按向导提示完成安装。

4. CiscoWorks 2000 LMS－DFM 2.0 的安装

插入 Device Fault Manager(DFM)光盘，自动弹出安装画面，按下“Install”按钮开始安装，按照引导“Next”，选择使用“典型安装”，按向导提示完成安装。

5. CiscoWorks 2000 LMS－IPM 2.6 的安装

插入 Internetwork Performance Monitor(IPM)光盘，自动弹出安装画面，按照引导“Next”，同意“用户协议”，选择安装目录默认。查看安装参数如下。

(1) 主机名：cw2000。

(2) IP 地址：192.168.0.1。

(3) Web Server Port：9000(非默认，为避免与其他冲突)。

(4) Database Server Port：2639。

(5) 输入管理员用户名和账号，默认为 cisco，设置密码为：cisco。

(6) 输入数据库密码，此处预设为“cisco”。

(7) 设置 Owner(产权所有人)账号，账户名：admin，密码：admin。

拷贝文件后系统会请求添加注册表数据，选择“YES”同意。安装程序还会打开一个 DOS 窗口，多次请求进行初始化操作，按任意键完成安装。

Cisco Works 安装至此全部完成。重要参数表如下。

(1) 网管工作站主机名：cw2000。

(2) 网管工作站 IP 地址：192.168.0.1。

(3) 网管系统端口[默认 1741]：1741。

(4) 网管系统管理人员及密码：admin，admin。

(5) 只读 SNMP 密码字(团体名)[默认 public]：cisco。

二、CiscoWorks 2000 LMS 2.51 的使用

1．登录 CiscoWorks 2000

打开浏览器，输入网管系统网址：http：//192.168.0.1：1741。如果是在安装 LMS 的本机，也可以选择“开始”—“程序”—“CiscoWorks”—“CiscoWorks”来启动 CiscoWorks 2000 LMS 网管系统。

首次访问系统会弹出“安全警报”和“证书验证提示”对话框，分别选择点击“确定”按钮，弹出如图 8-27 所示的登录验证对话框。

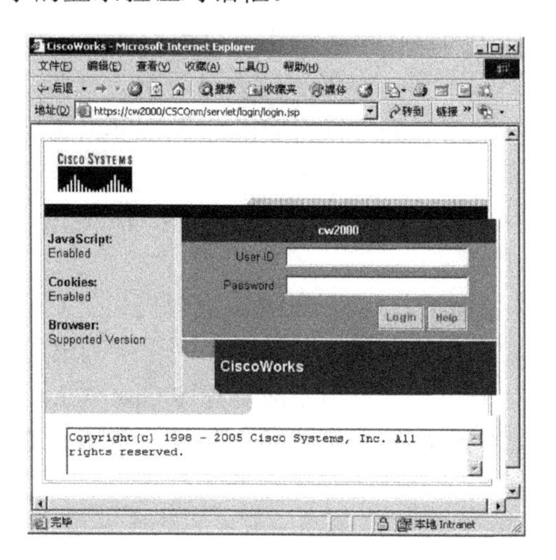

图 8-27　登录验证对话框

输入正确的用户名和密码(默认用户名为：admin，密码：admin)，点击“login”按钮。

首次登录网管系统使用的是 HTTP 方式，因此会弹出重定向“安全警报”对话框，选

择“是”登录网管系统。

注意：如果此时出现 Java 运行时出错，刷新窗口即可，若不能解决，需要重新安装 Java。首次登录 CiscoWorks 2000 网管系统成功后，可通过“服务器”配置将访问网管系统的方式更改为更为安全的 HTTPS 方式。

2. CiscoWorks 2000 主界面介绍

在上一步骤输入正确的管理员账号名称和口令后，就会弹出如图 8-28 所示的 CiscoWorks 2000 主界面。

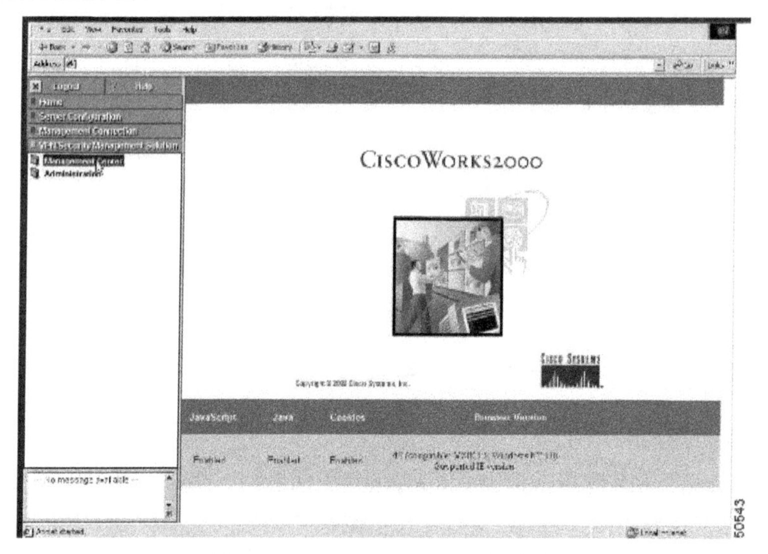

图 8-28　CiscoWorks 2000 主界面

其中，主要包括以下部分：

(1) Common Services(公用服务)面板。Common Services 面板列出所有和公用服务有关的功能。和 CiscoWorks 主页中的其他选项一样，这里所显示的每个选项都是一个可以展开或折叠的文件夹。当第一次打开时，只显示顶层的文件夹元素。

(2) Device Troubleshooting(设备排错)。Device Troubleshooting 提供了一个访问设备的通道。通过这个功能可以显示设备详细信息，对设备进行排错、日常管理等工作。

(3) CiscoWorks 服务器名称。CiscoWorks 服务器名称显示 CiscoWorks LMS 套件安装所在的计算机名称。

(4) Application(应用程序)面板：Application 面板提供了 CiscoWorks LMS 应用程序套件的访问点。共分为三列。根据安装的套件选项不同，所列出的内容也不同。如果只安装了 CDONE 且选择的是默认安装，则仅显示应用程序 CiscoView。

(5) Resources(资源)面板：Resources 面板提供了一个访问 Cisco 网站、第三方应用程序的链接。其特点是按照常用的功能进行了分类。

(6) CiscoWorks 工具条。在 CiscoWorks 主界面的右上角是 CiscoWorks 工具条。主要提供：Logout(注销)、Help(帮助)、About(关于)等选项。

(7) CiscoWorks Product Updates(产品升级)。在 CiscoWorks 主界面的右下角是 Cisco 产品升级面板。显示了 CiscoWorks 产品的声明、相关的帮助信息等。

3. Common Service 共用服务管理

Common Service 共用服务管理提供了对服务器自身、各项服务、安全特性、主页布局、功能、软件升级管理、硬件设备访问管理、组管理等一系列和共用服务有关的功能。

1) 展开折叠菜单

在 CiscoWorks 2000 主界面中，Common Service 共用服务面板位于左上角，首次显示的 Common Services 面板是以折叠形式显示的，仅显示了顶层选项(下文中也称“文件夹”)，如图 8-29 所示。当单击选择了某项功能后，则展开了所选功能的第二层选项，如图 8-30 所示。

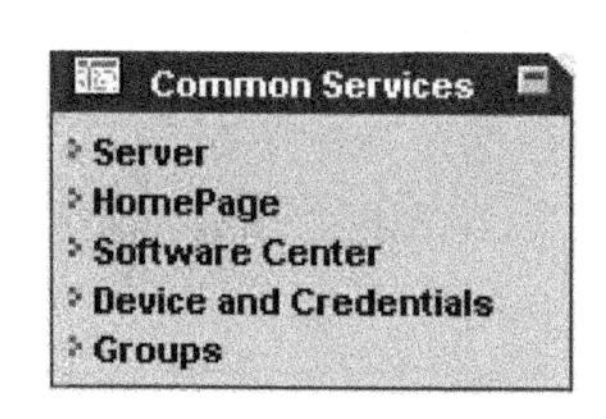

图 8-29 折叠显示面板

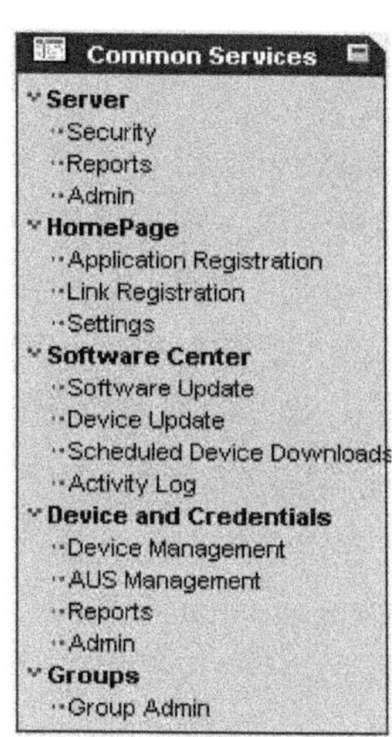

图 8-30 展开显示面板

2) 选择指定功能

当选择了第二层文件夹中的某项功能后，会弹出一个新的 IE 窗口并在其中显示所选功能的当前设置。如图 8-31 所示，是选择了“Common Services”—“Server”—“Security”后，新窗口中显示的内容。

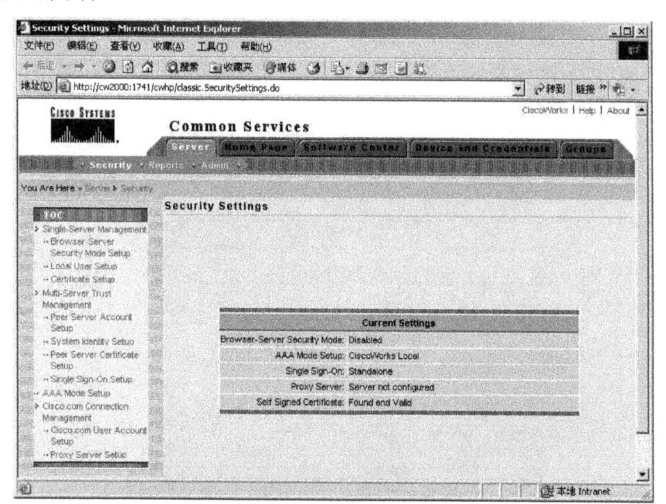

图 8-31 公共服务面板

3) 修改具体设置

如果要对当前设置做具体的修改，则需要在左侧的“TOC”栏中选择相应的选项。如图 8-32 所示，是选择了“Single Server Settings”—“Browser-Server Security Mode Setup”后，右侧出现的修改“浏览服务器安全模式”对话框。

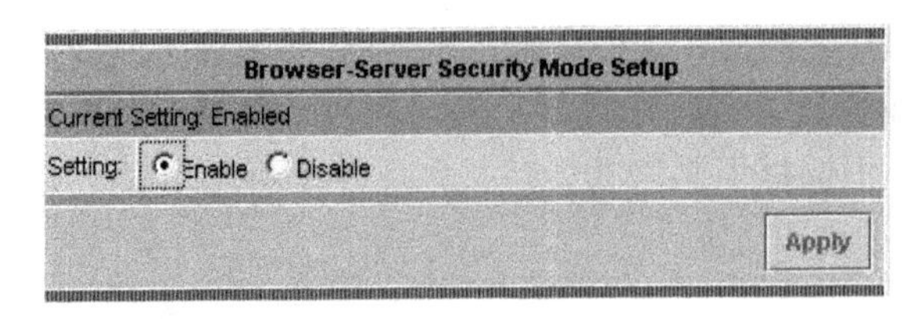

图 8-32　“浏览服务器安全模式”对话框

4) 服务器(Server)管理

服务器管理可以用来管理服务器安全等特性。主要包括以下一些功能。

Security(安全)：用来增强客户浏览器和网管服务器间的安全性。

Reports(报告)：提供关于(网管)服务器状态的诊断信息报告。

Admin(管理)：用于执行和(网管)服务器管理相关的任务。

5) 主页(HomePage)管理

主页管理主要用来管理主页显示元素特性。主要包括：

Application Registration(应用程序注册)。用来在 CiscoWorks 2000 主页上关联新增应用程序的链接。此项功能一般是系统自动完成的，不需要用户干预。

Links Registration(链接注册)。用来在 CiscoWorks 2000 主页的“RESOURCES”区域新增用户自定义站点链接。

Settings(设置)。用于定制其他主页元素的显示。

6) 软件中心(Software Center)管理

CiscoWorks 2000 软件中心包括已安装软件版本查询、当前最新软件版本查询(需要特殊的 CCO 账户)、软件包定期自动下载(需要特殊的 CCO 账户)等功能。

在 CiscoWorks 主页(Homepage)中选择“Common Services”—Software Center”—Software Update”，弹出如图 8-33 所示的产品包信息对话框。

Bundles Installed

Showing 0-0 of 0 records

	Bundle Name	Version	Install Date
No records.			

Rows per page: 10　Go to page: 1 of 1 Pages

Products Installed

Showing 1-3 of 3 records

		Product Name	Version	Installed Date
1.		CiscoWorks Common Services	3.0	26 Dec 2006, 11:57:01 CST
2.		CiscoView	6.1	26 Dec 2006, 11:57:01 CST
3.		Integration Utility	1.6	26 Dec 2006, 11:57:01 CST

Rows per page: 10　Go to page: 1 of 1 Pages

↑--Select an item then take an action--> Download Updates　Select Updates

图 8-33　软件中心管理

7) 设备与证书(Device and Credentials)管理

“Device and Credentials”标签页提供了对所管理设备参数(主要是指机密参数)的集中管理，它和“Group”标签页结合使用大大简化了设备的管理。

对设备的管理是以树形结构、分级进行组织的。下面，以新增一个被管设备为例来说明。

选择“Common Services”—“Device and Credentials”—“Device Management”，弹出“设备管理”对话框，如图 8-34 所示。

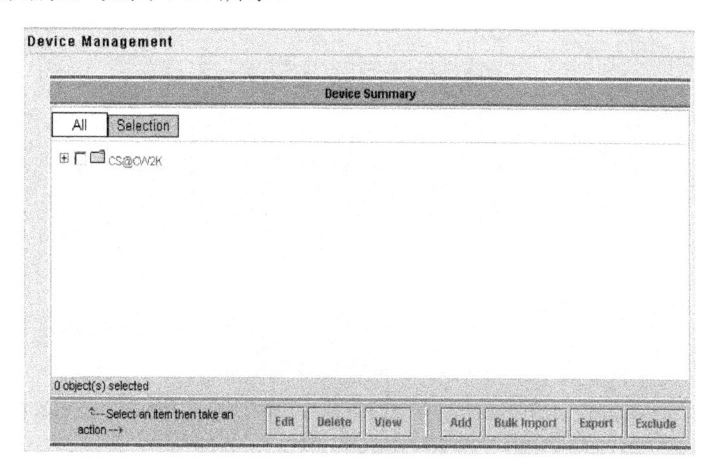

图 8-34 “设备管理”对话框

8) 组(Groups)管理

“Group”标签页面提供了显示已存在设备组树结构、创建用户自定义组的功能，如图 8-35 所示。

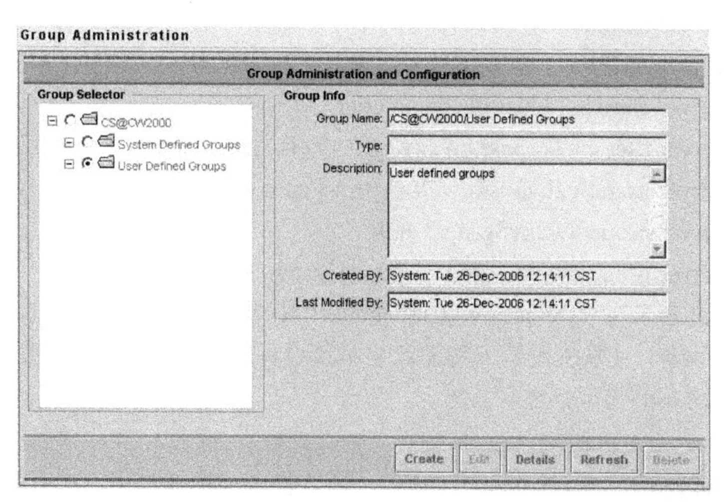

图 8-35 组管理

4. Device Troubleshooting 的使用

Device Troubleshooting(Device Center)为用户提供了查看、更改、测试被管设备配置、属性的功能。

选择 CiscoWorks 2000 主界面上的“Device Troubleshooting”—“Device Center”，系统将弹出新窗口“Device Center Home”，如图 8-36 所示。

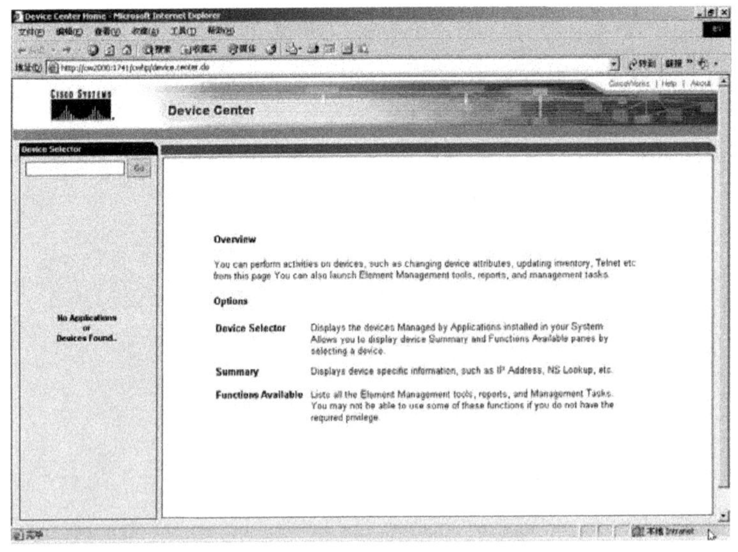

图 8-36　“设备中心”主页

如果之前添加了被管设备的信息，只需在图 8-36 中的“Device Selector”中输入被管设备名称，如“R1”并选择“Go”，则“设备中心”主页被刷新。

在能够进一步对设备进行管理之前，必须对被管设备进行 SNMP 相关的配置。下面是启用 IOS 上的 SNMPv2 功能的推荐最简配置：

```
snmp-server chassis-id NetSys.demo.com
snmp-server community cw2kv2ro RO
snmp-server community cw2kv2rw RW
```

如果想要使用 SNMPv3，则需要按照下面方法进行配置：

```
snmp-server chassis-id NetSys.demo.com
snmp-server user cw2kv3usr cw2kv3grp v3 encrypted auth md5 cw2kv3pwd
snmp-server user cw2kv3usr cw2kv3grp v3 auth md5 cw2kv3pwd
snmp-server group cw2kv3grp v3 auth
snmp-server group cw2kv3grp v3 auth write cw2kv3grpvw
```

注意：如果之前未在“Device and Credentials”中对设备进行注册，则只能以 IP 地址的形式访问被管设备，且系统概览中将无法显示该设备的类型描述。如果被管设备不可达，也将无法显示该设备的类型描述。

1) 被管设备被管能力探测

“Management Station to Device”用来探测被管设备的被管能力，即用户可以以何种方式登录、管理被管设备。当选择了此功能后，会弹出“Management Station to Device”对话框，如图 8-37 所示。

选择想要探测的选项，单击“OK”，经过一段时间的探测后，弹出测试报告窗口，如图 8-38 所示。可以看出可以通过 HTTP、SNMPv1/v2/v3、TELNET 等方式管理该设备。

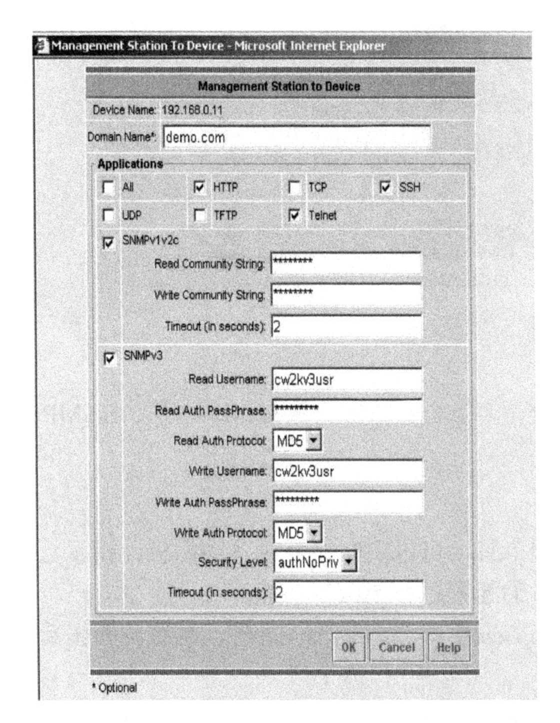

图 8-37　被管设备被管能力探测

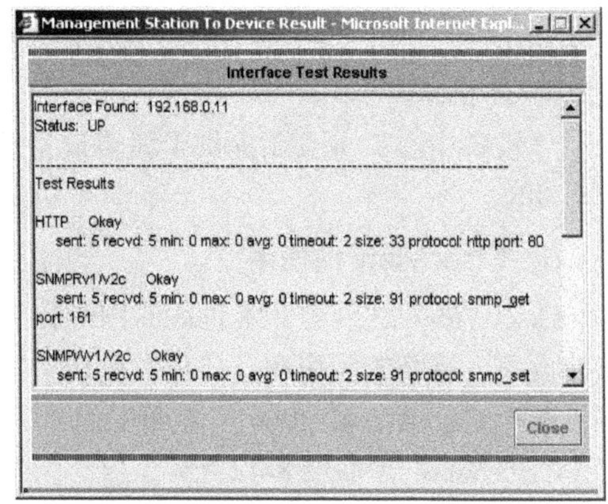

图 8-38　被管能力测试报告窗口

2) PING、TRACE ROUTE、TELNET 工具

“设备中心”主页同样提供了在路由器上或 MS-DOS 下常用的测试工具，如 PING、TRACE、ROUTE、TELNET 工具。如图 8-39 和图 8-40 所示，TELNET 工具将使用 WINDOWS 系统关联的 TELNET 程序访问被管设备。

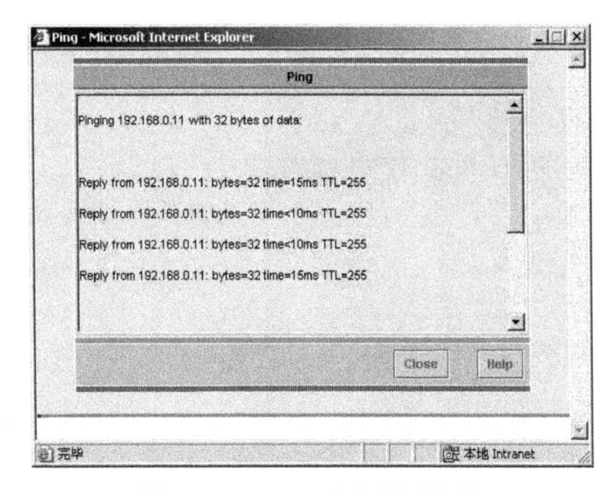

图 8-39　PING 工具测试结果

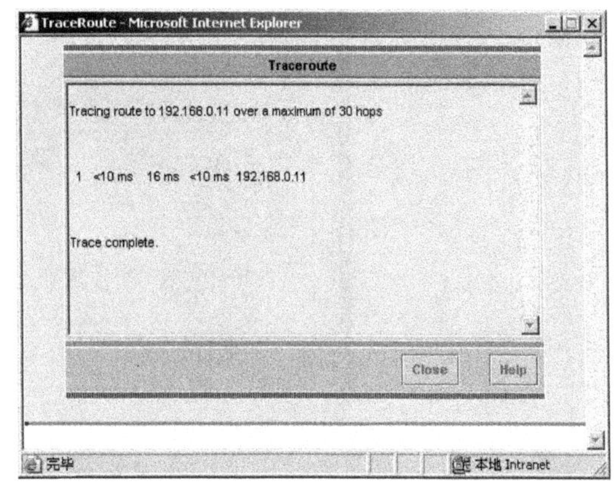

图 8-40　TRACE ROUTE 工具测试结果

3) 包捕获工具

包捕获工具“Packet Capture”提供了对设备流量进行捕获的功能，但是其捕获的流量只能通过第三方的工具软件来解码。

对设备流量进行捕获、解码。选择“设备中心”主页“工具”栏中的“Packet Capture”，弹出“包捕获”对话框，如图 8-41 所示。单击“Create”，弹出“包捕获输入”对话框。

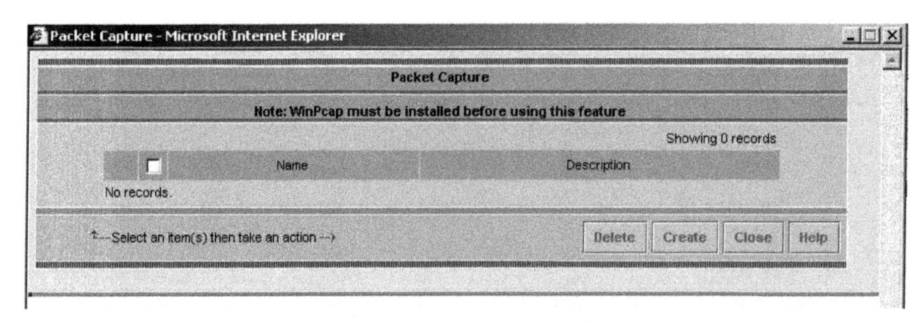

图 8-41 “包捕获”对话框

4) 其他工具

“设备中心”主页还提供了编辑设备机密信息、CiscoView 和 SNMP 遍历、SNMP 设置等功能。

5．CiscoView 的使用

CiscoView 是一个非常直观的图形化管理工具，可以实时显示设备的面板、指示灯，监控设备、链路的利用率，还可以完成对设备的配置进行更改等功能。

选择 CiscoWorks 2000 主界面上的“CiscoView”—“Chassis View”，系统将弹出新窗口“CiscoView”，如图 8-42 所示。

其中，“设备选择区域”用于输入被管设备名称(需要提前在设备管理中心定义)或 IP 地址。“图例”用于显示设备(板卡)状态图例，其中，浅蓝色代表非激活状态，棕色代表“Down”状态，红色代表失效状态，黄色代表镜像状态，紫色代表测试状态，绿色代表“Up”状态。在此视图中可以进行跟踪查看器、设备偏好设定等管理操作。

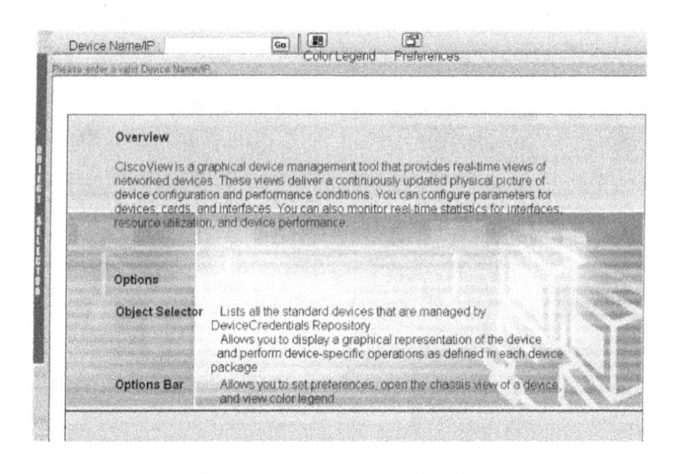

图 8-42 CiscoView 对话框

【实验作业】

(1) Windows 控制面板中安装 SNMP 代理，启动 SNMP 服务，并进行相应的参数设置，开启 UDP161、162 号端口；选择并下载安装 MIB 浏览器，查看 MIB 内容。

(2) 使用 Windows 备份工具进行指定文件夹的备份和恢复操作，制定自动备份工作计划。

(3) 启动 Windows 安全模式，熟悉各选项的功能，对简单的 Windows 配置故障进行恢复；启动 Windows 安装盘，选择系统修复工具，进行系统修复操作。

(4) 下载安装 MBSA 中文版检测工具，熟悉 MBSA 功能和界面，设置扫描选项(如管理漏洞、弱口令、IIS 漏洞等)对本机进行扫描，分析扫描结果，并进行相应处理。

(5) 选择典型的扫描工具(X-Scan、SuperScan、流光等)，对系统进行安全扫描，发现漏洞并进行相应处理。

(6) 下载安装一键还原 Gost 系统，熟悉其界面和功能，进行全系统的备份，了解系统还原的方法。

【提升与拓展】

一、常用的扫描工具

除了 MBSA 之外，还有很多免费或共享漏洞扫描工具(如：HFNetChk、X-Scan、SuperScan、流光扫描系统等)，它们的功能也很实用，用户可以根据需要选择使用。

1. X-Scan 简介

X-Scan 是国内最著名的综合扫描器之一，它完全免费，是不需要安装的绿色软件，界面支持中文和英文两种语言，包括图形界面和命令行方式。主要由国内著名的民间黑客组织“安全焦点”完成，从 2000 年的内部测试版 X-Scan V0.2 到版本 X-Scan 3.3-cn 都凝聚了国内众多黑客的心血。最值得一提的是，X-Scan 把扫描报告和安全焦点网站相连接，对扫描到的每个漏洞进行“风险等级”评估，并提供漏洞描述、漏洞溢出程序、方便网管测试、修补漏洞。

采用多线程方式对指定 IP 地址段(或单机)进行安全漏洞检测，支持插件功能，提供图形界面和命令行两种操作方式。扫描内容包括：远程操作系统类型及版本、标准端口状态及端口 BANNER 信息、CGI 漏洞、IIS 漏洞、RPC 漏洞、SQL-SERVER、FTP-SERVER、SMTP-SERVER、POP3-SERVER、NT-SERVER 弱口令、NT 服务器 NETBIOS 信息等。

X-Scan 支持的操作系统：Win9x/NT/2000/XP/2003/7 等。

2. SuperScan 简介

SuperScan 是一款在 Windows 下使用较多的专业扫描软件，由 Foundstone 公司出品，目前版本为 4.0。主要功能包括：

(1) 通过 ping 来检验 IP 是否在线。

(2) IP 和域名相互转换。

(3) 检验目标计算机提供的服务类别。

(4) 检验一定范围目标计算机是否在线及端口情况。

(5) 工具自定义列表检验目标计算机是否在线及端口情况。

(6) 自定义要检验的端口，并可以保存为端口列表文件。

(7) 自带一个木马端口列表 trojans.lst。

3．流光扫描工具

流光 Fluxay 是中国第一代著名的黑客小榕的作品，界面豪华、功能强大，是一款绝好的 FTP、POP3 解密工具、扫描系统服务器漏洞的利器。其功能和特点如下：

(1) 用于检测 POP3/FTP 主机中用户密码安全漏洞。

(2) 163/169 双通。

(3) 多线程检测，消除系统中密码漏洞。

(4) 高效的用户流模式。

(5) 高效服务器流模式，可同时对多台 POP3/FTP 主机进行检测。

(6) 最多 500 个线程探测。

(7) 线程超时设置，阻塞线程具有自杀功能，不会影响其他线程。

(8) 支持 10 个字典同时检测。

(9) 检测设置可作为项目保存。

(10) 取消了国内 IP 限制而且免费。

4．Sniffer 嗅探器简介

Sniffer 中文可以翻译为嗅探器，是一种基于被动侦听原理的网络分析方式。使用这种技术方式，可以监视网络的状态、数据流动情况以及网络上传输的信息，当然也可以查询到明文的密码。

当信息以明文的形式在网络上传输时，便可以使用网络监听的方式来进行攻击。将网络接口设置在监听模式，便可以将网上传输的源源不断的信息截获。Sniffer 技术常常用于网络故障诊断、协议分析、应用性能分析和网络安全保障等各个领域。

Sniffer 程序是一种利用以太网的特性把网络适配卡(NIC)置为杂乱(promiscuous)模式状态的工具，一旦网卡设置为这种模式，它就能接收传输在网络上的每一个信息包。一般情况下，要激活这种方式，内核必须支持这种伪设备 Bpfilter，而且需要 root 权限来运行这种程序，所以 sniffer 需要 root 身份安装，如果只是以本地用户的身份进入了系统，那么不可能嗅探到 root 的密码，因此不能运行 Sniffer。

也有基于无线网络、广域网络(DDN，FR)甚至光网络(POS、Fiber Channel)的监听技术，这时候略微不同于以太网络上的捕获概念，其中通常会引入 TAP(测试介入点)这类的硬件设备来进行数据采集。

二、常用软件的自定义备份/恢复

常用软件安装后，我们都喜欢对这些软件界面、操作和内容等方面进行自定义设置，这样的软件使用起来才会更加得心应手。但是随着系统的重装或设备的更换，重装这些常用软件后，总要一个一个地重新设置，非常麻烦。如果能提前把这些自定义部分的内容备份下来，到时只需恢复一下即可，那样就非常轻松了。下面罗列出常用的文档编辑软件 Office 2000、压缩/解压缩软件 WinRar、截图软件 SnagIt、看图软件 Acdsee V7.0 和邮件客户端软件 Outlook Express 等的自定义备份/恢复过程。

1．Office 2000 选项的备份与恢复

Office 2000 中的个人自定义设置的备份和恢复操作相对简单，点击“开始”→“程

序”→“Microsoft Office 工具”→“用户设置保存向导”菜单项，系统会要求选择保存或恢复用户设置。只要把生成的扩展名为“ops”的文件保存好，利用该向导就可以非常轻松地备份或恢复 Office 中纷乱冗杂的自定义设置了。

2．WinRAR 选项的备份与恢复

在 WinRAR 中，通过“选项→设置”菜单项对其进行自定义设置，利用 WinRAR 的“导入/导出”功能，可以轻松地备份和恢复这些自定义的个人设置。点击“选项→导入/导出→导出设置到文件”菜单项，将其自定义设置导出为一个 Settings.reg 文件，保存在 WinRAR 的安装文件夹中，把该文件备份到非系统分区即可。需要恢复时，双击该文件，把信息导入注册表；或者先把该文件复制到 WinRAR 的安装文件夹，再点击“选项→导入/导出→从文件导入设置”菜单项即可恢复。

3．SnagIt 选项的备份与恢复

可以对 SnagIt 的很多内容进行自定义设置，如配置文件、抓图热键、SnagIt Studio 中画图笔默认的粗细以及颜色等。以 SnagIt 7.1 为例，要想只备份配置文件，可在主界面中执行菜单命令“文件→导出所有配置文件”即可，恢复时则执行“导入配置文件”。

下面的方法可以将其自定义的所有内容备份下来，甚至包括注册码。打开注册表编辑器，找到 HKEY_CURRENT_USER\Software\TechSmith 这一分支，执行“文件”菜单下的“导出”命令，把该分支导出为一个注册表文件，这样 SnagIt 的所有自定义内容就全部备份了。恢复时双击该 reg 文件，把保存的信息导入到注册表，这样不仅快速恢复了自定义设置，而且用户的 SnagIt 页已经注册完毕了。

4．ACDSee 选项的备份与恢复

在 ACDSee 软件主界面中，点击“工具→选项”菜单项就可以自定义窗口、浏览器、文件列表等很多参数内容了，使其更方便我们使用。

如何将这些自定义的内容备份下来？在运行框中输入“regedit”打开注册表编辑器，找到如下分支：HKEY_CURRENT_USER\Software\ACD Systems\ACDSee\70，在该分支上右击鼠标，选择“导出”，把该分支导出成注册表文件即可。需要恢复时只需双击该注册表文件，将其导入到注册表中快速恢复 ACDSee 的自定义设置即可。

5．Outlook Express 的备份与恢复

Outlook Express 是广大用户平时使用最多的邮件客户端软件之一，在使用的过程中，用户已将 OE 打造的非常个性化与智能(如标识、联系人、邮件规则以及大量的邮件等)，遇到重装系统，这些个性化内容将不复存在，因此有必要对 OE 进行备份。

Outlook 作为 OE 专用备份工具，它可以将 OE 所有的设置备份起来，还包括 IE 的收藏夹、地址簿等，以便在需要时及时恢复。甚至还可以将备份的资料储存成一个可执行文件，要还原时直接执行文件即可。

6．注册表、驱动程序、IE 收藏夹等内容的备份/恢复

Windows XP 的稳定性虽然在逐步提升，但是维护起来还是比较麻烦，所以定期备份注册表等重要数据则显得尤为必要，超级兔子的系统备份/恢复功能可以轻松完成该项工作。

首先点击“备份系统”选项，然后输入备份文件的名称及保存目录，点击“下一步”按钮，接着在列表中勾选需要备份的项目开始备份。超级兔子提供自动备份功能、支持多个操作系统(可以在一个系统环境下备份和恢复另一个系统)。

三、一键还原工具 Ghost 简介

1．什么是 Ghost

Ghost(幽灵)软件是美国赛门铁克公司推出的一款出色的硬盘备份还原工具，可以实现 FAT16、FAT32、NTFS、OS2 等多种硬盘分区格式的分区及硬盘的备份还原，俗称“克隆”。

2．Ghost 的功能

既然称之为克隆软件，说明其 Ghost 的备份还原是以硬盘的扇区为单位进行的，也就是说可以将一个硬盘上的物理信息完整复制，而不仅仅是数据的简单复制，而是克隆系统中所有的东西，包括声音动画图像，甚至连磁盘碎片都可以复制。

Ghost 支持将分区或硬盘直接备份到一个扩展名为 .gho 的文件里(赛门铁克把这种文件称为镜像文件)，也支持直接备份到另一个分区或硬盘里。

3．运行 Ghost

我们通常把 Ghost 文件复制到启动软盘(U 盘)里，也可将其刻录进启动光盘，用启动盘进入 DOS 环境后，在提示符下输入“ghost”，回车即可运行 Ghost。

按任意键进入 Ghost 操作界面，出现 Ghost 菜单，从下至上主要为 Quit(退出)、Options(选项)、Peer to Peer(点对点)、Local(本地)选项。一般情况下只用到 Local 菜单项(Disk、Partition、Check)，如图 8-43 所示。

前两项功能用得是最多的，由于 Ghost 在备份还原时按扇区来进行复制，所以在操作时一定要小心，不能把目标盘(分区)弄错，否则将会把目标盘(分区)的数据全部抹掉，这样根本没有多少恢复的机会，所以一定要认真、细心(见图 8-44)。

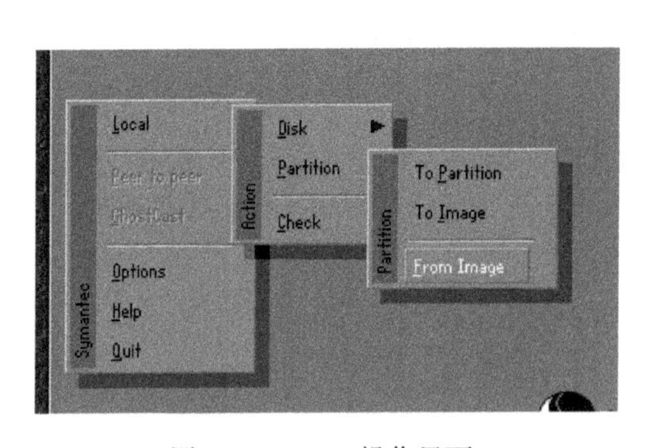

图 8-43　Ghost 操作界面

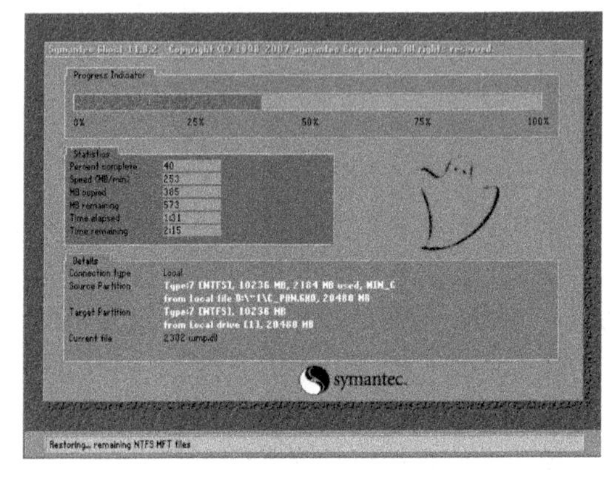

图 8-44　Ghost 克隆界面

4．Ghost 使用方案

(1) 最佳方案。完成操作系统及各种驱动的安装后，将常用的软件(如杀毒、媒体播放软件、Office 办公软件等)安装到系统所在盘，接着安装操作系统和常用软件的各种升级补

丁，然后优化系统，最后就可以用启动盘启动到DOS下做系统盘的克隆备份了。注意备份盘的大小不能小于系统盘。

(2) 补救措施。如果因疏忽，在装好系统一段时间后才想起要克隆备份，那也没关系，备份前最好先将系统盘里的垃圾文件及注册表里的垃圾信息清除(推荐用 Windows 优化大师)，然后整理系统盘磁盘碎片，整理完成后到DOS下进行克隆备份。

(3) 恢复克隆备份。什么情况下该恢复克隆备份？当感觉系统运行缓慢时(此时多半是由于经常安装卸载软件，残留或误删了一些文件，导致系统紊乱)、系统崩溃时、中了比较难杀除的病毒时，就应该进行克隆还原了。有时如果长时间没整理磁盘碎片，又不想花上半个小时甚至更长时间整理时，也可以直接恢复克隆备份，这样比单纯整理磁盘碎片效果要好得多。

(4) 选对恢复目标。在备份还原时一定要注意选对目标硬盘或分区。系统还原一般选择目标分区为系统盘 C 盘进行恢复，如果选择了 D、E、F 等盘，会将原来的用户数据无意删除并无法恢复，所以要特别注意。

四、常用网管软件

目前，常见的网络管理软件有HP公司的OpenView、IBM公司的NetView、SUN公司的SUN Net Manager、Cisco公司的Cisco Works、3Com公司的Transcend等。

1. HP OpenView 简介

HP OpenView是第一个综合的、开放的、基于标准的管理平台，它能建立从局域网到广域网等各种计算机环境的基础，在此基础上提供标准的、多功能的网络系统管理解决方案。HP OpenView得到了第三方应用开发厂家的广泛接受和支持，它不仅是第三方应用开发商的简单开发平台，而且还提供最终用户直接安装使用的实用产品，可在多个厂商硬件平台和操作系统上运行。

HP OpenView具有以下特点：

(1) 自动发现网络拓扑结构图。HP OpenView 具有很高的智能，它一经启动，就能自动发现缺省的网段，以图标的形式显示网络中的路由器、网关和子网。

(2) 性能分析。使用 OpenView 中的应用软件 HP LAN Prob II 可进行网络性能分析，查询SNMP MIB，可监控网络连接故障。

(3) 故障分析。OpenView 提供多种故障告警方式，例如，通过图形用户接口来配置和显示告警。

(4) 数据分析。OpenView 提供有效的历史数据分析功能，可实时用图表显示任何指标的数据分析报告。

(5) 多厂商支持。允许其他厂商的网络管理软件和 MIB 集成到 OpenView 中，并得到了众多网络厂商的一致支持。

2. IBM NetView 简介

NetView 是 IBM 公司的网管产品，主要运行在 UNIX 系统上。它是 IBM 公司收购系统管理软件厂商 Tivioli 之后形成的网络管理解决方案的拳头产品。

Tivioli NetView 可以满足大型和小型网络管理的需要，能够提供可扩展的、全面的、分布式网络管理解决方案，以及灵活的管理关键任务的能力。Tivioli NetView 的功能已经超过了传统网络管理的概念。使用 Tivioli NetView，可以发现 TCP/IP 网络，显示网络拓扑结构，发现事件与 SNMP Traps 的关联性，并对其进行管理，监视网络的运行状况以及收集性能数据。

Tivioli NetView 具有如下特点：

(1) 管理异构的、多厂商网络环境。

(2) 可进行网络配置、故障和性能管理。

(3) 具有动态设备发现功能以及易于使用的用户界面。

(4) 能与关系数据库系统集成，并支持众多的第三方应用。

(5) 具有 IP 监控、SNMP 管理以及多协议监控和管理功能。

(6) 可提供 MIB 管理工具和应用开发接口 API。

3. SUN Net Manager 简介

SUN Net Manager(SNM)是一个基于 Unix 的网络管理系统，是最流行的 SNMP 网管平台之一。它只能运行在 SUN SPARC 工作站环境下，提供包括最终用户工具的开发环境，提供故障、配置、计费和安全管理服务。SNM 有三个关键组成部分：用户工具、分布式结构、应用程序开发界面(API)。

SUN Net Manager 具有以下特点：

(1) 图形用户界面，简化安装和网络管理，学习和使用方便。

(2) 基于工业标准，能管理所有支持 SNMP、TCP/IP 的设备。

(3) 分布式体系结构，能将网络管理负载分散到整个网络中，使管理负载最小化以及使网络性能和效率最大化。

(4) 代理(Proxy)能将分散的网络集合成一个功能实体，实现异构网络环境的管理。

4. 3Com Transcend 简介

3Com 网络管理软件使用全面的三层 Transcend 结构，从下到上依次是 Smart Agent 管理代理软件层、中间管理平台层和 Transcend 应用软件层。Smart Agent 管理代理软件是这个结构的基础，它们嵌入到各种 3Com 产品中，能自动搜集每个设备的信息并把这些信息有机联系起来，同时只占用很小的网络开销。中间层是针对 Windows、UNIX 平台和基于开放式工业标准 SNMP 的各种管理平台，通过这些管理平台强化了 Smart Agent 的管理功能，并支持高层的 Transcend 应用软件。最高层的 Transcend 应用软件通过图形化界面把各种管理功能集成化。Transcend 对所有应用软件和网络设备类型都提供同样的界面，因而对管理信息的分析大为简化。